# 建筑力学

钟光珞
张为民 编著

中国建材工业出版社

**图书在版编目(CIP)数据**

建筑力学/钟光珞，张为民编著．—北京：中国建材工业出版社，2002.4（2020.8 重印）

ISBN 978-7-80159-249-1

Ⅰ．建…　Ⅱ．①钟…②张…　Ⅲ．建筑力学　Ⅳ．TU311

中国版本图书馆 CIP 数据核字(2002)第 017268 号

**建筑力学**

钟光珞　张为民　编著

出版发行：中国建材工业出版社

地　　址：北京市海淀区三里河路 1 号

邮　　编：100044

经　　销：全国各地新华书店

印　　刷：北京雁林吉兆印刷有限公司

开　　本：787mm×1092mm　1/16

印　　张：18.75

字　　数：440 千字

版　　次：2002 年 4 月第 1 版

印　　次：2020 年 8 月第 14 次

书　　号：ISBN -978-7-80159-249-1

**定　　价：59.00 元**

---

**本社网址：www.jccbs.com.cn**

**本书如出现印装质量问题，由我社发行部负责调换。联系电话：(010) 88386906**

# 目录

# 第一章

# 绪　　论

建筑力学主要研究土建结构的力学性能。结构,是指建筑物中承担荷载起骨架作用的部分,组成结构的部件称为构件。建筑力学研究的主要内容包括:刚体的平衡问题;构件(主要是杆件)在外部因素作用下的内力与变形分析;结构(主要是杆系结构)的几何组成、受力变形特性及内力、位移的计算等。

在平衡分析中,不考虑受力物体本身的变形,即视为刚体,然后研究各种力系对于物体作用的总效应和力系的平衡条件。其基本问题为:讨论各种力系的简化方法及其平衡条件。

构件的受力分析包括对各种基本变形形式下构件的强度、刚度和稳定性分析,同时研究各种材料的主要力学性质。构件本身为可变形固体。

结构分析中讨论各种结构的几何特性,并进而进行内力、应力、位移和变形的计算,为解决结构的设计与校验问题奠定基础。

## 第一节　基本假设

自然界中的物体不仅受多种外部因素的影响,其本身性质也是五花八门、多种多样的。在建筑力学的研究中,不可能将各种因素同时加以考虑。这就需要忽略若干次要性质,集中讨论其主要性质,即将复杂的真实物体抽象简化为只具有主要性质的理想物体,然后再对其进行研究。

### 一、刚体与变形固体

在静力平衡问题的研究中,将被研究物体视为刚体。实际上自然界中并不存在绝对的刚体——永不变形的固体。一般的固体,例如房屋的各个部分或机器的各个零、部件,受力后都将发生变形,但这种变形通常都非常小。因此,在进行力的外效应(力作用使物体的机械运动状态发生改变)计算时,都不考虑它们受力后所发生的微小变形,而把它们看作是不变形的刚体。力使受力物体发生变形,称为力的内效应或变形效应。在考虑力对物体的内效应时,则必须考虑物体几何形状与尺寸的变化,即将物体视为可变形固体。本教材第二、三章所讨论物体均视为刚体,其余各章均为可变形固体。

### 二、完全弹性体与小变形

变形固体在外力作用下产生的变形,就其变形性质可以分为两种:弹性变形和塑性变形。弹性变形是指变形体上外力去掉后可以消失的变形。塑性变形是指外力去掉后残留的变形,又称残余变形。

去掉外力后能完全恢复原状的物体称为完全弹性体。虽然自然界并不存在完全弹性体,但常用的一些工程材料,如金属、木材等,当外力不超过某一限度时,很接近于完全弹性体,这时可以将其看作完全弹性体。本书中所讨论的问题,除特别指明外,均将所研究物体视为完全弹性体。

工程中大多数的构件,在荷载下产生的变形与构件本身尺寸相比很小,称为"小变形"。本书中所研究的变形均属小变形的范围。因此,在研究构件的平衡问题时,可以用构件变形前的原始尺寸进行计算;在进行变形计算时,也可以略去变形的高次项。

### 三、材料的连续、均匀和各向同性

连续是指固体内部没有空隙。相应地,固体内出现的物理量(如变形、位移等)也可以看成是连续的,从而可以用坐标的连续函数来描述。

均匀是指固体内各处的力学性质完全相同。从而可以取出物体的任意微小部分来研究,其结果可以推广至整个物体;同时,也可以将那些用大尺寸试件在实验中获得的材料的力学性质用到任何微小部分上去。

各向同性是指固体在各个方向上具有相同的力学性质。这样,在研究了材料沿某一方向的力学性质后,就可以将其结论用于任何方向。

根据上述假设,将常用的工程材料如钢、铸铁、塑料以及混凝土等简化为连续、均匀,各向同性的理想介质,不仅使工程计算得以大大简便,更重要的是这些假设虽具有近似性,但已为实践所验证:依据它们所得出的结论是可以满足工程所需精确度的。

## 第二节　基本概念

建筑力学研究中,涉及到荷载、反力、内力、位移等多种物理量,下面进行简单地介绍。

### 一、荷载

构件在正常工程情况下,通常都承受一定的力。如建筑物中的梁承受楼板或屋顶传给它的重量,螺钉承受被紧固物对它的作用力等等。这些重量和力统称为加在构件上的荷载。工程中常见的荷载有以下几种:

1.集中力

荷载作用在很小的面积上时,可以近似地看作一个集中力,其大小等于分布荷载的合力,作用在该小面积所在处的一个点上。

通常用 $F_P$ 表示集中力,其单位为 N,kN 等。

2.分布力

荷载作用在构件的部分或全部面积上,其集度的大小可以随作用点的不同而不同。

通常用 $q$ 表示分布力,在杆系分析中分布荷载的单位为 N/m,kN/m 等。

3.集中力偶

两个大小相等、方向相反的平行力组成一个力偶。当荷载的分布范围与构件的尺寸相比很小时,可以看作是一个集中力偶。

通常用 $M$ 或 $T$ 表示集中力偶,其单位为 N·m,kN·m 等。

4. 分布力偶

当一系列力偶作用在物体的部分或全部面积上，其大小可以随作用点的不同而不同，则称该种荷载为分布力偶。

通常用 $m$ 或 $t$ 表示分布力偶，在杆系分析中，其单位为 N·m/m，kN·m/m 等。

若按荷载的作用时间分类，荷载又可以分成静荷载与动荷载两种。

静荷载，是指荷载由零开始缓慢、平稳地增加到终值，而后保持不变。本书中所涉及的荷载，除特别指明外，均为静荷载。

动荷载，是指荷载的大小、方向随时间变化而改变的荷载。如荷载方向、大小随时间发生周期性变化的循环荷载；荷载大小、方向在短时间内急剧变化的冲击荷载等。

如果从引起荷载的原因分类，又可以将荷载分为风荷载、地震荷载，温度荷载等等。

总之，荷载体现了被研究物体所承受的外部作用力，是引起构件内部作用力和构件变形的外部因素。

## 二、约束和约束反力

工程结构物、机器以及组成它们的构件，不论相对于地面是静止的还是运动的，一般都受到其他物体的阻碍、限制而不能任意运动。这种对物体的运动起限制作用的物体，称为被考察物体的约束。

约束物体对被约束物体的作用，称为约束反力，简称反力。常见的约束有以下几种：

1. 柔索

绳子、皮带、链条等柔索约束只能限制被约束物体沿柔索轴线离开方向的运动，因此只能产生单方向的约束反力——沿着轴线方向，且背离受约束物体的拉力，如图 1-1 中绳索的约束反力 $S_1$ 和 $S_2$。

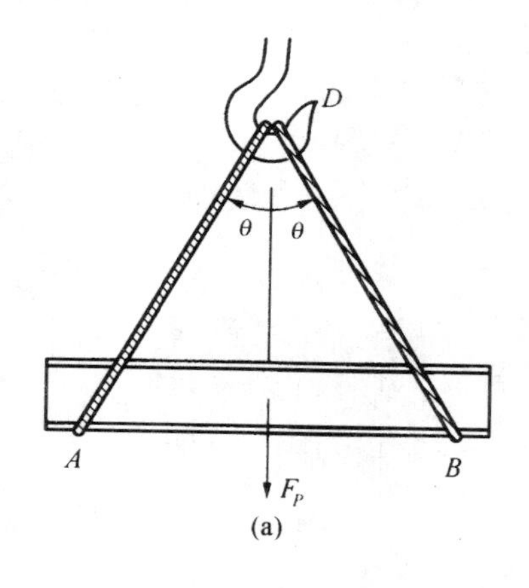


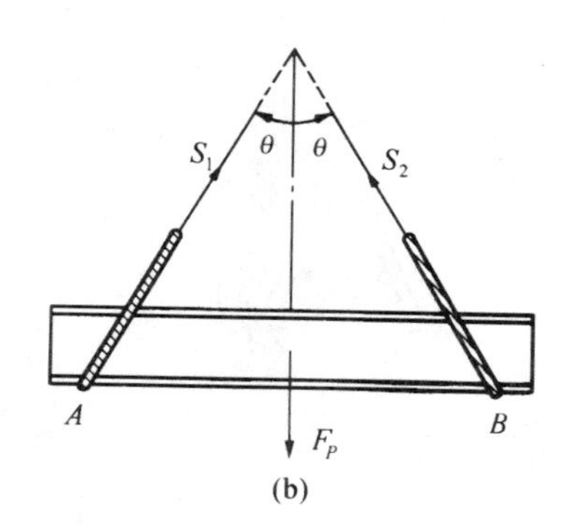


图 1-1

2. 光滑面

当两物体接触面上的摩擦力与其他作用力相比很小时，可以忽略摩擦力，这样的接触面则称为光滑面。因为光滑面只能限制物体沿着接触点公法线向着光滑面方向的运动，所以光滑面的约束反力通过接触点沿着接触面公法线，指向被约束物体，如图 1-2 中钢轨对车

轮的约束反力 $F_N$。

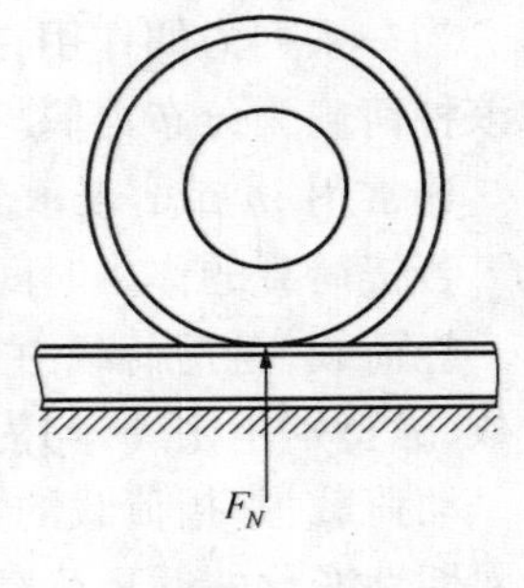

图 1-2

3. 光滑圆柱铰

在两个构件上分别开一直径相同的圆孔，再用圆柱形销子插入两圆孔中，将两构件连接起来，使构件只能绕销钉的轴线转动(图 1-3a)。由于是光滑圆柱铰，接触面摩擦力不计，约束反力应通过接触点的公法线且指向被约束物体(图 1-3b、c)。因为接触点 $K$ 的位置往往不能预先确定，所以约束反力 $F_R$ 的方向也不能预先确定，通常用通过铰中心垂直于铰轴线的两个未知分力 $F_x$ 和 $F_y$ 表示(图 1-3d)。

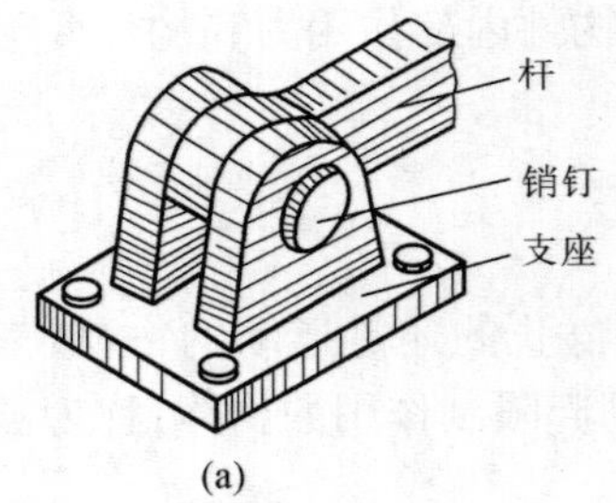

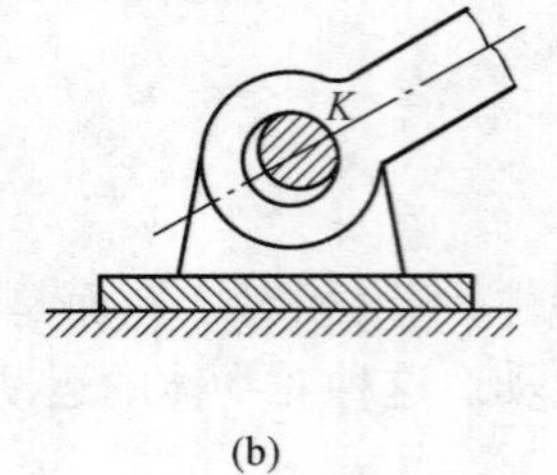

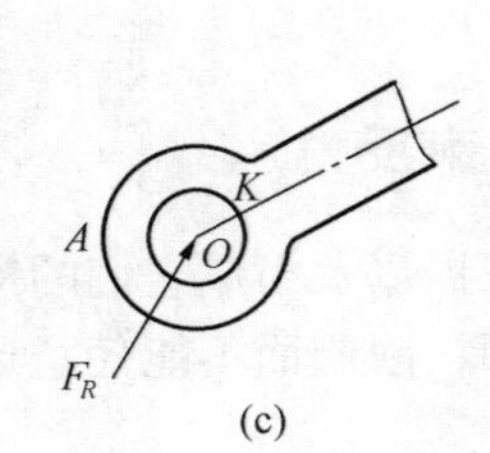

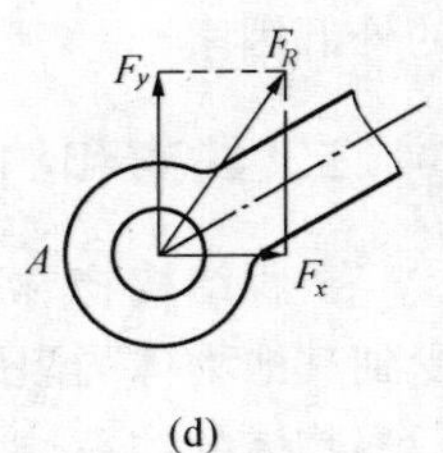

图 1-3

4. 链杆

用一重量可忽略不计的刚性直杆，两端用铰分别和两个构件联结的约束叫链杆，如图 1-4a 中的 $DE$ 杆即为链杆。链杆只能阻止构件沿链杆两端铰中心线方向的运动，约束反力通过铰中心，沿着链杆轴线，指向与被约束物体的运动方向相反，可以是拉力也可以是压力，如图 1-4b、c 所示。

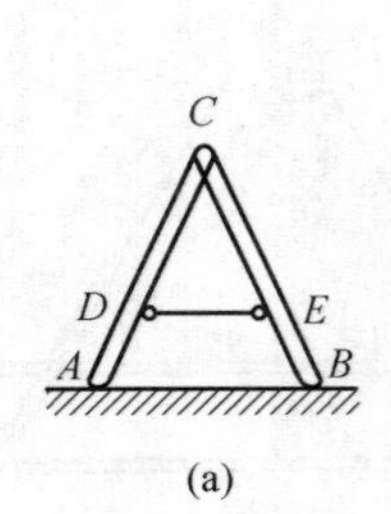

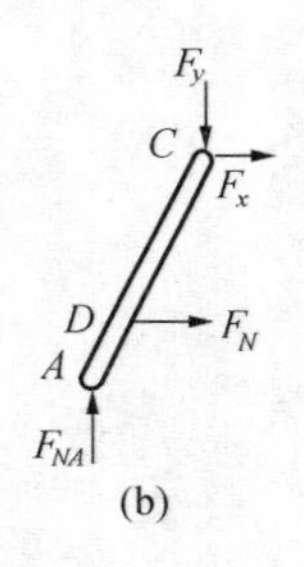

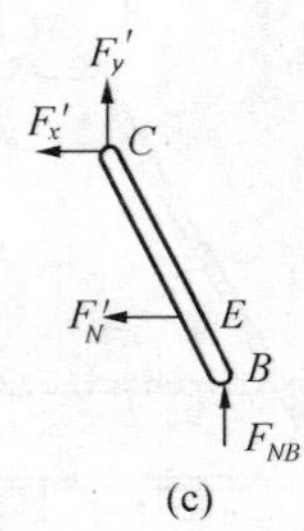

图 1-4

## 三、内力

通常构件是由可变形的固体材料加工制成，其内部各质点间存在着相互作用的内聚力。当构件受到外力作用产生变形时，其内部各质点的相对位置也发生改变，相互间的作用力与反作用力也随之改变。工程上把这种由于外力所引起的构件内部的力的改变量，称为构件的内力。

## 四、位移

位移即是位置的移动。对于刚体来说,发生位移的前后刚体本身的尺寸、形状不变,因此可以用刚体上任一点的位移来表示整个刚体的移动,即刚体上各点的位移相同。对于变形体,受外部因素作用后,物体本身的尺寸、形状也发生变化,各点具有不同的位移。由于变形固体本身的连续性,其上各点的位移通常可以表示为位置坐标的连续函数。

# 第三节 计算简图

进行物体的受力分析和计算时,通常需要对实际物体进行简化,保留其主要的受力特性,忽略次要的因素以便于计算,简化后物体的这种图形称为计算简图。

例如图 1-5a 为放置于墙上的梁,在 $C$ 处放置一宽度为 $d$ 的重物。该梁的实际受力情况如图 1-5b 所示。由于 $A$ 和 $B$ 处墙对梁的反力为非均匀的分布力,其分布规律尚需仔细研究,因此使梁 $AB$ 的受力分析相当烦琐。为此,进行以下简化:

首先将实际的梁用其轴线代表;然后将墙对梁的约束作用代之以相应的支座;最后在 $d$ 很小的情况下,将小段分布力 $q$ 用集中力 $F_P = qd$ 代替。同物体的计算简图如图 1-5c 所示。

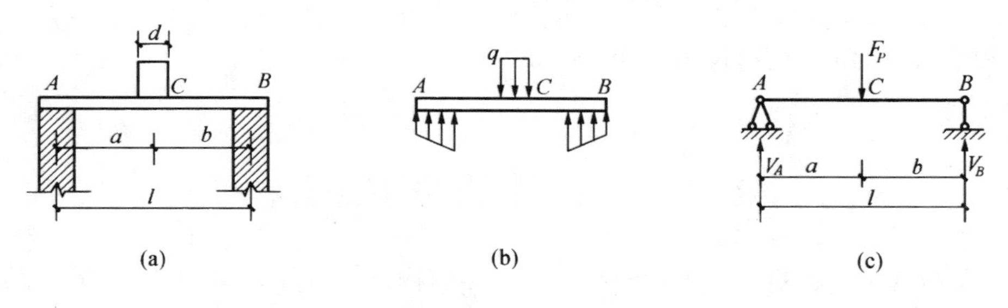


图 1-5

由上例可知,计算简图通常是由下面几个方向进行简化后所得。即:物体本身图形的简化,如杆件通常用其轴线表示等;荷载的简化,如小段分布力通常用其合力作为集中力处理等;约束的简化,即将实际中各式各样的约束抽象化为典型的几类约束处理,如上例中将墙对梁的约束简化为固定铰支座(左端点)和可动铰支座(右端点)。

把结构与地基或其他支承物连接起来的约束叫支座。对于平面结构常用以下三种支座。

1. 固定铰支座

支座固定在支承物上,结构与支座通过光滑圆柱铰联结,称为固定铰支座。固定铰支座的计算简图如图 1-6a、b 所示,其约束反力通过铰中心且垂直于铰轴线,方向不能预先确定。通常用通过铰中心的水平反力 $F_x$ 和竖向反力 $F_y$ 表示如图 1-6c。

2. 可动铰支座

可动铰支座在固定铰支座底板下装有可以在支承面上自由滚动的辊轴,允许结构沿平行于支承面方向的移动,称为可动铰支座。可动铰支座计算简图如图 1-7a、b 所示,其约束反力通过铰中心且垂直于支承面,通常用 $F_y$ 表示如图 1-7c。

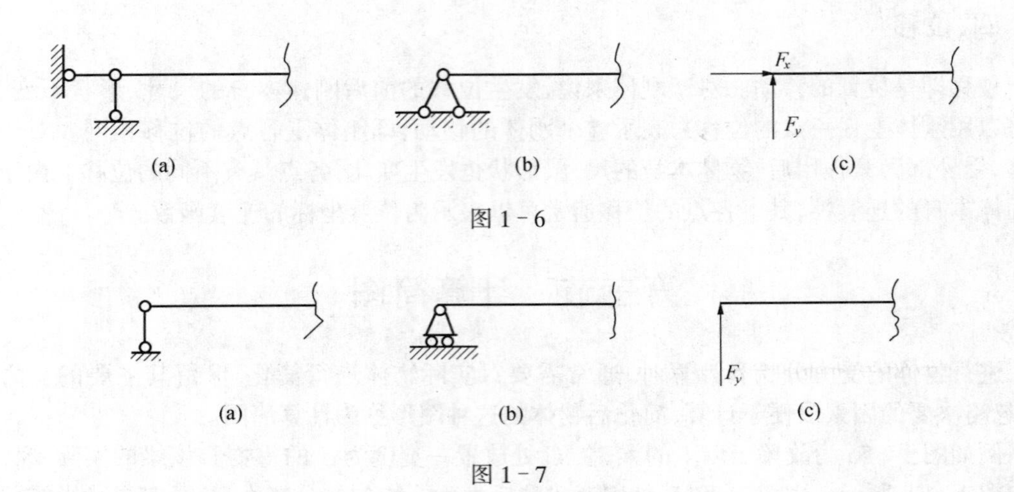


图 1－6

图 1－7

3. 固定支座

固定支座限制了结构在联接点处的上下和左右移动，也限制了该点处结构截面的转动，称为固定支座。固定支座的计算简图如图 1－8a 所示，其约束反力有通过连接点的水平反力 $F_x$ 和竖直反力 $F_y$，还有反力偶矩 $M$，如图 1－8b 所示。

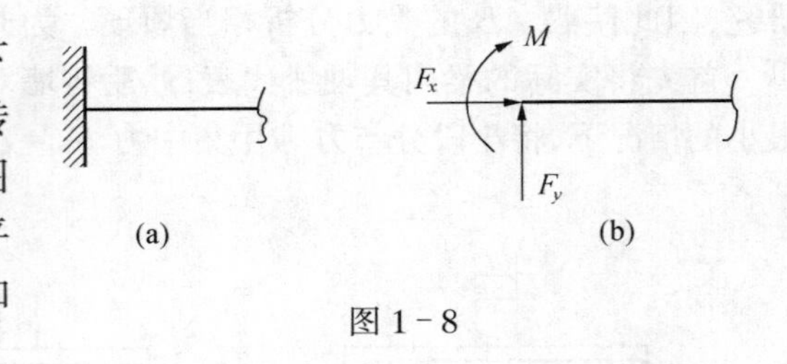


图 1－8

# 第四节　杆件的基本变形

杆件，是指其长度相对于两个横向尺寸大得多的构件。例如图 1－9 中所示构件，其长度 $l$ 远大于横截面的高度 $h$ 和宽度 $b$，称为杆件。

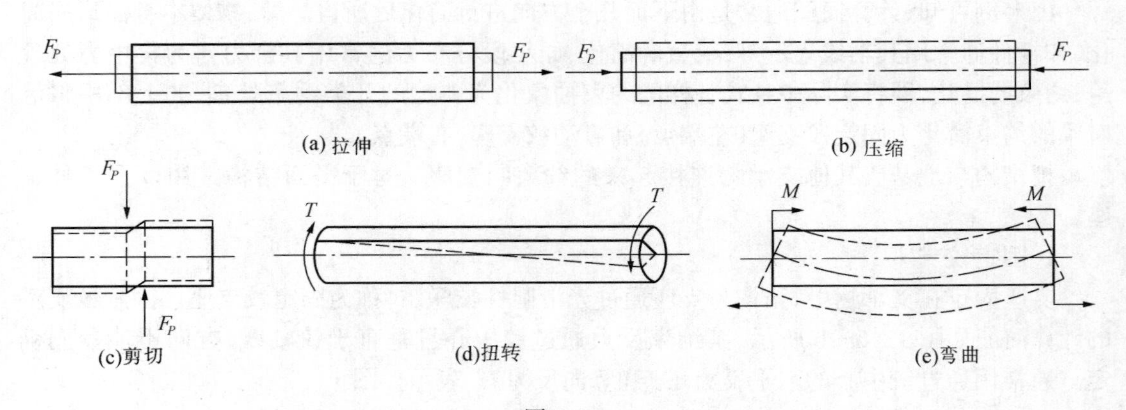


图 1－9

就杆件本身而言，可以按其轴线的形状分为直杆、曲杆和折杆；也可以按其横截面分为等截面杆和变截面杆，而变截面杆又可以细分为阶梯杆和截面连续变化的渐变杆，下面主要讨论等截面直杆的基本变形。

1.轴向拉伸和压缩:在一对大小相等、方向相反、作用线与杆轴线重合的外力作用下,使杆件的长度发生伸长或缩短。这种变形称为轴向拉伸或压缩(图1-9a、b)。

起吊重物的钢索、桁架中的杆件、柱子和基础等,在受力过程中均发生轴向拉伸或压缩变形。

2.剪切:在一对相距很近、大小相等、方向相反、作用线垂直于杆件轴线的外力作用下,使杆件的横截面沿外力作用方向发生错动。这种变形称为剪切(图1-9c)。

销钉、螺栓等连接件受力时常发生剪切变形。

3.扭转:在一对大小相等、转向相反、位于垂直于杆轴线的两平面内的力偶作用下,杆件任意两个横截面发生绕轴线的相对转动。这种变形称为扭转(图1-9d)。

机械中的传动轴即发生扭转变形。

4.弯曲:在垂直于杆件轴线方向的横向力作用下,或在一对大小相等、转向相反、位于杆的纵向平面内的力偶作用下,杆件的轴线由直线变为曲线。这种变形称为弯曲(图1-9e)。

楼板梁、火车轮轴等都发生弯曲变形。

以上为杆件的四种基本变形。在实际中,构件的变形可能是四种基本变形中的某一种,也可能是几种基本变形的组合,称为组合变形。

# 第二章

# 平面杆件体系的几何组成分析

建筑力学研究的重点是杆件结构。所谓杆件结构是由若干杆件相互联结所组成的体系,并与基础联结成一整体。体系的几何组成分析是研究结构计算的基础。它除了研究结构的组成方法外,还与结构的受力分析密切相关。

在分析杆件体系的形状时,不考虑杆件的变形,即将杆件视为不发生变形的刚体(平面刚体,称为刚片)。本章的讨论中,杆件都看作刚片。

## 第一节 几何不变体系、几何可变体系的概念

根据杆件体系的形状和位置,杆件体系可分为两类:

(1)几何不变体系——体系的几何形状和位置都不能改变。如图 2-1a、b 所示。

(2)几何可变体系——体系的几何形状和位置是可以改变的。如图 2-2a、b 所示。

为了能够承受荷载,结构的几何形状必须是不能改变的。几何可变体系不能用作结构。

与几何不变和几何可变体系相应的还有内部几何不变和内部几何可变体系两种情况。

图 2-1c 所示铰结三角形,虽然其位置在平面内是可以改变的,但铰结三角形的形状是不能改变的,称为内部几何不变体系,简称内部不变。图 2-2c 所示铰结四边形,不仅其位置在平面内是可以改变的,四边形的形状也是可以改变的,称为内部几何可变体系,简称内部可变。内部几何不变体系可视为一刚片。

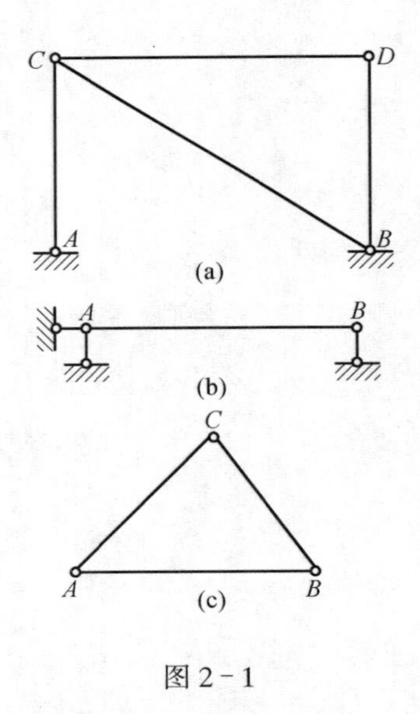


图 2-1

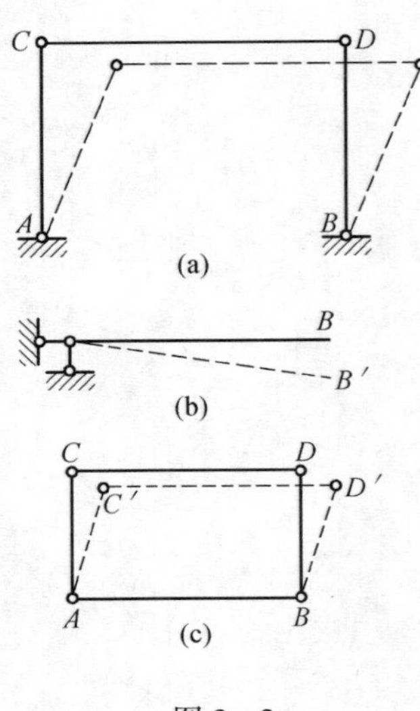


图 2-2

# 第二节　自由度和约束的概念

## 一、自由度

体系机动分析中所说的自由度是体系运动时可以独立改变的几何参数的数目，即确定体系位置所需的独立坐标的数目。

1. 一个点的自由度

平面内一个点的运动可以分解为两个方向的移动，或一个点的位置需由两个独立的坐标来确定，如图 2－3 所示。所以一个点在平面内具有两个自由度。

图 2－3　　　　图 2－4

2. 刚片的自由度

平面内一个刚片的运动可以分解为两个方向的移动和绕某点的一个转动。如图 2－4 所示刚片的位置由三个坐标 $x_A$、$y_A$ 和 $\theta$ 来确定。所以一个刚片在平面内具有三个自由度。

## 二、约束

使体系减少自由度的装置或联结称作约束。能减少几个自由度就叫做几个约束。

1. 链杆

如图 2－5a 所示，两刚片用链杆 $AB$ 联结后，相互间沿 $AB$ 方向的移动受到约束，使互相之间的自由度减少了一个。因此，一个链杆联结相当于一个约束。

2. 简单铰

连结两个刚片的铰叫做简单铰。如图 2－5b 所示，两刚片未用简单铰连结前，互相之间有三个自由度，用铰 $A$ 连结后，相互间只能绕 $A$ 相对转动，即只有一个自由度。所以简单铰减少了两个自由度，简单铰相当于两个约束。

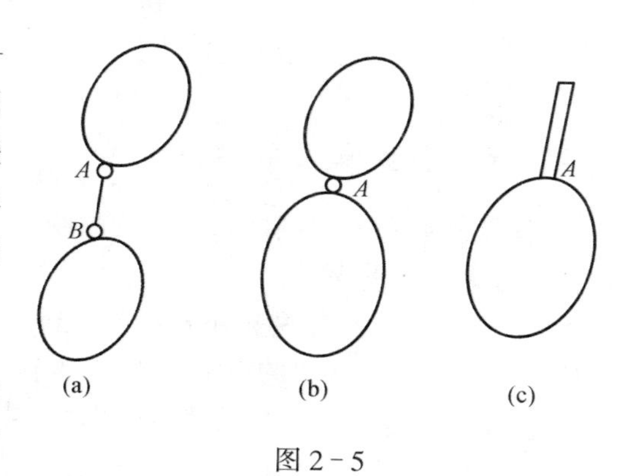


图 2－5

3. 简单刚结

连接两个刚片的刚结叫做简单刚结。如图 2－5c 所示。两刚片用刚结点连结后，互相之间没有相对运动，使互相间自由度减少了三个。因此，一个简单刚结相当于三个约束。也可以这样理解：两刚片用刚结点连结后可看成为一个刚片。

4.复铰

联结三个或三个以上的刚片的铰称为复铰。复铰的作用可以通过单铰来分析。图 2-6 所示的复铰 $A$ 连结三个刚片，它的连结过程可想象为:先有刚片 1,然后用单铰将刚片 2 连结于刚片 1,再以单铰将刚片 3 连结于刚片 1。这样,连结三个刚片的复铰相当于两个单铰。同理,连结 $N$ 个刚片的复铰可折算成$(n-1)$个简单铰,相当于 $2(n-1)$个约束。

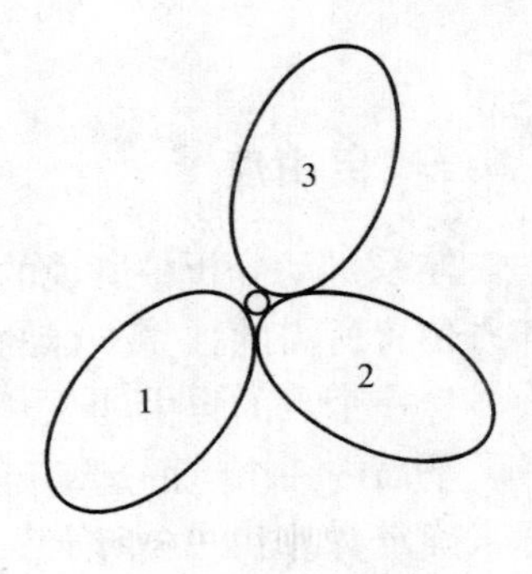

图 2-6

## 三、约束代换和瞬铰

一个简单铰相当于两个约束,两根链杆也相当于两个约束,因此一个简单铰相当于两根链杆。也就是说,约束是可以代换的。如图 2-7a 所示两刚片用两根链杆 $AB$ 和 $AC$ 相连后,$AB$ 和 $AC$ 交于刚片 1 的 $A$ 点,则 $A$ 成为具有确定位置的实际的简单铰。铰 $A$ 的作用是使刚片 1 只能绕 $A$ 转动。如果连结两刚片的两个链杆不在刚片上相交(如图 2-7b 所示),这时两链杆的作用是使刚片 1 只能绕瞬心 $O$ 转动(瞬心 $O$ 在二链杆延长线的交点处)。所以刚片 1 与刚片 2 用图示两链杆相连结,相当于把刚片 2 扩展在点 $O$ 以单铰与刚片 1 连结。交点 $O$ 处的铰并不是真实的,称为虚铰。在运动过程中虚铰(瞬心)的位置要改变,因此又称瞬铰。在研究指定位置的运动时,虚铰和实铰所起的作用是相同的,它们都是相对转心。

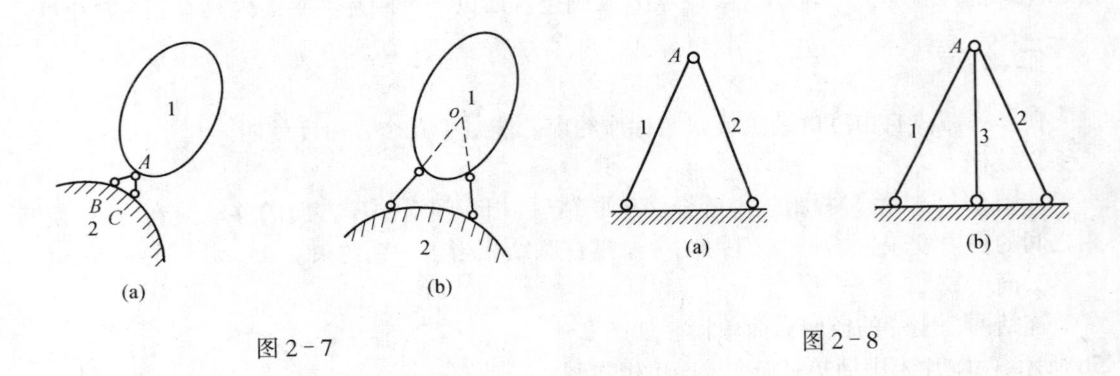

图 2-7　　图 2-8

## 四、必要约束和多余约束

在杆件体系中能限制体系自由度的约束,称为必要约束;而对限制体系自由度不起作用的约束,称为多余约束。

图 2-8a 中点 $A$ 用两根不共线的链杆与基础相连,$A$ 点的两个自由度受到了约束。因此,链杆 1 和 2 都是必要约束。如果 $A$ 点再增加一个链杆 3 与基础相连,如图 2-8b 所示,则链杆 3 即为多余约束。实际上,三根链杆中的任何一根,都可看成是多余约束。

# 第三节　无多余约束的几何不变体系组成规则

无多余约束的几何不变体系的基本组成规则有三个，下面分别讨论和说明。

## 一、二元体规则

一个点和一个刚片用两根不在一条直线上的链杆相连接，组成无多余约束的内部几何不变体系。如图 2－9 所示。

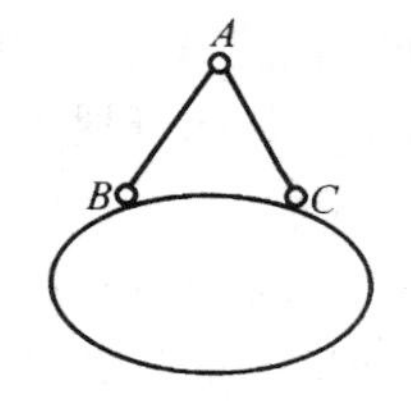


图 2－9

用两根不在同一直线上的链杆连结一个新结点的构造称为二元体。上述规则也可叙述为：

在一个刚片上，增加一个二元体，仍为几何不变无多余约束的体系。

用逐次加二元体的方法，可以得到许多新的刚片。

故任何体系上加二元体时其机动性质不变。就是说，原来几何不变的体系加二元体后依然几何不变，原来可变的体系加二元体后依然为可变的体系。实际上我们可以这样理解：增加一个二元体相当于增加了一个点（它有两个自由度）的同时又增加了两个链杆（即两个约束），所以体系的自由度数目不变。

同理，拆去二元体时体系的机动性质也不变。这一原理很有用处。例如，当我们对一个复杂体系作机动分析时，可以逐次拆去二元体后再进行分析，问题就变得简单了。

最后需要指出的是，如果将基础视为一个刚片，则二元体法则就成为从基础固定一个点的标准模式。

例 2－1　作图 2－10 所示体系的几何组成分析。

解：根据二元体规则，由固定点 $A$、$B$ 出发，增加一个二元体固定点 $C$。再从 $B$、$C$ 出发分别增加二元体固定点 $D$ 和点 $E$；最后从固定点 $D$、$E$ 出发增加二元体固定点 $F$。因此，整个体系是几何不变无多余约束的体系。

注：本题也可用拆二元体的方法，从 $F$ 点开始进行分析。当然，所得结论与前面相同。

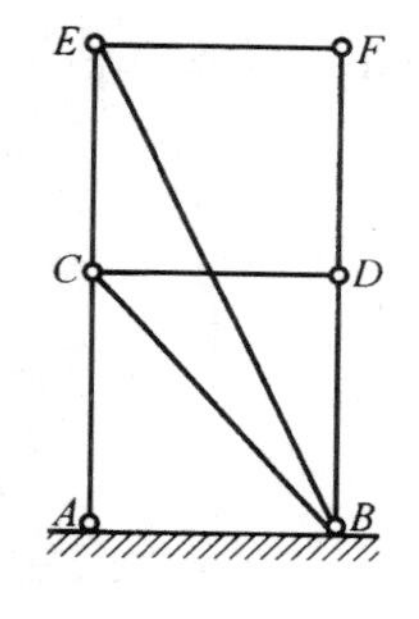


图 2－10

## 二、两刚片规则

如图 2－11a 所示，平面内两刚片如用一个铰 $A$ 相连，则两刚片仍然可以绕铰 $A$ 相对转动；如加一根不通过 $A$ 铰的链杆 $BC$（如图 2－11b 所示），则该体系成为内部几何不变、无多余约束的体系。由此，可得下述规则：

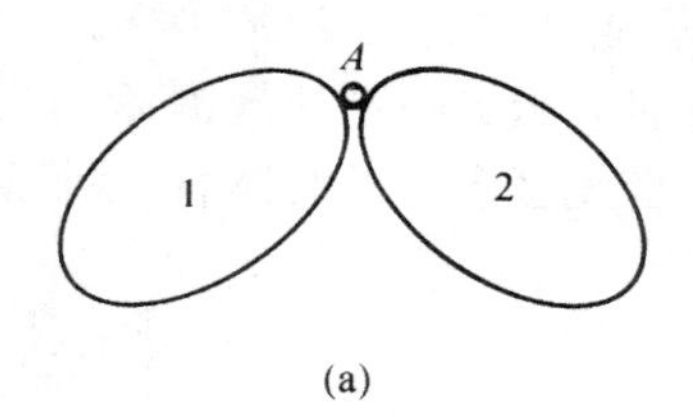


(a)

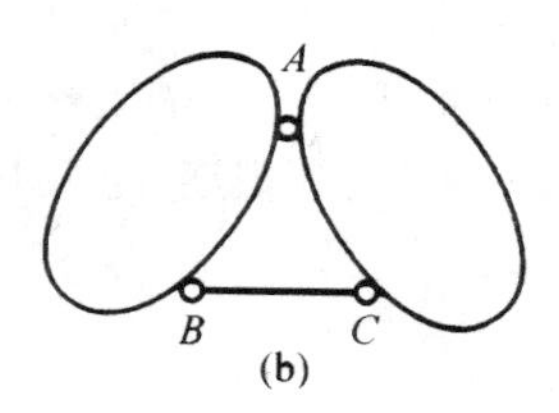


(b)

(c)

图 2－11

两刚片用一个铰和一根不通过该铰的链杆相连，组成无多余约束的内部几何不变体系。

根据两个链杆相当于一个铰的约束代换概念，两刚片规则也可叙述为：

两刚片用三根不交于一点且不完全平行的链杆相连，组成无多余约束的内部几何不变体系（如图2－11c所示）。

如果将基础视为一个刚片，两刚片规则就成为从基础固定一个刚片的标准模式。

例2－2. 分析图2－12所示体系的几何组成。

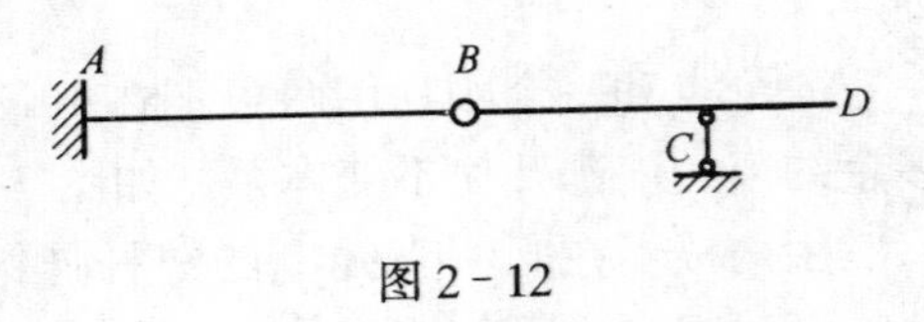

图2－12

解：先分析刚片 $AB$，由于 $AB$ 与基础在 $A$ 处固定相连，因此组成几何不变无多余约束的体系。$AB$ 与基础可视为一个刚片，或 $AB$ 可视为基础的一部分。

再分析 $BD$，根据两刚片规则，$BD$ 用铰 $B$ 与支杆 $C$ 与基础相连，且支杆 $C$ 不通过铰 $B$；因此，几何不变、无多余约束。

所以整个体系几何不变，且无多余约束。

## 三、三刚片规则

三个刚片用不在一条直线上的三个铰两两相连，组成无多余约束的内部几何不变体系（如图2－13所示）。

在图2－13中，刚片2和刚片3相对于刚片1的自由度共为6，而三个铰相当于6个约束，因此体系几何不变，且无多余约束。

如果将基础视为一个刚片，三刚片规则就成为从基础固定两个刚片的标准模式。

上述规则，可以归结为一条基本规则——铰结三角形规则：若三个铰不在一条直线上，则铰结三角形几何形状不变，且无多余约束。

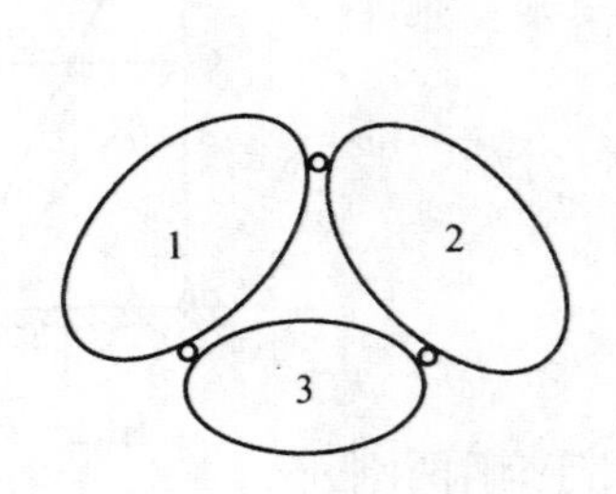

图2－13

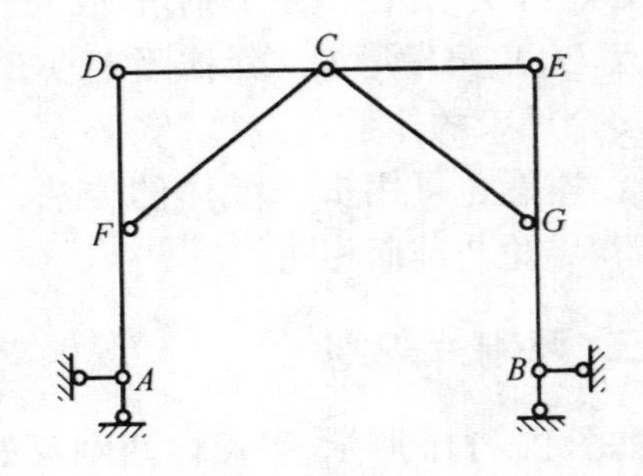

图2－14

例2－3. 分析图2－14所示体系的几何组成。

解：$AFD$ 是一个刚片，在刚片 $AFD$ 上加二元体，$C$ 点被固定。这样，$AFDC$ 组成一个大刚片Ⅰ。同理，$BGEC$ 也组成一个大刚片Ⅱ。基础视为刚片Ⅲ。根据三刚片规则，三个刚片用不在一条直线上的三个铰 $A$、$B$、$C$ 两两相连，组成几何不变无多余约束的体系。所以，整个体系几何不变，且无多余约束。

## 四、瞬变体系

在杆件体系的组成中，如有足够的约束数目，但布置不当，不符合几何不变体系组成规则中对约束的布置要求，则不能保持几何不变。但如果体系在发生微小位移后又成为几何不变的体系，则称原体系为瞬变体系。

例如图 2－15a 所示三铰在一条直线上，$A$ 点可以沿竖直方向发生位移。当 $A$ 点发生微小竖向位移后，三铰 $A$、$B$、$C$ 就不在一条直线上了，体系又成了几何不变体系。因此，原体系是瞬变体系。图 2－15b 所示刚片用三根交于一点的链杆相连。图 2－15c 所示两刚片用三根不等长的平行链杆相连等等都组成瞬变体系。

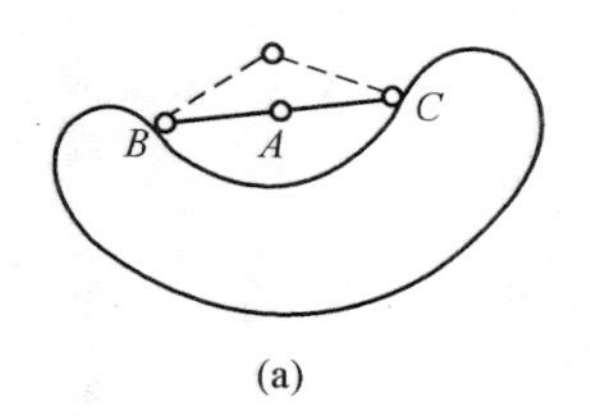

(a)

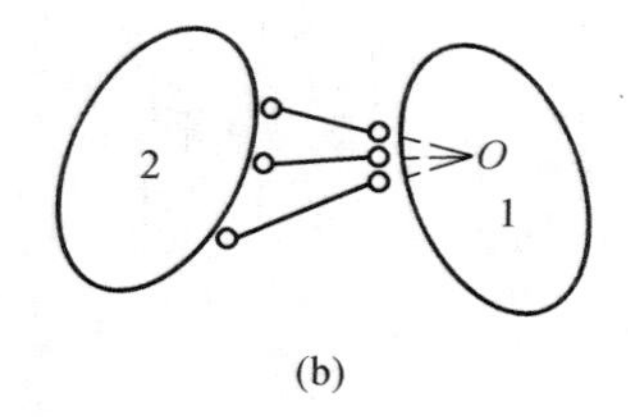

(b)

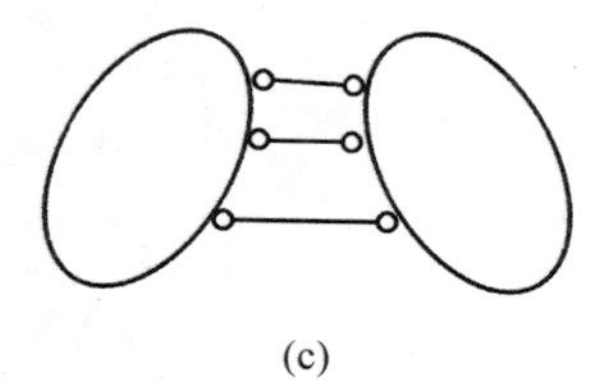
(c)

图 2－15

瞬变体系的位移虽然很小，但在外荷载作用下，瞬变体系中各杆件的内力非常大，所以不能用作结构。

## 第四节　体系几何组成分析举例

例 2－4. 分析图 2－16a 所示体系的几何组成。

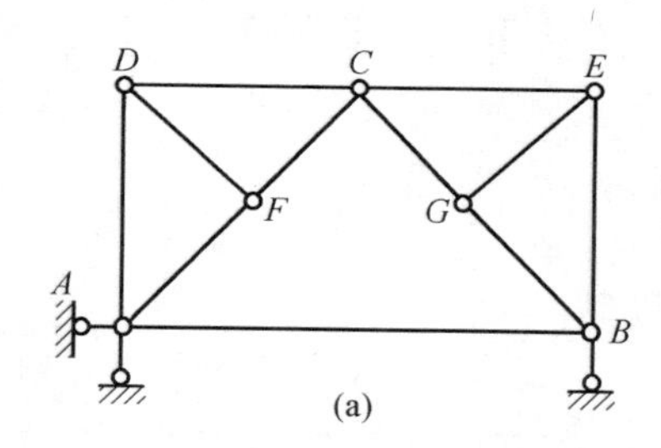

(a)

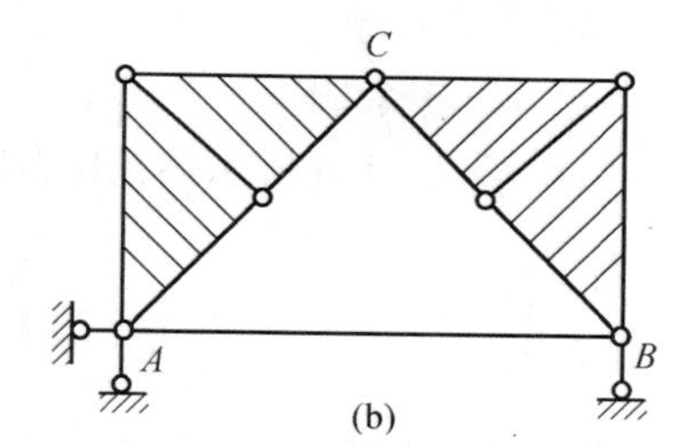

(b)

图 2－16

解：铰结三角形 $AFD$ 是一刚片，在 $AFD$ 上增加一个二元体，固定点 $C$ 得一大刚片 $AFCD$。同理可得 $BGCE$ 大刚片。两个大刚片用铰 $C$ 和链杆 $AB$ 相连，且链杆不通过铰 $C$，组成一无多余约束的更大的刚片。整个大刚片用不共点的三个支杆与基础相连，组成几何不变，且无多余约束的体系（图 2－6b 所示）。

因此，整个体系几何不变，且无多余约束。

例 2－5. 分析图 2－17a 所示体系的几何组成。

解：注意到折杆 $AC$ 也是一个链杆，它使 $A$、$C$ 两点间距不变，所以体系的构造情形如图 2－17b 所示。由于连结两刚片的三杆相交于一点，故组成瞬变体系。

若体系不对称，则三杆不交于一点，体系就是几何不变的。

例 2－6. 分析图 2－18a 所示体系的几何组成。

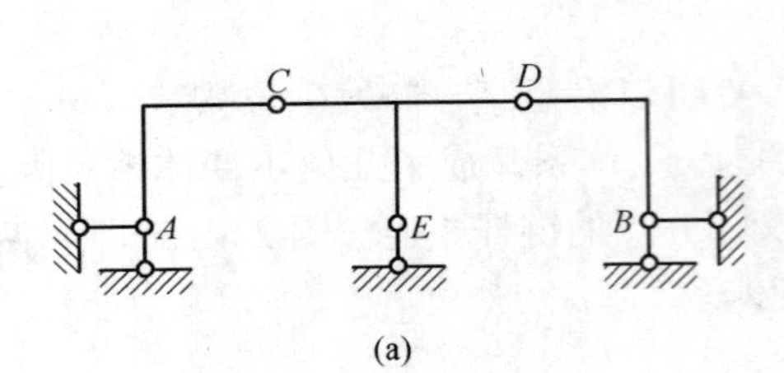

(a)

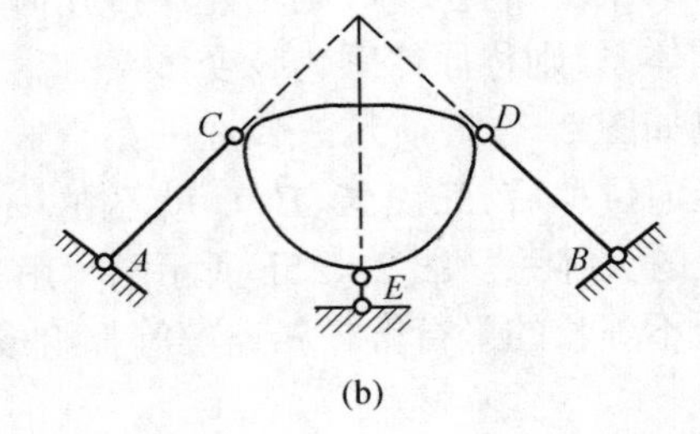

(b)

图 2－17

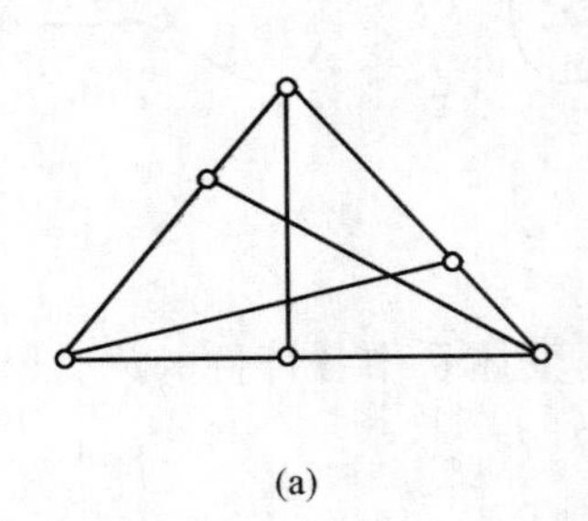
(a)

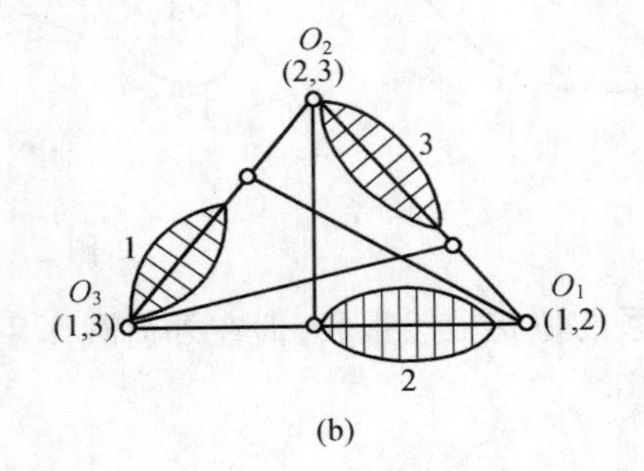

(b)

图 2－18

解:这个体系既无二元体可拆,也无铰结三角形,不能形成大刚片,只能摸索着找出两个或三个刚片并考察它们之间的关系。摸索的结果如图 2－18b 所示。它是由三个刚片用六个杆相连而得,这六根杆相当于三个虚铰 $O_1$、$O_2$、$O_3$,由于三个虚铰不在同一直线上,所以,体系几何不变,无多余约束。

例 2－7. 分析图 2－19a 所示体系的几何组成。

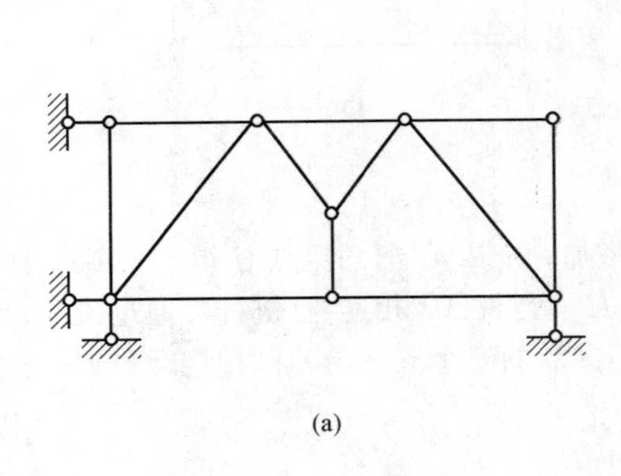
(a)

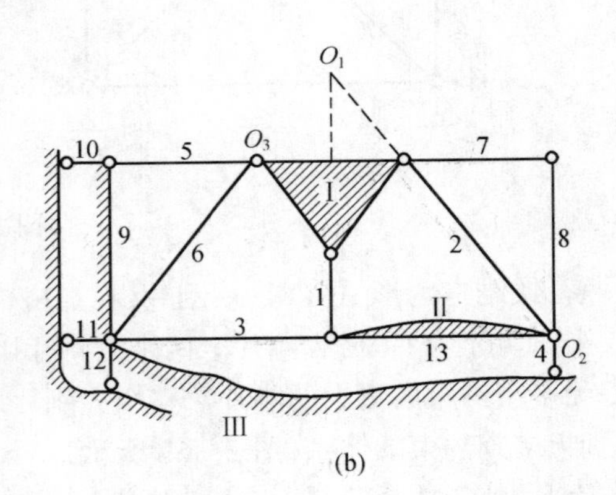

(b)

图 2－19

解:先拆除二元体链杆 7、8。如图 2－19b 所示,链杆 5、6、9 组成的刚片与基础用三支杆 10、11、12 相连组成的整体看作刚片Ⅲ,中间的铰结三角形视为刚片Ⅰ,链杆 13 视为刚片Ⅱ。三个刚片间用三个铰($O_1$、$O_2$ 为虚铰,$O_3$ 为实铰)相连,而三铰不在一直线上。

所以，体系几何不变，且无多余约束。

例 2－8. 分析图 2－20a 所示体系的几何组成。

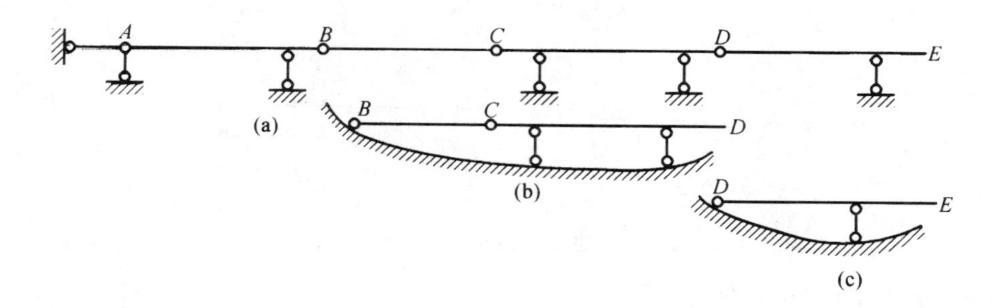


图 2－20

解：梁 $AB$ 与基础用三支杆相连，可看作是基础的一部分。杆 $CD$（图 2－20）用三杆与基础相连，也可看作是基础的一部分。杆 $DE$（图 2－20c）以一根杆和一铰与基础相联，是几何不变的。

所以，体系几何不变，且无多余约束。

通过以上的解题过程可以看出，进行几何组成分析时应灵活应用三个几何组成规则；分析时应充分运用最基本的刚片，如基础和铰结三角形等，并注意运用虚铰。

分析体系的几何组成时，可以先从基础出发，逐次应用组成规则固定点或刚片。也可以先从体系内部的局部刚片（如铰结三角形或一刚性杆件）出发，应用组成规则逐步扩大为整体。对体系中不影响几何组成分析的部分（如二元体）可逐步拆除，使分析对象得以简化。

## 习　题

2－1. 分析图示体系的几何组成

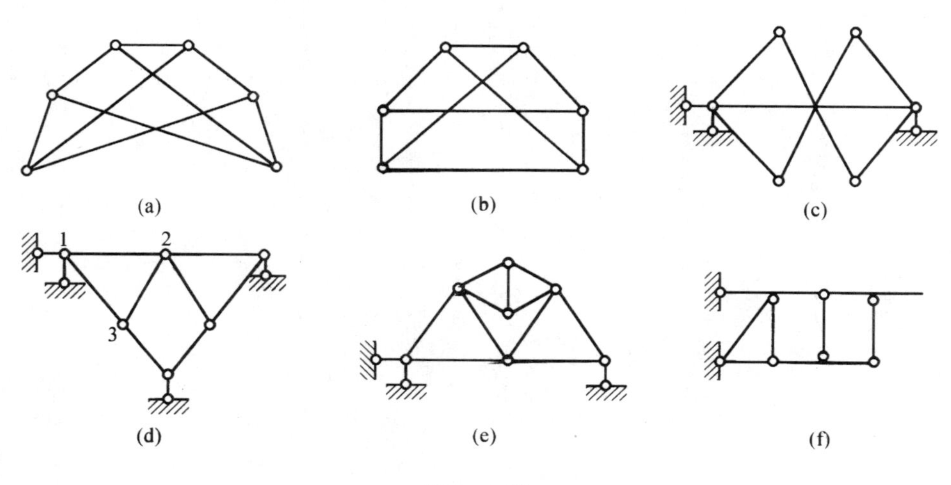


题 2－1 图

2-2.分析图示体系几何组成

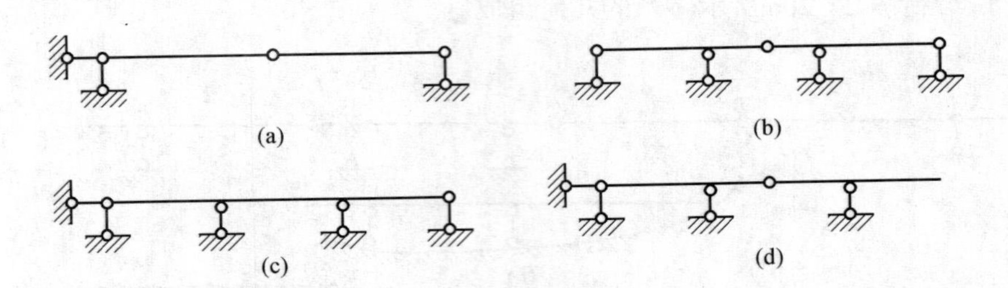


题2-2图

2-3.分析图示体系的几何组成

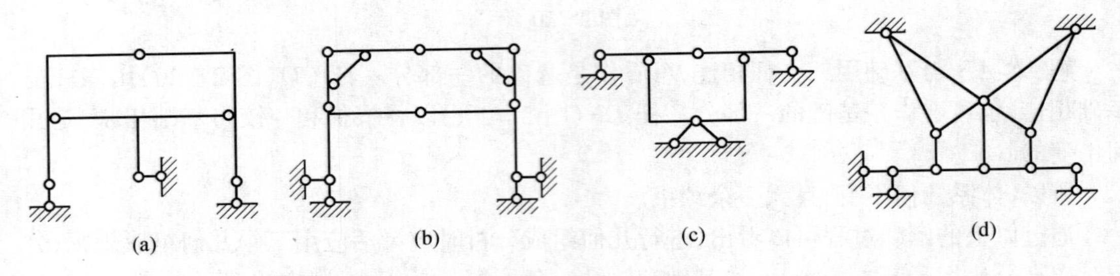


题2-3图

# 第三章

# 刚体平衡

本章研究刚体的平衡规律。物体的运动或静止，只有选择了参考系时才能确定。静力学中的所谓平衡，通常是指物体相对于固结在地球上的参考系处于静止或匀速直线运动状态。我们把作用于同一个物体上的若干力所组成的系统称为“力系”。

## 第一节　力的基本知识

### 一、力的概念

力的概念来自实践。所谓力，是物体间的相互机械作用，它能使物体的运动状态发生变化；同时使物体发生变形。

力可以是超距离的，也可以是由接触而产生的。本书中不研究力的物理来源，而只研究力的效应，即力对物体的作用效应。

作用在物体上的力将使物体产生两种效应，一是使物体运动状态发生变化，称为运动效应或外效应；二是使物体发生变形，称为变形效应或内效应。理论力学只研究力的运动效应，在材料力学和结构力学中才研究力的变形效应。

力对物体的作用效应取决于力的大小，方向和作用点，即力的三要素。

实践证明，力可以按照平行四边形法则进行合成。如果有两个力作用在一个物体的同一点 $M$ 上，如图 3－1 所示。力的大小和方向分别由有向线段$\overrightarrow{AB}$和$\overrightarrow{AC}$表示，则这两个力与另外一个力对物体的作用效果是相同的，这个力的作用点也在 $A$ 点，其大小和方向由有向线段$\overrightarrow{AD}$表示，$\overrightarrow{AD}$是平行四边形 $ABDC$ 的对角线。

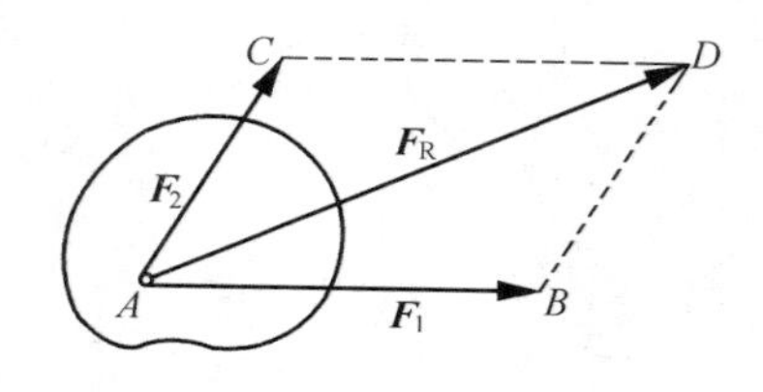


图 3－1

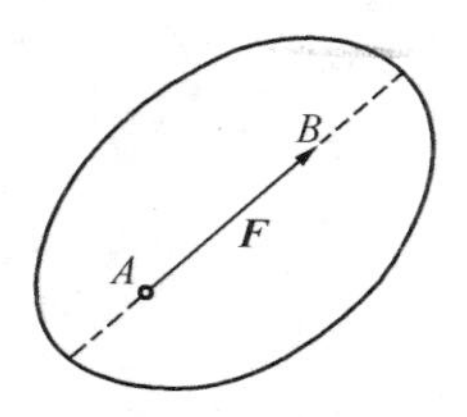


图 3－2

由于力有大小、方向，且满足平行四边形法则，故力是矢量。本章中用黑体字母如 $\boldsymbol{F}$、$\boldsymbol{D}$、$\boldsymbol{Q}$ 等表示矢量，如图 3－2 所示。矢量的模即为力的大小，在国际单位制中，力的单位是牛顿(N)或千牛顿(kN)等。矢量的方向即为力的方向。矢量的起点或终点为力的作用点。图 3－2 就表示物体在 $A$ 点受到力 $\boldsymbol{F}$ 的作用。

## 二、静力学基本原理

1. 二力平衡原理

作用在刚体上的两个力使刚体保持平衡的必要和充分条件是：两个力大小相等，方向相反，并且作用在同一直线上。

需要指出的是，二力平衡原理只适用于刚体。对于变形体，上述原理给出的平衡条件是不充分的。例如图 3-3 所示绳索，当承受大小相等、方向相反的拉力时可以平衡；但当承受大小相等、方向相反的压力时，则不能保持平衡。

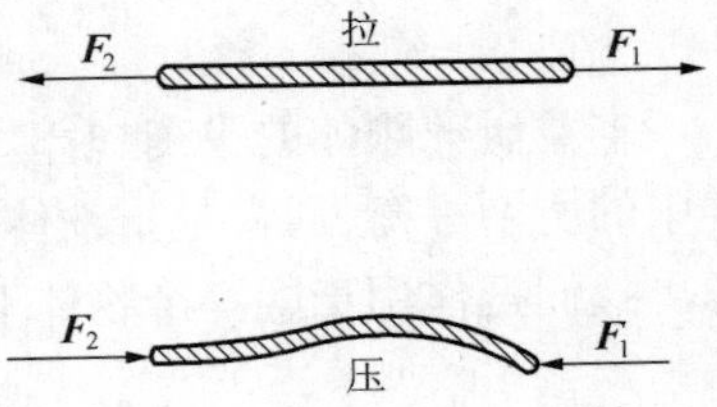

图 3-3

受两个力作用处于平衡状态的构件称为二力构件，显然二力构件上的两个力必定是等值、反向且共线的。

2. 加减平衡力系原理

在作用于刚体上的任意力系上，加上或减去任意平衡力系，并不改变原力系对刚体的作用效应。

上述结论是显然的。因为平衡力系对于刚体的平衡或运动状态没有影响。

如果作用在刚体上的力系可由另一个力系代替，而不改变运动效应，则这两个力系称为“等效力系”。

推论（力的可传性原理） 作用在刚体上的力可沿其作用线移到刚体上的任意一点，而不改变它对刚体的效应。

证明：设力 $\boldsymbol{F}$ 作用于刚体上的 $A$ 点（图 3-4a），在 $\boldsymbol{F}$ 的作用线上任取一点 $B$，并在 $B$ 点加上沿 $AB$ 连线的相互平衡的两个力 $\boldsymbol{F}_1$ 和 $\boldsymbol{F}_2$，并令 $\boldsymbol{F}_1=-\boldsymbol{F}_2=\boldsymbol{F}$（图 3-4b），由加减平衡力系原理可知，$\boldsymbol{F}_1$、$\boldsymbol{F}_2$、$\boldsymbol{F}$ 三个力所组成的力系与原来的力 $\boldsymbol{F}$ 等效。再从该力系中减去由 $\boldsymbol{F}$ 与 $\boldsymbol{F}_2$ 组成的平衡力系后所余下的力 $\boldsymbol{F}_1$ 也与原来的力 $\boldsymbol{F}$ 等效（图 3-4c），$\boldsymbol{F}_1$ 的大小、方向与 $\boldsymbol{F}$ 相同，这就相当于力 $\boldsymbol{F}$ 沿作用线移到了 $B$ 点。

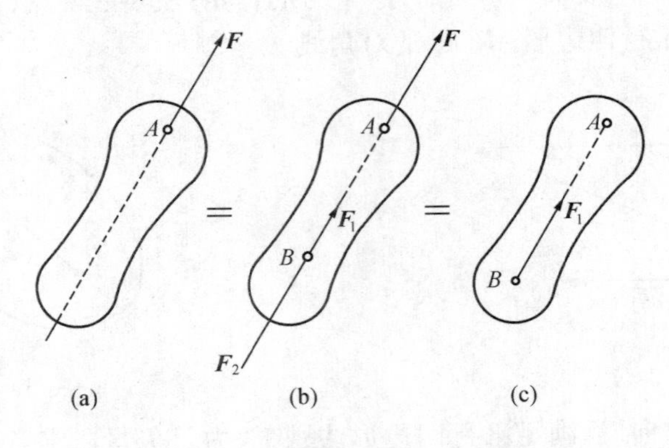


图 3-4

由力的可传性原理，作用于刚体上的力的三要素应改为力的大小、方向、作用线。即对刚体而言，力是滑动矢量。

三力平衡汇交原理,刚体受不平行的三个力作用而处于平衡时,这三个力的作用线必在同一平面内且汇交于一点。

证明:如图 3-5 所示,设在刚体上 $A$、$B$、$C$ 三点上,分别作用三个力 $\boldsymbol{F}_1$、$\boldsymbol{F}_2$、$\boldsymbol{F}_3$ 而刚体处于平衡。由力的可传性原理,将其中任意两个力 $\boldsymbol{F}_1$、$\boldsymbol{F}_2$ 分别沿其作用线移至它们的交点 $O$ 上,然后利用平衡四边形法则,可得合力 $\boldsymbol{F}_R$,而力 $\boldsymbol{F}_3$ 应与 $\boldsymbol{F}_R$ 平衡。根据二力平衡原理,$\boldsymbol{F}_R$ 与 $\boldsymbol{F}_3$ 必在同一直线上,所以 $\boldsymbol{F}_3$ 必通过 $O$ 点,于是,$\boldsymbol{F}_1$、$\boldsymbol{F}_2$、$\boldsymbol{F}_3$ 均通过 $O$ 点(图 3-5)。

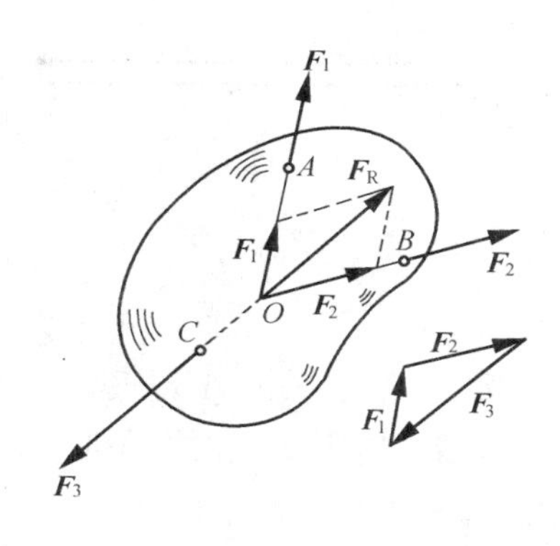


图 3-5

由此可见,刚体受不平行的三力作用而平衡时,只要已知其中两个力的方向,则第三个力的方向就可利用三力平衡汇交原理确定。必须注意,三力汇交仅是不平行三力平衡的必要条件,而不是充分条件。即刚体受三个处于同一平面且汇交于一点的力作用,并不一定处于平衡状态。

## 三、受力分析和受力图

研究物体的平衡或运动问题,首先必须分析物体受到哪些力的作用,并确定每个力的位置和方向,这个分析过程称为物体的受力分析。为了清楚地表示物体的受力情况,而要把所研究的物体(称为研究对象)从周围的物体中分离出来,画出它的简图,并画出作用在研究对象上的全部外力(包括主动力和约束反力),这种表示物体受力的简图称为受力图。必须注意的是:画约束反力时,应取消约束,而用约束反力来代替它的作用;约束反力的作用位置和作用方向应根据约束的类型和性质来确定。

例 3-1. 一匀质球重 $\boldsymbol{F}_W$,用绳系住,并靠于光滑的斜面上,如图 3-6a 所示。试分析球的受力情况,并画受力图。

解:(1)取球为研究对象

(2)作用在球上的力有三个:球的重力 $\boldsymbol{F}_W$,作用于球心,铅直向下;绳的拉力 $\boldsymbol{F}_T$,作用于 $O$ 点,沿绳并背离球;斜面的约束反力 $\boldsymbol{F}_N$,作用于接触点,垂直于斜面并指向球心。由以上分析,即得球的受力图,如图 3-6b 所示。因球受 $\boldsymbol{F}_W$、$\boldsymbol{F}_T$、$\boldsymbol{F}_N$ 三个力作用而平衡,故此三力必交于一点,即球心 $O$ 点。

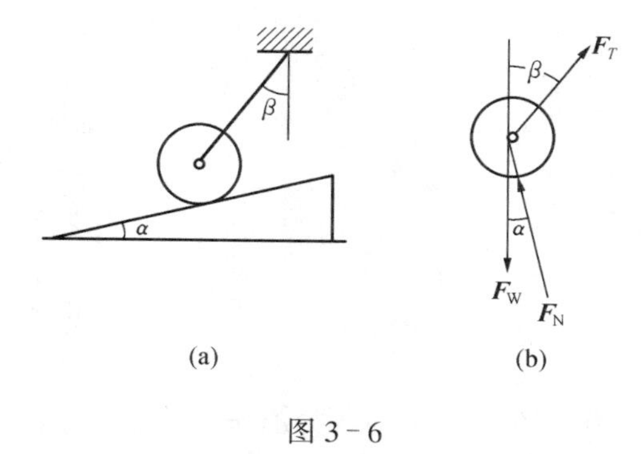


图 3-6

例 3-2. 简支梁 $AB$ 的 $A$ 端为固定铰支座,$B$ 端为活动铰支座,并放置在斜坡角为 $\alpha$ 的支承面上,梁在 $C$ 点和 $D$ 点分别受到集中力 $\boldsymbol{F}_P$ 和 $\boldsymbol{F}_Q$ 的作用,如图 3-7a 所示。试画出梁的受力图。梁的自重不计。

解:取梁 $AB$ 为研究对象。梁上所受的主动力有 $\boldsymbol{F}_P$ 和 $\boldsymbol{F}_Q$,约束反力有固定铰支座 $A$ 的约束反力 $\boldsymbol{F}_{Ax}$、$\boldsymbol{F}_{Ay}$,活动铰支座的约束反力 $\boldsymbol{F}_{RB}$,受力图如图 3-7b 所示。

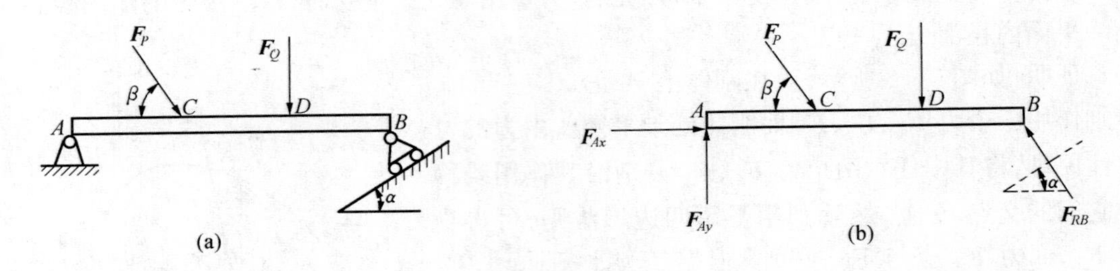


图 3-7

例 3-3. 水平梁 $AB$ 用斜杆 $CD$ 支撑，$A$、$C$、$D$ 三处均为光滑铰链联接，匀质梁重 $\boldsymbol{F}_P$，其上放置一重为 $\boldsymbol{F}_Q$ 的电动机，如图 3-8a 所示。如不计杆 $CD$ 的自重，试分别画出杆 $CD$ 和梁 $AB$(包括电动机)的受力图。

解：

(1)先分析 $CD$ 杆的受力。由于 $CD$ 杆自重不计，而只在杆的两端分别受到铰链的约束反力 $\boldsymbol{F}_{RC}$ 和 $\boldsymbol{F}_{RD}$ 作用，故 $CD$ 杆是二力杆。$CD$ 杆的受力图如图 3-8b 所示。

(2)取梁 $AB$(包括电机)为研究对象。它受 $\boldsymbol{F}_P$、$\boldsymbol{F}_Q$ 两个主动力作用。约束反力有铰链 $D$ 处受到的约束反力 $\boldsymbol{F}'_{RD}$，$\boldsymbol{F}'_{RD}$ 与 $\boldsymbol{F}_{RD}$ 是一对作用力与反作用力，固定铰支座 $A$ 处的约束反力 $\boldsymbol{F}_{Ax}$、$\boldsymbol{F}_{Ay}$。梁 $AB$ 的受力图如图 3-8c 所示。

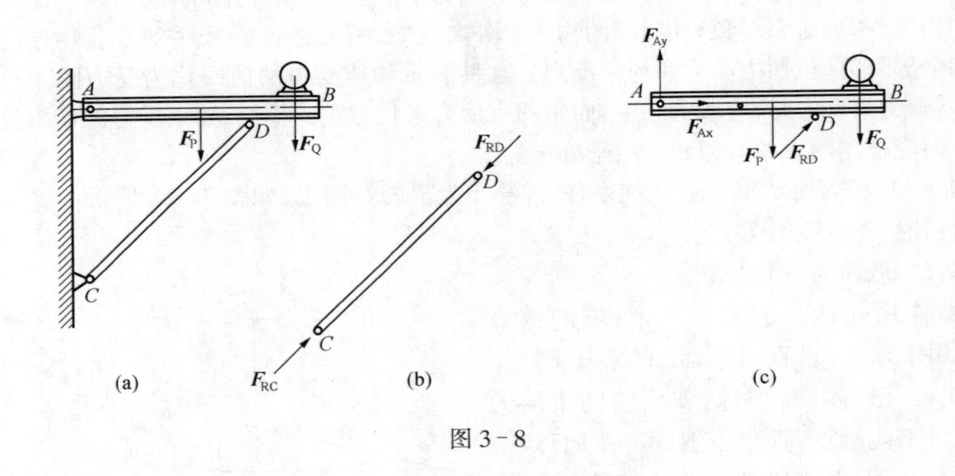


图 3-8

## 第二节 平面汇交力系和平面力偶系

作用在物体上的各力的作用线若处于同一平面内，则这些力所组成的力系称为平面力系。平面力系中所有力的作用线均汇交于一点时，称为平面汇交力系。

### 一、平面汇交力系的简化

考察作用于刚体上的平面汇交力系(图 3-9)，按照力的平行四边形法则，将这些力两两合成，例如先求得 $\boldsymbol{F}_1$、$\boldsymbol{F}_2$ 的合力 $\boldsymbol{F}_{R1}$，再求 $\boldsymbol{F}_{R1}$ 与 $\boldsymbol{F}_3$ 的合力 $\boldsymbol{F}_{R2}$；一直进行下去，最后求

得一个力 $\boldsymbol{F}_R$。

$$\boldsymbol{F}_R = \boldsymbol{F}_1 + \boldsymbol{F}_2 + \cdots + \boldsymbol{F}_n = \sum_{i=1}^{n} \boldsymbol{F}_i = \sum \boldsymbol{F} \tag{3-1}$$

$\boldsymbol{F}_R$ 即为力系的合力。合力作用于力系的汇交点 $O$ 点。

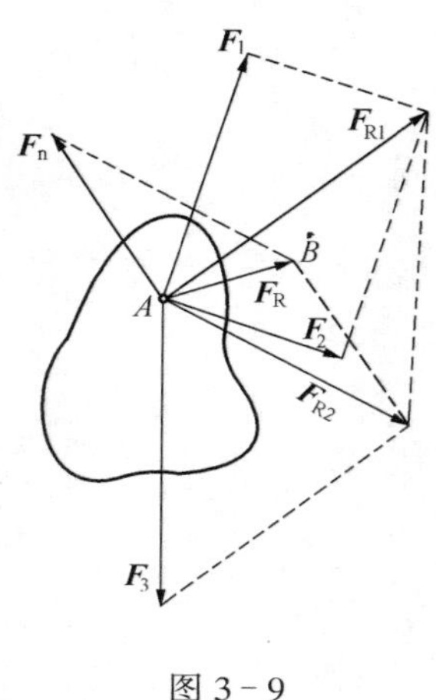

图 3－9

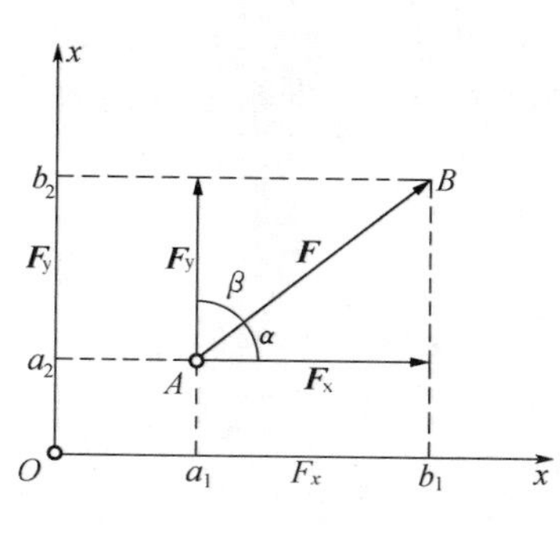

图 3－10

下面讨论合力的具体计算。

通常我们在参考体上取一个固定的直角坐标系 $Oxy$，其原点在 $O$ 点。设 $\boldsymbol{i}$、$\boldsymbol{j}$ 分别为沿 $x$、$y$ 轴的单位矢量。参察 $Oxy$ 坐标平面内的任意力矢量 $\boldsymbol{F}$，矢量 $\boldsymbol{F}$ 可以沿坐标轴方向分为两个分量 $\boldsymbol{F}_x$，$\boldsymbol{F}_y$ 如图 3－10 所示。即

$$\boldsymbol{F} = \boldsymbol{F}_x + \boldsymbol{F}_y = F_x\boldsymbol{i} + F_y\boldsymbol{j} \tag{3-2}$$

式中，$F_x$、$F_y$ 为力矢量在坐标轴上的投影，是代数量。其符号规定是：若投影的始端至终端的取向与坐标一致，则投影为正，反之为负。

设力矢量 $\boldsymbol{F}$ 的正向与 $x$ 和 $y$ 轴正向的夹角为 $\alpha$ 和 $\beta$。则力矢量在 $x$ 轴和 $y$ 轴上的投影为

$$\left.\begin{aligned} F_x &= F\cos\alpha \\ F_y &= F\cos\beta \end{aligned}\right\} \tag{3-3}$$

其中 $F$ 为力矢量 $\boldsymbol{F}$ 的模，$\cos\alpha$ 和 $\cos\beta$ 称为力矢量 $\boldsymbol{F}$ 的方向余弦。

显然，若力在坐标轴上的投影已知，则可求得力矢量的模及其方向余弦，即

$$F = \sqrt{F_x^2 + F_y^2}$$

$$\cos\alpha = \frac{F_x}{F} \qquad \cos\beta = \frac{F_y}{F} \tag{3-4}$$

根据以上讨论，我们将合力用下式表示

$$\boldsymbol{F}_R = F_{Rx}\boldsymbol{i} + F_{Ry}\boldsymbol{j}$$

其中 $F_{Rx}$ 和 $F_{Ry}$ 为合力 $\boldsymbol{F}_R$ 分别在 $x$ 轴和 $y$ 轴上的投影。根据式(3－1)将

$$\boldsymbol{F}_i = F_{xi}\boldsymbol{i} + F_{yi}\boldsymbol{j}$$

代入得

$$\boldsymbol{F}_R = F_{Rx}\boldsymbol{i} + F_{Ry}\boldsymbol{j} = \sum_{i=1}^{n} F_{xi}\boldsymbol{i} + \sum_{i=1}^{n} F_{yi}\boldsymbol{j}$$

因此得

$$\begin{aligned} F_{Rx} &= \sum_{i=1}^{n} F_{xi} = \sum F_x \\ F_{Ry} &= \sum_{i=1}^{n} F_{yi} = \sum F_y \end{aligned} \tag{3-5}$$

上式表明:合力在某轴上的投影等于力系中各分力在同一坐标轴上投影的代数和。

合力的大小和方向余弦分别为

$$\begin{aligned} F_R &= \sqrt{F_{Rx}^2 + F_{Ry}^2} \\ \cos\alpha &= \frac{F_{Rx}}{F_R} = \frac{\sum F_x}{\sqrt{F_{Rx}^2 + F_{Ry}^2}} \\ \cos\beta &= \frac{F_{Ry}}{F_R} = \frac{\sum F_y}{\sqrt{F_{Rx}^2 + F_{Ry}^2}} \end{aligned} \tag{3-6}$$

## 二、力对点之矩

人们从实践中体会到,力对物体的作用,既能使物体移动,又能使物体转动。为了度量力使物体转动的效应,引入力对点之矩的概念。

考察图 3-11 所示的用板手转动螺栓的情况,作用在板手上的力 $\boldsymbol{F}$ 使板手绕 $O$ 点转动的效应,不仅与力的大小成正比,而且与 $O$ 点至力 $\boldsymbol{F}$ 的作用线的垂直距离 $h$ 成正比。因此,将力 $\boldsymbol{F}$ 的大小与力 $\boldsymbol{F}$ 的作用线到任一点 $O$ 的垂直距离 $h$ 的乘积 $fh$ 称为力 $\boldsymbol{F}$ 对 $O$ 点之矩,并用以作为力 $\boldsymbol{F}$ 使物体绕 $O$ 点转动效应的度量。若以符号表示之,则

$$M_O(\boldsymbol{F}) = \pm Fh \tag{3-7}$$

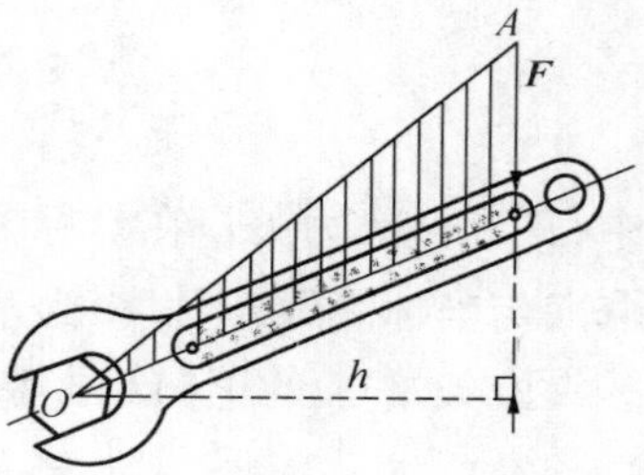

图 3-11

$O$ 点称为力矩中心,简称距心,$h$ 称为力臂。

式(3-7)中的正负号由力使物体绕矩心的转动方向而定。通常规定:力使物体绕矩心逆时针方向转动时为正,反之为负。

可见,在平面问题中,力对点之矩取决于力矩的大小和转向,因此力矩是个代数量。力矩的单位为 N·m 或 kN·m。

应当注意:力矩必须与矩心相对应,矩心不仅可以是固定点,而且可以是物体上或物体外的任意点。

## 三、力偶和力偶矩

大小相等、方向相反、作用线平行但不在同一直线上的两个力组成的力系称为力偶。如图 3-12 所示即为等值、反向、平行的两个力 $\boldsymbol{F}$ 与 $\boldsymbol{F}'$ 组成的力偶,记为($\boldsymbol{F}$、$\boldsymbol{F}'$)。

力偶中两力作用线所确定的平面称为力偶作用面，两力作用线之间的垂直距离称为力偶臂。

组成力偶的两个力虽然大小相等，方向相反，但由于二力作用线不在一条直线上，因此，力偶不是平衡力系。力偶与力的运动效应迥然不同，因此，力偶不能与一个力等效，即构成力偶的两个力不能合成为一个力。它是一个基本的力学量。

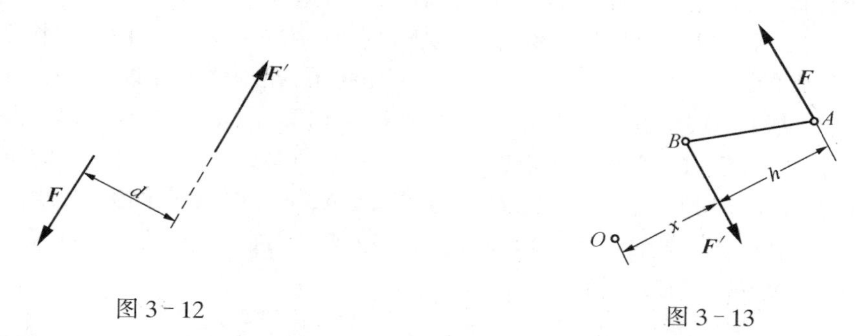


图 3-12　　图 3-13

由经验可知，力偶对于物体只有转动效应。力偶使物体绕某点的转动效应用力偶的两个力对该点之矩的代数和来度量。如图 3-13 所示，在力偶($\boldsymbol{F}$、$\boldsymbol{F}'$)的作用面内任取 $O$ 点为矩心，设 $O$ 点与力 $\boldsymbol{F}'$ 的距离为 $x$，则力偶($\boldsymbol{F}$、$\boldsymbol{F}'$)对于 $O$ 点之矩为

$$\begin{aligned} M_O(\boldsymbol{F}、\boldsymbol{F}') &= M_O(\boldsymbol{F}) + M_O(\boldsymbol{F}') \\ &= F(x+h) - F'x = Fh \end{aligned}$$

上式表明：力偶对于作用面内任一点之矩只与力的大小 $F$ 和力偶臂 $h$ 有关，而与矩心的位置无关。因此，我们用力偶的任一力的大小与力偶臂长度的乘积再冠以相应的正负号，作为力偶使物体转动效应的度量，称为力偶矩，以符号 $M$ 表示即

$$M(\boldsymbol{F}、\boldsymbol{F}') = M = \pm Fh \tag{3-8}$$

力偶矩的符号规定和力矩相同。力偶矩的单位是 N·m 或 kN·m。

由于力偶只能使物体转动，而转动效应又取决于力偶矩。可见，在同一平面内的两个力偶等效的必要与充分条件是此两力偶的力偶矩相等。

根据这一条件，可以得到力偶的下列两个性质：

1. 当力偶矩保持不变时，力偶可在其作用面内任意移动，而不改变它对刚体的作用。

2. 只要保持力偶矩的大小和转向不变，可以同时改变力偶中力的大小和力臂的大小，而不改变力偶对刚体的作用。

## 四、平面力偶系的简化

同时作用于同一物体上的若干个力偶，称为力偶系。若力偶系中各力偶的作用面均为同一平面，则称为平面力偶系。

由于力偶没有合力，其作用效果完全取决于力偶矩，因此，平面力偶系简化或合成的结果，必然得一合力偶，且合力偶的力偶矩等于力偶系中各力偶的力偶矩之代数和。即

$$M = M_1 + M_2 + \cdots + M_n = \sum M \tag{3-9}$$

式中，$M$ 表示合力偶之矩，而 $M_1$、$M_2$、$\cdots M_n$ 分别表示原力偶系中各个力偶之矩。

# 第三节　平面一般力系

## 一、力向一点平移

前面曾经提到:作用在刚体上的力可以沿作用线传至任意点,而不改变力对刚体的作用效应。但是,当力平行于原来的作用线移动至任意点时,力对刚体的作用效应将会改变。

设在刚体上的 $A$ 点作用一个力 $\boldsymbol{F}$ 如图 3-14a 所示,在刚体上任取一 $O$,在 $O$ 点加一对等值,反向的力 $\boldsymbol{F}'$ 和 $\boldsymbol{F}''$,并使该两力与力 $\boldsymbol{F}$ 平行且相等,即 $\boldsymbol{F}=\boldsymbol{F}'=\boldsymbol{F}''$,如图 3-14b 所示。显然三个力 $\boldsymbol{F}$、$\boldsymbol{F}'$、$\boldsymbol{F}''$ 组成的新力系与原来的一个力等效。但是这三个力可看作是一个作用于 $O$ 点的力 $\boldsymbol{F}'$ 和一个力偶($\boldsymbol{F}$、$\boldsymbol{F}''$)。这样,原来作用在 $A$ 点的力 $\boldsymbol{F}$,便被作用于 $O$ 点的力 $\boldsymbol{F}'$ 和力偶($\boldsymbol{F}$、$\boldsymbol{F}''$)等效代换。由此可见,可以把作用在 $A$ 点的力 $\boldsymbol{F}$ 平移到 $O$ 点,但必须同时附加一力偶,附加力偶的力偶矩 $M$ 为

$$M = M_O(\boldsymbol{F}) = F \cdot h$$

其中 $h$ 为力 $\boldsymbol{F}$ 对 $O$ 点的力臂。由此可得力的平移定理:作用在刚体上的力可以向任意点平移,平移后除了这个力之外,还产生一附加力偶,其力偶矩等于原来的力对平移点之矩。

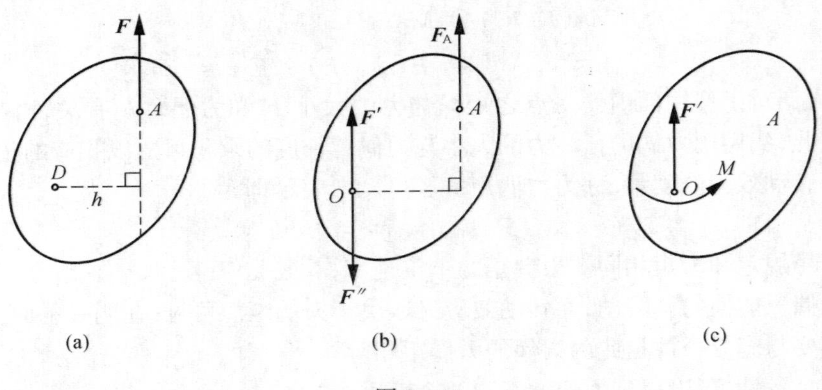


图 3-14

## 二、平面一般力系向一点的简化

设刚体上有一平面一般力系 $\boldsymbol{F}_1$、$\boldsymbol{F}_2\cdots\boldsymbol{F}_n$,分别作用于 $A_1$、$A_2$、$\cdots A_n$ 点,如图 3-15a 所示。现要将这个力系简化,可在平面内任取一点 $O$,称为简化中心,应用力的平移定理,把力系中的各个力都平移到这一点,得到作用于 $O$ 点的平面汇交力系 $\boldsymbol{F}'_1$、$\boldsymbol{F}'_2\cdots\boldsymbol{F}'_n$,和一个附加力偶系 $M_1$、$M_2$、$\cdots M_n$,如图 3-15b 所示。

作用于简化中心 $O$ 的平面汇交力系中,各个力的大小和方向分别与原力系中对应的各力相等。即

$$\boldsymbol{F}'_1 = \boldsymbol{F}_1, \boldsymbol{F}'_2 = \boldsymbol{F}_2, \cdots \boldsymbol{F}'_n = \boldsymbol{F}_n$$

而各附加力偶的力偶矩分别等于原力系中各力对简化中心 $O$ 点的矩,即

$$M_1 = M_O(\boldsymbol{F}_1), M_2 = M_O(\boldsymbol{F}_2) \cdots M_n = M_O(\boldsymbol{F}_n)$$

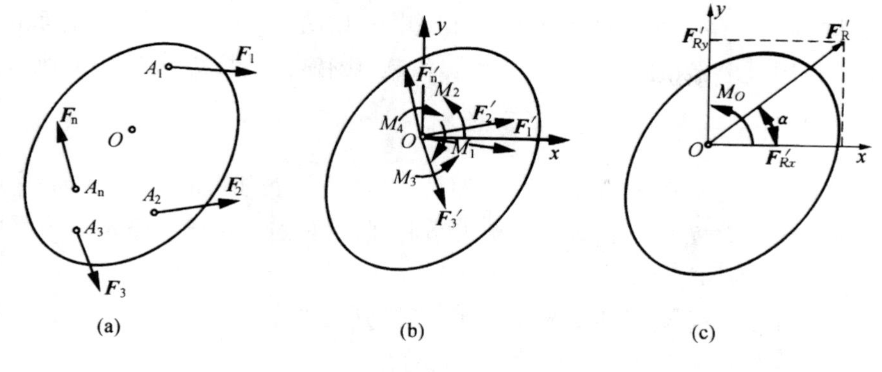


图 3 - 15

简化后的平面汇交力系和平面力偶系又可以分别合成一个合力 $\boldsymbol{F'}_R$ 和一个合力偶 $M_O$，如图 3 - 15c 所示。其中 $\boldsymbol{F'}_R$ 为简化后平面汇交力系各力的矢量和，即

$$\boldsymbol{F'}_R = \sum \boldsymbol{F'} = \sum \boldsymbol{F} \tag{3-10}$$

$\boldsymbol{F'}_R$ 称为原力系的主矢。设 $F'_{Rx}$ 和 $F'_{Ry}$ 分别为主矢在 $x$、$y$ 轴上的投影，则

$$\begin{aligned} F'_{Rx} &= F_{x1} + F_{x2} + \cdots + F_{xn} = \sum F_x \\ F'_{Ry} &= F_{y1} + F_{y2} + \cdots + F_{yn} = \sum F_y \end{aligned} \tag{3-11}$$

因此主矢 $\boldsymbol{F'}_R$ 的大小和方向余弦为

$$\left.\begin{aligned} F'_R &= \sqrt{F'^2_{Rx} + F'^2_{Ry}} = \sqrt{\left(\sum F_x\right)^2 + \left(\sum F_y\right)^2} \\ \cos\alpha &= \frac{F'_{Rx}}{F'_R} = \frac{\sum F_x}{\sqrt{F'^2_{Rx} + F'^2_{Ry}}} \\ \cos\beta &= \frac{F'_{Ry}}{F'_R} = \frac{\sum F_y}{\sqrt{F'^2_{Rx} + F'^2_{Ry}}} \end{aligned}\right\} \tag{3-12}$$

合力偶的力偶矩 $M_O$ 为各个力偶的力偶矩之代数和，它等于原力系中各个力对简化中心 $O$ 点之矩的代数和，即

$$\begin{aligned} M_O &= M_1 + M_2 + \cdots + M_n \\ &= M_O(\boldsymbol{F}_1) + M_O(\boldsymbol{F}_1) + M_O(\boldsymbol{F}_2) + \cdots + M_O(\boldsymbol{F}_n) \\ &= \sum M_O(F) \end{aligned} \tag{3-13}$$

$M_O$ 称为原力系对简化中心的主矩。

综上所述，平面一般力系向作用面内任意一点简化后，得到一个力和一个力偶；该力作用于简化中心，其大小和方向等于力系的主矢，该力偶的力偶矩等于力系对简化中心的主矩。

应当注意，力系的主矢 $\boldsymbol{F'}_R$ 与简化中心的位置无关，而力系对简化中心的主矩 $M_O$ 与简化中心的位置有关。

图 3 - 16a 中所示为一平面一般力系向指定简化中心的简化结果。在 $\boldsymbol{F'}_R \neq 0$ 的情况

下，这并不是最后的简化结果。

根据力偶的性质，在不改变力偶矩 $M_O$ 的前提下，用两个大小等于 $\boldsymbol{F}'_R$、方向相反，作用线分别与 $\boldsymbol{F}'_R$ 作用线重合和平行的两个力 $\boldsymbol{F}''_R$ 和 $\boldsymbol{F}_R$ 代替合力偶，如图 3-16b 所示。图中

$$h = \frac{M_O}{F'_R} = \frac{M_O}{F_R}$$

因而三个力 $\boldsymbol{F}'_R$、$\boldsymbol{F}''_R$、$\boldsymbol{F}_R$ 对刚体的作用与一个力 $\boldsymbol{F}'_R$ 和一个力偶 $M_O$ 对刚体的作用等效。由于 $\boldsymbol{F}'_R$ 和 $\boldsymbol{F}''_R$ 构成平衡力系，由加减平衡力系原理，可将这一平衡力系从原力系中减去，结果便得到只有一个力 $\boldsymbol{F}_R$ 作用的情形，如图 3-16c 所示。

由以上分析可知，只要力的主矢量 $\boldsymbol{F}'_R$ 不为零，则无论主矩 $M_O$ 为零与否，最终都可以将原力系简化为一个力 $\boldsymbol{F}_R$。力 $\boldsymbol{F}_R$ 称为原力系的合力。

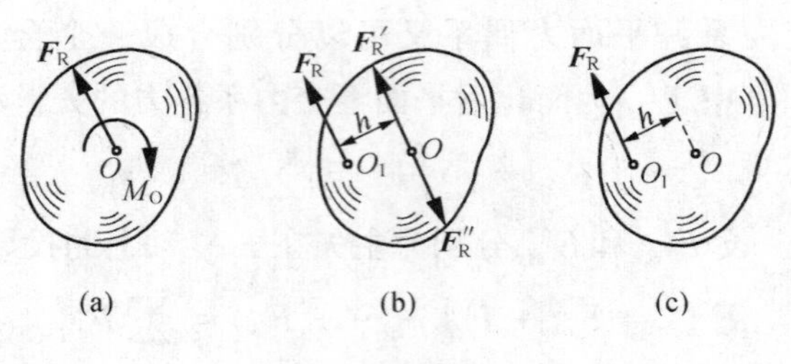


图 3-16

由图 3-16c 可知，合力 $\boldsymbol{F}_R$ 对 $O$ 点之矩为

$$M_O(\boldsymbol{F}_R) = R \cdot h = M_O$$

考虑到 $M_O = \sum M_O(\boldsymbol{F})$，故得

$$M_O(\boldsymbol{F}_R) = \sum M_O(\boldsymbol{F}) \tag{3-14}$$

上式表明：平面一般力系的合力对平面内任意一点之矩等于该力系中各个力对于同一点之矩的代数和。这一结论称为合力矩定理。

利用合力矩定理，可以使力对点之矩的计算更为简便。

例如已知力 $\boldsymbol{F}$ 的大小、方向和作用点 $A$ 的坐标 $x$、$y$（图 3-17），则由合力矩定理可知，力 $\boldsymbol{F}$ 对坐标原点 $O$ 的矩为

$$\begin{aligned} M_O(F) &= M_O(\boldsymbol{F}_x) + M_O(\boldsymbol{F}_y) \\ &= -y(F\cos\alpha) + x(F\sin\alpha) \end{aligned}$$

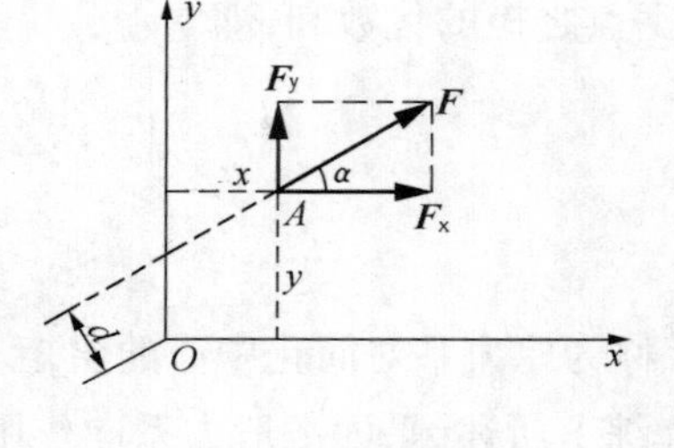


图 3-17

下面应用力系简化理论说明固定端约束的约束反力的表示方法。

物体的一部分嵌固于另一物体所构成的约束称为固定端约束。例如固定于地面的电线杆，房屋的雨蓬、焊接在立柱上的托架等所受的约束都是固定端约束。图 3-18b 为计算时所用的简图。这种约束不但限制物体在约束处沿任意方向的移动，也限制物体在约束处的转动。物体在嵌固部分的受力是很复杂的，如图 3-18a 所示。但不管它们如何分布，当主动力为平面力系时，这些约束反力也将组成平面力系。将它们向 $A$ 点简化得一个力和一个力偶，这个力用

水平方向和垂直方向的分量 $\boldsymbol{F}_{xA}$、$\boldsymbol{F}_{yA}$ 表示，这个力偶用 $M_A$ 表示，如图 3-18c 所示。

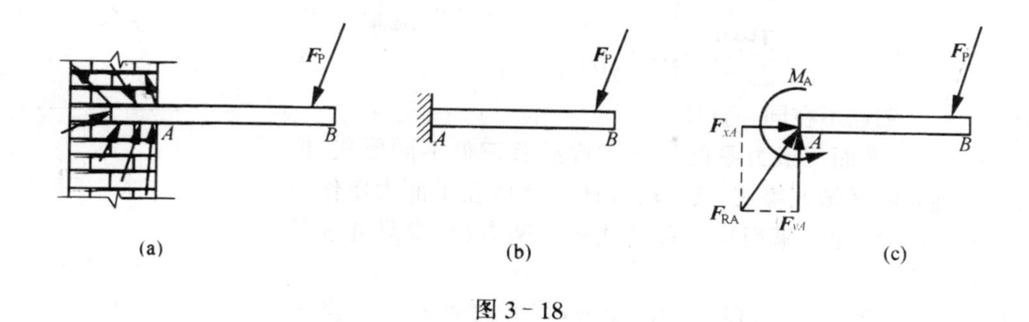


图 3-18

### 三、平面一般力系的平衡条件

根据平面一般力系向任意一点简化的结果，如果作用在刚体上的平面力系的主矢和对任意点的主矩同时为零，则力系向任意点简化所得的力和力偶均为零，显然刚体是平衡的。而当平面力系的主矢和对任意点的主矩不同时为零时，则力系可能合成一个力或一个力偶，这时的刚体不能保持平衡。

由以上分析可知，平面一般力系平衡的必要和充分条件是：力系的主矢和力系对任意点的主矩同时等于零。即

$$\left.\begin{aligned} \boldsymbol{F}'_R &= 0 \\ M_O &= 0 \end{aligned}\right\} \tag{3-15}$$

利用式(3-11)和式(3-13)，上述条件可表示为

$$\left.\begin{aligned} \sum F_x &= 0 \\ \sum F_y &= 0 \\ \sum M_O(\boldsymbol{F}) &= 0 \end{aligned}\right\} \tag{3-16}$$

式(3-16)称为平面一般力系的平衡方程，是平衡方程的基本形式。除此之外，平面一般力系还可有下列两种形式的平衡方程。

(1)二力矩式平衡方程

$$\left.\begin{aligned} \sum F_x &= 0 \left(\sum F_y = 0\right) \\ \sum M_A(\boldsymbol{F}) &= 0 \\ \sum M_B(\boldsymbol{F}) &= 0 \end{aligned}\right\} \tag{3-17}$$

其中，$A$、$B$ 两点的连线不能垂直于 $x$ 轴(或 $y$ 轴)。

在式(3-17)中，如果后两式成立，则力系只能简化为通过 $A$、$B$ 两点的合力，若第一式也成立，即 $\sum F_x = 0$（或 $\sum F_y = 0$），而且 $A$、$B$ 的连线与 $x$ 轴(或 $y$ 轴)不垂直，则由图 3-19可知，合力 $\boldsymbol{F}_R$ 必为零。表明平衡条件得到满足。

(2)三力矩式平衡方程

$$\left.\begin{aligned}\sum M_A(\boldsymbol{F}) &= 0\\ \sum M_B(\boldsymbol{F}) &= 0\\ \sum M_C(\boldsymbol{F}) &= 0\end{aligned}\right\} \qquad (3-18)$$

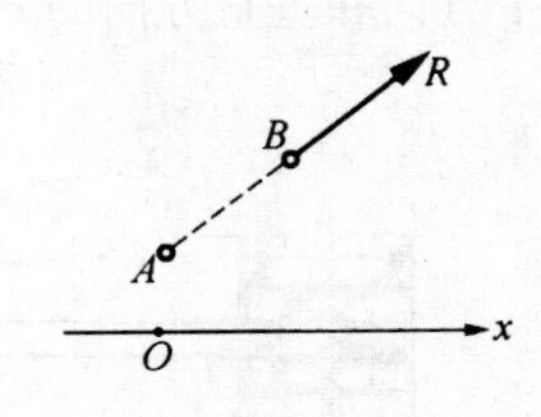


图 3-19

其中 $A$、$B$、$C$ 三点不在同一直线上。

应当指出，平面一般力系的平衡方程虽有三种不同形式，但只有三个独立的平衡方程式。因此，在研究物体在平面力系作用下的平衡问题时，无论采用哪一种形式的平衡方程，都只能求解三个未知量。

例 3-4. 如图 3-20a 所示的起重架机构，已知 $OB = BA = l/2$，绳索的 $ED$ 部分平行于杆 $OA$，$OA$ 与水平直线夹角为 $\theta$，所挂重物的重力为 $\boldsymbol{F}_W$，不计 $OA$ 杆的自重，求水平绳 $BC$ 中的拉力和铰链 $O$ 处的反力。

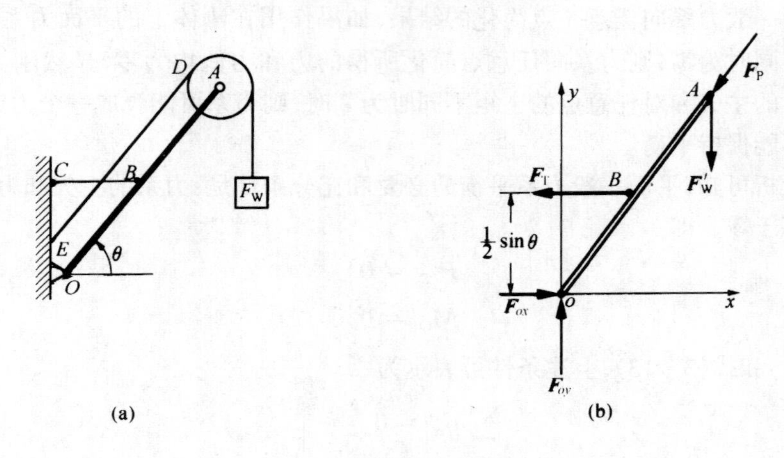


图 3-20

解：作杆 $OA$ 的受力图如图 3-20b 所示。图中滑轮对杆的作用力可用两个分力 $\boldsymbol{F}'_W$ 和 $\boldsymbol{F}_P$ 表示，且 $\boldsymbol{F}'_W = \boldsymbol{F}_W$，$\boldsymbol{F}_P = \boldsymbol{F}_W$（可利用滑轮的平衡条件求得）

建立坐标系如图，则平衡方程为

$$\left.\begin{aligned}&\sum F_x = 0 && F_{Ox} - F_P\cos\theta - F_T = 0\\ &\sum F_y = 0 && F_{Oy} - F_W - F_P\sin\theta = 0\\ &\sum M_O(\boldsymbol{F}) = 0 && -F_W l\cos\theta + F_T \times \frac{l}{2}\sin\theta = 0\end{aligned}\right\}$$

由这三个方程可解得

$$F_T = 2F_W\operatorname{ctg}\theta$$

$$F_{Ox} = F_W(\cos\theta + 2\operatorname{ctg}\theta)$$

$$F_{Oy} = F_W(1 + \sin\theta)$$

例 3-5. 如图 3-21a 所示三铰拱由两个刚体组成，设各拱自重不计，在拱 $AB$ 上作用有载荷 $\boldsymbol{F}_P$。求 $A$、$B$ 处的支座反力。

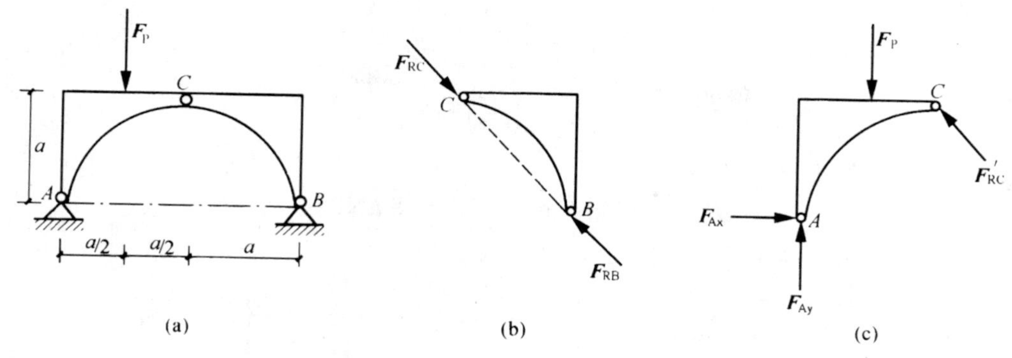


图 3－21

解:(1)先分析拱 $BC$ 的受力。由于拱不计自重,且只在 $B$、$C$ 两处受到约束,因此拱 $BC$ 为二力杆。在 $B$、$C$ 处分别受 $\boldsymbol{F}_{RB}$ 和 $\boldsymbol{F}_{RC}$ 两力的作用,且 $\boldsymbol{F}_{RB}=-\boldsymbol{F}_{RC}$,如图 3－21b 所示。

(2)再分析拱 $AC$ 的受力,其受力如图 3－21c 所示。其中 $\boldsymbol{F}'_{RC}$ 是 $\boldsymbol{F}_{RC}$ 的反作用力,$\boldsymbol{F}'_{RC}=-\boldsymbol{F}_{RC}$。则平衡方程

$$\sum F_x=0 \qquad F_{Ax}-F'_{RC}\cos 45°=0$$

$$\sum F_y=0 \qquad F_{Ay}+F'_{RC}\sin 45°-F_P=0$$

$$\sum M_C=0 \qquad F_{Ax}\alpha-F_{Ay}\alpha+F_P\frac{\alpha}{2}=0$$

上述方程联立求解并将 $F_{RB}=F'_{RC}$ 代入得

$F_{Ax}=\frac{1}{4}F_P \quad F_{Ay}=\frac{3}{4}F_P \qquad F_{RB}=\frac{\sqrt{2}}{4}F_P$ (各支座反力方向如图 3－21 中所示)

本题也可以在分析出 $\boldsymbol{F}_{RB}$ 的方向之后,取整个三铰拱作为研究对象,利用平衡条件进行计算,当然所得结果与前一种方法相同。

在平面力系中,如果各力的作用线相互平行,称为平面平行力系。这是平面力系中的一种特殊情形,如图 3－22 所示。如选取 $x$ 轴与各力垂直,则不论力系是否平衡,每个力在 $x$ 轴上的投影恒等于零,故 $\sum F_x=0$。于是,平面平行力系的独立平衡方程的数目只有两个,即

$$\left.\begin{aligned}\sum F_y&=0\\ \sum M_O(F)&=0\end{aligned}\right\} \qquad (3-19)$$

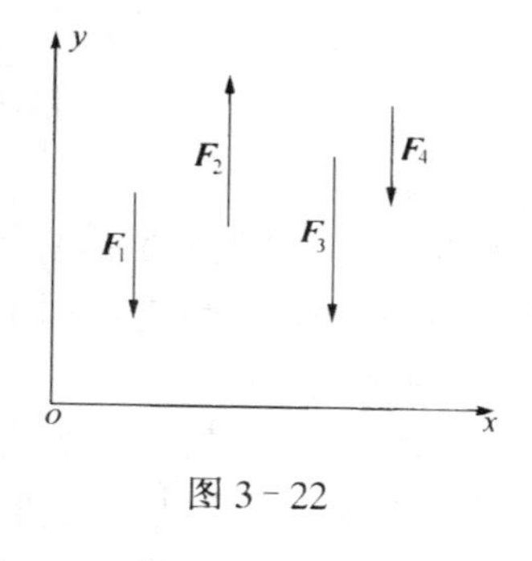


图 3－22

也可用两力矩式方程,即

$$\left.\begin{aligned}\sum M_A(\boldsymbol{F})&=0\\ \sum M_B(\boldsymbol{F})&=0\end{aligned}\right\} \qquad (3-20)$$

其中 $A$、$B$ 两点的连线必须不与各力平行。

例 3－6. 图 3－23 所示一梁,已知 $l=4$ m,求支座 $B$、$D$ 处的约束反力。

解:由梁所受外力可判定支座 $D$ 的约束反力方向向上,即 $F_{Dx}=0$,如图 3－23 所示。

列平衡方程

$$\sum F_y = 0 \quad F_{By} + F_{Dy} - q \cdot \frac{l}{2} - F_P = 0$$

$$\sum M_B = 0 \quad q \cdot \frac{l}{2} \cdot \frac{1}{2} \cdot \left(\frac{l}{2}\right) + F_{Dy} \cdot l - F_P \cdot \frac{l}{2} = 0$$

上述方程联立求解得

$$F_{By} = 20\ \mathrm{kN}(\uparrow) \quad F_{Dy} = 8\ \mathrm{kN}(\uparrow)$$

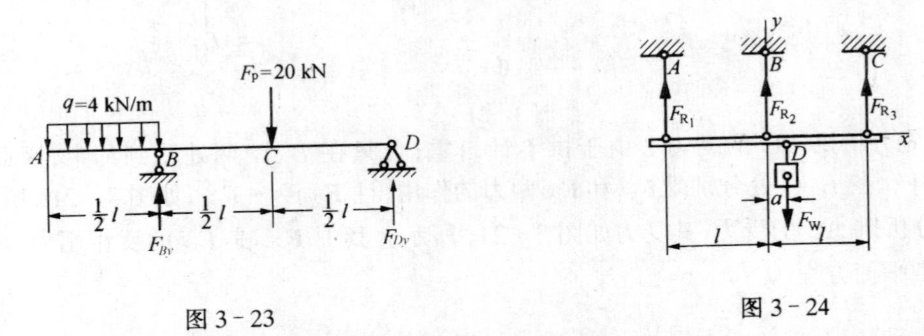


图 3-23　　图 3-24

例 3-7. 长 $2l$ 的水平梁用三根竖直连杆悬起，如图 3-24 所示，载荷 $\boldsymbol{F}_W$ 挂在 $D$ 点，$l$ 为已知，求连杆的反力 $\boldsymbol{F}_{R1}$、$\boldsymbol{F}_{R2}$、$\boldsymbol{F}_{R3}$。

解：取坐标系如图，平衡方程为

$$\begin{aligned} &\sum F_y = 0 \qquad F_{R1} + F_{R2} + F_{R3} - F_W = 0 \\ &\sum M_A = 0 \qquad F_{R2} l + 2F_{R3} l - F_W (l + a) = 0 \end{aligned} \tag{a}$$

三个未知量，只有两个方程，无解。

改用二力矩式方程

$$\begin{aligned} &\sum M_A = 0 \quad F_{R2} l + 2F_{R3} l - F_W (l + a) = 0 \\ &\sum M_C = 0 \quad -2F_{R1} l - F_{R2} l + F_W (l - a) = 0 \end{aligned} \tag{b}$$

仍然无解

再将前一方程(a)的第一式与二力矩式方程(b)联立，虽然在形式上有三个方程，但只有两个是独立的，因为式(b)中的第一式减去第二式就得到式(a)中的第一式，因此也不能解出三个未知量。

其实，平面平行力系的独立的平衡方程只有两个，任何类型的三个方程必然是线性相关的(如分别对 $A$、$C$、$D$ 三点取矩等等)。因此不能从其中解出三个未知量，该题无解。

那么是这三个杆的受力可大可小任意取值？还是杆中根本就不受力？都不是！实际上这三根杆的受力是完全确定的，只是我们在运用理论时还有一些因素未考虑到，这个问题在学习了第四章后才能解决。

## 第四节　空间力系

力系中各力的作用线不在同一平面内，称为空间力系，本节主要介绍力对轴之矩的概念和物体的重心,至于空间力系的简化和平衡问题请参看其它有关书籍。

## 一、力对轴之矩

在上一节中介绍了平面力系中的力对点之矩,实际上那里所谓的力对点之矩是指力对通过该点垂直于其作用面的轴之矩。

在一般情形下,当力的作用面与轴不垂直时,为考察力使刚体绕轴的转动效应,可以将力分解为平行于轴方向的分力和垂直于轴的平面内的分力,如图 3-25 所示。显然与 $y$ 轴平行的分力 $\boldsymbol{F}_y$ 不能使刚体绕 $y$ 轴转动,只有与 $y$ 轴垂直的平面内的分力 $\boldsymbol{F}_{xz}$ 才能使刚体绕 $y$ 轴转动。分力 $\boldsymbol{F}_{xz}$ 对于 $y$ 轴与其作用面的交点($O$ 点)之矩,即为原力 $\boldsymbol{F}$ 对 $y$ 轴之矩。即:力对轴之矩等于该力在与轴垂直的平面上的分力对轴与平面交点之矩。力对轴之矩用 $M_y(\boldsymbol{F})$表示,其中下标 $y$ 表示取矩的轴。由上述结论有

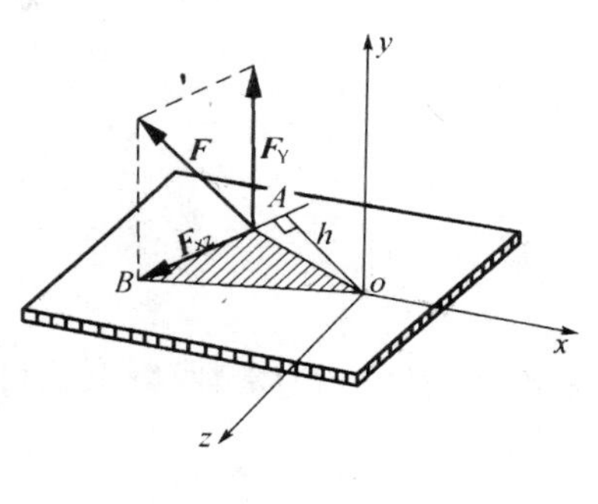


图 3-25

$$M_y(\boldsymbol{F}) = M_O(\boldsymbol{F}_{xz}) = \pm F_{xz} \cdot h \qquad (3-21)$$

力对轴之矩为代数量,其正负号按右手螺旋法则确定。

## 二、物体的重心及其坐标公式

地球对物体的引力,即为重力。如将物体分割成许多微元,每个微元所受的重力将组成一特殊的空间力系,该力系中所有力的作用线都相互平行,并且是同向的,称为空间同向平行力系。可以证明,不论物体怎样放置,这个平行力系的合力(物体的重力)总是经过一点 $C$,这一点 $C$ 就称为物体的重心。重心就是物体所受重力的作用点。

如图 3-26 所示一物体,设物体所受重力为 $\boldsymbol{F}_W$,重心坐标为 $C(x_C, y_C, z_C)$,将物体分割成许多体积 $\Delta V_i$,每一小块体积受的重力为 $\Delta\boldsymbol{F}_{Wi}$,其作用点的坐标为$(x_i, y_i, z_i)$,用 $\gamma_i$ 表示每单位体积的重量,则

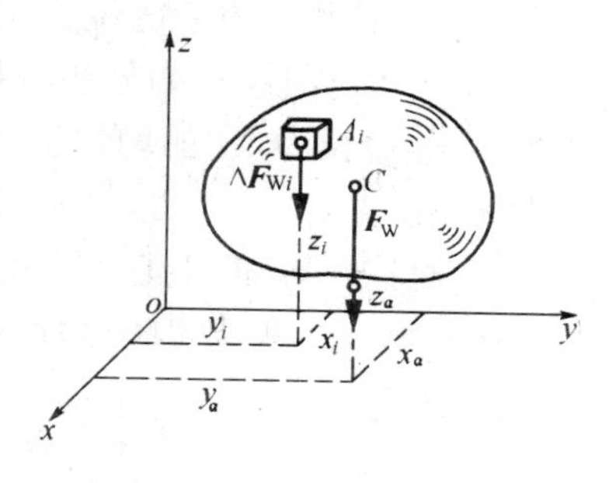


图 3-26

$$\Delta F_{Wi} = \gamma_i \Delta V_i$$

根据合力矩定理,合力对于某一轴之矩等于所有分力 $\Delta F_{Wi}$ 对于同一轴之矩的代数和,即

$$F_W x_C = \sum_{i=1}^{n} M_y(\Delta F_{wi}) = \sum_{i=1}^{n} \gamma_i x_i \Delta V_i$$

$$F_W y_C = \sum_{i=1}^{n} \gamma_i y_i \Delta V_i$$

$$F_W z_C = \sum_{i=1}^{n} \gamma_i z_i \Delta V_i$$

当 $\Delta V \to 0$ 时,以上三式的求和运算便变为积分运算,于是得到计算重心坐标的表达式

$$\left\{\begin{array}{l} x_C = \dfrac{\int_V \gamma x \mathrm{d}V}{\int_V \gamma \mathrm{d}V} \\ y_C = \dfrac{\int_V \gamma y \mathrm{d}V}{\int_V \gamma \mathrm{d}V} \\ z_C = \dfrac{\int_V \gamma z \mathrm{d}V}{\int_V \gamma \mathrm{d}V} \end{array}\right. \qquad (3-22)$$

对于均质物体,$\gamma$ 为常数,则上式可写为

$$\left\{\begin{array}{l} x_C = \dfrac{\int_V x \mathrm{d}V}{V} \\ y_C = \dfrac{\int_V y \mathrm{d}V}{V} \\ z_C = \dfrac{\int_V z \mathrm{d}V}{V} \end{array}\right. \qquad (3-23)$$

可见,均质物体的重心位置仅与几何形状和尺寸有关。

在实际计算物体重心的位置时并不需要每次都用上述公式,往往可以利用物体的对称性及其它一些计算技巧,如分部法和负质量法等。

例 3-8. 边长为 $4a$ 的均匀正方形薄板被挖去一半径为 $a$ 的圆,如图 3-27 所示,求余下部分的重心位置。

解:由对称性可知,重心 $C$ 一定在 $x$ 轴上,即 $y_C = 0$

故只需求 $x_C$,板是均匀的(厚度,密度都均匀),所以式(3-23)可改写为

$$x_C = \frac{1}{A}\int_A x \mathrm{d}A$$

其中 $A$ 是面积。正方形的面积是 $A_1 = 16a^2$,将圆的面积当作"负"面积,即 $A_2 = -\pi a^2$

则

$$x_C = \frac{A_1 x_1 + A_2 x_2}{A_1 + A_2}$$

其中 $x_1$ 和 $x_2$ 分别为 $A_1$ 和 $A_2$ 的重心坐标,即 $x_1 = 0$, $x_2 = a$,于是得:

$$x_C = \frac{(16a^2)\cdot 0 + (-\pi a^2)(a)}{16a^2 - \pi a^2} \approx -0.244\,a$$

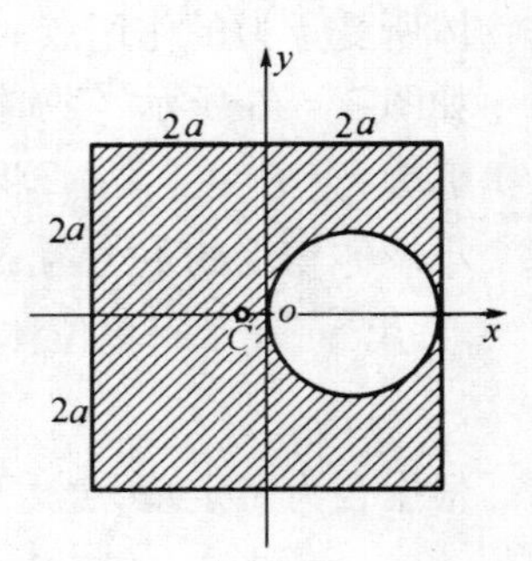


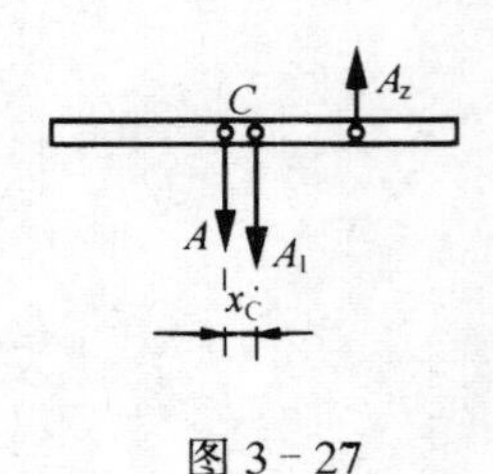


图 3-27

## 习　题

3－1. 画出图示各圆柱体的受力图。各接触面处的摩擦均忽略不计。

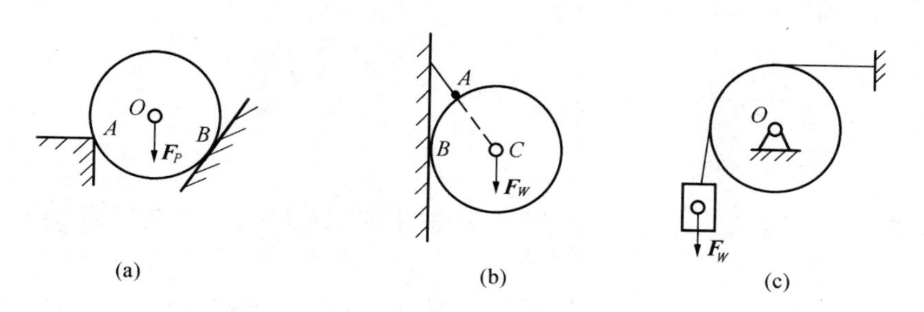


题 3－1 图

3－2. 画出图示各题中 $AB$ 杆的受力图。

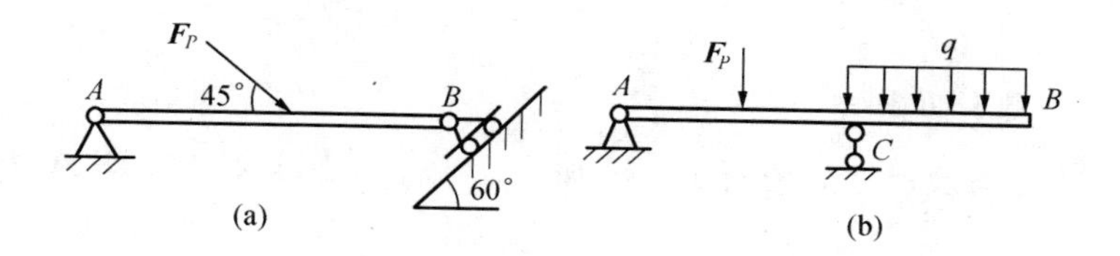


题 3－2 图

3－3. 画出图示各题中结构的整体受力图和各杆的受力图。

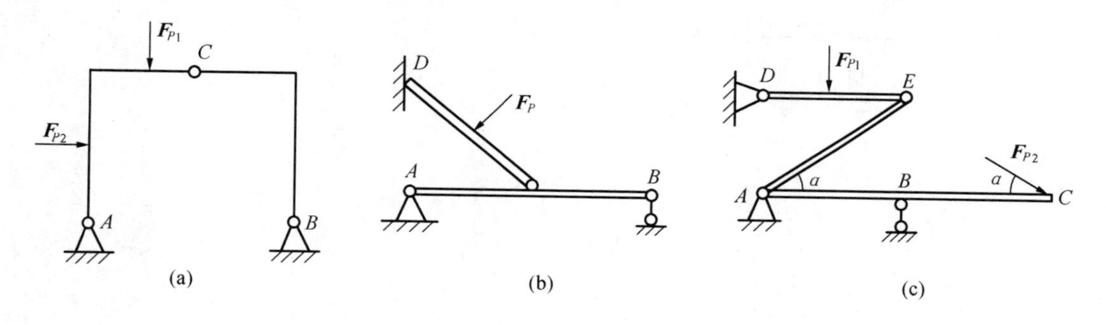


题 3－3 图

3－4. 简支梁受力及尺寸如图示。已知均布荷载的集度 $q=20$ kN/m，，$M=20$ kN·m。求支座 $A$、$B$ 的反力。

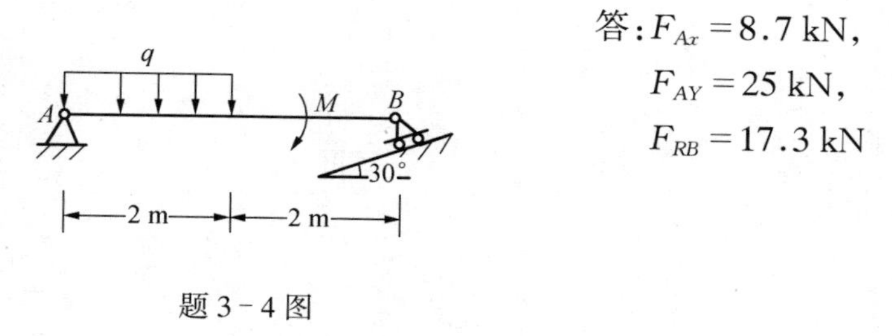


题 3－4 图

答：$F_{Ax}=8.7$ kN，

$F_{AY}=25$ kN，

$F_{RB}=17.3$ kN

3－5. 伸臂梁受力及尺寸如图示。已知 $P=2$ kN, $M=1.5$ kN·m. 求支座 A、$B$ 的反力。

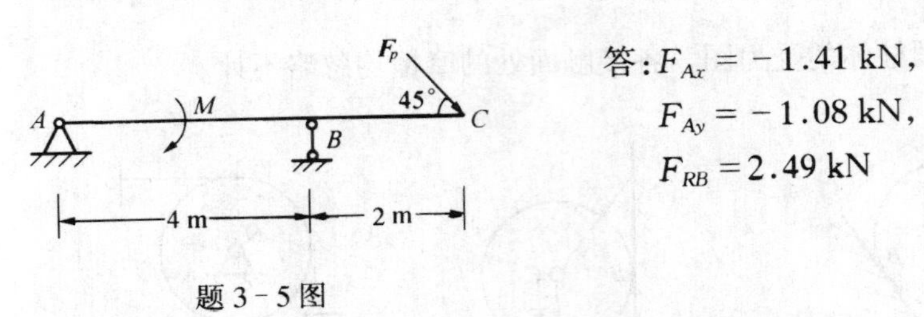


题 3－5 图

答：$F_{Ax}=-1.41$ kN,

$F_{Ay}=-1.08$ kN,

$F_{RB}=2.49$ kN

3－6. 图示悬臂梁 $AB$，已知 $q$，$a$，$M=qa^2$。求固定端的反力和反力偶。

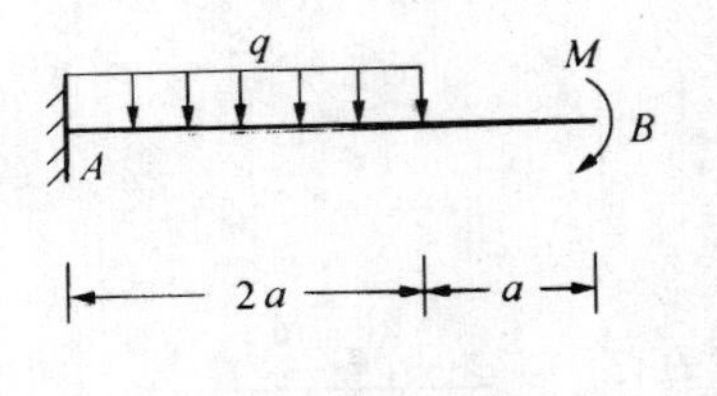


题 3－6 图

答：$F_{RA}=2\,qa$，$M_A=3qa^2$

3－7. 简支梁受力及尺寸如图所示。已知 $F_{P1}=F_{P2}=20$ kN, 求支座 $A$、$B$ 的反力。

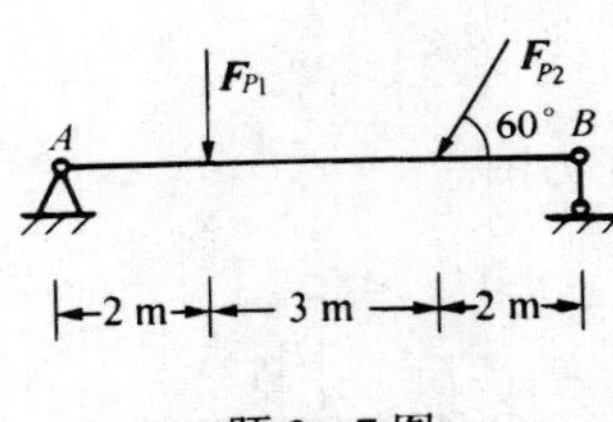


题 3－7 图

答：$F_{Ax}=10$ kN, $F_{Ay}=19.2$ kN,

$F_{RB}=18.1$ kN

# 第四章

# 杆件的轴向拉伸和压缩

## 第一节　轴向拉伸和压缩的概念

在工程中有很多构件受到拉伸或压缩作用。

如图4-1a所示的三角架*ABC*，*AB*杆受拉伸，*BC*杆受压缩，如图4-1b所示。又如图4-2所示桁架中的杆件，分别受拉力和压力作用而产生拉伸或压缩变形。

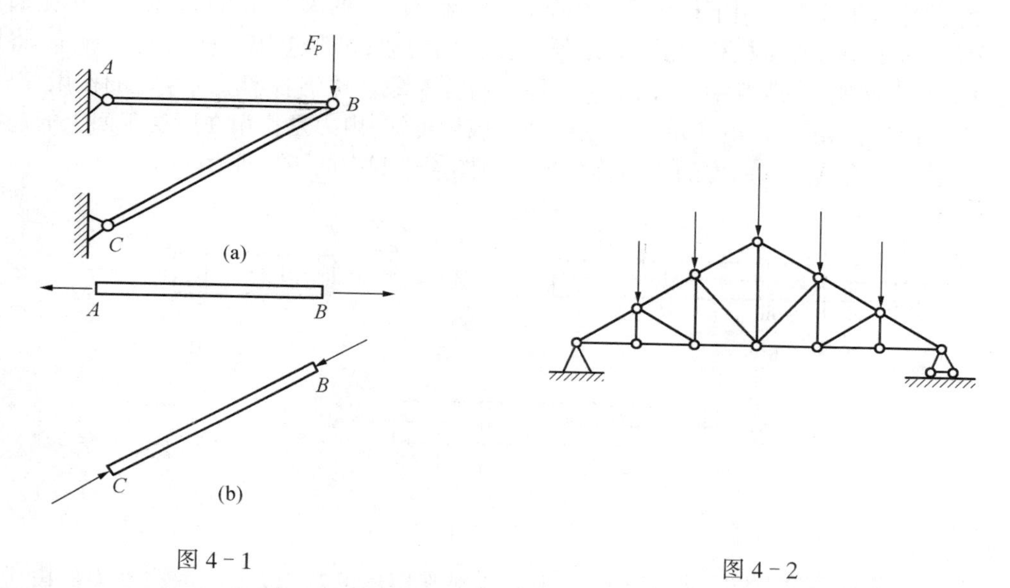


图4-1　　图4-2

这些受力杆件的共同特点是：杆件是直杆；外力（或外力合力）的作用线沿杆件轴线。这种情况下，杆件的主要变形为轴向伸长或缩短，如图4-3所示。这种变形形式称为轴向拉伸或轴向压缩，这类杆件称为拉（压）杆。

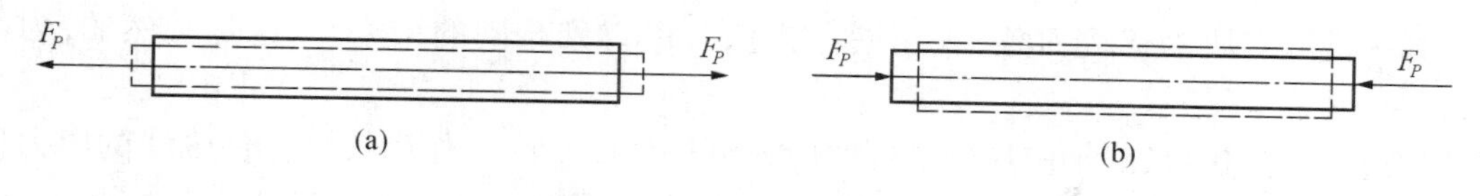


图4-3

本章主要介绍轴向拉伸和压缩杆件的强度计算。

## 第二节　内力、截面法

### 一、内力的概念

建筑力学中杆件的内力不是指杆件内部分子或原子间的相互作用力，也不是指静力分析中刚体系统内部各个刚体之间的相互作用力。

杆件的内力是指杆件在外力作用下发生变形，引起内部相邻各部分的相对位置发生变化，从而产生的附加内力，简称内力。

杆件承受的外力越大，变形就越大，内力也就越大。对确定的材料，内力的增加有一定的限度，当内力达到这一限度时，构件将发生破坏。

### 二、截　面　法

为了揭示在外力作用下构件所产生的内力，确定内力的大小和方向，通常采用截面法。

对于图 4-4a 所示拉杆，为了确定任一截面的内力，可假想用一横截面 $m-m$ 将杆切开，分为左右两段，任取其中一段，如取左段为研究对象。并将右半段对左段的作用，以截开面的内力代替，如图 4-4b 所示。根据连续性假设可知，内力是作用在所切截面上的连续分布力。通常将连续分布内力的合力称为内力。图 4-4b 中的 $F_N$ 即为内力。

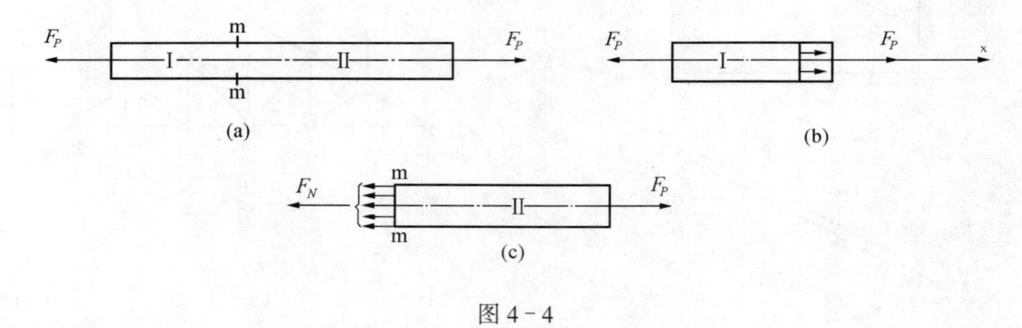


图 4-4

对于左段杆来讲，截开面 $m-m$ 上由右段对它作用的内力 $F_N$ 已成为外力。由于整个杆件处于平衡状态，因而其留下的左段在 $F_P$ 和 $F_N$ 作用下也应保持平衡。所以内力 $F_N$ 必然与杆件的轴线相重合，由平衡方程

$$\sum F_x = 0 \quad F_N - F_P = 0 \quad 得 \quad F_N = F_P$$

如果选取右段为研究对象，采用同上方法可以得到相同的结果。(这是必然的，为什么?)

通过以上分析可知，轴向拉(压)杆的内力沿杆件的轴线。作用线沿杆件轴线的内力称为轴力。轴力的单位与外力相同，在国际单位制中采用的单位是牛顿(N)或千牛顿(kN)。轴力的正负号规定是:使杆件产生拉伸变形为正;产生压缩变形为负。即，拉为正，压为负。按此规定，同一截面分别取左段和右段为研究对象，所得轴力($F_N$)指向虽相反，但正负号相同，在实际计算中，可将杆件截面的未知轴力设为正(拉力)。若结果为正，则为拉力;若结果

为负，则为压力。

上述确定内力的方法称为截面法。截面法包括以下三个步骤：

(1)截开：在需要求内力的截面处，假想地将杆件截为两部分。

(2)代替：将任一部分留下，并把移去部分对留下部分的作用，以杆件在截面上的内力来代替。

(3)平衡：建立留下部分的平衡方程，计算未知内力。

## 三、轴　力　图

当杆件受到多于两个的轴向外力作用时，杆件不同部分的横截面上，轴力不一定相同。表明各横截面上轴力随横截面位置变化情况的图形称为轴力图。

绘制轴力图时，用平行于杆件轴线的坐标表示横截面的位置，用垂直于杆件轴线的坐标表示横截面上轴力的数值，按选定的比例尺，绘出表示轴力与截面位置关系的图线。即轴力图。借助轴力图可以迅速确定杆件上的最大轴力（$F_{N\max}$）的大小、方向及其作用截面的位置。

例 4-1. 绘制图 4-5a 所示直杆的轴力图。

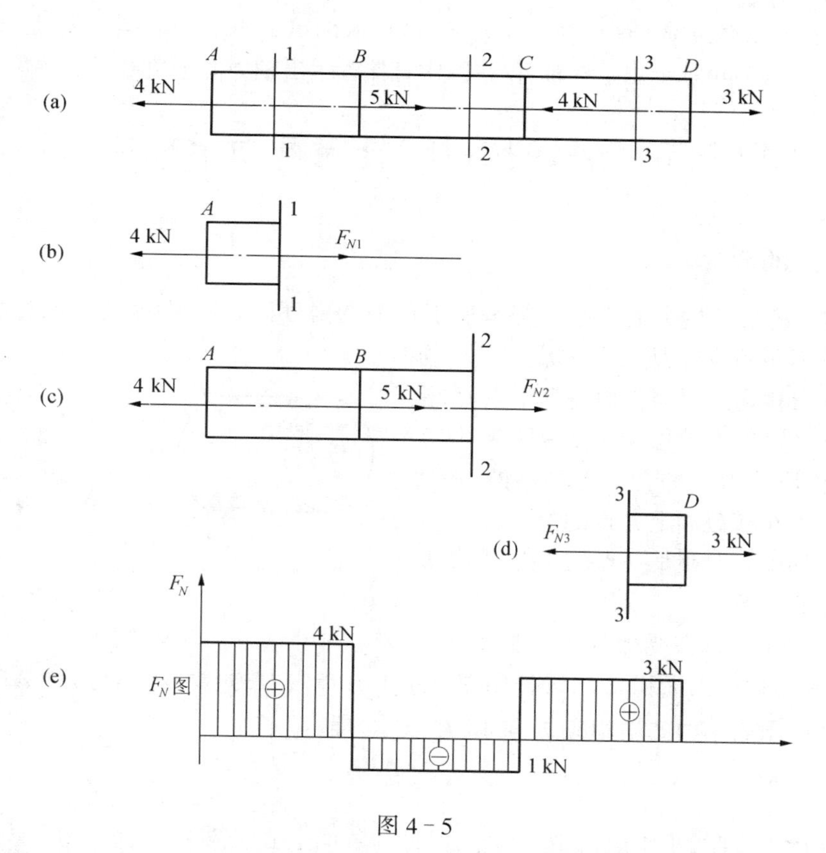


图 4-5

解：杆在 $A$、$B$、$C$、$D$ 四个截面处分别承受载荷，各段轴力不等，需分三段计算轴力。

1. 分段计算轴力：

对 $AB$ 段，用任意截面 1-1 将杆截开，取左段为研究对象，设截面上的轴力 $F_{N1}$ 为正

号。(图 4－5b)由平衡条件

$$\sum F_x = 0;\quad F_{N1} - 4 = 0$$

解得　$F_{N1} = 4\ \text{kN}$

这表明,$AB$ 段内各截面上的轴力均等于 4 kN,且为拉力。

对 $BC$ 段,用任意截面 2－2 将杆截开,取左段为研究对象,设截面上的轴力 $F_{N2}$ 为正号,如图 4－5c 图所示。由平衡条件

$$\sum F_x = 0; F_{N2} + 5 - 4 = 0 \quad 得 \quad F_{N2} = -1\ \text{kN}$$

$F_{N2}$ 为负号,表示轴力的实际方向与假设相反,即为压力。上述结果表明,$BC$ 段内各截面上的轴力均等于－1 kN,且为压力。

对 $CD$ 段,用任意截面 3－3 将杆截开,取右段为研究对象,设截面上的轴力 $F_{N3}$ 为正向,如图 4－5d 所示。由平衡条件

$$\sum F_x = 0 \quad 3 - F_{N3} = 0 \quad 得 \quad F_{N3} = 3\ \text{kN}$$

结果表明,$CD$ 段内各截面上的轴力均等于 3 kN,且为拉力。

2. 绘制轴力图:

根据计算所得各段轴力的数值和正负号,按比例即可画出全杆的轴力图,如 4－5e 所示。实际工程中,一般不再标示出坐标轴,仅在图中直接标示出轴力的正负号以及数值、单位。

## 第三节　轴向拉(压)杆横截面上的应力

### 一、应力的概念

在确定了杆件的内力后, 还不能解决工程中的强度问题。 例如两根同种材料制成的但横截面积不同的拉杆,承受同样的拉力。显然二者的轴力相同。但当拉力逐渐增大时,截面积小的杆必定首先被拉断。这说明,要解决强度问题,仅研究内力的合力是不够的,还要研究分布内力在横截面上各点的集度。

截面上分布内力在某一点的集度,称为截面上这一点的应力。

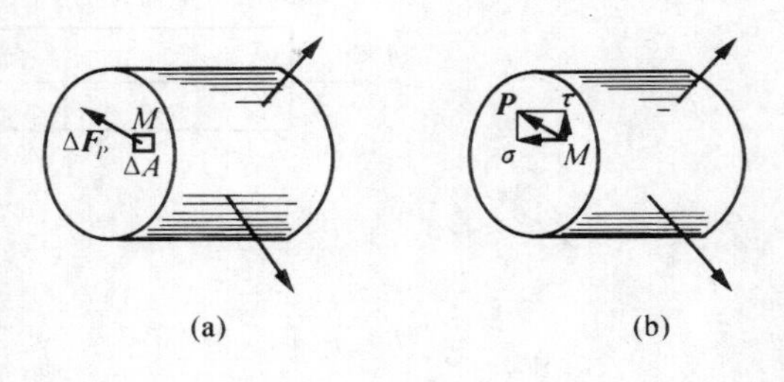


图 4－6

如图 4－6 所示,在受力杆件横截面上任一点 $M$ 的周围取一微面积 $\Delta A$,设作用在 $\Delta A$ 上分布内力的合力为 $\Delta \boldsymbol{F}_P$,则 $\Delta \boldsymbol{F}_P$ 与 $\Delta A$ 的比值称为微面积 $\Delta A$ 内的平均应力,并用 $\bar{\boldsymbol{P}}$ 表示,即

$$\bar{\boldsymbol{P}} = \frac{\Delta \boldsymbol{F}_P}{\Delta A}$$

当 $\Delta A$ 趋于零时,平均应力 $\bar{\boldsymbol{P}}$ 的极限值称为截面上 $K$ 点处的应力,并用 $\boldsymbol{P}$ 表示,即

$$\boldsymbol{P} = \lim_{\Delta A \to 0} \frac{\Delta \boldsymbol{F}_P}{\Delta A} \tag{4-1}$$

应力 $\boldsymbol{P}$ 是矢量,其方向为 $\Delta \boldsymbol{F}_P$ 的极限方向。应力的国际单位用 Pa(帕),MPa(兆帕)等。

MPa 和 Pa 的关系为 1 MPa = $10^6$ Pa。

## 二、拉(压)杆横截面上的正应力

现在研究拉(压)杆横截面的应力。显然必须首先确定内力的分布规律。由于材料的变形与受力之间总有一定的关系,可以从观察变形现象入手。

图 4-7a 为一等截面直杆,拉伸变形前,在杆件表面等间距地画上与杆轴平行的纵线和与杆轴垂直的横线,形成一系列大小相同的正方形网格。然后,在杆件两端施加轴向外力 $F_P$,使杆件发生轴向拉伸。此时,可观察到如下现象:各纵、横线仍为直线,且分别平行和垂直于轴线,只是横线间的距离增加,纵线间的距离减小,正方形网格变成长方形网格。如图 4-7b 所示。

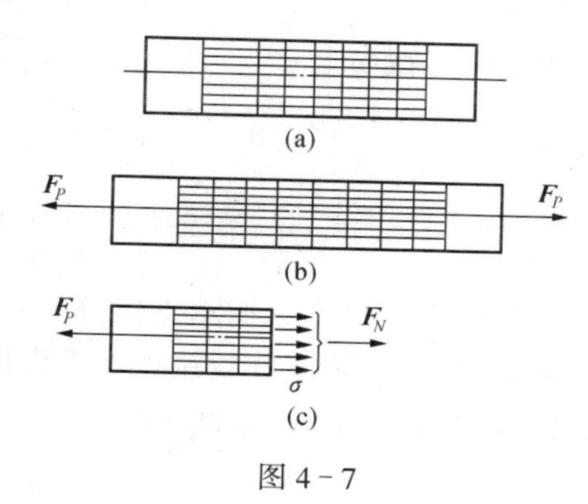

图 4-7

根据上述现象,对杆件内部的变形作如下假设:横截面在变形后仍保持平面,并且仍垂直于轴线,只是沿轴线作相对平移。此假设称为平面假设。

根据平面假设,如果设想杆件是由无数根纵向"纤维"组成,则任意两横截面间的各条纤维的伸长均相同。结合材料的均匀性假设,则各条纤维的受力相同。由此可见,横截面上的内力是均匀分布的,即各点处的应力大小相等,其方向则均垂直于横截面。垂直于截面的应力称为正应力,并用 $\sigma$ 表示。如图 4-7c 所示。

若用 $A$ 表示拉(压)杆横截面的面积,则拉(压)杆横截面上的正应力为

$$\sigma = \frac{F_N}{A} \tag{4-2}$$

正应力的正负号与轴力 $F_N$ 一致,拉应力为正,压应力为负。

需要注意的是,公式(4-2)只有在外力的合力沿杆轴线方向时才能使用。此外,在集中力作用点附近区域,横截面上的正应力将不再是均匀分布的,公式(4-2)不能使用。

例 4-2. 计算图 4-8 所示杆 1-1、2-2 横截面上的正应力。已知杆各段的直径分别为 $d_1 = 20$ mm　$d_2 = 30$ mm

解:1. 计算各段的轴力并作轴力图

对 $AB$ 段:用 1-1 截面将杆截开,以左段为研究对象,设截面上的轴力 $F_{N1}$ 为正方向,由平衡条件

$$\sum F_x = 0 \quad F_{N1} - 20 = 0$$

解得:$F_{N1} = 20$ kN(拉力)

对 $BC$ 段:用 2-2 截面将杆截开,以左段为研究对象,设截面上的轴力 $F_{N2}$ 为正方向,由平衡条件

$$\sum F_x = 0, F_{N2} + 50 - 20 = 0$$

解得:$F_{N2} = -30$(kN)(压力)

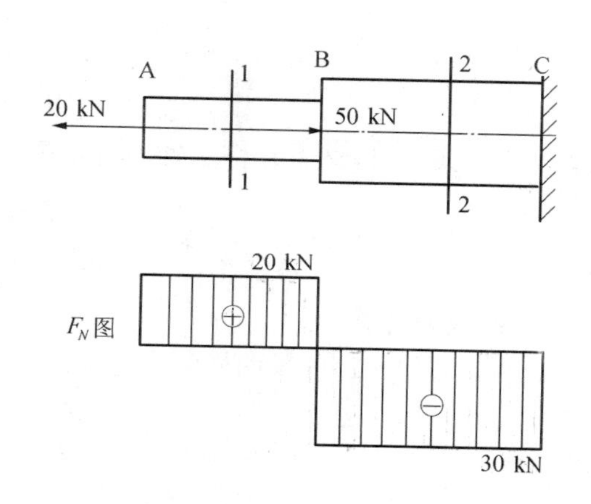

图 4-8

由上述结果，即可绘出杆的轴力图，如图 4-8b 所示。

2. 计算各截面上的正应力：

在 1-1 截面上，

$$\sigma = \frac{F_{N1}}{A_1} = \frac{4F_{N1}}{\pi d_1^2}$$

$$= \frac{4\times 20\times 10^3}{\pi\times 20^2} = 63.7\ \text{MPa}(\text{拉应力})$$

在 2-2 截面上

$$\sigma = \frac{F_{N2}}{A_2} = \frac{4F_{N2}}{\pi d_2^3}$$

$$= \frac{4\times(-30)\times 10^3}{\pi\times 30^2} = -42.4\ \text{MPa}(\text{压应力})$$

例 4-3. 图 4-9a 所示支架，杆 $AB$ 为圆钢，直径 $d$=20 mm，杆 $BC$ 为正方形截面的型钢，边长 $a$ = 15 mm。在铰接点承受铅垂载荷 $F_p$ 的作用，已知 $F_p$ = 20 kN，若不计自重，试求杆 $AB$ 和 $BC$ 横截面上的正应力。

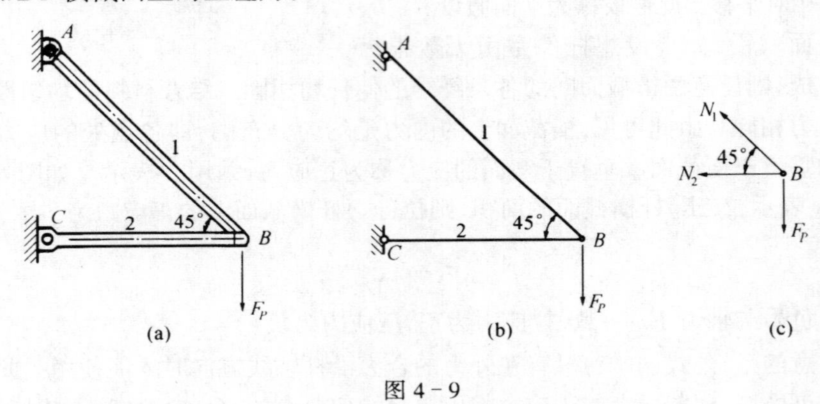


图 4-9

解：(1) 内力分析

支架的两杆均为二力杆，铰接点 $B$ 的受力图如图 4-9c 所示，平衡方程为

$$\sum F_x = 0 \quad -F_{N2} - F_{N1}\cos 45^\circ = 0$$

$$\sum F_y = 0 \quad F_{N1}\sin 45^\circ - F_P = 0$$

解以上二式，可得杆 1 和杆 2 轴力分别为

$$F_{N1} = \sqrt{2}F_P = 28.3(\text{kN})(\text{拉})$$

$$F_{N2} = -F_P = -20(\text{kN})(\text{压})$$

(2) 应力计算

由公式(4-2)可得两杆的应力为

$$\sigma_1 = \frac{F_{N1}}{A_1} = \frac{4F_{N1}}{\pi d_1^2} = \frac{4\times 28.3\times 10^3}{3.14\times 20^2} = 90\ \text{MPa}$$

$$\sigma_2 = \frac{F_{N2}}{A_2} = \frac{F_{N2}}{a^2} = \frac{-20\times 10^3}{15^2} = -89\ \text{MPa}$$

# 第四节　拉(压)杆的变形

实验结果表明,直杆在轴向载荷作用下,既产生沿轴线方向的纵向变形,也产生垂直于轴线方向的横向变形。

## 一、纵向变形

设等直杆的原长为 $l$,在轴向拉力(或压力)$F_P$ 作用下,变形后的长度为 $l_1$,如图 4－10 所示。

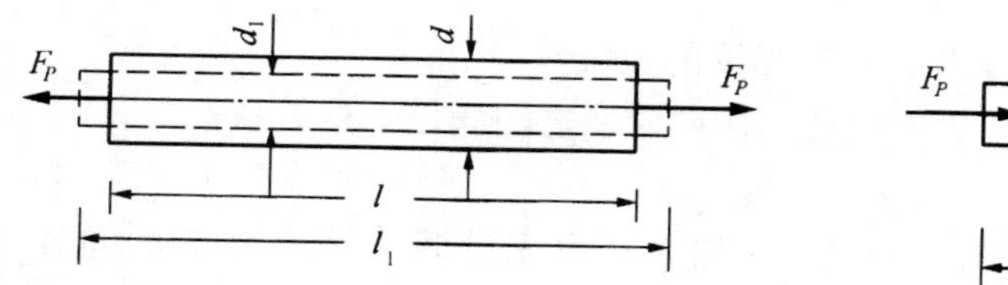

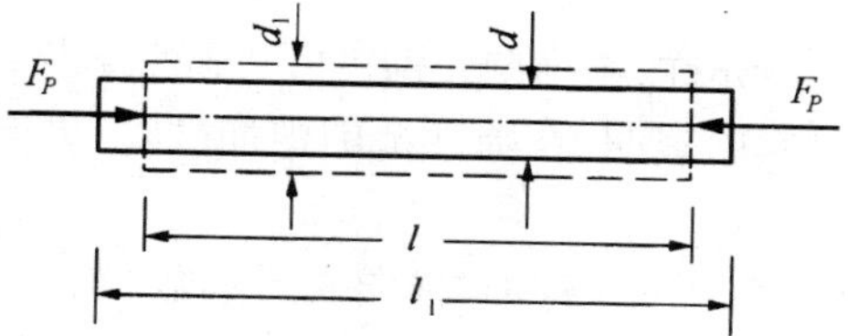


图 4－10

杆件变形后与变形前的长度之差,称为“纵向绝对变形”,用 $\Delta l$ 表示:

$$\Delta l = l_1 - l$$

为了反映杆件的变形程度,引入相对变形的概念。将绝对变形 $\Delta l$ 除以原长 $l$ 并用记号 $\varepsilon$ 表示:

$$\varepsilon = \frac{\Delta l}{l} \tag{4-3}$$

相对变形 $\varepsilon$ 也称为线应变或正应变。其正负号规定是:伸长时为正,缩短时为负。

## 二、虎克定律

试验表明,大多数工程材料制成的杆件,在弹性范围内加载时,其纵向绝对变形($\Delta l$)与轴力($F_N$)、杆长($l$)成正比,而与横截面面积($A$)成反比,即:$\Delta l \propto F_N l / A$

写成等式为

$$\Delta l = \frac{F_N l}{EA} \tag{4-4}$$

这个关系式称为虎克定律。式中 $E$ 为比例系数,称为材料的“弹性模量”,其量纲为[力][长度]$^{-2}$。国标单位用 GPa。(1 GPa = $10^9$ Pa)。弹性模量由实验测定。表 4－1 中列出了几种常用材料的 $E$ 值。

式(4－4)中的 $EA$ 称为杆件的“抗拉(压)刚度”。它反映了杆件抗拉(压)变形的能力。

式(4－4)还可改写为

$$\frac{\Delta l}{l} = \frac{F_N}{EA}$$

将式(4－2)和式(4－3)代入上式,得

$$\varepsilon = \frac{\sigma}{E} \tag{4-5}$$

式(4-5)是虎克定律的另一种形式,即:在弹性范围内加载时,应力与应变成正比。

## 三、横向变形

拉、压杆的横向尺寸在变形后与变形前的差值,称为“横向绝对变形”,若用 $d$ 和 $d_1$ 分别表示某一横向尺寸在变形前和变形后的值,如图 4-10 所示,横向绝对变形为

$$\Delta d = d_1 - d$$

横向相对变形用 $\varepsilon'$ 表示

$$\varepsilon' = \frac{\Delta d}{d} \tag{4-6}$$

$\varepsilon'$ 亦称为“横向正应变”。显然,$\varepsilon$ 与 $\varepsilon'$ 具有相反的正负号。

实验表明,在弹性范围内加载时,纵向应变与横向应变之间满足下列关系:

$$\varepsilon' = -\upsilon\varepsilon \tag{4-7}$$

式(4-7)中,$\upsilon$ 称为“横向变形系数”或“泊松比”。这是一个无量纲量,其值随材料而异,可由试验测定。表 4-1 列出了几种常用材料的泊松比的约值。

**表 4-1 几种常用材料的 $E$ 和 $\upsilon$ 的约值(常温、静载)**

| 材料名称 | $E$(GPa) | $\upsilon$ |
|---|---|---|
| 钢 | 200~220 | 0.24~0.30 |
| 铝合金 | 70~72 | 0.26~0.33 |
| 铸铁 | 80~160 | 0.23~0.27 |
| 混凝土 | 15~36 | 0.16~0.20 |
| 木材(顺纹) | 8~12 | |
| 砖石料 | 2.7~3.5 | 0.12~0.20 |
| 橡胶 | 0.008~0.67 | 0.47 |

例 4-4. 图 4-11a 所示阶梯形铝杆,承受轴向载荷 $F_{P1} = 60$ kN,$F_{P2} = 24$ kN,已知杆长 $l_1 = 0.2$ m,$l_2 = 0.5$ m,各段横截面积 $A_1 = 800\ \text{mm}^2$,$A_2 = 600\ \text{mm}^2$,$E = 70$ GPa。试求杆件的轴向总变形量。

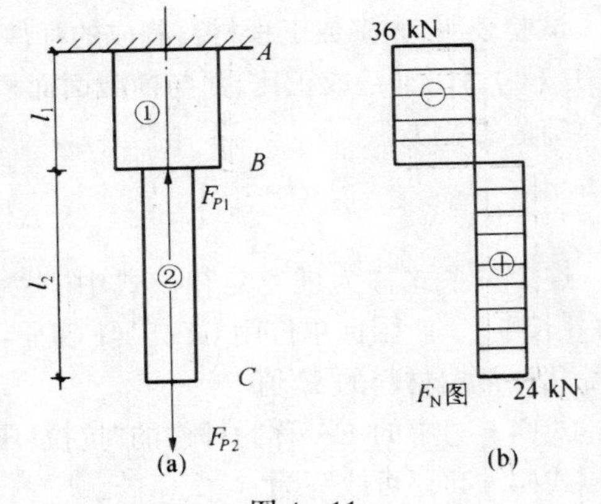


图 4-11

解:1. 计算轴力

应用截面法求得 $AB$ 段任意截面和 $BC$ 段任意截面上的轴力分别为

$$F_{N1} = -36\ \text{kN} \quad F_{N2} = 24\ \text{kN}$$

杆的轴力图如图 4-11b 所示。

2. 计算各段变形及总变形

$AB$ 段:
$$\Delta l_1 = \frac{F_{N1} l_1}{EA_1} = \frac{-36 \times 10^3 \times 0.2 \times 10^3}{70 \times 10^3 \times 800} = -0.128(\text{mm})$$

$BC$ 段：　　$\Delta l_2 = \frac{F_{N2} l_2}{EA_2} = \frac{24 \times 10^3 \times 0.5 \times 10^3}{70 \times 10^3 \times 600} = 0.286\text{mm})$

总变形：　　$\Delta l = \Delta l_1 + \Delta l_2 = -0.128 + 0.286 = 0.158(\text{mm})$

# 第五节　拉伸和压缩时材料的力学性能

在对杆件进行强度,刚度和稳定性的计算时,必须知道材料在外力作用下的力学性能,如上节提到的弹性模量和泊松比,都属于材料的力学性能。材料的力学性能要通过试验来测定,本节主要介绍工程中常用材料在拉伸和压缩时的力学性能。

## 一、拉伸试验和应力-应变曲线

拉伸试验是研究材料力学性能最常用,最基本的试验。试验通常是在常温、静载条件下进行的。按照国家标准的规定,将材料做成标准试件。常用标准试件有圆形截面和矩形截面两种。图4-12a和图4-12b分别为圆截面试件和矩形截面试件。试件中间一段为等截面,在该段中标出长度为 $l_0$ 的一段称为工作段,工作段的长度 $l_0$ 称为“标距”,它与横截面尺寸有规定的比例。常用的标准比例有两种,即

$$l_0 = 10d_0 \text{ 和 } l_0 = 5d_0 (\text{对圆截面试件})$$

或

$$l_0 = 11.3\sqrt{A} \text{ 和 } l_0 = 5.65\sqrt{A} (\text{对矩形截面试件})$$

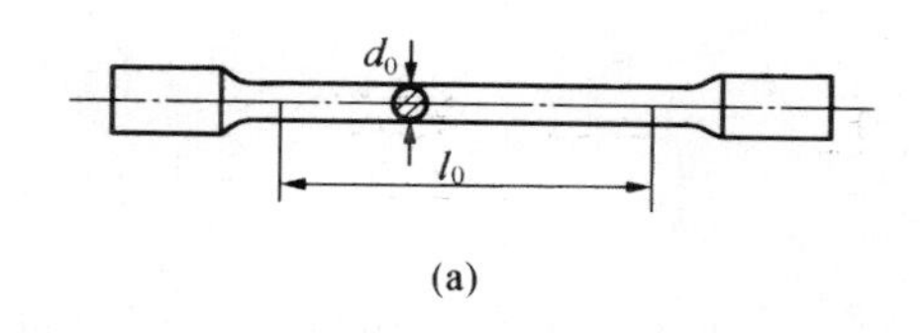

(a)

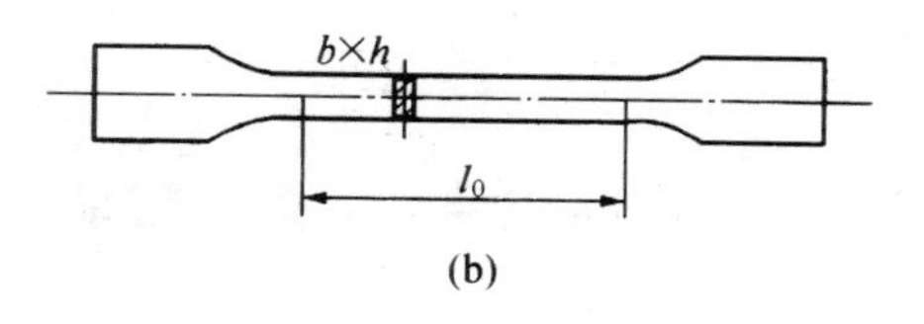

(b)

图4-12

此外,关于试件两端夹持部分的形状和尺寸,试件的加工精度等,国家标准中都有相应的规定。试验时,将试件安装在试验机上,然后缓慢加载使试件承受轴向拉伸。试验过程中,测量并记录试件的受力和变形,直到试件被拉断时为止。一般试验机均附有自动绘图装置,能自动绘出载荷 $F_P$ 与伸长量 $\Delta l$ 之间的关系曲线,该曲线反映了试件所受拉力与相应伸长量之间的关系,称为试件的拉伸图。图4-13所示为低碳钢的拉伸图。

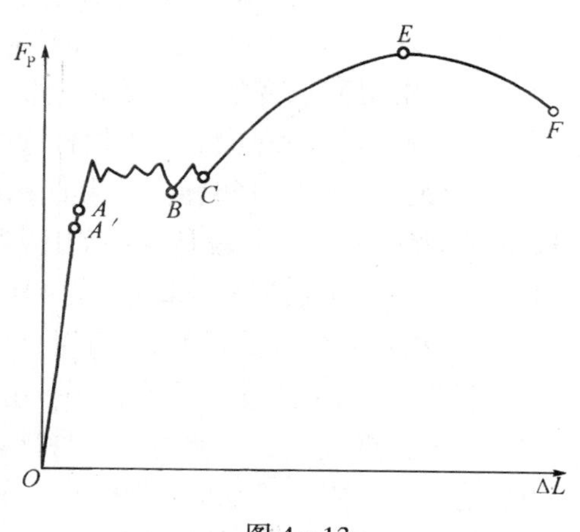

图4-13

显然,试件的拉伸图与试件尺寸有关系。为了消除试件尺寸的影响,将拉伸图的纵坐标 $F_P$ 除以试件的横截面积 $A$,将横坐标 $\Delta l$ 除以试验段的原长 $l$,即分别以 $F_P/A=\sigma$ 和 $\Delta l/l=\varepsilon$ 为

纵、横坐标,由此得到的曲线称为应力—应变曲线或 $\sigma$—$\varepsilon$ 曲线,该曲线只反映材料本身的力学性质。图 4-14 所示为低碳钢的 $\sigma$—$\varepsilon$ 曲线。

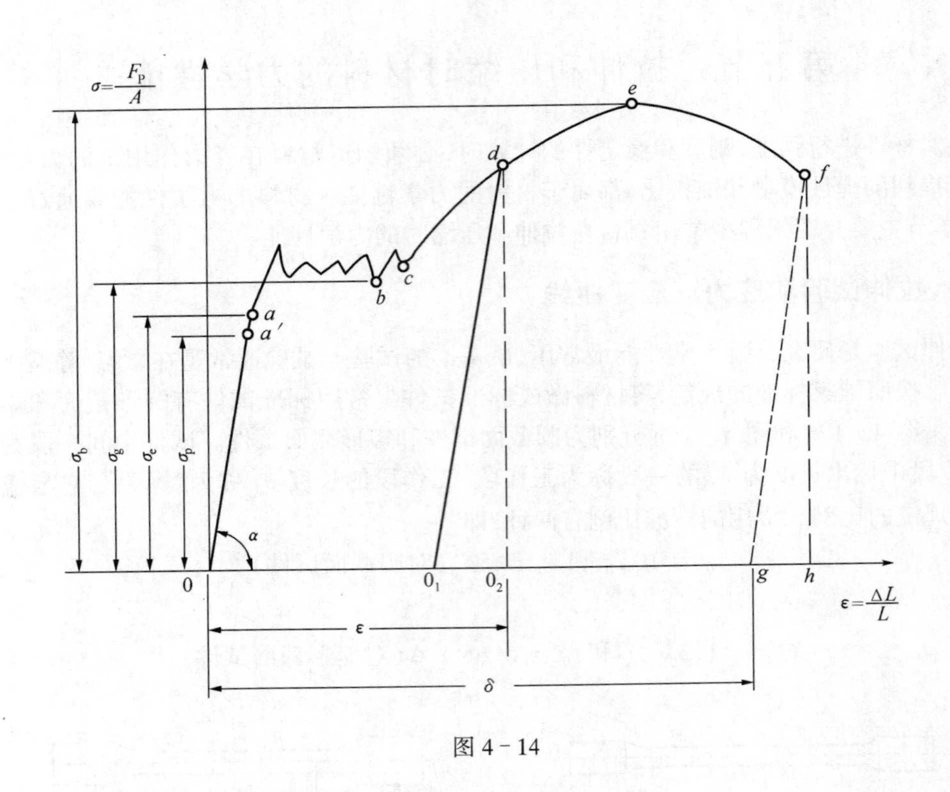


图 4-14

## 二、低碳钢在拉伸时的力学性能

低碳钢是工程中广泛应用的金属材料:其应力-应变曲线也具有典型意义。下面较详细地讨论低碳钢拉伸时的力学性能。

1. 变形发展的四个阶段

从图 4-14 中可以看出,低碳钢在整个拉伸过程中,大致可分为四个阶段。

①弹性阶段;图 4-14 中的 $oa$ 段,若试件内应力不超过 $a$ 点的应力值,卸除载荷,应力和应变沿 $oa$ 回到原点,变形可以全部消失,即变形全部是弹性的,这一阶段称为弹性阶段。弹性阶段的最高点 $a$ 所对应的应力值称为弹性极限,用 $\sigma_e$ 表示。

这一阶段又可分为两部分:$oa'$ 为直线段,应力与应变成正比,材料符合虎克定律,即 $\sigma = E\varepsilon$,弹性模量 $E = \operatorname{tg} \alpha$。$a'$ 点的应力值为该段应力的最高限,称为比例极限,用 $\sigma_p$ 表示。$a'a$ 是一段很短的微弯曲线。弹性极限和比例极限的数值十分接近,工程中常将这两个名字不加区别,相互通用。低碳钢 $\sigma_p$ 约为 200 MPa。

②屈服阶段:图中接近水平的锯齿形线段 $ac$。此时应力几乎不变,而应变却急剧增加,表明材料已失去抵抗变形的能力。这种现象称为屈服或流动。屈服阶段最低点 $b$ 所对应的应力称为屈服极限或流动极限,用 $\sigma_s$ 表示。低碳钢的屈服极限约为 240 MPa。当材料屈服时,在试件表面将出现与试件轴线约成 45°角的条纹(图 4-15)。此条纹称为滑移线。

③强化阶段:图中 $ce$ 段。材料在经过屈服阶段后,又增强了抵抗变形的能力。此时,要使材料继续变形需要增大拉力,这种现象称为强化。强化阶段的最高点 $e$ 所对应的应力,称为材料的强度极限,用 $\sigma_b$ 表示。低碳钢的强度极限约 480 MPa。

④颈缩阶段:图中 $ef$ 段。此时,试件某一局部范围内,横截面积显著缩小(图 4-16),产生所谓颈缩现象。颈缩现象出现后,继续拉伸所需载荷迅速减小最后导致试件断裂。

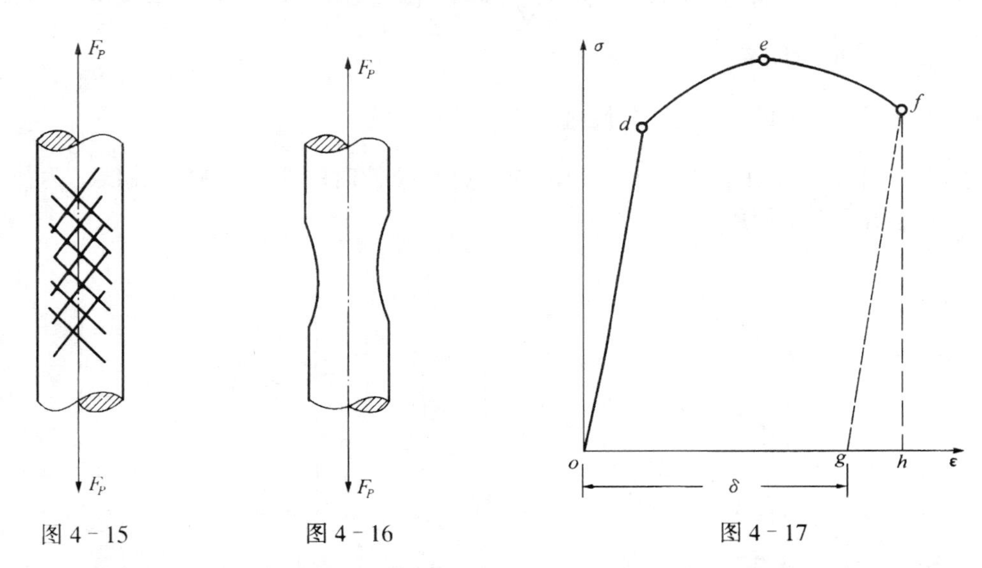


图 4-15　　图 4-16　　图 4-17

综上所述,低碳钢在整个拉伸过程中,经历了弹性、屈服、强化和颈缩四个阶段,并存在三个特征点,其相应的应力依次为比例极限 $\sigma_p$,屈服极限 $\sigma_s$ 和强度极限 $\sigma_b$。其中屈服极限和强度极限是衡量其强度的主要指标。

2. 冷作硬化

在应力超过屈服极限之后,例如在强化阶段某一点如图 4-14 中的 $d$ 点卸载,则卸截时应力-应变曲线将沿 $do_1$ 回到应力零点($o_1$),$do_1$ 几乎平行于 $oa'$。线段 $oo_1$ 代表应力为零时的应变,是不能消失的塑性应变。$o_1o_2$ 表示消失了的弹性应变,而 $oo_2$ 表示总应变。

卸载后再加载,则应力-应变曲线大致沿着卸线时的路径(直线 $o_1d$),直到 $d$ 点后才开始出现塑性变形,以后的应力-应变曲线与第一次加载时大致相同。将第二次加载的应力-应变曲线单独画出来,如图 4-17 所示。从图中可见,在 $d$ 点以前,材料的变形是弹性的,过 $d$ 点后开始出现塑性变形,即第二次加载时,材料的比例极限提高,而塑性变形有所降低,这种现象称为冷作硬化。工程中经常利用冷作硬化提高材料在弹性范围内的承载能力。但须注意,经过冷拉的材料,其塑性有所降低。

3. 塑性指标

试件断裂后存在残余变形。图 4-12 所示的 $\delta$ 代表了试件塑性变形的程度,称为延伸率,它等于拉断后的标距长度 $l_1$ 和原长之差与原长的比值。即

$$\delta = \frac{l_1 - l_0}{l_0} \times 100\% \tag{4-8}$$

对于同一种材料,采用 $l_0 = 5d$ 和 $l_0 = 10d$ 的标距,所得的延伸率略有差异,分别用 $\delta_5$ 和 $\delta_{10}$ 表示。延伸率是衡量材料塑性变形程度的重要指标。低碳钢的延伸率 $\delta$ 为 20% ~

30% 。在工程中,通常将 $\delta \geqslant 5\%$ 的材料称为塑性材料,如碳钢、黄铜、铝合金等;将 $\delta < 5\%$ 的材料称为脆性材料,如灰口铸铁、砖石、混凝土等。

衡量材料塑性变形程度的另一指标是截面收缩率,用 $\psi$ 表示。设试件横截面的原面积为 $A$,拉断后断口的横截面积为 $A_1$,则

$$\psi = \frac{A - A_1}{A} \times 100\% \tag{4-9}$$

低碳钢的截面收缩率为 $\psi = 60\% \sim 70\%$ 。

## 三、其他材料拉伸时的力学性能

图 4-18 中给出了几种工程上常用的塑性材料拉伸时的应力-应变曲线。为便于比较,图中还给出了低碳钢的应力-应变曲线。

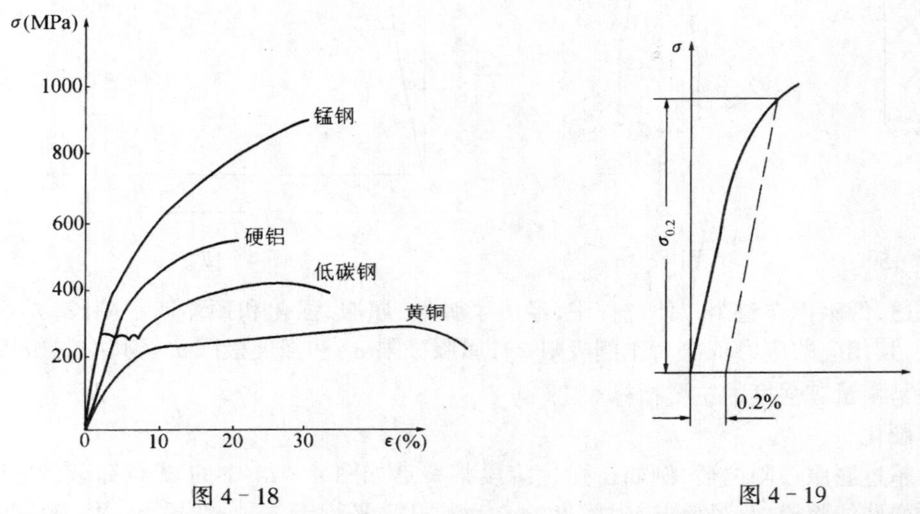


图 4-18

图 4-19

从图中可以看出,有些材料无明显的屈服阶段。对于这类材料,国家标准规定:以产生 0.2% 的塑性变形所对应的应力作为屈服极限,称为条件屈服极限。用 $\sigma_{0.2}$ 表示,如图 4-19 所示。

至于脆性材料,如铸铁,从受拉到断裂,变形始终很小,即无屈服阶段,也无颈缩现象,图 4-20 所示为铸铁拉伸时的应力-应变曲线,断裂时的应变不足 1% ,断口则垂直于试件轴

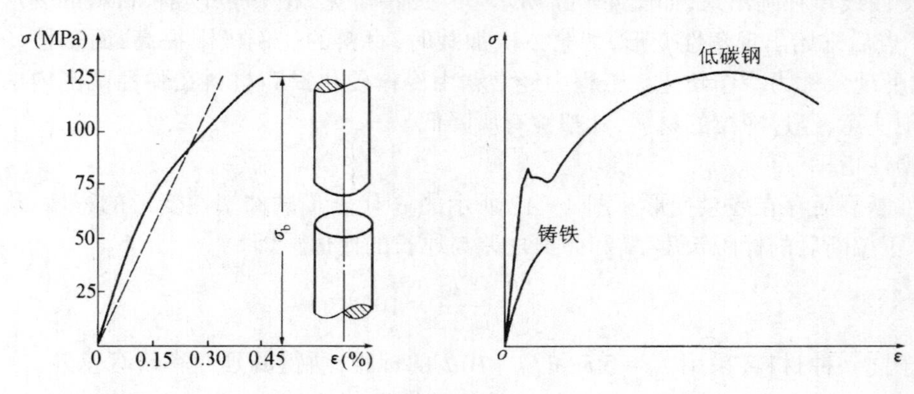


图 4-20

线。铸铁拉伸的另一特点是:应力和应变间始终不成正比。但在实际使用的应力范围内,应力-应变曲线的曲率很小,通常用直线代替。

## 四、材料压缩时的力学性能

金属材料的压缩试件,一般做成短圆柱形,其高度为直径的1.5～3倍。

低碳钢压缩时的应力-应变曲线如图4-21所示,其中虚线是拉伸时的应力-应变曲线。试验结果表明:低碳钢压缩时的弹性模量 $E$、比例极限 $\sigma_p$、屈服强度 $\sigma_s$ 均与拉伸时大致相同。但在屈服阶段以后,试件越压越扁,横截面积不断增大,试件抗压能力也继续提高,因而得不到强度极限。

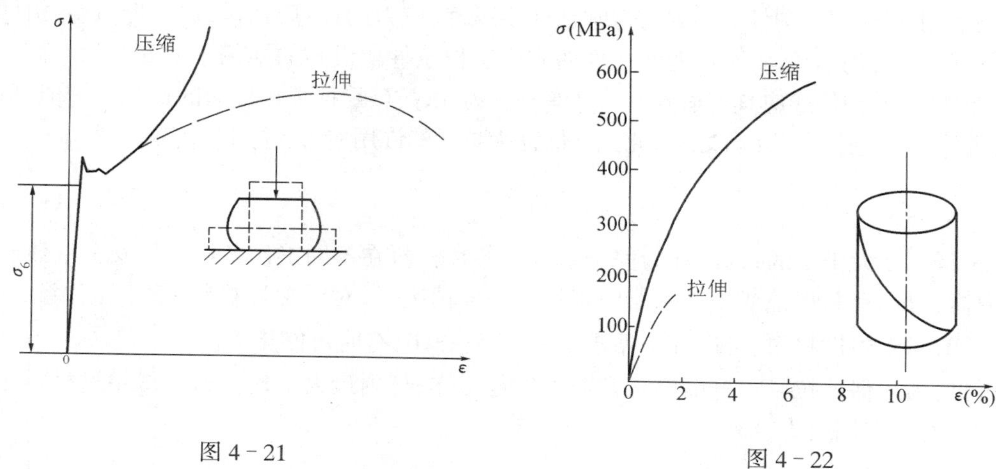


图4-21　　图4-22

铸铁压缩时的应力-应变曲线如图4-22所示。与拉伸时相同的是,线弹性阶段不明显;不同的是,压缩时的强度极限远高于拉伸强度极限,前者一般为后者的3～5倍,而且压缩时还表现出明显的塑性。其它脆性材料,如混凝土、石料等,抗压强度也远高于抗拉强度。表4-2列出了几种常用材料的主要力学性能。

**表4-2　常用工程材料拉伸和压缩时的力学性质(常温、静载)**

| 材料名称 | 牌号 | 屈服极限 ($\sigma_s$)MPa | 拉伸强度极限 $\sigma_b$(MPa) | 压缩强度极限 $\sigma_b$(MPa) | 延伸率 $\sigma_5$(%) |
|---|---|---|---|---|---|
| 普通碳素钢 (GB700-65) | $A_3$<br>$A_5$ | 240<br>280 | 380～470<br>500～620 | | 25～27<br>19～21 |
| 普通低合金钢 (YB13-69) | 16Mn<br>15MnV | 280～350<br>340～420 | 480～520<br>500～560 | | 19～21<br>17～19 |
| 灰口铸铁 (GB976-67) | HT15-33<br>HT20-40 | | 100～280<br>160～320 | 650<br>750 | |
| 铝合金 (YB604-66) | LY11<br>LD9 | 110～140<br>280 | 210～420<br>420 | | 8<br>13 |
| 混凝土 | 200(标号)<br>300(标号) | | 1.6<br>2.1 | 13.7<br>20.6 | |
| 松木(顺纹)<br>杉木(顺纹) | | | 96<br>76 | 31<br>39 | |

## 第六节　拉(压)杆的强度条件及其应用

由上节讨论可知,当塑性材料达到屈服极限 $\sigma_s$ 时;或脆性材料达到强度极限 $\sigma_b$ 时,材料将产生较大塑性变形或断裂。构件工作时,以上情况一般都不允许发生。所以 $\sigma_s$ 和 $\sigma_b$ 统称为材料的极限应力,用 $\sigma_u$ 表示。对于塑性材料 $\sigma_u=\sigma_s$,对于脆性材料 $\sigma_u=\sigma_b$。

构件工作时,由载荷引起的应力称为工作应力。如前所述,杆件受轴向拉伸或压缩时,其横截面上的工作应力 $\sigma=\dfrac{N}{A}$。

在理想的情况下,为了充分利用材料的强度,最好使构件的工作应力接近于材料的极限应力。但是,由于作用在构件上的载荷常常估计不准确;应力的计算常有一定的近似性;构件的材料不可能绝对均匀等,都有可能使构件的实际工作条件比设想的要偏于不安全的一面。此外,为保证安全,构件还应具有适当的强度储备。为此,拉(压)杆工作应力的最大允许值,只能是材料极限应力 $\sigma_u$ 的若干分之一,此允许值称为材料的许用应力,并用[$\sigma$]表示,即

$$[\sigma]=\frac{\sigma_u}{n} \tag{4-10}$$

式中,$n$ 是一个大于 1 的系数,称为安全系数。各种材料在不同工作条件下的安全系数或许用应力值,可从有关规范或设计手册中查到。一般情况下,对于塑性材料,取安全系数 $n_s=1.5\sim2.0$;对于脆性材料,可取安全系数 $n_b=2.5\sim3.0$,有时可能更大。

可见,为了保证拉(压)杆能够正常而可靠地工作,杆内最大工作应力不得超过材料在拉伸(压缩)时的许用应力,即

$$\sigma_{\max}=\left(\frac{F_N}{A}\right)_{\max}\leqslant[\sigma] \tag{4-11}$$

此条件称为拉(压)杆的强度条件。对于等截面拉(压)杆,上式则变为

$$\frac{F_{N\max}}{A}\leqslant[\sigma] \tag{4-12}$$

根据上述强度条件,可以解决三类强度问题。

1. 校核强度:若已知构件尺寸、载荷数值和材料的许用应力,即可用强度条件验算构件是否能安全工作。

2. 设计截面:若已知外载荷及材料的许用应力,当截面的形状确定后,可由强度条件设计出截面尺寸。由(4-11)式,有

$$A\geqslant\frac{F_{N\max}}{[\sigma]} \tag{4-13}$$

由 $A$ 值即可确定截面尺寸。

3. 确定许可载荷:若已知构件尺寸和材料的许用应力,由强度条件(4-11)式,得

$$F_{N\max}\leqslant A[\sigma] \tag{4-14}$$

由此可求得杆所能承受的最大轴力,进而可确定结构所能承受的最大荷载,称为许可荷载。

最后还应指出,如果工作应力 $\sigma_{\max}$ 超过了许用应力[$\sigma$],但只要超过量($\sigma_{\max}-[\sigma]$)小于许用应力的 5%,在工程中也是允许的。

例 4－5. 图 4－23a 所示一三角架。钢拉杆 $AB$ 长 2 m，其横截面面积为 $A_1 = 6\ \mathrm{cm}^2$，许用应力 $[\sigma]_1 = 160\ \mathrm{MPa}$。$BC$ 为木杆，其横截面面积为 $A_2 = 100\ \mathrm{cm}^2$，许用应力为 $[\sigma]_2 = 7\ \mathrm{MPa}$。(1)设 $B$ 点的竖向载荷 $F_P$ 为 10 kN，试校核各杆强度；(2)求许可载荷 $[F_p]$。

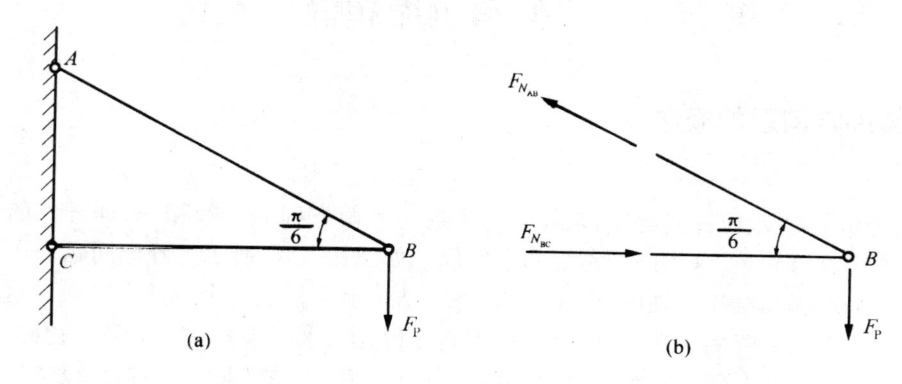


图 4－23

解：(1)当 $F_P = 10\ \mathrm{kN}$，校核强度

取节点 $B$ 为研究对象，其受力图如图 4－23b 所示，由 $B$ 节点的平衡方程

$$\sum F_x = 0 \quad F_{NBC} - F_{NAB}\cos\frac{\pi}{6} = 0$$

$$\sum F_y = 0 \quad F_{NAB}\sin\frac{\pi}{6} - F_p = 0$$

得两杆轴力分别为

$$F_{NAB} = 2F_P(\text{拉})$$

$$F_{NBC} = \sqrt{3}F_P(\text{压})$$

当 $F_P = 10\ \mathrm{kN}$ 时，有

$$\sigma_{AB} = \frac{F_{NAB}}{A_1} = \frac{20\times10^3}{6\times10^2} = 33.3\ \mathrm{MPa} < [\sigma]_1$$

$$\sigma_{BC} = \frac{F_{NBC}}{A_2} = \frac{17.3\times10^3}{100\times10^2} = 1.73\ \mathrm{MPa} < [\sigma]_2$$

可见，两杆均符合强度要求。

(2)求许可载荷 $[F_P]$

首先让杆 $AB$ 充分发挥作用，则

$$[F_{NAB}] = [\sigma]_1 A_1 = 160\times10^6\times6\times10^{-4} = 96\ \mathrm{kN}$$

又由

$$F_{NAB} = 2F_P$$

得

$$[F_P]_1 = [F_{NAB}]/2 = 48\ \mathrm{kN}$$

再让杆 $BC$ 充分发挥作用，则

$$[F_{NBC}] = [\sigma]_2 A_2 = 7\times10^6\times100\times10^{-4} = 70\ \mathrm{kN}$$

又由

$$F_{NBC} = \sqrt{3}F_P$$

得

$$[F_P]_2 = [F_{NBC}]/\sqrt{3} = 40.4\ \text{kN}$$

比较$[F_P]_1$与$[F_P]_2$可见,三角架的许可载荷取较小值,即$[F_P]=[F_P]_2=40.4\ \text{kN}$。

# 第七节　拉伸和压缩超静定问题

## 一、超静定问题的概念

前几节讨论的拉、压杆问题中,未知力的个数与平衡方程的个数相等,即杆件的受力可以由平衡方程直接确定,这类问题称为静定问题。如图4-24a所示为静定问题。

工程中为了提高结构的强度、刚度,常在静定结构上再附加一个或几个约束。这时未知力的个数多于平衡方程的个数,因此只利用平衡方程无法求出未知力。这类问题称为"超静定问题"。如图4-24b所示即为超静定结构。第三章第三节的例3-7亦为超静定结构。

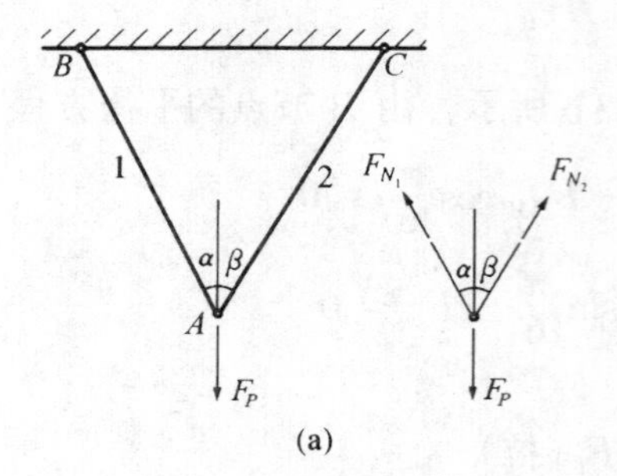


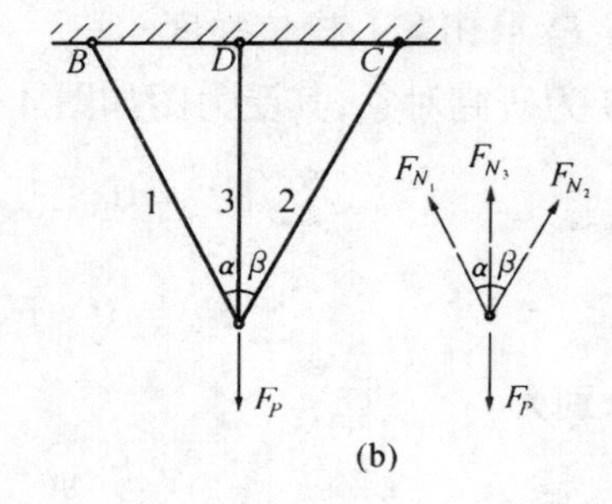


图4-24

对比图4-24中两结构可见静定结构是在静定结构上再附加一个或几个约束形成的。

这种在静定结构上附加的约束称为"多余约束",这里所谓"多余"是指对于保持结构的平衡而言是多余的,而对于提高结构的强度和刚度则是需要的。在超静定结构中,未知力个数与平衡方程个数的差值称为"超静定次数"。图4-22b所示结构为一次超静定结构。

## 二、超静定问题的解法

求解超静定问题时,除了根据静力学平衡条件列出独立的静力平衡方程之外,还必须建立足够数目的补充方程,使方程式的总数与未知力的个数相同。

建立超静定问题的补充方程,必须从超静定问题的特点入手。由于超静定问题存在有多余约束,这就使得在外部因素作用下超静定结构内各部分的变形之间必然存在着一定的相互制约条件,使得结构及其约束既不能脱开也不能重叠。这种要求结构的变形应满足的一定的几何条件,通常称为变形谐调条件。由此,在求解超静定问题时,先根据变形谐调条件列出各部分变形间的几何关系式,然后再利用表达内力与变形间关系的物体条件(虎克定律)建立所需要的补充方程。

例4-6. 等截面直杆$A$、$B$两端固定,在$C$处承受轴向载荷,如图4-25a所示。已知各段杆长度$a$、$b$,载荷为$F_P$,横截面面积为$A$,材料的弹性模量为$E$。求:各段的轴力。

解：由于杆只承受轴向载荷作用，因此在固定端处只存在轴向约束力，设为 $F_{RA}$ 和 $F_{RB}$，如图 4－25b 所示。而平衡方程只有一个，故该结构为一次超静定结构。

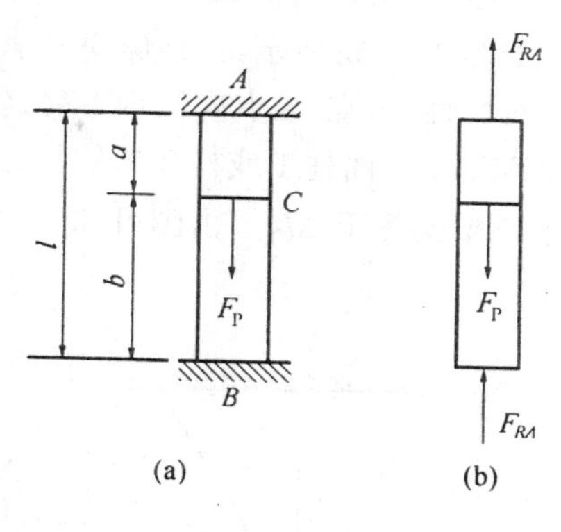


图 4－25

1. 平衡方程

由杆的受力图及平衡条件

$$\sum F_y = 0, F_{RA} + F_{RB} - F_P = 0 \qquad (a)$$

2. 变形协调条件

由于杆的两段均受轴力作用，因而都要发生轴向变形。但是，杆被限制在两个固定端之间，故其总轴向变形为零。即

$$\Delta l_{AB} = \Delta l_{AC} + \Delta l_{CD} = 0 \qquad (b)$$

3. 物理方程

根据虎克定律，变形与轴力的关系为

$$\left.\begin{aligned} \Delta l_{AC} &= \frac{F_{NAC}a}{EA} \\ \Delta l_{CB} &= \frac{F_{NBC}b}{EA} \end{aligned}\right\} \qquad (c)$$

由截面法，各段杆的轴力分别为：

$$F_{NAC} = F_{RA}, F_{NCB} = - F_{RB}$$

故

$$\Delta l_{AC} = \frac{F_{RA}a}{EA} \quad \Delta l_{CB} = \frac{- F_{RB}b}{EA} \qquad (d)$$

5. 补充方程

将式(d)代入式(b)即得补充方程

$$\frac{F_{RA}a}{EA} - \frac{F_{RB}b}{EA} = 0 \qquad (e)$$

最后将平衡方程(a)和(e)联立求解得

$$F_{RA} = F_P b/l, F_{RB} = F_P a/l$$

由此得 $AC$ 段和 $CB$ 段的轴力分别为

$$F_{NAC} = F_P b/l$$

$$F_{NCB} = - F_P a/l$$

例 4－7. 如图 4－26a 所示结构，设杆 1 和杆 2 横截面面积、材料均相同，即 $A_1 = A_2, E_1 = E_2$，杆 3 的横截面面积和弹性模量分别为 $A_3$ 和 $E_3$，已知外力 $F_P$ 和 $a$，试求各杆的内力。

解：以节点 $A$ 为确定对象，未知力有三个而平衡方程只有两个，该结构为一次超静定结构。

1. 平衡方程

$$\sum F_x = 0 \quad F_{N2}\sin a - F_{N1}\sin a = 0 \qquad (a)$$

$$\sum F_y = 0 \quad F_{N1}\cos a - F_{N2}\cos a + F_{N3} - F_P = 0 \qquad (b)$$

2. 变形协调条件

如图 4－26c 所示，三杆原交于 $A$ 点，因有铰链相连，变形后它们仍应交于一点。此外，由于对称性，节点 $A$ 点应铅垂下移，各杆的变形关系如图 4－26d 所示。图中 $AA'$ 即等于杆 3 的伸长 $\Delta l_3$，而杆 1 或杆 2 的伸长 $\Delta l_1$，由于变形很小，可由 $A'$ 向杆 1 或杆 2 的轴线作垂线至 $S$，$SA$ 就等于 $\Delta l_1$。由图可知

$$\Delta l_1 = \Delta l_3 \cos \alpha \tag{c}$$

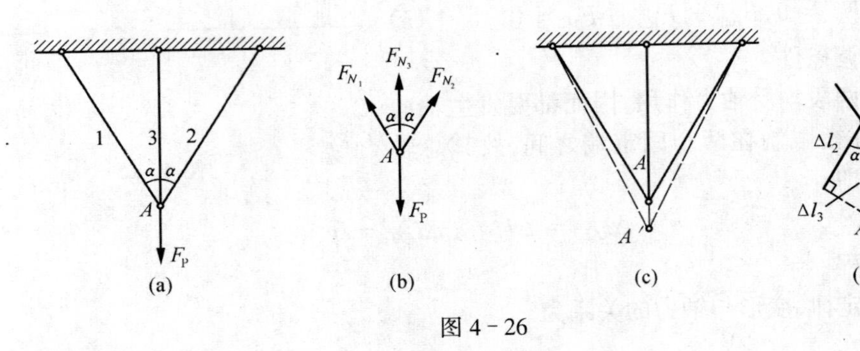


图 4－26

3. 物理条件

由虎克定律，得物理方程为

$$\Delta l_1 = \frac{F_{N1} l_1}{EA}$$

$$\Delta l_3 = \frac{F_{N3} l_3}{E_3 A_3} = \frac{F_{N3} l_1 \cos \alpha}{E_3 A_3} \tag{d}$$

4. 补充方程

将式(d)代入式(c)即得补充方程为

$$F_{N1} = \frac{E_1 A_1}{E_3 A_3} \cos^2 \alpha \cdot F_N^3$$

将补充方程与平衡方程联立求解得

$$F_{N1} = F_{N2} = \frac{F_P \cos^2 \alpha}{\dfrac{E_3 A_3}{E_1 A_1} + 2 \cos^2 \alpha} \quad F_{N3} = \frac{F_P}{1 + 2 \dfrac{E_1 A_1}{E_3 A_3} + \cos^3 \alpha}$$

## 第八节 联结件的剪切和挤压强度计算

拉压杆彼此相互连接时，必须具有起联结作用的部件，简称联结部件，例如螺栓联结中的螺栓(图 4－27)和焊接联结中的焊缝(图 4－28)，它们都是起联结作用的。这些联结件在受力后其内部所引起的应力的性质、分布规律及大小等都很复杂。因此工程中为了便于计算，在试验的基础上，往往对它们作一些近似的假设，提出简化的计算方法，称为实用计算法。

### 一、剪切的实用计算

图 4－29 表示两钢板由螺栓或铆钉联结的情况。板受拉力 $F_P$ 作用。此时铆钉的受力

情况如图 4－30 所示，其两侧面上所受到的分布力的合力 $F_P$，大小相等，方向相反，但作用线不在一条直线上，而有很小的间距。其变形情况为 $m-m$ 截面上下两侧的截面发生相对地错动，称为剪切变形，m－m 截面称为剪切面。

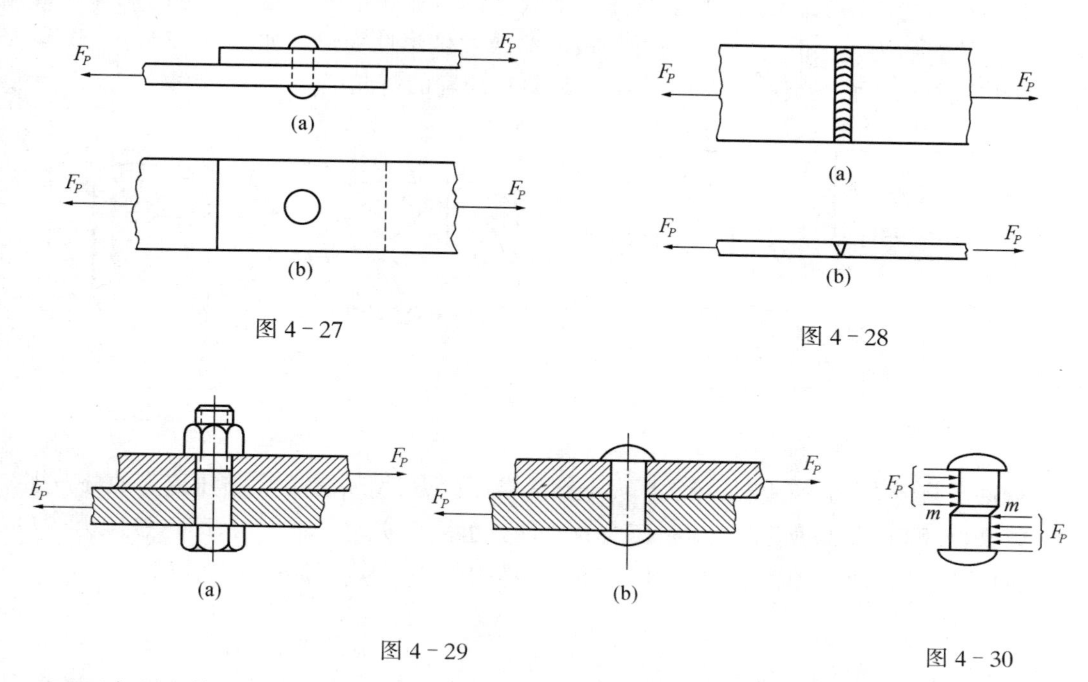


图 4－27

图 4－28

图 4－29

图 4－30

下面来研究剪切面上的内力和应力。假想用一截面在 $m-m$ 处将铆钉切开，设取一部分为研究对象(图 4－31a)。该部分受外力 $F_P$ 作用，设 $m-m$ 面上的内力为 $F_Q$。由平衡条件

$$\sum F_x = 0 \quad F_Q - F_P = 0$$

得

$$F_Q = F_P$$

即：在剪切面上有平行于截面的内力 $F_Q$，内力 $F_Q$ 称为剪力。

剪力 $F_Q$ 以切应力 $\tau$ 的形式分布在截面上(图 4－31b)。切应力在各点的大小及在截面上的分布规律很复杂。在实际计算时，通常用剪力 $F_Q$ 除以剪切面面积 $A$ 所得的平均切应力 $\tau$ 作为剪切面上的计算切应力(亦称为名义切应力)。即

$$\tau = \frac{F_Q}{A} \tag{4-15}$$

同时，材料的极限应力也是按同样的名义应力公式根据对该类部件的直接试验所得破坏荷载而算得的。将此极限应力除以适当的安全系数即得材料的许用切应力 $[\tau_j]$。于是剪切强度条件为

$$\tau = \frac{F_Q}{A} \leqslant [\tau_j] \tag{4-16}$$

图 4－31

在有关的手册里,可查到许用切应力$[\tau_j]$的数值。

## 二、挤压的实用计算

联结件在受剪切的同时,还受到挤压。即联结体与被联结体在相互接触的局部区域互相挤压。当挤压力过大时,接触面附近将被压溃或发生塑性变形。如图 4-32 中。图 a 表示板在孔边被压溃而发皱的情况;图 b 表示铆钉被压扁的情况。

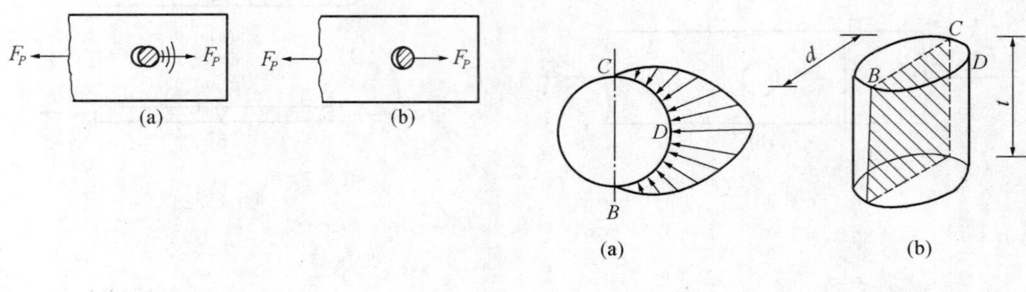


图 4-32　　　　图 4-33

构件受挤压力 $F_P$ 作用时,在承压面上产生挤压应力,用 $\sigma_{jy}$ 表示。挤压应力的分布规律较为复杂(如图 4-33a 所示)。对挤压应力的计算也采用实用计算方法,即将挤压力 $F_p$ 除以承压面的正投影面面积$A_{jy}$(如图 4-33b 中的阴影面)作为计算挤压应力,即

$$\sigma_{jy} = \frac{F_P}{A_{jy}} \tag{4-17}$$

于是可建立挤压强度条件

$$\sigma_{jy} = \frac{F_P}{A_{jy}} \leqslant [\sigma_{jy}] \tag{4-18}$$

式中$[\sigma_{jy}]$为许用挤压应力。试验表明许用挤压应力比轴向压缩时的许用应力$[\sigma]$要大。

附带指出,前述关于剪切和挤压的实用计算方法和公式也适用于被联结部件在扭转或弯曲时其联结部件的强度计算。

例 4-8. 图 4-34a、b 所示一螺栓联结接头,受拉力 $F_P$ 作用,已知:$F_P = 100$ kN,钢板厚 $\delta = 8$ mm,宽 $b = 100$ mm,螺栓直径 $d = 16$ mm。螺栓许用应力:$[\tau_j] = 145$ MPa,$[\sigma_{jy}] = 340$ MPa;钢板许用拉应力$[\sigma] = 170$ MPa。试校核该接头的强度。

解:

(1)螺栓的强度校核

用截面在两板之间沿螺栓的剪切面切开,取下部为研究对象(图 c),假定每个螺栓所受的力相同,故每个剪切面上的剪力为

$$F_Q = \frac{F_P}{4}$$

根据式(4-16)

$$\tau = \frac{F_Q}{A} = \frac{F_P}{4 \times \dfrac{\pi d^2}{4}} = \frac{100 \times 10^3}{4 \times \dfrac{3.14 \times 0.016^2}{4}} = 124 \text{ MPa} < [\tau_j]$$

(2)螺栓与板之间的挤压强度校核

由式(4－18)

$$\sigma_{jy} = \frac{F_{Pjy}}{A_{jy}} = \frac{F_P/4}{d \cdot \delta} = \frac{100 \times 10^3}{4 \times 0.016 \times 0.008} = 195\ \mathrm{MPa} < [\sigma_{jy}]$$

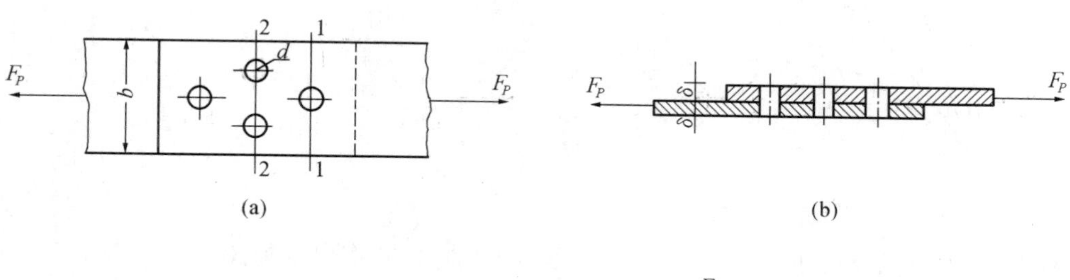


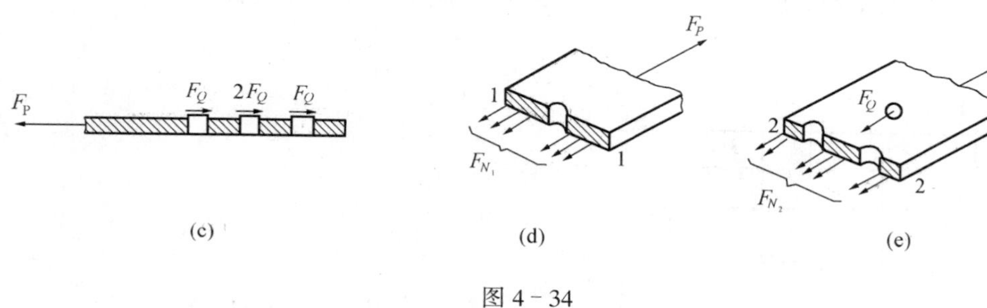


图 4－34

(3)板的抗拉强度校核

先用截面 1－1 将板切开,取右部为研究对象(图 d),在切开的截面上有拉应力 $\sigma$,假定它是均布分布的,其合力为 $F_{N1}$ 由平衡条件得

$$F_{N1} = F_P$$

故

$$\sigma = \frac{F_{N1}}{A_1} = \frac{F_p}{\delta(b-d)} = \frac{100 \times 10^3}{0.008(1-0.016)} = 149\ \mathrm{MPa} < [\sigma]$$

因为在第二排有两个孔,所以还需校核该截面。用截面 2－2 将板切开,取右部为研究对象(图 e)。设所切截面上的拉应力的合力为 $N_2$,根据平衡条件有

$$F_{N2} + F_Q - F_P = 0$$

$$F_{N2} = F_P - F_Q = F_P = -\frac{F_P}{4} = \frac{3F_P}{4}$$

故

$$\sigma = \frac{F_{N2}}{A_2} = \frac{\frac{3F_P}{4}}{\delta(b-2d)} = \frac{3 \times 100 \times 10^3}{4 \times 0.008(0.1 - 2 \times 0.016)} = 138\ \mathrm{MPa} < [\sigma]$$

故接头安全。

## 习　　题

4－1. $a$、$b$、$c$ 三种材料的应力－应变曲线如图所示。其中强度最高的材料是________,弹性模量最小的材料是________,塑性最好的材料是________。

答：$a$；$c$；$c$。

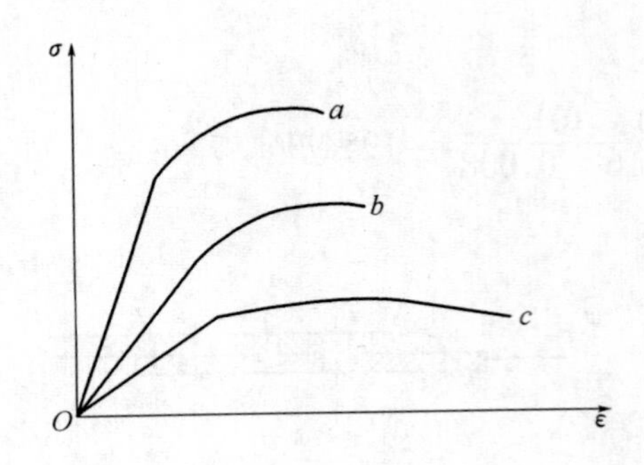


题 4－1 图

4－2. 试求图示拉杆 1－1、2－2、3－3 截面上的轴力，并作出轴力图。

答：$F_{N1}=-2F_P$；$F_{N2}=F_P$，

$F_{N3}=-2F_P$

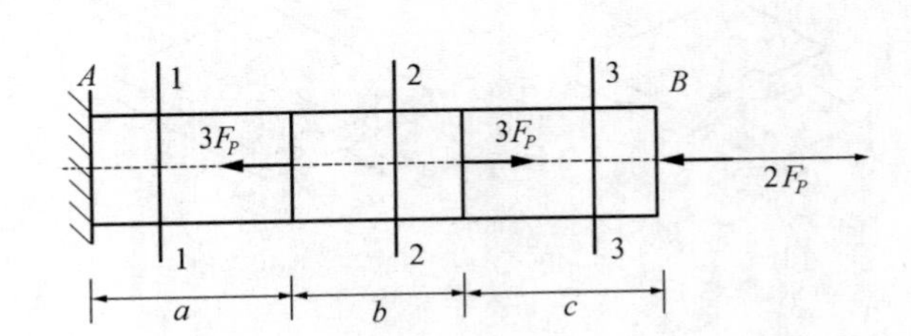


题 4－2 图

4－3. 杆件的受力情况如图所示，试绘出轴力图。

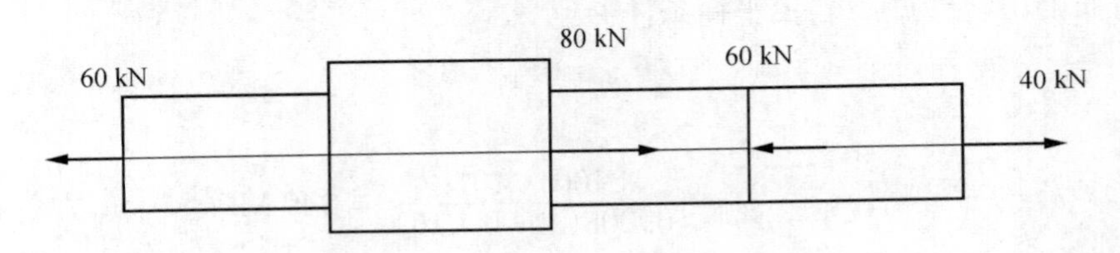


题 4－3 图

4－4. 图示中段开槽的杆件，两端受轴向载荷 $F_P$ 作用，试计算截面 1－1 和截面 2－2 上的正应力。已知：$F_P=14$ kN，$b=20$ mm，$b_0=10$ mm，$t=4$ mm。

答：$\sigma_1=\dfrac{F_{N1}}{A_1}=175$ MPa，

$\sigma_2=\dfrac{F_{N2}}{A_2}=350$ MPa

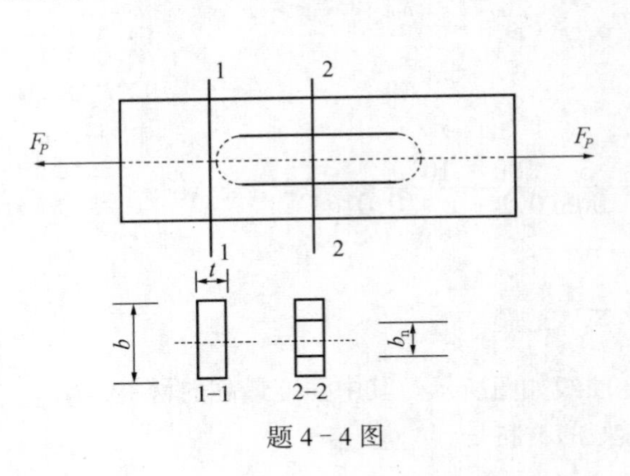


题 4－4 图

4－5. 图示桁架，受铅垂载荷 $F_P = 50$ kN 作用，杆 1、2 的横截面均为圆形，其直径分别为 $d_1 = 15$ mm、$d_2 = 20$ mm，材料的许用应力均为 $[\sigma] = 150$ MPa。试校核桁架的强度。

答：$\sigma_1 = 146.5\ \text{MPa} < [\sigma]$

$\sigma_2 = 116\ \text{MPa} < [\sigma]$

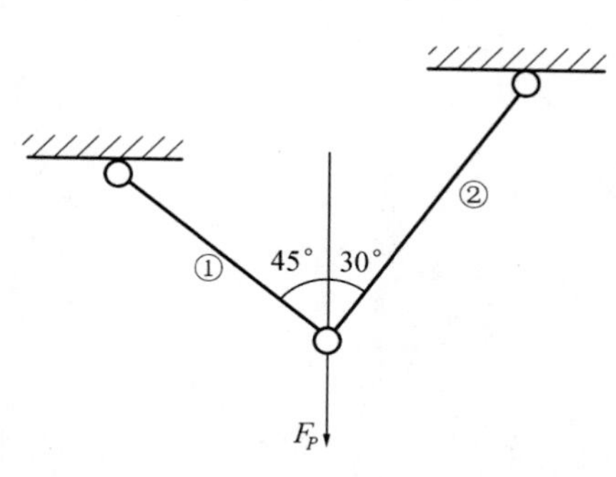


题 4－5 图

4－6. 图示托架，$AC$ 是圆钢杆，许用应力 $[\sigma] = 160$ MPa；$BC$ 是方木杆，许用压应力 $[\sigma]_c = 4$ MPa；$F_P = 60$ kN。试选定钢杆直径 $d$ 及木杆方截面边长 $b$。

答：$d \geqslant 0.026\,8$ m，$b \geqslant 0.164\,4$ m

取 $d = 2.7$ cm，$b = 1.65$ cm

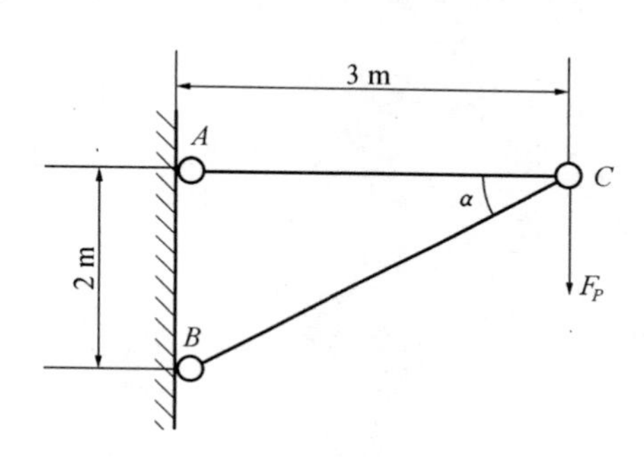


题 4－6 图

4－7. 钢质圆杆的直径 $d = 10$ mm，$F_P = 5.0$ kN，弹性模量 $E = 210$ GPa。求杆内最大应变和杆的总伸长。

答：$|\varepsilon_{max}| = 6.06 \times 10^{-4}$，总伸长

$\Delta l = 6.06 \times 10^{-5}$ m

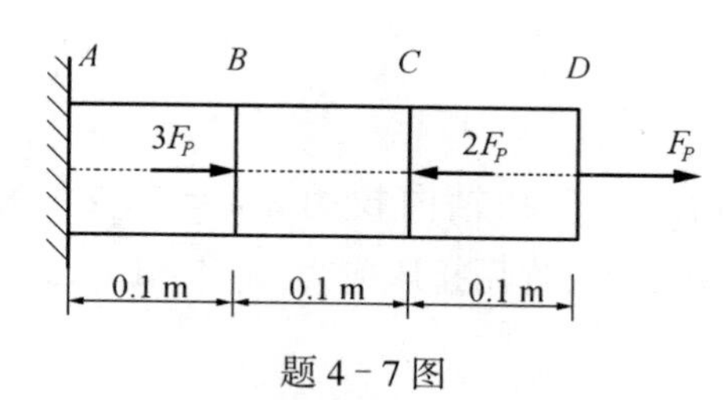


题 4－7 图

4－8. 如图所示，杆 $AC$ 为刚杆，①、②、③各杆 $E$、$A$、$l$ 均相同，求各杆内力值。

答：$F_{N1} = -\dfrac{F_P}{6}$，$F_{N2} = \dfrac{F_P}{3}$，

$F_{N3} = \dfrac{5F_P}{6}$

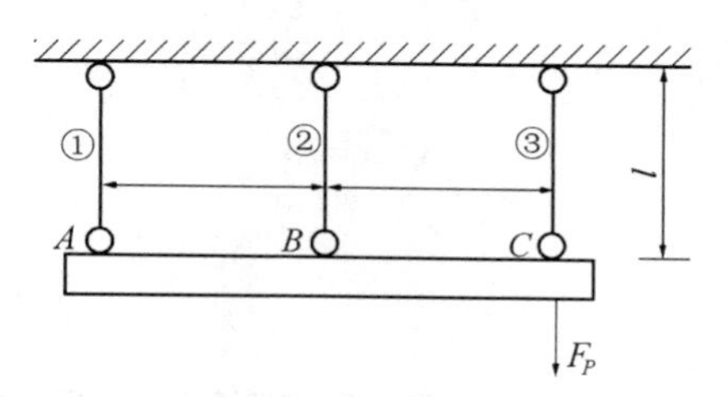


题 4－8 图

4－9.求图示等直杆件的两端支反力。杆件两端固定。

答：$F_{RA}=F_{RB}=\dfrac{F_P}{3}$

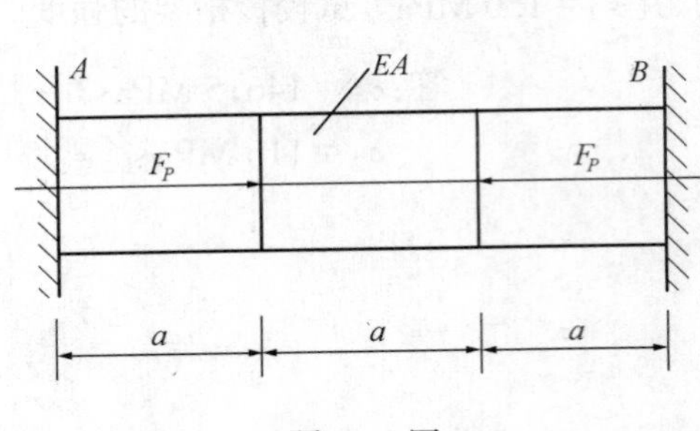


题 4－9 图

4－10.厚度 $t=5$ mm 的钢板，已知其极限切应力为 $\tau_u=350$ MPa。若用冲床将钢板冲出 $d=25$ mm 的圆孔，试问需要多大的冲压力 $F_P$。

答：$F_P=138$ kN

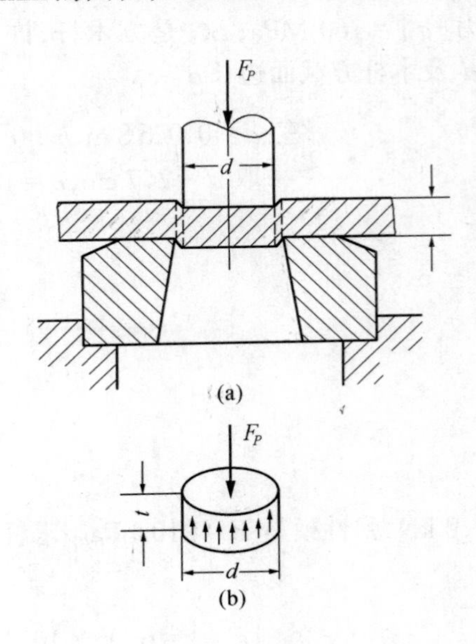


题 4－10 图

4－11.矩形截面木拉杆的接头如图所示。已知轴向拉力 $F_P=50$ kN，截面宽度 $b=250$ mm，木材顺纹许用切应力 $[\tau_j]=1$ MPa，顺纹许用挤压应力 $[\sigma_{jy}]=10$ MPa。试求接头处的尺寸 $L$ 和 $a$。

答：$L=200$ mm，$a=20$ mm。

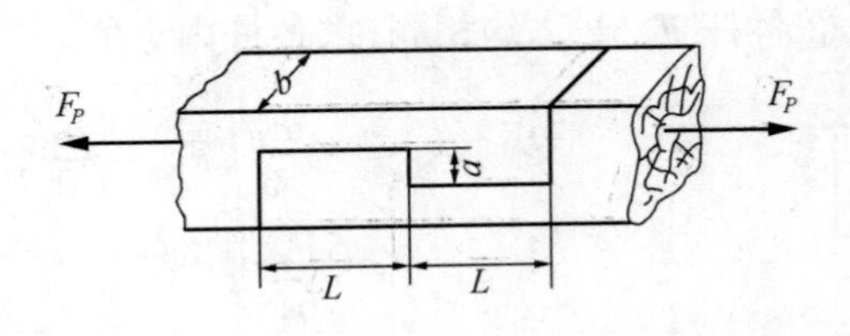


题 4－11 图

4－12.一螺栓将拉杆与厚为 8 mm 的两块盖板联接如图所示，螺栓与盖板材料相同，许用应力$[\sigma]=80$ MPa，$[\tau_j]=60$ MPa，$[\sigma_{jy}]=160$ MPa。已知拉杆的厚度 $t=15$ mm，拉力 $F_P=120$ kN，试确定螺栓直径 $d$ 及拉杆宽度 $b$。

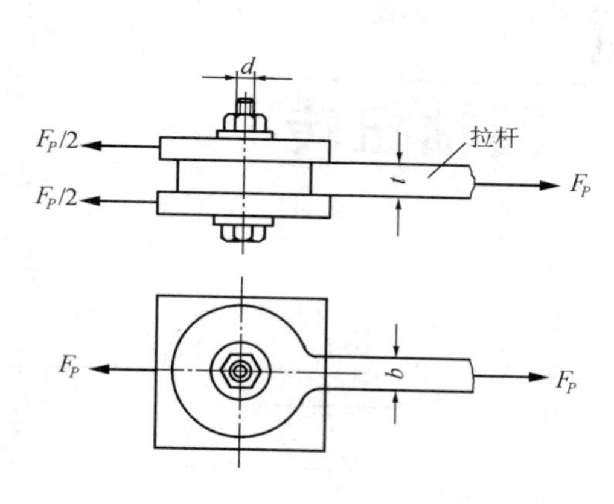


题 4－12 图

答：$d=50$ mm
　　$b=100$ mm

4－13. 图示铆接接头。已知：板宽 $b=200$ mm，主板厚 $t_1=20$ mm，盖板厚 $t_2=12$ mm，铆钉直径 $d=30$ mm，接头所受拉力 $F_P=400$ kN 作用。试计算：(1)铆钉切应力 $\tau$ 值；(2)铆钉与板之间的挤压应力 $\sigma_{jy}$ 值；(3)板的最大拉应力 $\sigma_{max}$ 值。

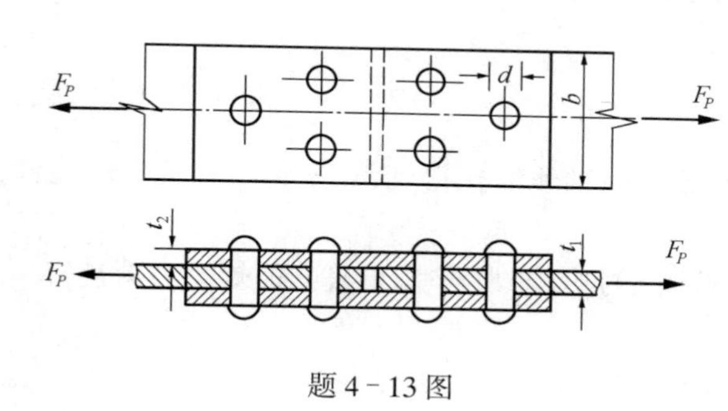


题 4－13 图

答：$\tau=94.3$ MPa
　　$\sigma_{jy}=222$ MPa
　　$\sigma_{max}=118$ MPa

# 第五章

# 圆轴扭转

扭转变形是杆件的基本变形之一。扭转变形的受力特点是:在垂直于杆件轴线的平面内作用有力偶。在这种情况下,杠件各横截面绕轴线作相对转动(图 5-1)。这种变形形式称为扭转,受扭构件称为轴。

本章着重研究圆轴的应力和变形,对矩形截面轴不作介绍,可参考有关资料。

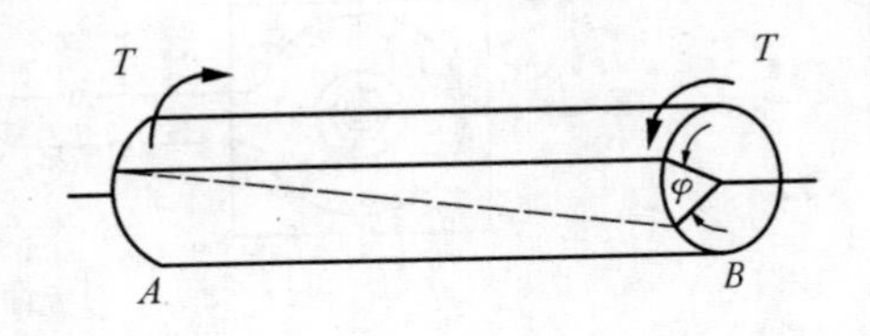


图 5-1

## 第一节　外力偶矩、扭矩和扭矩图

### 一、外力偶矩

作用在轴上的外力偶矩,可以通过将外力向轴线简化得到,对于传动轴等转动构件,则可根据轴的转速及轴所传递的功率求得。

轴作等速转动时,力偶在单位时间内所作的功,即为功率($P$),其值等于力偶矩 $T$ 与角速度 $\omega$ 之乘积,即

$$P = T \cdot \omega$$

在工程实际中,功率的常用单位为千瓦,转速的常用单位为转/分,此时,上式变为

$$P \cdot 10^3 = T \cdot \frac{2\pi n}{60}$$

由此得

$$T = 9\,549\,\frac{P(\text{千瓦})}{n} \quad (\mathrm{N \cdot m}) \tag{5-1}$$

如功率的单位为马力,则同理可得

$$T = 7\,024\,\frac{P(\text{马力})}{n} \quad (\mathrm{N \cdot m}) \tag{5-2}$$

### 二、扭矩和扭矩图

作用于轴上的外力偶矩求出后,即可用截面法研究其横截面上的内力。现以图 5-2a 所示圆轴为例。假想将圆轴沿 $m-m$ 横截面分成两部分,并取左半部分为研究对象(图 5-2b)。由于整个轴是平衡的,所以左半部分也处于平衡状态,这就要求截面 $m-m$ 上的分布内力必须归结为一个内力偶矩 $M_x$,由平衡条件

$$\sum M_x = 0 \quad M_x - T = 0$$

求得

$$M_x = T$$

内力偶矩 $M_x$ 称为横截面 $m-m$ 上的扭矩。

如果以右段为研究对象(图 5-2c),也可求出 $M_x = T$ 的结果,其转向则与由左段求得的相反。

为了使上述两种算法所得同一截面处的扭矩的正负号相同,对扭矩的符号按右手螺旋法则作如下规定:四指代表扭矩的转向,若大拇指的指向离开截面,则该扭矩为正,反之为负。这样,图 5-2 中所示扭矩均为正。

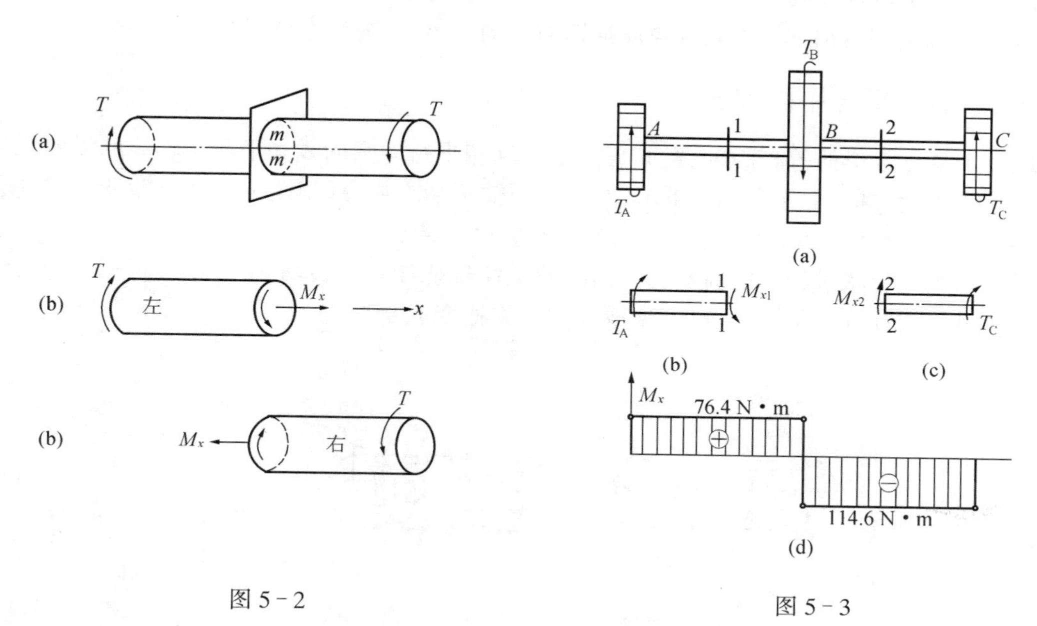


图 5-2　　图 5-3

通常,各横截面的扭矩不尽相同。为了形象的表示扭矩沿轴线的变化情况,可依照作轴力图的方法,绘制扭矩图。图中以横轴表示截面的位置,纵轴表示相应截面上的扭矩。

例 5-1. 图 5-3 所示传动轴,转速 $n = 500$ 转/分,主动轮 $B$ 输入功率 $P_B = 10$ kW,从动轮 $A$、$C$ 输出功率分别为 $P_A = 4$ kW、$P_c = 6$ kW,试作轴的扭矩图。

解:1. 外力偶矩计算

由公式(5-1)可得,$A$、$B$、$C$ 轮上的外力偶矩分别为

$$T_A = 9\,549\frac{P_A}{n} = 9\,549 \times \frac{4}{500} = 76.4(\text{N}\cdot\text{m})$$

$$T_B = 9\,549\frac{P_B}{n} = 9\,549 \times \frac{10}{500} = 191(\text{N}\cdot\text{m})$$

$$T_C = 9\,549\frac{P_C}{n} = 9\,549 \times \frac{6}{500} = 114.6(\text{N}\cdot\text{m})$$

2. 分段计算扭矩

设 $AB$ 和 $BC$ 段的扭矩均为正,并分别用 $M_{x1}$ 和 $M_{x2}$ 表示如图 5-3$b$、$c$ 所示。由各段

平衡条件可得

$$M_{x1} = T_A = 76.4 \text{ N} \cdot \text{m}$$

$$M_{x2} = -T_B = -114.6 \text{ N} \cdot \text{m}$$

3. 作扭矩图

由以上分析，作扭矩图如图 5-3d 所示。可见，

$$|M_x|_{max} = 114.6 \text{ N} \cdot \text{m}$$

# 第二节　圆轴扭转时横截面上的应力和应变

研究圆轴扭转时横截面上的应力，必须确定横截面上的内力分布。为此，需要通过模型实验，观察圆轴表面的变形，并通过假设推知内部的变形，即需要考察变形。

## 一、表面变形与平面假设

取一个易于变形的等直圆轴，在其表面划上互相平行的圆周线和平行于轴线的纵向线，形成许多微小的方格，如图 5-4a 所示，然后在圆轴两端施加力偶，使其发生扭转变形，如图 5-4b 所示。从图中可以看出，圆轴表面变形具有以下特点：

①各圆周线形状、尺寸和间距均无变化，只是绕轴线作相对转动。

②各纵向线都倾斜了同一角度，使原来的小方格变成菱形。

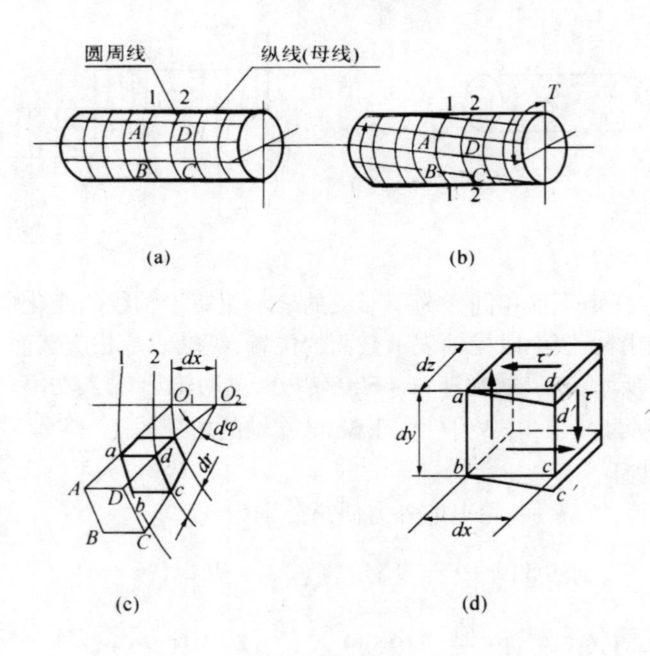


图 5-4

根据圆轴扭转时的上述表面现象，作如下假设：圆轴受扭变形后，原横截面仍保持为平面，其形状、尺寸以及相邻横截面之间的距离均保持不变；半径线仍保持为直线。即横截面刚性地绕轴作相对转动，这一假设称为平面假设。

## 二、圆轴扭转时的应力

比较图 5－4a 和 b 中的小方格，小方格变形后在轴向和圆周方向均未伸长或缩短，即在这个方向均无正应变；而小方格的两对边发生了相对错动。使直角发生了改变。这种变形称为剪切变形。直角的改变量称为切应变，用 $\gamma$ 表示。与切应变相对应，在小方格的各边上将产生切应力。

根据平面假设，圆轴由表面至轴中心线的所有同轴圆柱面上的小方格，也都将发生切应变。这表明，圆轴扭转时，横截面上各点将只产生切应力而无正应力。

## 三、切应力互等定理

由平面假设，用相距 $dx$ 的两个横截面及夹角为 $d\varphi$ 的两个径向截面从圆轴中取一楔形体，如图 5－4c 所示。再在距轴中心任一半径处($\rho$)用相距 $d\rho$ 的两同轴圆柱面从楔型体上截出一微元体，如图 5－4d 所示。

通过上一小节的分析，微元体三对面上均无正应力，只是在与横截面和纵截面相对应的面上存在切应力，分别用 $\tau$ 和 $\tau'$ 表示。(图 5－4d)

考察图 5－4d 所示微元体的平衡，该微元体的边长分别为 $dx$、$dy$ 和 $dz$。

在微元体的左、右侧面上，作用有由切应力 $\tau$ 构成的剪力 $\tau dzdy$，这一对力组成一力偶，其力偶矩为 $(\tau dzdy)dx$。在微元体的上、下侧面上，作用有由切应力 $\tau'$ 构成的剪力 $\tau' dzdx$，这一对力也组成一力偶，其矩为 $(\tau' dzdx)dy$。由力偶的平衡条件

$$\sum M_z = 0: -(\tau dzdy)dx + (\tau' dzdx)dy = 0$$

得

$$\tau = \tau' \tag{5-3}$$

上式表明：在微元体的相互垂直的两个面上，垂直于两面交线的切应力数值相等，其方向则均指向或均背离该交线。这一性质称为切应力互等定理。

在图 5－4d 所示微元体的四个侧面上，只存在切应力而无正应力，这种受力状态称为纯剪切应力状态。

## 四、剪切虎克定律

切应力与切应变的关系可利用薄壁圆管的扭转试验得到。

试验表明：在纯剪状态下，当切应力不超过材料的剪切比例极限 $\tau_p$ 时，切应力和切应变之间成正比关系。如图 5－5 所示。即

$$\tau = G\gamma \tag{5-4}$$

此关系称为剪切虎克定律。比例常数 $G$ 称为剪切弹性模量。$G$ 的量纲和单位与弹性模量 $E$ 的相同。低碳钢的 $G = 80 \sim 81$ GPa。

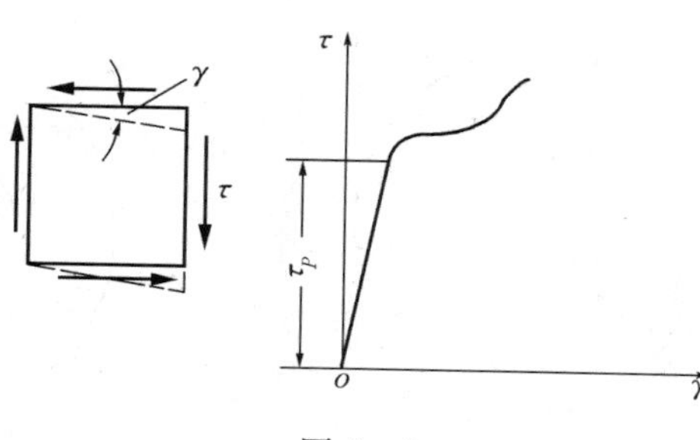

图 5－5

# 第三节　圆轴扭转时横截面上的切应力和强度条件

## 一、切应力的表达式

由上节的分析，圆轴扭转时，横截面上只有垂直于半径的切应力，并且在同一半径的圆周上各点切应力数值相等。

本节讨论切应力沿半径的分布规律，进而得出其计算公式。首先分析切应变的分布规律。

1. 变形几何关系

将图 5-4c 所示的楔形体放大，如图 5-6 所示。

设楔形体左、右两横截面间的相对转角即扭转角为 $d\varphi$，距轴线 $\rho$ 处微元体的切应变为 $\gamma_\rho$，则由图中可以看出

$$\gamma_\rho \approx \text{tg}\, \gamma_\rho = \frac{\overline{dd'}}{ad} = \frac{\rho \mathrm{d}\varphi}{\mathrm{d}x}$$

即
$$\gamma_\rho = \frac{\rho \mathrm{d}\varphi}{\mathrm{d}x} \tag{a}$$

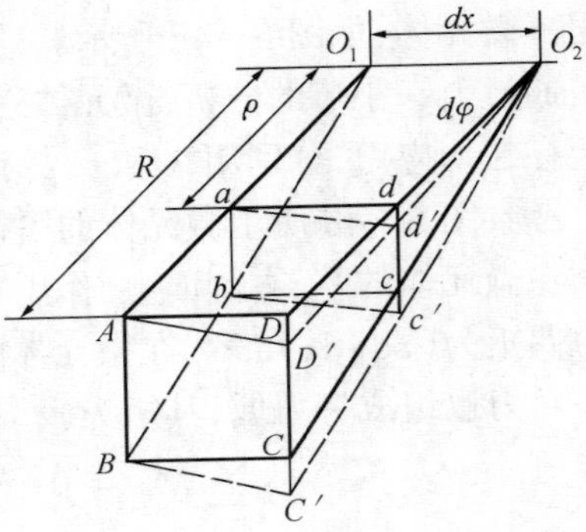

式中，$\mathrm{d}\varphi/\mathrm{d}x$ 代表扭转角沿杆轴的变化率。对于同一横截面，$\mathrm{d}\varphi/\mathrm{d}x$ 为常数，由此可见，横截面上任一点的切应变 $\gamma_\rho$ 与该点到圆心的距离 $\rho$ 成正比。

图 5-6

2. 物理关系

根据剪切虎克定律，当切应力不超过材料比例极限时，切应力与切应变成正比，即

$$\tau_\rho = G\gamma_\rho \tag{b}$$

将式(a)代入式(b)得

$$\tau_\rho = G \cdot \rho \frac{\mathrm{d}\varphi}{\mathrm{d}x} \tag{5-5}$$

上式表明，圆轴扭转时横截面上任意一点的切应力 $\tau_\rho$ 与该点到圆心的距离 $\rho$ 成正比，圆心处为零，周边处最大。图 5-7a 和 b 所示分别为实心和空心圆轴扭转时的切应力分布。

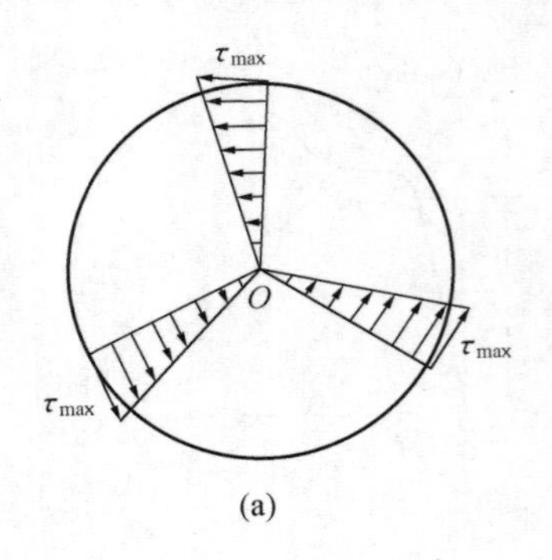


(a)

(b)

图 5-7

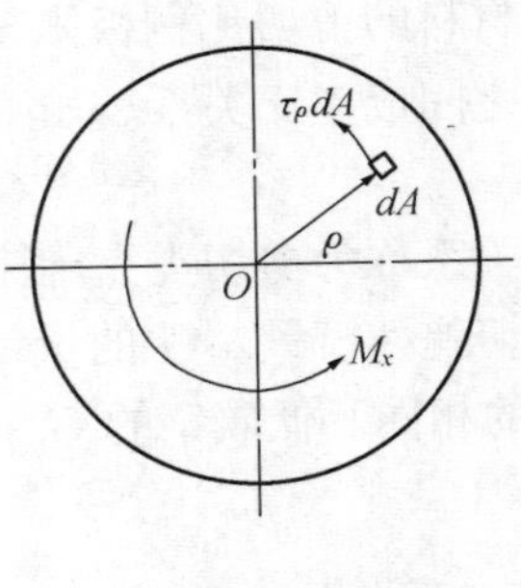

图 5-8

3. 静力学关系

式(5-5)中，由于 $\mathrm{d}\varphi/\mathrm{d}x$ 未知，故无法用该式计算切应力。此问题需要利用扭矩 $M_x$ 与切应力 $\tau$ 之间的静力学关系来解决。

如图 5-8 所示，在距圆心 $\rho$ 处的微面积 $\mathrm{d}A$ 上作用有微剪力 $\tau_\rho \mathrm{d}A$，它对圆心 $O$ 的力矩为 $\rho\tau_\rho \mathrm{d}A$。在整个横截面上，所有这些微力矩之和应等于该截面的扭矩 $M_x$，故

$$\int_A \rho\tau_\rho \mathrm{d}A = M_x$$

将式(5-5)代入上式，并令

$$I_p = \int_A \rho^2 \mathrm{d}A \tag{5-6}$$

则

$$G\frac{\mathrm{d}\varphi}{\mathrm{d}x}\int_A \rho^2 \mathrm{d}A = GI_p\frac{\mathrm{d}\varphi}{\mathrm{d}x} = M_x$$

由此得

$$\frac{\mathrm{d}\varphi}{\mathrm{d}x} = \frac{M_x}{GI_p} \tag{5-7}$$

式(5-7)为圆轴扭转变形的基本公式。式中 $I_p$ 称为横截面对中心的极惯性矩，它是一个只与横截面尺寸有关的量，其单位为 $\mathrm{mm}^4$ 或 $\mathrm{m}^4$。

将式(5-7)代入式(5-5)中，即得圆轴扭转时横截面任意一点切应力的表达式。

$$\tau_\rho = \frac{M_x\rho}{I_p} \tag{5-8}$$

其中 $M_x$ 为横截面上的扭矩，$\rho$ 为点到圆心的距离。

由公式(5-8)可以看出，在 $\rho = R$ 处，即横截面边缘处，切应力最大，其值为

$$\tau_{\max} = \frac{M_x R}{I_\rho} = \frac{M_x}{W_p} \tag{5-9}$$

其中

$$W_p = I_p/R \tag{5-10}$$

称为抗扭截面模量，单位为 $\mathrm{mm}^3$ 或 $\mathrm{m}^3$。

公式(5-7)、(5-8)、(5-9)都得到了试验的证实，这说明在以上分析中所采用的平面假设是正确的。

还应指出，上述三个公式只适用于等直圆轴，而且横截面上的最大切应力不得超过材料的剪切比例极限。

4. 极惯性矩和抗扭截面模量

对于直径为 $d$ 的圆截面(图 5-9)，若以厚度为 $\mathrm{d}\rho$ 的环形面积为微面积，即取

$$\mathrm{d}A = 2\pi\rho\mathrm{d}\rho$$

则由式(5-6)和(5-10)可知，圆截面的极惯性矩为

$$I_p = \int_0^{\frac{d}{2}} \rho^2 \cdot 2\pi\rho\mathrm{d}\rho = \frac{\pi d^4}{32} \tag{5-11}$$

其抗扭截面模量为

$$W_p = \frac{I_\rho}{d/2} = \frac{\pi d^3}{16} \tag{5-12}$$

对于外径为 $D$、内径为 $d$ 的空心圆截面(图 5－10),按上述计算方法,其极惯性矩为

$$I_p = \int_{d/2}^{D/2} \rho^2 \cdot 2\pi\rho \mathrm{d}\rho = \frac{\pi}{32}(D^4 - d^4) = \frac{\pi D^4}{32}(1 - \alpha^4) \tag{5-13}$$

式中,$\alpha = d/D$,代表内、外径之比。同样,得空心圆截面的抗扭截面模量为

$$W_p = \frac{I_p}{D/2} = \frac{\pi D^3}{16}(1 - \alpha^4) \tag{5-14}$$

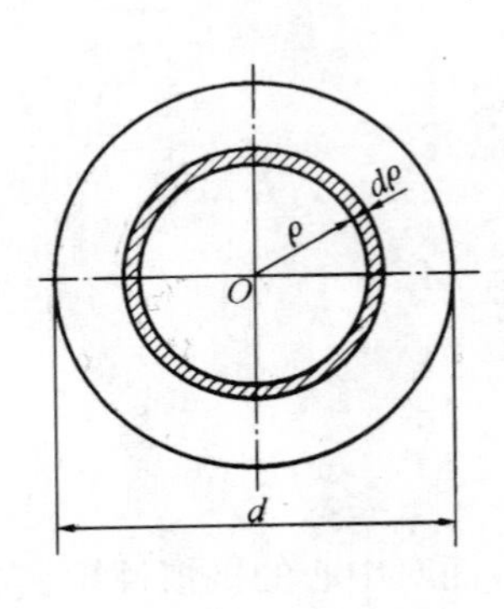


图 5－9

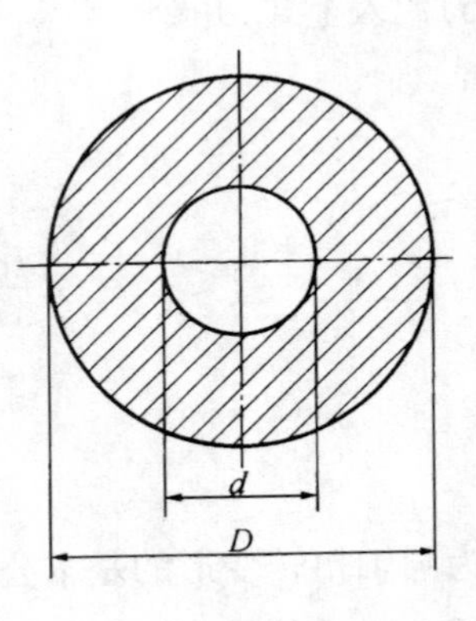


图 5－10

## 二、圆轴扭转的强度计算

试验表明:塑性材料试件受扭过程中,先是发生屈服,这时,在试件表面的横向和纵向出现滑移线(图 5－11a),如果继续增大载荷,试件最后沿横截面被剪断(图 5－11b);脆性材料试件受扭时,变形始终很小,最后沿与轴线约成 45°倾角的螺旋面断裂。(图 5－11c)

可见,圆轴受扭时,破坏的标志仍为屈服或断裂。屈服时横截面上的最大切应力称为屈服应力,用 $\tau_s$ 表示;断裂时横截面上的最大切应力称为扭转强度极限,用 $\tau_b$ 表示。$\tau_s$ 和 $\tau_b$ 统称为扭转极限应力,用 $\tau_u$ 表示。

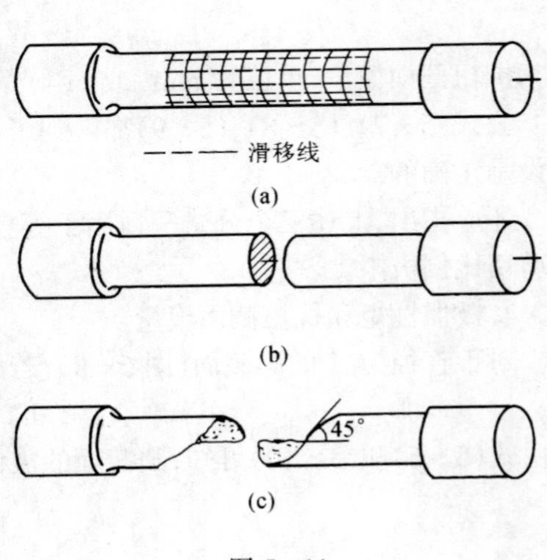


图 5－11

将材料的扭转极限应力 $\tau_u$ 除以安全系数 $n$,得到材料的许用切应力为

$$[\tau] = \frac{\tau_u}{n} \tag{5-15}$$

为了保证圆轴受扭时有足够的强度,轴内的最大切应力不得超过材料的许用切应力,即

$$\tau_{\max} \leqslant [\tau] \tag{5-16}$$

这就是杆件受扭时的强度条件。

对于等直圆轴,可将强度条件写成

$$\tau_{\max} = \frac{M_{x\max}}{W_p} \leqslant [\tau] \tag{5-17}$$

进一步的研究指出,许用切应力$[\tau]$和许

用拉应力[σ]之间存在下列关系：

对于塑性材料，$[\tau]=(0.5\sim0.6)[\sigma]$

对于脆性材料，$[\tau]=(0.8\sim1.0)[\sigma]$

例 5－2．一钢制阶梯轴如图 5－12a 所示。若材料的许用切应力$[\tau]=60$ MPa，试校核该轴的强度。

解：(1)作扭矩图：用截面法分别求得 $AB$ 段和 $BC$ 段横截面上的扭矩为

$$M_{xAB}=-10\ \text{kN}\cdot\text{m}$$

$$M_{xBC}=-3\ \text{kN}\cdot\text{m}$$

由此可作轴的扭矩图，如图 5－12b 所示。

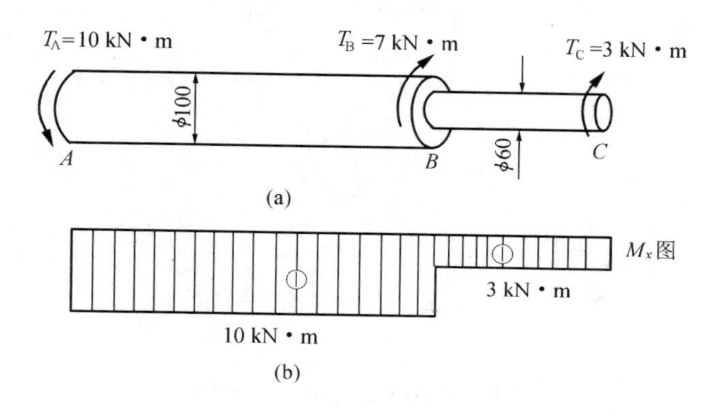


图 5－12

(2)最大切应力

对于 $AB$ 段各横截面，有

$$W_{pAB}=\frac{\pi D^3}{16}=\frac{\pi\times100^3}{16}\times10^{-9}=1.963\times10^{-4}(\text{m}^3)$$

得

$$\tau'_{\max}=\frac{M_{xAB}}{W_{pAB}}=\frac{10\times10^3}{1.963\times10^{-4}}=50.9(\text{MPa})$$

对于 $BC$ 段各横截面，有

$$W_{pBC}=\frac{\pi d^3}{16}=\frac{\pi\times60^3}{16}\times10^{-9}=0.424\times10^{-4}(\text{m}^3)$$

得

$$\tau''_{\max}=\frac{M_{xBC}}{W_{pBC}}=\frac{3\times10^3}{0.424\times10^{-4}}=70.7(\text{MPa})$$

由此可知，全轴的最大切应力 $\tau_{\max}=70.7$ MPa

(3)强度校核：由于 $\tau_{\max}>[\tau]$，故轴 $AC$ 不满足强度条件。

例 5－3．某传动轴，横截面上的扭矩 $M_x=1.5$ kN·m，许用切应力$[\tau]=50$ MPa，试按下列两种方案确定轴的尺寸，并比较其重量。

(1)横截面为实心圆截面

(2)横截面为 $\alpha=0.9$ 的空心圆截面

解:(1)确定实心轴的直径

由式(5-17)和(5-12)可知,实心圆轴的强度条件为

$$\frac{16M_x}{\pi d_0^3}\leqslant[\tau]$$

由此得

$$d_0\geqslant\sqrt[3]{\frac{16M_x}{\pi[\tau]}}=\sqrt[3]{\frac{16\times1.5\times10^3\times10^3}{\pi\times50}}=53.5(\text{mm})$$

取实心轴直径为:$d_0=54$ mm

(2)确定空心轴的内、外径

由式(5-17)和(5-14)可知,空心圆轴的强度条件为

$$\frac{16M_x}{\pi D^3(1-\alpha^4)}\leqslant[\tau]$$

由此得

$$D\geqslant\sqrt[3]{\frac{16M_x}{\pi(1-\alpha^4)[\tau]}}=\sqrt[3]{\frac{16\times1.5\times10^3\times10^3}{\pi\times(1-0.9^4)\times50}}=76(\text{mm})$$

相应地

$$d=0.9D=0.9\times76=68.4\text{ mm}$$

取

$$D=76\text{ mm}\quad d=68\text{ mm}$$

(3)重量比较

两者的重量比等于它们的横截面面积之比,即

$$\text{重量比}=\frac{\frac{\pi}{4}(D^2-d^2)}{\frac{\pi}{4}d_0^2}=\frac{76^2-68^2}{54^2}=0.395$$

这说明,空心轴远比实心轴省料,使用空心轴更合理。

## 第四节 圆轴扭转的变形和刚度条件

### 一、扭转变形

轴的扭转变形用横截面间绕轴线的相对转角即扭转角 $\varphi$ 表示。

由公式(5-7),相距 $\mathrm{d}x$ 的两横截面间的扭转角为

$$\mathrm{d}\varphi=\frac{M_x}{GI_p}\mathrm{d}x$$

所以,相距 $l$ 的两横截面间的扭转角为

$$\varphi=\int_l\mathrm{d}\varphi=\int_l\frac{M_x}{GI_p}\mathrm{d}x\tag{5-18}$$

对于长为 $l$、扭矩 $M_x$ 为常值的等直圆杆,其 $M_x$、$G$、$I_p$ 均为常数。这时,公式(5-18)可写

为

$$\varphi = \frac{M_x l}{GI_p} \tag{5-19}$$

式中 $GI_p$ 称为圆轴的抗扭刚度。由上式可见,扭转角与扭矩 $M_x$、轴长 $l$ 成正比,与圆轴的抗扭刚度 $GI_p$ 成反比。扭转角的单位是弧度(rad)。

## 二、刚度条件

设计轴时,除应考虑强度问题外,还应满足刚度条件。工程中,通常是限制其单位长度的扭转角 $\theta$,使其不超过规定的许用值[$\theta$]。由式(5-19)可知,圆轴单位长度的扭转角为

$$\theta = \frac{\varphi}{l} = \frac{M_x}{GI_p}$$

因此,轴的刚度条件为

$$\frac{M_x}{GI_p} \leqslant [\theta] \tag{5-20}$$

式中,[$\theta$]是轴单位长度的许用扭转角,其单位是弧度/米(rad/m)。而在工程中,[$\theta$]的单位常用度/米(°/m)。将上式中的弧度换算为度,这时,圆轴的刚度条件为

$$\frac{M_x}{GI_p} \times \frac{180°}{\pi} \leqslant [\theta](°/\text{m}) \tag{5-21}$$

[$\theta$]的数值可以从有关设计规范中查到,一般情况下,[$\theta$]=0.25°~1 °/m。

例 5-4.试计算图 5-3a 所示轴的总扭转角(即截面 $C$ 与截面 $A$ 的相对转角)。已知:$I_p = 2\times10^5\text{mm}^4, 2\times10^5\ \text{mm}^4, l_1 = l_2 = 2\ \text{m}, G = 80\ \text{GPa}$。

解:扭矩图如图 5-3b 所示。$AB$ 和 $BC$ 段的扭矩分别为

$$M_{x1} = 76.4\ \text{N}\cdot\text{m} \quad M_{x2} = -114.6\ \text{N}\cdot\text{m}$$

由于各段扭矩不同,首先需要分段求出各段的扭转

由公式(5-19)可知

$$\varphi_{AB} = \frac{M_{x1} l_1}{GI_p} = \frac{76.4\times10^3\times2\times10^3}{80\times10^3\times2\times10^5} = 0.96\times10^{-2}(\text{rad})$$

$$\varphi_{BC} = \frac{M_{x2} l_2}{GI_p} = \frac{-114.6\times10^3\times2\times10^3}{80\times10^3\times2\times10^5} = -1.43\times10^{-2}(\text{rad})$$

故轴的总扭转角为

$$\varphi = \varphi_{AB} + \varphi_{BC} = -0.47\times10^{-2}\text{rad}$$

例 5-4.某钢制圆轴,材料的许用切应力[$\tau$]=50 MPa,剪切弹性模量 $G$=80 GPa,轴所受的扭矩 $M_x$=18 kN·m。其单位长度的许用扭转角[$\theta$]=0.3 °/m。试确定轴的直径。

解:(1)按强度条件确定直径 $D_1$。

由公式(5-17)和(5-12)得

$$D_1 \geqslant \sqrt[3]{\frac{16M_x}{\pi[\tau]}} = \sqrt[3]{\frac{6\times18\times10^3}{\pi\times50\times10^6}} = 0.122(\text{m}) = 122(\text{mm})$$

(2)按刚度条件确定直径 $D_2$。

由公式(5-20)和(5-11)得

$$D_2 = \sqrt[4]{\frac{32M_x \times 180}{G[\theta]\pi^2}} = \sqrt[4]{\frac{32 \times 18 \times 10^3 \times 180}{80 \times 10^9 \times 0.3\pi^2}} = 0.145(\mathrm{m}) = 145(\mathrm{mm})$$

由以上计算可见,轴的直径应由刚度条件决定,可取 $D = D_2 = 145$ mm。

## 习　题

5－1.作图示轴的扭矩图。

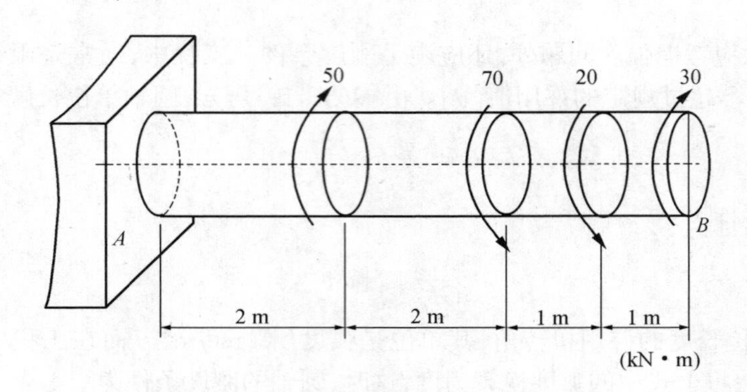


题 5－1 图

5－2.某传动轴,转速 $n = 300$ r/min,轮 1 为主动轮,输入功率 $P_1 = 50$ kW,轮 2、3、4 从动轮,输出功率分别 $P_2 = 10$ kW,$P_3 = P_4 = 20$ kW。(1)试绘该轴的扭矩图;(2)若将轮 1 与轮 3 的位置对调,试分析对轴的受力是否有利。

答:(1)$M_{x\,\max} = 1\,273$ N·m;

(2)1、3 轮对调,则 $M_{x\,\max} = 955$ N·m

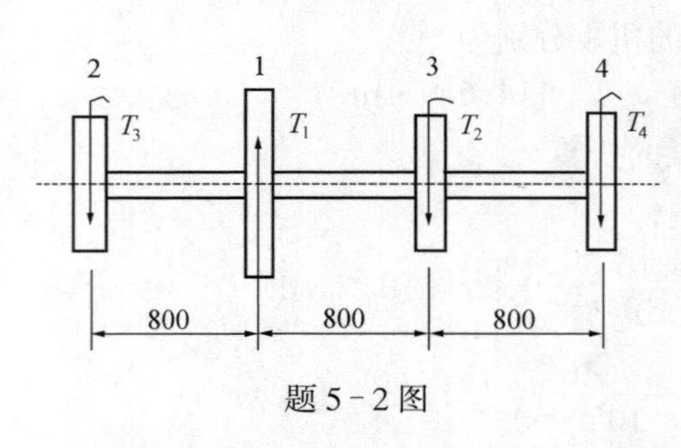


题 5－2 图

5－3.圆轴左段为实心,$D = 100$ mm,右段为空心,外径为 $D$,内径为 $d = 80$ mm,受力情况如图所示,求全轴最大切应力。

答:空心:$\tau' = 17.3$ MPa;

实心:$\tau'' = 12.7$ MPa,

$\tau_{\max} = 17.3$ MPa

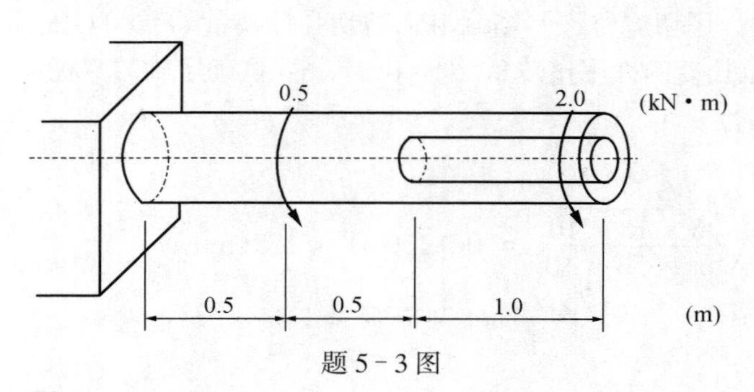


题 5－3 图

5－4. 受扭圆轴某截面上的扭矩 $M_x=20\ \mathrm{kN\cdot m}$，$d=100\ \mathrm{mm}$。求该截面 $a$、$b$、$c$ 三点的剪应力，并在图中标出方向。

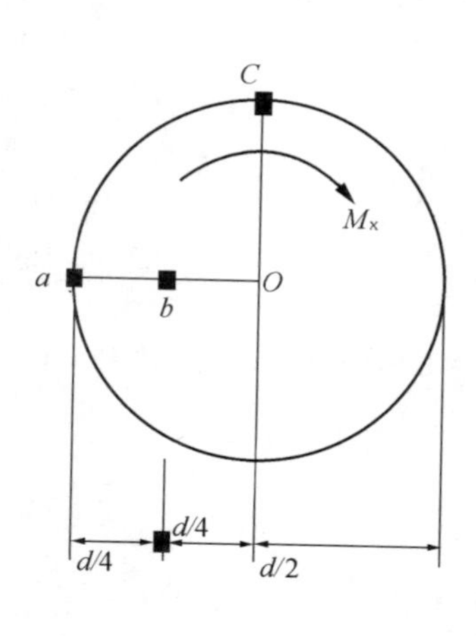


题 5－4 图

答：$\tau_{\max}=\dfrac{M_{x\max}}{W_p}=24.5\ \mathrm{MPa}$

5－5. 直径为 55 mm 的圆轴，$[\tau]=30\ \mathrm{MPa}$，试画出扭矩图并校核轴的强度。

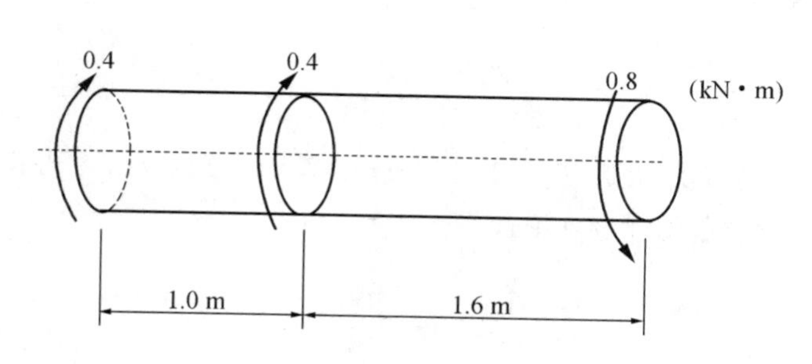


题 5－5 图

答：$\tau_{\max}=\dfrac{M_{x\max}}{W_p}=24.5\ \mathrm{MPa}$

5－6. 阶梯圆轴 $AB$，受力如图示，已知：$T$，$a$，$GI_p$，试作 $AB$ 轴的扭矩图，并计算 $B$ 截面相对于 $A$ 截面的扭转角 $\varphi_{AB}$。

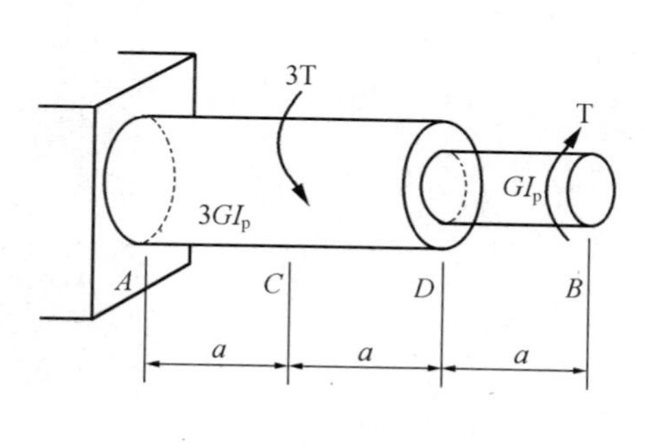


题 5－6 图

答：$\varphi_{AB}=-\dfrac{2Ta}{3GI_p}$

5－7. 图示圆轴，已知直径 $d=100\ \mathrm{mm}$，材料的 $G=80\ \mathrm{GPa}$，$[\theta]=1\ ^\circ/\mathrm{m}$，试校核轴的刚度。

答：$\theta_{\max}=\frac{M_{x\max}}{GI_p}\cdot\frac{180^\circ}{\pi}=0.73\ ^\circ/\text{m}<[\theta]$

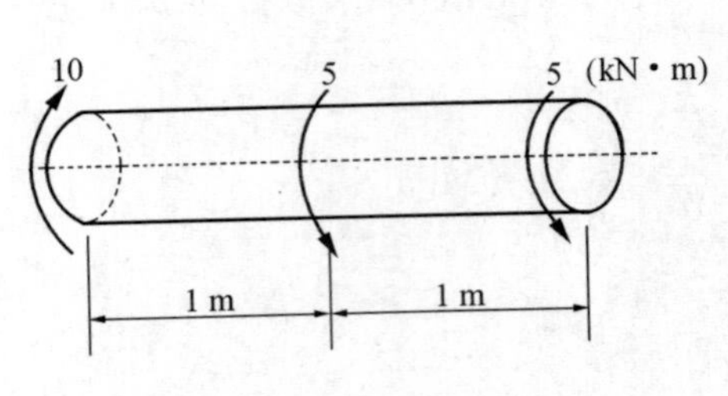


题 5-7 图

5-8. 受扭的空心钢轴，其外直径 $D=80$ mm，内直径 $d=62.5$ mm，$T=2$ kN·m，$G=80$ GPa。

(1)试作横截面上的切应力分布图；

(2)求最大剪应力和单位长度扭转角。

答：$\tau_{\max}=31.7$ MPa；$\theta=0.568\ ^\circ/\text{m}$

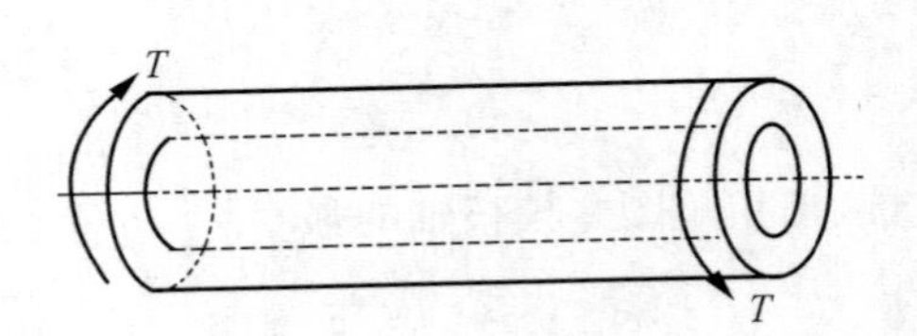


题 5-8 图

5-9. 已知作用在变截面钢轴上的外力偶矩 $T_1=1.8$ kN·m，$T_2=1.2$ kN·m。试求最大切应力和两端面间相对扭转角。材料的 $G=80$ GPa。

答：$\tau_{\max}=48.9$ MPa

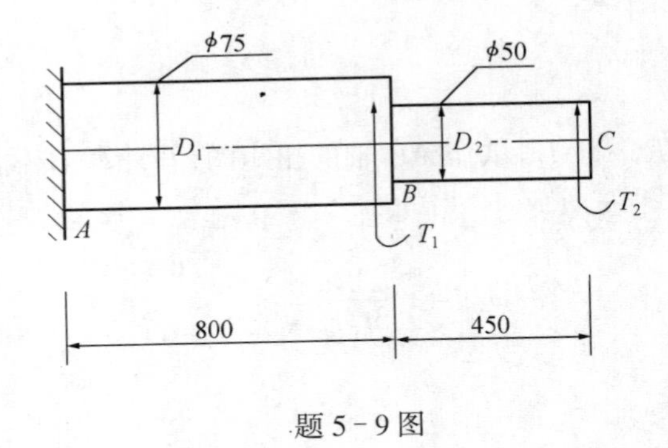


题 5-9 图

# 第六章

# 梁的弯曲内力

当构件承受垂直于其轴线的外力，或位于其轴线所在平面内的力偶作用时，杆件的轴线将由直线变为曲线(图 6-1)。这种变形形式称为弯曲。主要承受弯曲的杆件称为梁。

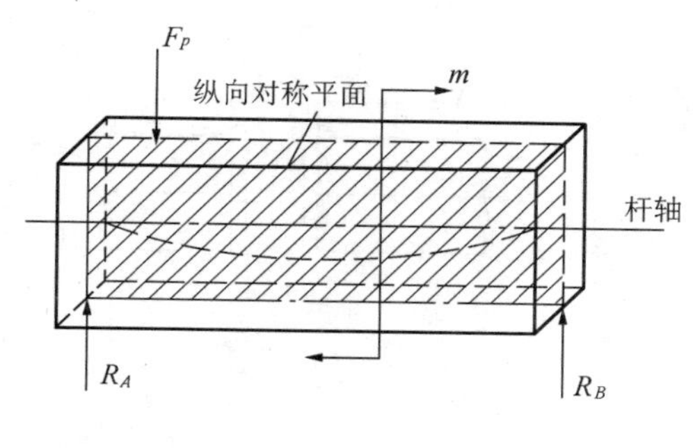


图 6-1

本章主要研究比较简单的梁弯曲问题，即梁具有纵向对称面，所有外力均作用在纵向对称面内。这时，梁的轴线变为一条平面曲线，并位于加载平面内，如图 6-1 所示。这种弯曲称为平面弯曲。

## 第一节　剪力和弯矩

考虑梁 $AB$ 如图 6-2 所示。其上外力均为已知。现在研究任一横截面 $m-m$ 上的内力，截面 $m-m$ 距左段距离为 $x$。

利用截面法，在截面 $m-m$ 处将梁切成左、右两段。如取左段为研究对象，将左段梁上的外力向截面 $m-m$ 的形心 $O$ 简化，得一垂直于梁轴的主矢量 $F'_Q$ 和一主矩 $M'$。由此可见，为了维持左段梁的平衡，横截面 $m-m$ 上必然同时存在两个内力分量，即位于所切横截面上的内力 $F_Q$，称为剪力，矢量垂直于梁的轴线的内力偶矩 $M$，称为弯矩。

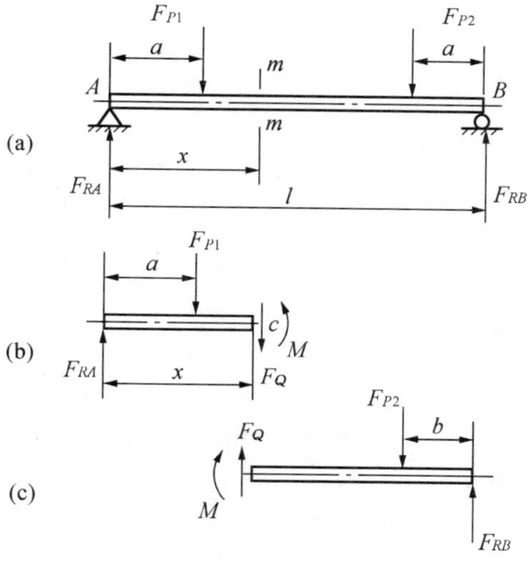

图 6-2

由左段的平衡条件

$$\sum F_y = 0, F_{RA} - F_{P1} - F_Q = 0$$

得

$$F_Q = F_{RA} - F_{P1}$$

$$\sum M_0 = 0, M + F_{P1}(x-a) - F_{RA}x = 0 \quad (O\text{ 为截面形心})$$

得

$$M = F_{RA}x - F_{P1}(x-a)$$

如果取右段为研究对象(图 6-2c),所得 $F_Q$、$M$ 与右段的大小相等,方向相反。因为它们是作用与反作用。

为了使取左段和取右段所得同一截面的内力正负号相同,对剪力和弯矩的符号作如下规定:

(1)剪力符号:当截面上的剪力使脱离体有顺时针方向转动趋势时为正,反之为负(图 6-3)。

(2)弯矩符号:当截面上的弯矩使脱离体凹面向上时为正,反之为负(图 6-4)。

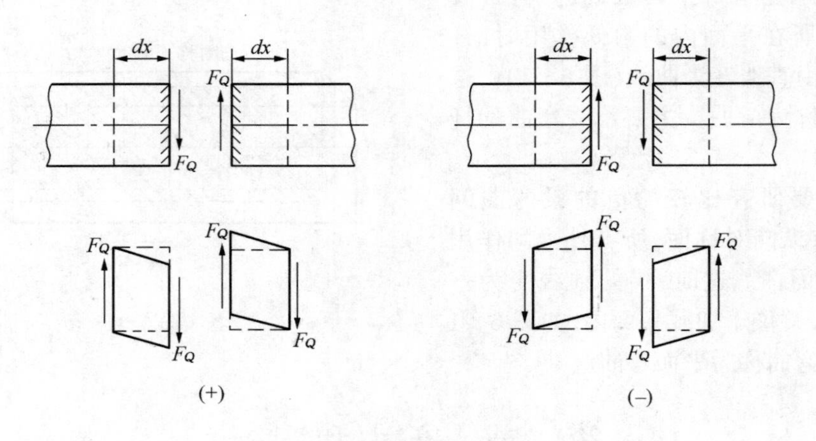


图 6-3

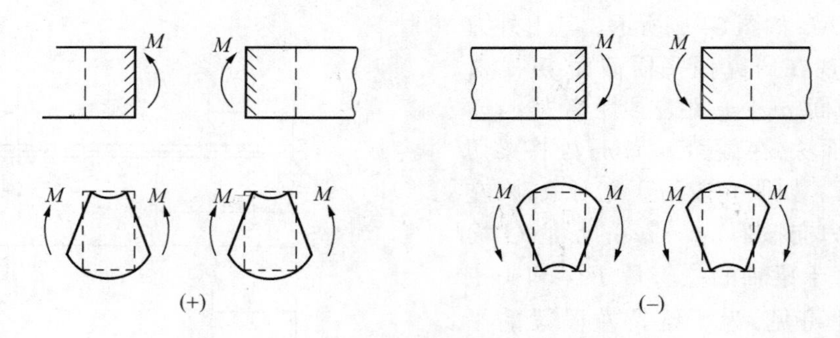


图 6-4

按以上规定,图 6-2 所示 $m-m$ 截面上的剪力和弯矩均为正。

例 6-1. 简支梁受载荷如图 6-5a 所示,试求 1-1 和 2-2 横截面上的剪力和弯矩。

解:

(1)求梁的支座反力:由梁的平衡条件

$$\sum M_B = 0 \quad F_P \times 3 + q \times 2 \times 1 - F_{Ay}4 = 0$$

$$\sum F_y = 0 \quad F_{Ay} + F_B - F_P - q \times 2 = 0$$

求得

$$F_{Ay} = 11\ \text{kN} \quad F_B = 9\ \text{kN}$$

(2)求 1-1 截面上的剪力和弯矩:在截面 1-1 处将梁截开,取左段为研究对象(图

6－5b)。由平衡条件得

$$\sum F_y = 0, F_{Ay} - F_P - F_{Q1} = 0$$

$$\sum M_0 = 0, M_1 + F_P \times 1 - F_{Ay} \times 2 = 0 \quad (0\text{为截面的形心})$$

解得

$$F_{Q1} = F_{Ay} - F_P = 11 - 12 = -1\ \text{kN}$$

$$M_1 = F_{Ay} \times 2 - F_P \times 1 = 11 \times 2 - 12 \times 1 = 10\ \text{kN}$$

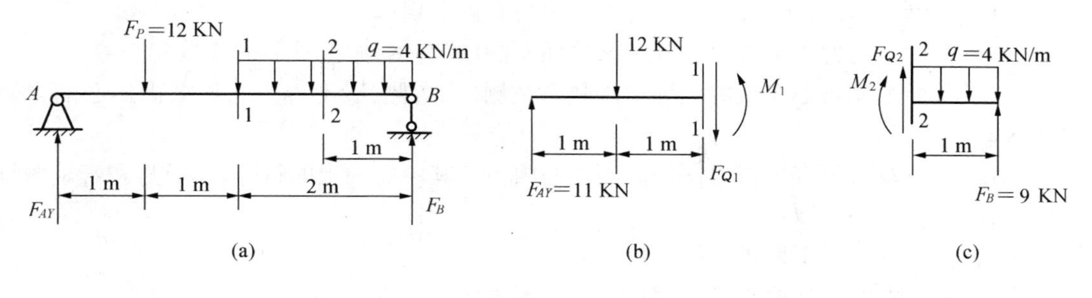


图 6－5

(3)求 2－2 截面上的剪力和弯矩:在截面 2－2 处将梁截开并取右段为研究对象(图 6－5c)。

由平衡条件

$$\sum F_y = 0, F_{Q2} - q \times 1 + F_B = 0$$

$$\sum M_O, F_B \times 1 - q \times 1 \times \frac{1}{2} - M_2 = 0$$

解得 2－2 截面的剪力和弯矩分别为

$$F_{Q2} = q \times 1 - F_B = 4 \times 1 - 9 = -5\ \text{kN}$$

$$M_2 = F_B \times 1 - \frac{1}{2} q \times 1 = 7\ \text{kN} \cdot \text{m}$$

例 6－2. 简支梁如图 6－6a 所示。试求 $C$ 点处横截面的剪力和弯矩。

解:(1)求支座反力:由平衡条件

$$\sum M_A = 0 \quad \text{和} \quad \sum M_B = 0$$

解得

$$F_{Ay} = \frac{1}{6} q_0 l(\uparrow) \quad F_B = \frac{1}{3} q_0 l(\uparrow)$$

(2)计算 $C$ 截面的剪力和弯矩

在 $C$ 截面处将梁截开,取左段为研究对象

由平衡方程

$$\sum F_y = 0 \quad F_{Ay} - \frac{a}{2} \times \frac{q_0 a}{l} - F_{QC} = 0$$

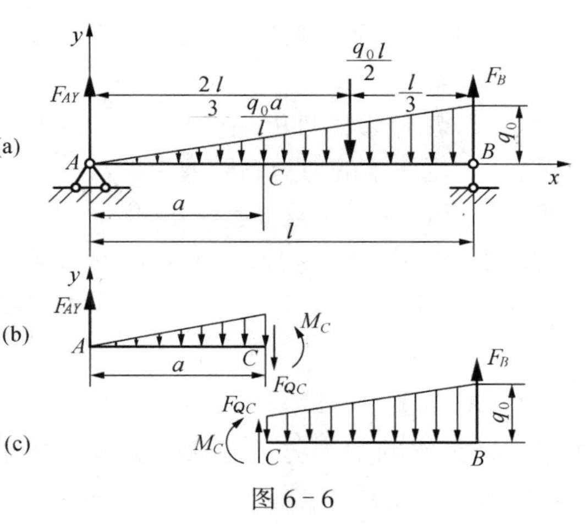


图 6－6

得
$$F_{QC}=F_{Ay}-\frac{q_0a^2}{2l}=\frac{q_0(l^2-3a^2)}{6l}$$

$$\sum M_O=0\quad M_c-F_{Ay}\times a+\frac{q_0a^2}{2l}\times\frac{a}{3}=0$$

得

$$M_c=F_{Ay}\cdot a-\frac{q_0a^2}{2l}\times\frac{a}{3}=\frac{q_0a(l^2-a^2)}{6l}$$

注意:在求 $C$ 截面内力时,不能先将梁上载荷用等效力系代替。

从以上例题可以看出,梁上横截面上的内力有以下规律:

(1)横截面上的剪力在数值上等于该截面左侧(或右侧)梁上外力的代数和。

(2)横截面上的弯矩在数值上等于该截面左侧(或右侧)梁上外力对该截面形心的力矩的代数和。

利用上述规律,可直接写出任何截面上的内力。其中每一项的符号,由剪力和弯矩的符规定,可按如下口诀选取:

求剪力时,左上右下取正,反之取负。

求弯矩时,左顺右逆取正,反之取负。

读者可利用上述规律,对例 6-1 和例 6-2 自行演算。

## 第二节　列方程作内力图

从上节的讨论和例题可见,一般情况下,剪力和弯矩随截面的位置而变化。如果沿梁轴线方向选取坐标 $x$ 表示横截面的位置,则梁内各横截面的剪力和弯矩都可以表示为坐标 $x$ 的函数,即

$$F_Q=F_Q(x),M=M(x)$$

上述关系分别称为剪力方程和弯矩方程。

为了形象地表示内力变化规律,通常把剪力和弯矩沿梁轴的变化规律用图形来表示,如以 $x$ 为横坐标轴,以 $F_Q$ 或 $M$ 为纵坐标轴,可分别绘制 $F_Q=F_Q(x)$ 和 $M=M(x)$ 的图形,这种图形分别称为剪力图和弯矩图。

下面举例说明建立剪力方程、弯矩方程和绘制剪力图、弯矩图的方法。

例 6-3. 悬臂梁在自由端受集中力作用,如图 6-7a 所示。试作梁的剪力图和弯矩图。

解:(1)建立剪力方程和弯矩方程

选取梁的左端为坐标原点,取距原点为 $x$ 的任意截面,由该截面左侧梁上的外力,得

$$F_Q(x)=-F_P(0<x<l)$$

$$M(x)=-F_Px(0\leqslant x<l)$$

以上二式即为梁的剪力方程和弯矩方程。式中的括弧说明方程的适用范围。

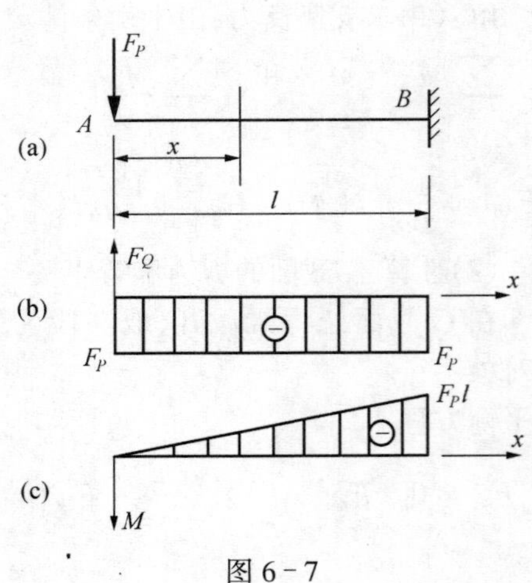

图 6-7

(2)画剪力图和弯矩图

由剪力方程和弯矩方程可知,剪力图为一水平直线,弯矩图为一斜直线,如图 6-7b、c 所示。

由图可见,$|M|_{\max}=F_P l$。

例 6-4. 简支梁如图 6-8 所示。试作梁的剪力图和弯矩图。

解:(1)求支座反力

由对称性可知:$F_{Ay}=F_B=\frac{1}{2}ql(\uparrow)$

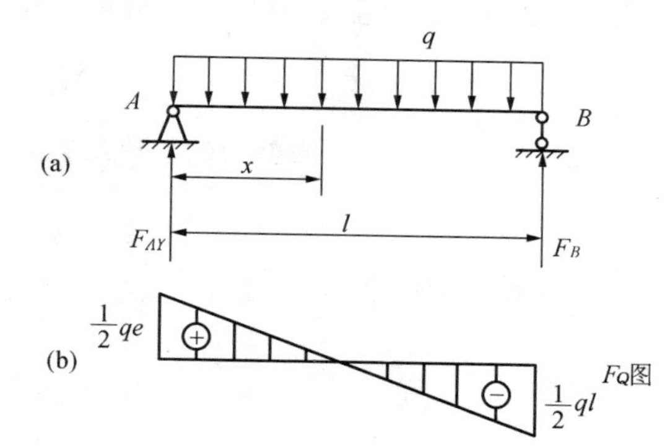


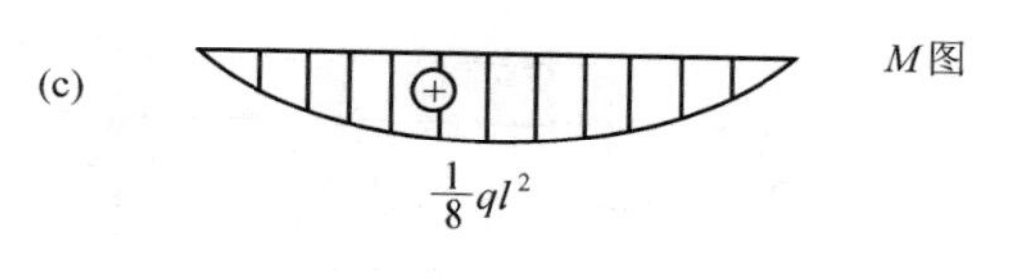


图 6-8

(2)列剪力方程和弯矩方程

取梁的左端为坐标原点,则

$$F_Q(x)=\frac{1}{2}ql-qx \quad (0<x<l)$$

$$M_{(x)}=\frac{1}{2}qlx-\frac{1}{2}qx^2 \quad (0\leqslant x\leqslant l)$$

(3)画剪力图和弯矩图

由剪力方程可知,剪力图为一斜直线,此直线可通过两点画出:

当 $x=0, F_Q=\frac{1}{2}ql$;当 $x=l, F_Q=-\frac{1}{2}ql$

所作剪力图如图 6-8b 所示。

由弯矩方程可知,弯矩图为一抛物线,此抛物线至少需要知道三点的值,才可确定。

当 $x=0, M_{(x)}=0$;当 $x=l, M_{(x)}=0$

当 $x=l/2, M_{(x)}=\frac{1}{2}ql\cdot l-\frac{1}{2}q(l/2)^2=\frac{1}{8}ql^2$

由此作弯矩图如图 6-8c 所示。

从剪力图和弯矩图中可以看出

$$F_{Q\max}=ql/2, \ |M|_{\max}=\frac{1}{8}ql^2$$

例 6-5. 图 6-9a 中简支梁在 $C$ 处受集中力 $F_P$ 作用,试画梁的剪力图和弯矩图。

解:(1)求支座反力

由 $\sum M_A=0$ 和 $\sum M_B=0$ 分别求得

$$F_{Ay}=\frac{F_P b}{l}(\uparrow) \quad F_B=\frac{F_P a}{l}(\uparrow)$$

(2)列剪力方程,弯矩方程

由于在截面 $C$ 处作用集中力,需将梁分为 $AC$ 和 $BC$ 两段,分段列剪力方程和弯矩方程。在列这些方程时,均取梁的左端为坐标原点。

$AC$ 段:$F_Q(x_1)=F_{Ay}=\frac{F_P b}{l}(0<x_1<a)$

$$M_{(x_1)}=F_{Ay}x_1=\frac{F_P b}{l}x_1(0\leqslant x\leqslant a)$$

$CB$ 段：$F_Q(x_2)=F_{Ay}-F_P=-\frac{F_Pa}{l}(a<x_2<l)$

$$M_{(x_2)}=F_{Ay}x_2-F_P(x_2-a)=\frac{F_Pa}{l}(l-x_2)(a\leqslant x_2\leqslant l)$$

(3)画剪力图和弯矩图

由剪力方程和弯矩方程分别作剪力图和弯矩图如图 6-9b 和 6-9c 所示。

可以看出：横截面 $C$ 处的弯矩最大，其值为

$$M_{\max}=\frac{F_Pab}{l}$$

如果 $a>b$，则 $BC$ 段剪力的数值最大

$$|F_Q|_{\max}=\frac{F_Pa}{l}$$

从图中还可以看出，在集中力 $F_P$ 作用处，剪力图发生突变，突变量等于该集中力的大小。

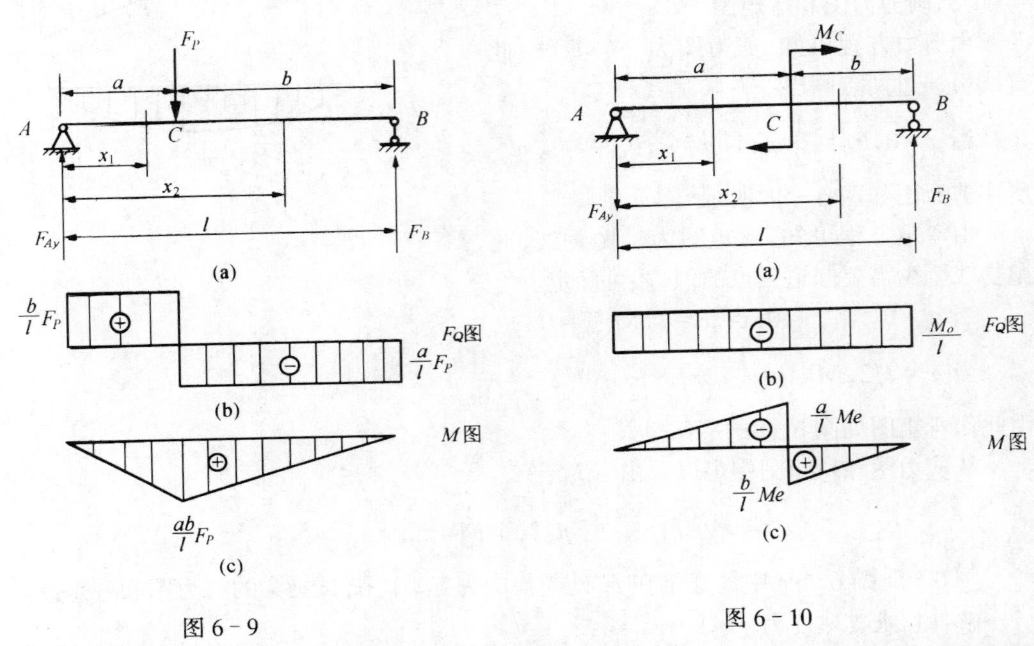


图 6-9　　　　图 6-10

例 6-6. 简支梁在截面 $C$ 处受集中力偶 $M_0$ 作用，如图 6-10a 所示，试作梁的剪力图和弯矩图。

解：(1)求支座反力

由平衡方程 $\sum M_A=0$ 和 $\sum M_B=0$ 求得

$$F_{Ay}=M_0/l(\downarrow)\quad F_B=M_0/l(\uparrow)$$

(2)分段列剪力方程和弯矩方程

$AC$ 段：$F_Q(x_1)=F_{Ay}=-M_0/l\quad(0<x\leqslant a)$

$$M(x_1)=F_{Ay}x=-\frac{M_0}{l}x\quad(0\leqslant x<a)$$

CB 段：$F_Q(x_2) = F_{Ay} = -\frac{M_0}{l} \quad (a \leqslant x < l)$

$$M(x_2) = -F_{Ay}x + M_0 = -\frac{M_0}{l} \cdot x + M_0 \quad (a < x \leqslant l)$$

(3)画剪力图和弯矩图

由剪力方程和弯矩方程分别作剪力图和弯矩图如图 6－10b、c 所示。

从图中可见：在集中力偶作用处，弯矩图发生突变，突变量等于该力偶的力偶矩。

## 第三节　简易法作内力图

1. $F_Q$、$M$ 和 $q$ 之间的微分关系

在例 6－4 中，已求得剪力方程和弯矩方程分别为

$$F_Q(x) = \frac{ql}{2} - qx$$

$$M(x) = \frac{ql}{2}x - \frac{1}{2}qx^2$$

如果将剪力、弯矩分别对 $x$ 求导，得

$$\frac{\mathrm{d}F_Q(x)}{\mathrm{d}x} = -q$$

$$\frac{\mathrm{d}M(x)}{\mathrm{d}x} = \frac{ql}{2} - qx = F_Q(x)$$

事实上，以上这些关系在直梁中是普遍存在的，下面就从一般情况来推导这种关系。

考虑一任意梁如图 6－11a 所示，梁上受分布载荷 $q = q(x)$作用，并规定载荷向上时为正，反之为负。取梁的左端为坐标原点。在距原点 $x$ 处，截取一长度为 $\mathrm{d}x$ 的微段来分析，如图 6－11b 所示。设左侧截面的剪力、弯矩分别为 $F_Q(x)$、$M(x)$，则右边截面上的剪力、弯矩分别为 $F_Q(x) + \mathrm{d}F_Q(x)$、$M(x) + \mathrm{d}M(x)$。由于 $\mathrm{d}x$ 很小，微段上作用的分布载荷 $q(x)$可以看成是均布的。

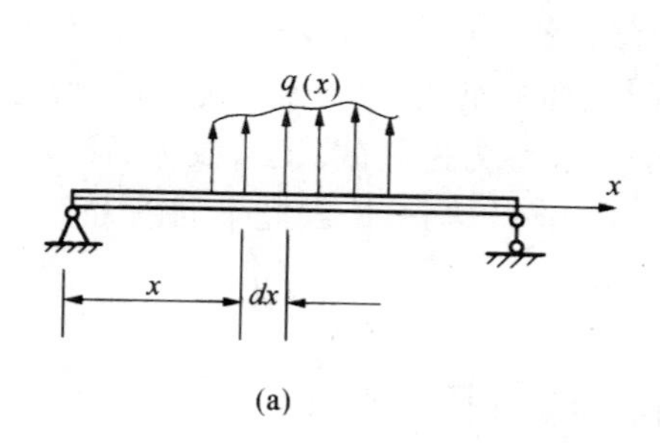

(a)

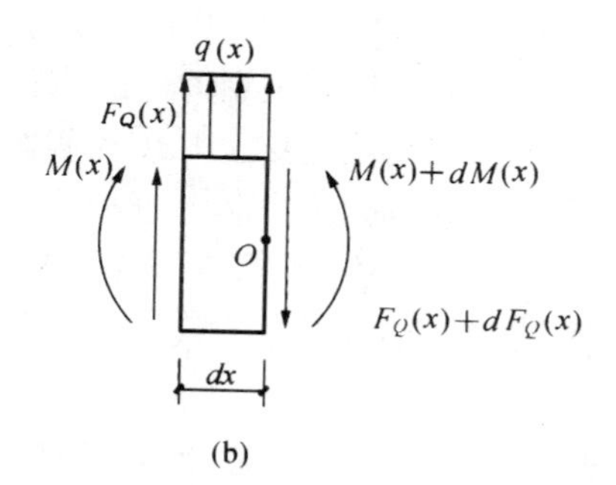

(b)

图 6－11

由微段梁的平衡条件

$$\sum F_y = 0 \quad F_Q(x) + q(x)\mathrm{d}x - [F_Q(x) + \mathrm{d}F_Q(x)] = 0$$

得

$$\frac{dF_Q(x)}{dx} = q(x) \tag{6-1}$$

由

$$\sum M_0 = 0, -M(x) - F_Q(x)dx - q(x)dx \cdot \frac{dx}{2} + [M(x) + dM(x)] = 0$$

略去二阶微量 $q(x) \cdot \frac{1}{2}(dx^2)$后得

$$\frac{dM(x)}{dx} = F_Q(x) \tag{6-2}$$

由式(6－1)和式(6－2)还可得到

$$\frac{d^2M(x)}{dx^2} = q(x) \tag{6-3}$$

上述三式即是弯矩、剪力和分布载荷集度之间的微分关系。

以上微分关系的几何意义是:剪力图上某点处的切线的斜率,等于该点处分布载荷的集度;弯矩图上某点处的切线斜率,等于该点处剪力的大小。此外,当 $F_Q(x)=0$ 时,弯矩图上有极值点。

2.微分关系的应用

根据上面的微分关系及其几何意义,我们可以进一步得出画内力图时的规律。

(1)$q(x)=0$ 的情况:由$\frac{dF_Q(x)}{dx}=q(x)=0$,可知 $F_Q(x)$是常数,即剪力图为一平直线。由$\frac{dM(x)}{dx}=F_Q(x)=$常数,可知,弯矩图为一斜直线。

(2)$q(x)=q_0$(常数)的情况,由$\frac{dF_Q(x)}{dx}=q(x)=$常数,可知剪力图为一斜直线。由$\frac{dM(x)}{dx}=F_Q(x)$,可知 $M(x)$是 $x$ 的二次函数。故弯矩图为二次抛物线。当均布载荷向下时,由$\frac{d^2M(x)}{dx^2}=q<0$,可知,弯矩图为向下凸的曲线,当均布载荷向上时,由$\frac{d^2M(x)}{dx}=q>0$ 可知弯矩图为上凸的曲线。

从以上所述的各项规律可见,根据梁上的外力情况,就可以知道该段剪力图和弯矩图的形状。因此,只要确定梁上几个控制截面并计算控制截面的剪力、弯矩值,就可以画出梁的内力图,而不必列内力方程。这种绘制内力图的方法一般称为控制截面法,或称简易法。

例 6－7.一外伸梁,梁上载荷如图 6－12a 所示。已知 $l=4$ m,试画此梁的内力图。

解:先由梁的平衡条件,求得支座反力为:

$$F_{RB} = 20\ \text{kN}, F_{RD} = 8\ \text{kN}$$

根据梁上的载荷情况,将梁分为 $AB$、$BC$、$CD$ 段,分段作内力图。

(1)剪力图

$AB$ 段:为均布载荷段,剪力图为斜直线,通过

$$F_{QA} = 0, F_{QB左} = -q \times \frac{l}{2} = -8\ \text{kN}$$

画出此直线。

$BC$ 段:为无外力段,剪力图为水平线,通过

$$F_{QB右} = -q \cdot \frac{l}{2} + F_{RB} = 12\ \mathrm{kN}$$

画出此直线($B$ 处发生突变)。

$CD$ 段:为无外力段,剪力图为水平线,通过

$$F_{QD} = -F_{RD} = -8\ \mathrm{kN}$$

画出此直线,剪力图如图 6-12b 所示。

(2)弯矩图

$AB$ 段:为均布荷载段,弯矩图为下凸的抛物线($q$ 向下)。通过

$$M_A = 0, M_B = \frac{1}{2}ql \times \frac{l}{4} = -8\ \mathrm{kN \cdot m}$$

画出此曲线的大致图形。

$BC$ 段:为无外力段,弯矩图为斜直线,通过

$$M_B = -8\ \mathrm{kN \cdot m}, M_C = F_{RD} \times \frac{l}{2} = 16\ \mathrm{kN \cdot m}$$

画出此直线。

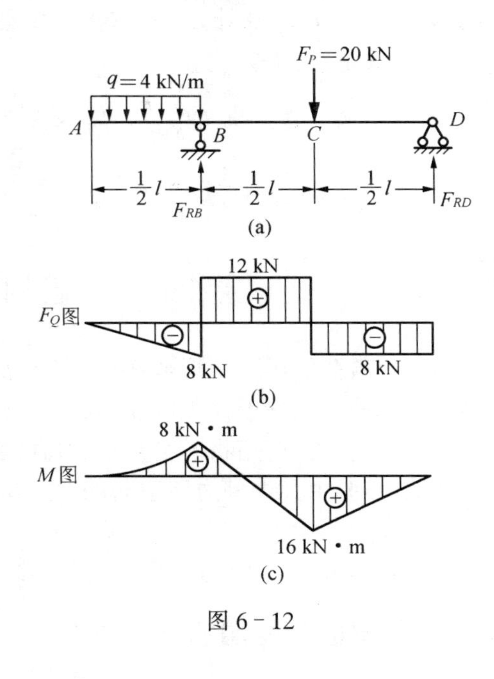


图 6-12

$CD$ 段:为无外力段,弯矩图为斜直线,通过

$$M_C = 16\ \mathrm{kN \cdot m}, M_D = 0$$

画出此直线,弯矩图如图 6-12c 所示。

例 6-8. 一悬臂梁,梁上载荷如图 6-13a 所示,试画梁的内力图。

解:对悬臂梁可不必求支座反力。根据梁上的载荷,将梁分成 $AB$、$BC$ 两段,分段作梁的内力图。

(1)剪力图

$AB$ 段:为无外力段,剪力图为水平线,通过

$$F_{QA} = qa/2$$

画出此水平线

$BC$ 段:为均匀载荷段,剪力图为一斜直线通过

$$F_{QB} = F_{QA} = qa/2,$$

$$F_{QC} = F_p - q \cdot 2a = -3qa/2$$

画出此直线。剪力图如图 6-13b 所示。

(2)弯矩图

$AB$ 段:为无外力段,弯矩图为斜直线,通过

$$M_A = 0, M_B = F_P a = qa^2/2$$

画出此直线。

$BC$ 段:为均匀载荷段,弯矩图为向下

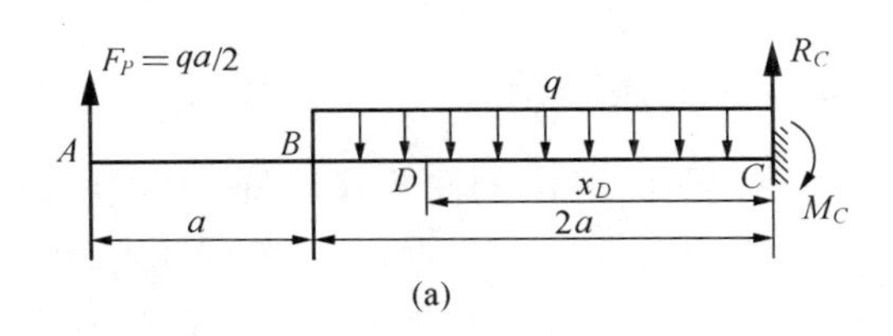


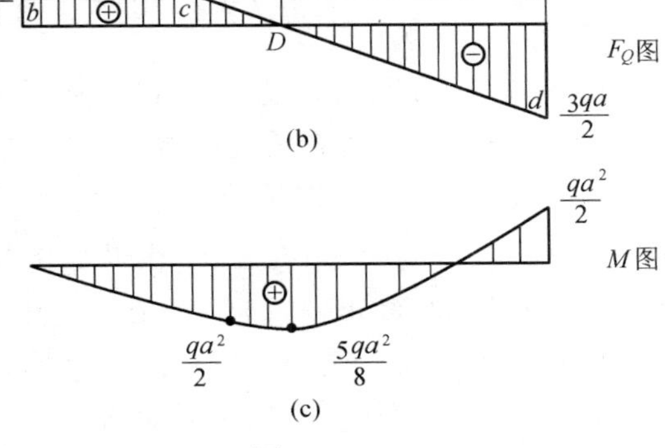


图 6-13

凸的抛物线，在 $F_Q=0$ 处，$M$ 有极值。由剪力图知，弯矩极值点的位置到 $C$ 截面的距离为 $x_D=3a/2$，该截面的弯矩为

$$M_{\max} = F_P \times 3a/2 - \frac{1}{2}q\left(\frac{a}{2}\right)^2 = \frac{5}{8}qa^2$$

由 $M_B=\frac{qa^2}{2}$，$M_{\max}=\frac{5}{8}qa^2$，$M_C=-\frac{qa^2}{2}$ 画出此抛物线。弯矩图如图 6－13c 所示。

## 第四节　叠加法作梁的弯矩图

当梁在载荷作用下变形微小时，其跨长的改变可略去不计。由此，所求得梁的支座反力、剪力、弯矩等与梁上荷载成线性关系。这样，当梁上有几个荷载作用时，每个载荷所引起的支座反力、剪力、弯矩将不受其它载荷的影响，这时可利用力学分析中的叠加原理。

叠加原理：由几个外力所引起的某一参数(内力、应力、变形)，等于每个外力单独作用所引起的该参数的代数和。

由于弯矩可以叠加，故可以用叠加原理作梁的弯矩图。

### 一、简支梁弯矩图的叠加方法

一简支梁如图 6－14a 所示。由叠加原理，将梁所受载荷分成两组：一组是梁两端的集中力偶 $M_A$、$M_B$，一组是梁上的均布载荷。分别作出每组载荷作用下梁的弯矩图如图 6－14b、c所示。而梁在两组载荷共同作用下的总弯矩图，是两组弯矩图的叠加。在作弯矩图时，可在直线 $\overline{M}$ 图的基础上叠加 $M^{\circ}$ 图，即得到总弯矩图 $M$ 图。如图 6－14d 所示。

应当注意：弯矩的叠加，是指弯矩纵坐标的叠加，而不是图形的简单拼合。弯矩图中任意截面的三个纵坐标的关系为

$$M(x) = \overline{M}(x) + M^{\circ}(x)$$

### 二、分段叠加法

现在把前面讨论的简支梁弯矩图的叠加方法推广应用到直杆的任意段情形。图 6－15a所示一简支梁，梁 $AB$ 段受均布载荷 $q$ 作用，下面讨论如何用叠加法作 $AB$ 段的弯矩图。

将图 6－15b 所示梁段与图 6－15c 所示简支梁 $AB$ 相比较，两者长度相等；杆端力偶 $M_A$、$M_B$ 和均布载荷 $q$ 都相同；由平衡条件可知，$F_{RA}=F_{QA}$，$F_{RB}=-F_{QB}$。因此，两者的受力状态是相同的，弯矩图也是相同的。这样，就可以利用绘制简支梁 $AB$ 弯矩图的叠加方法来绘制杆段 $AB$ 的弯矩图，结果如图 6－15d 所示。

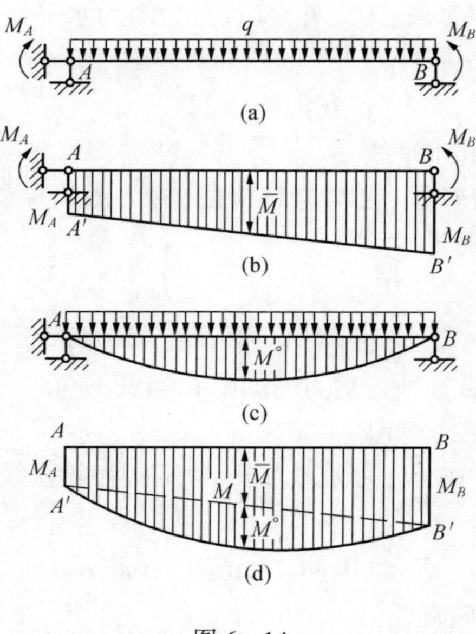


图 6－14

通过上述分析，可知直梁任意段 $AB$ 用叠加法画弯矩图的作法是：先求得分段处控制面的弯矩值 $M_A$ 和 $M_B$；在弯矩图上将两端截面的弯矩值以虚直线相连；以虚直线为基线，叠加以 $AB$ 段长度为跨度的相应简支梁在跨间载荷作用下的弯矩图。

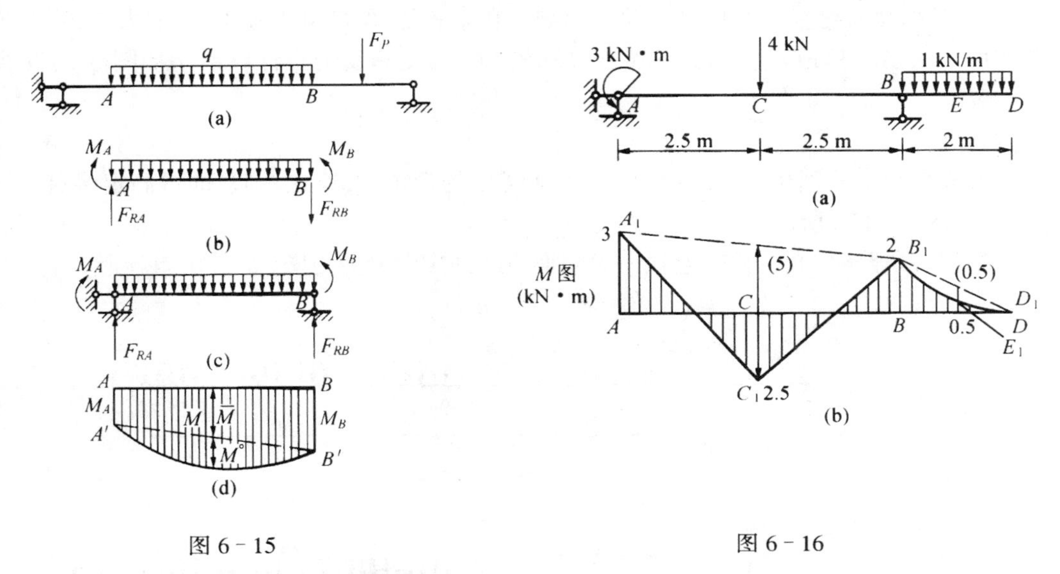


图 6－15　　　　图 6－16

例 6－9. 作图 6－16a 所示梁的弯矩图。

解：本题不需求出支座反力即可作出弯矩图。

(1)计算控制截面的弯矩

选取 $A$、$B$、$D$ 为控制截面，算得弯矩分别为

$$M_A = -3\ \mathrm{kN \cdot m}, M_D = 0, M_B = -\frac{1}{2} \times 1 \times 2^2 = -2\ \mathrm{kN \cdot m}$$

(2)用分段叠加法作弯矩图

控制截面将梁分为两段，如图 5－16b。

$AB$ 段：先将 $A$、$B$ 两处的弯矩值以虚直线相连，以虚直线为基线，叠加以 $AB$ 长度为跨度的简支梁在跨中受集中力作用下的弯矩图即 $M^\circ$ 图。$M^\circ$ 图在跨度中的弯矩值为 $\frac{1}{4} \times 4 \times 5 = 5\ \mathrm{kN \cdot m}$，因此 $AB$ 中点 $C$ 的弯矩值为

$$M_C = -\frac{3+2}{2} + 5 = 2.5(\mathrm{kN}) \cdot \mathrm{m}$$

$BD$ 段：先将 $B$、$D$ 两处的弯矩值用虚直线相连，以虚直线为基线，叠加以 $BD$ 长度为跨度的简支梁在均布载荷作用下的弯矩图，即 $M^\circ$图，$M^\circ$图在 $BD$ 中点的值为$\frac{1}{8} \times 1 \times 2^\circ = 0.5\ \mathrm{kN \cdot m}$，因此，$BD$ 中点 $E$ 的弯矩值为

$$M_E = -\frac{2+0}{2} + 0.5 = -0.5\ \mathrm{kN \cdot m}$$

最后弯矩图如图 6－16b 所示。

例 6－10　作图 6－17a 所示静定多跨梁的内力图。

解：由图可见，若把梁的 $AC$ 段或 $EG$ 段移去，则 $CE$ 段就会坍下来。因此，$AB$ 段和 $EG$

段是该多跨梁的基本梁，称为主梁，*CE* 段称为副梁(图 16－17b)。

(1)求约束反力和支座反力

先计算副梁的支座反力，铰 *C* 上作用的集中力可认为加在梁 *CE* 上，也可认为加在梁 *AC* 上，对多跨梁的支座反力和内力没有影响。在求得副梁 *C* 和 *E* 处的约束力后，将它们反向作用于梁 *AC* 和 *EG* 上，再计算梁 *AC* 和梁 *EG* 的支座反力。计算结果如图 6－17c 所示。

(2)作内力图

用分段叠加法分别作出单跨梁 *AC*、*CE* 和 *EG* 的弯矩图，连在一起，即得静定多跨梁的弯矩图，如图 6－17d 所示。

分别作各单跨梁的剪力图，连在一起即得多跨静定梁的剪力图，如图 6－17e 所示。

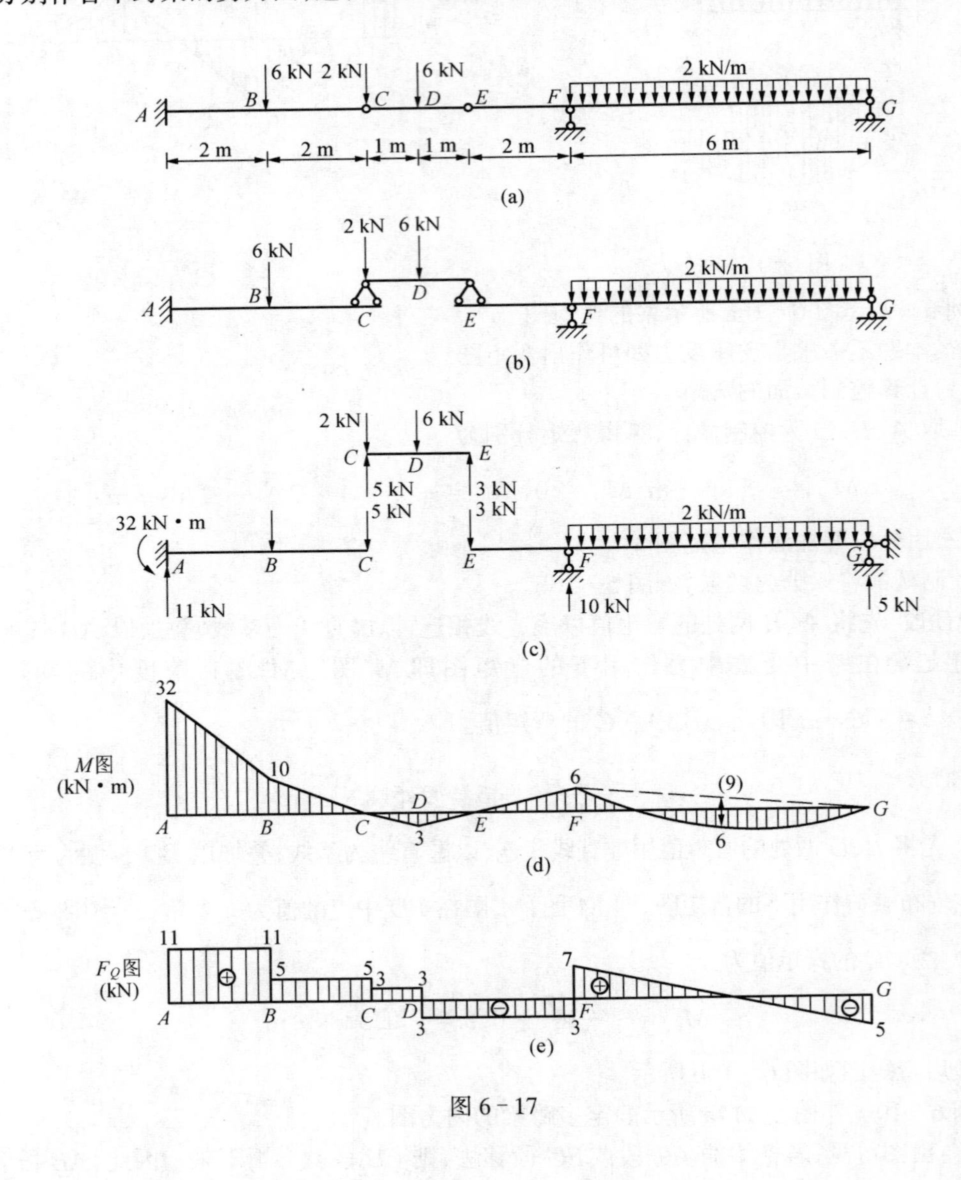


图 6－17

## 习　　题

6－1.求指定截面的内力

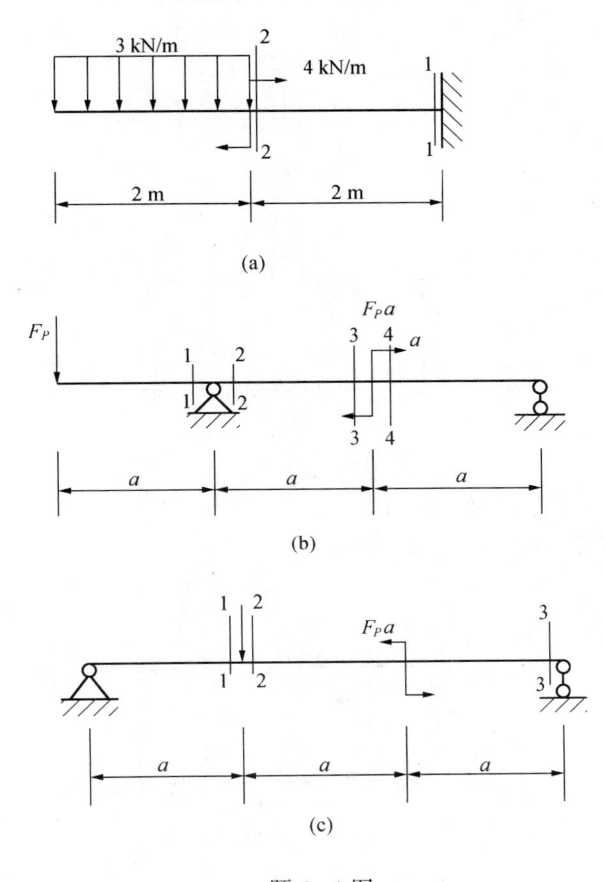


题 6－1 图

6－2.列方程作图示梁的内力图。

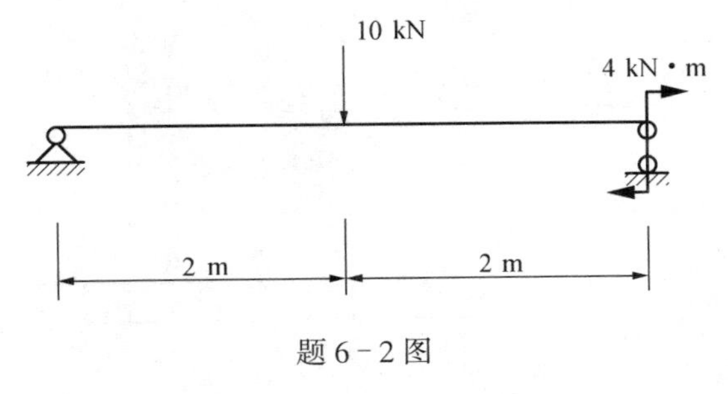


题 6－2 图

6－3.作梁的 $F_Q$、$M$ 图。

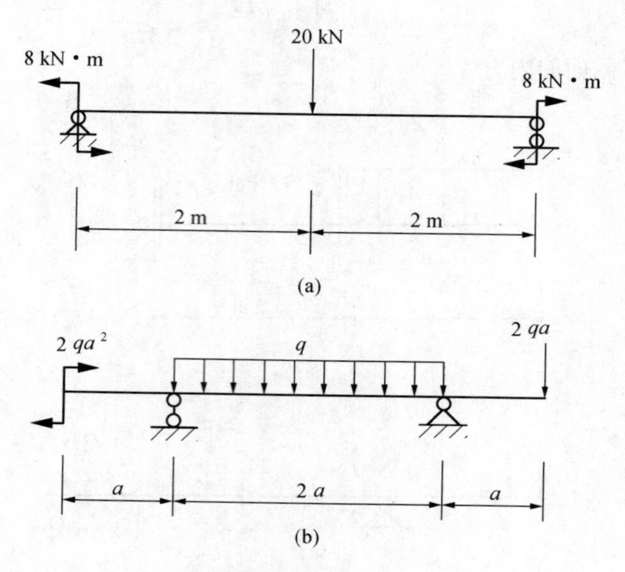


题 6-3 图

6-4. 试作题 6-1 图中各梁的内力图。

6-5. 利用微分关系作梁的 $F_Q$、$M$ 图。

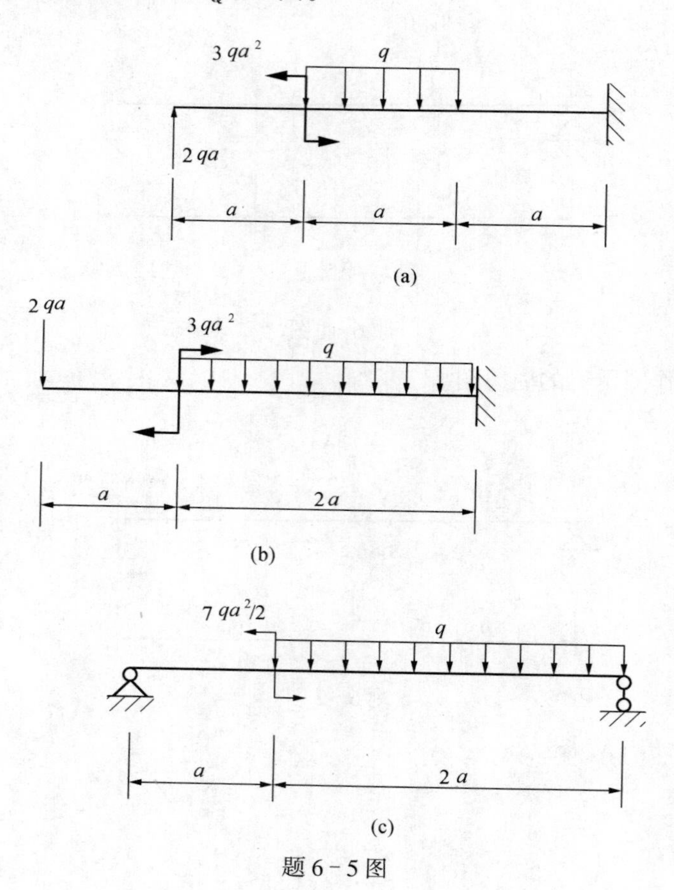


题 6-5 图

6-6.作梁的内力图。

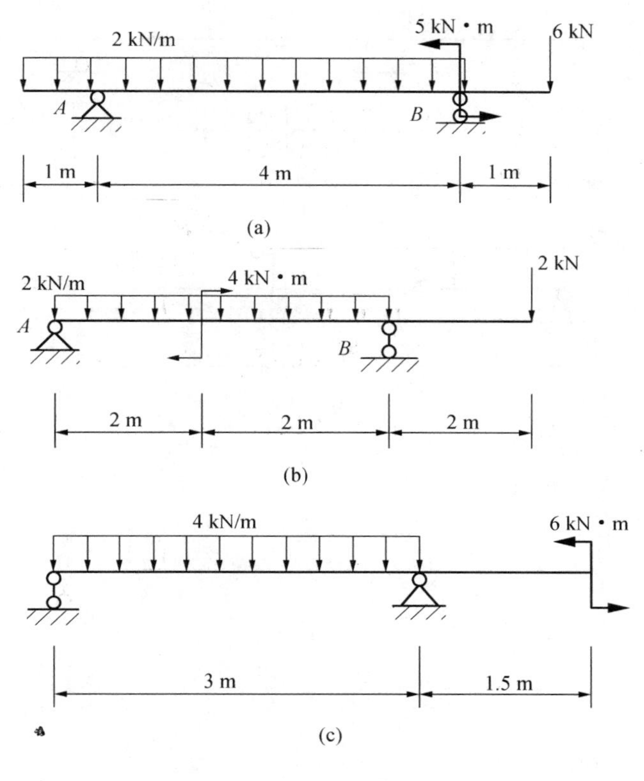


题 6-6 图

6-7.作图示梁的内力图。

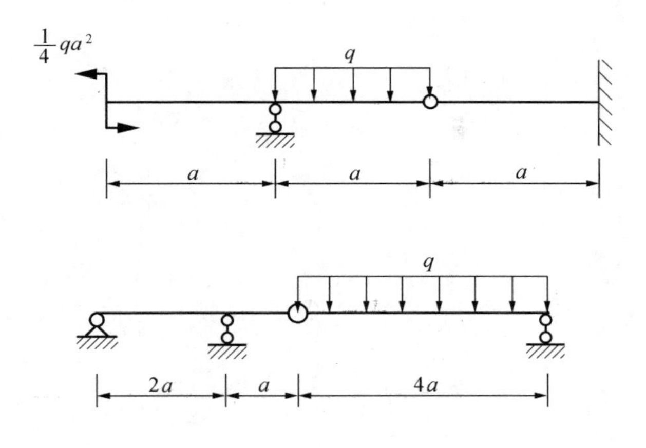


题 6-7 图

6-8.作图示梁的弯矩图。

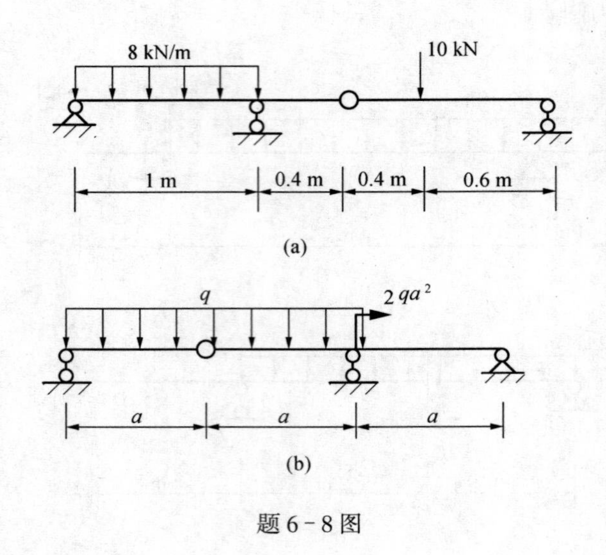


题 6-8 图

# 第七章 梁的应力和变形

梁弯曲时，横截面上同时存在剪力和弯矩，如图 7-1 所示。而剪力只能由切向内力元素 $\tau dA$ 构成，弯矩只能由法向内力元素 $\sigma dA$ 构成，故，梁横截面上同时存在正应力和切应力，如图 7-1b 所示。我们先分析弯曲正应力。

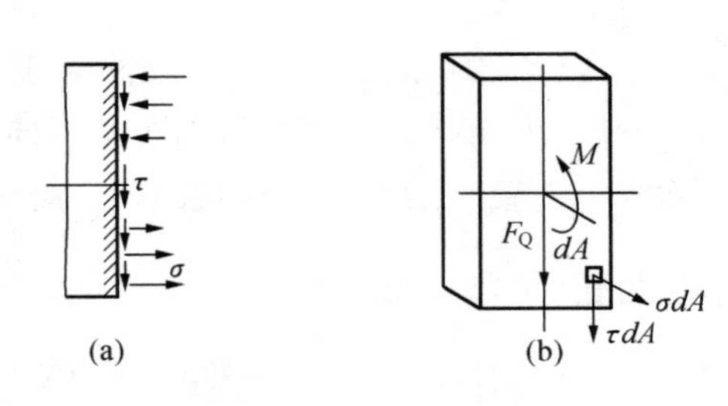


图 7-1

## 第一节 弯曲正应力

当梁受载荷作用弯曲时，如果横截面上只有弯矩而无剪力，这种弯曲称为**纯弯曲**。例如图 7-2 所示梁的 $CD$ 段就属于纯弯曲的情况。下面首先研究纯弯曲时梁横截面上的正应力。研究的方法仍然是：由试验观察入手，从几何、物理、静力学三方面进行综合分析。

### 一、弯曲试验和假设

取一根矩形截面梁，在其表面画上纵向线和横向线如图 7-3a 所示。然后，在梁的两端施加一对大小相等、方向相反的力偶，即使梁处于纯弯曲状态，如图 7-3b 所示。这时，可以看到以下现象：

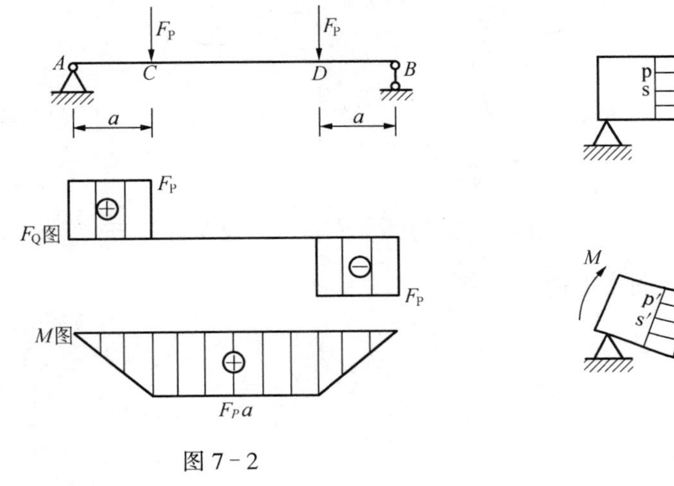


图 7-2

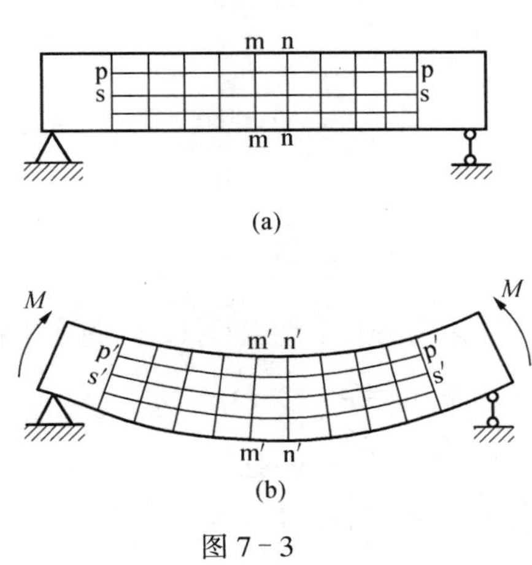


图 7-3

(1)横向线仍为直线,各横向线只是作相对转动,但仍与纵向线正交。

(2)纵向线变为弧线,靠顶面的纵向线缩短,靠近低面的纵向线伸长。

(3)在纵向线伸长区,梁的宽度减小,在纵向线缩短区,梁的宽度增大。

根据以上变形现象,可对梁的变形和受力作如下假设:

(1)变形后,横截面仍保持为平面,且仍与梁的轴线正交,此假设称为**平面假设**。

(2)各纵向"纤维"之间无挤压或拉伸作用,称为单向受力假设。

由平面假设,横截面仍与各纵向线正交,即横截面上各点均无切应变。故纯弯曲时,横截面上无切应力。

由变形现象(2)和平面假设可知,上部各层纵向纤维缩短,下部各层纵向纤维伸长。由于变形的连续性,中间必有一层既不缩短也不伸长,这一过渡层称为**中性层**。中性层与横截面的交线称为**中性轴**。梁弯曲时横截面就是绕中性轴转动的。

## 二、弯曲正应力公式

根据上述假设,并结合几何、物理和静力学三方面即可得出弯曲正应力公式。

1.几何方面

首先研究横截面上线应变 $\varepsilon$ 的变化规律。为此,从梁中截取 $\mathrm{d}x$ 的微段,在横截面上建立坐标系 $oyz$,如图 6-22a 所示。图中,$y$ 轴沿截面对称轴,$z$ 轴沿中性轴。此微段梁变形后的情况如图 7-4b、c 所示。

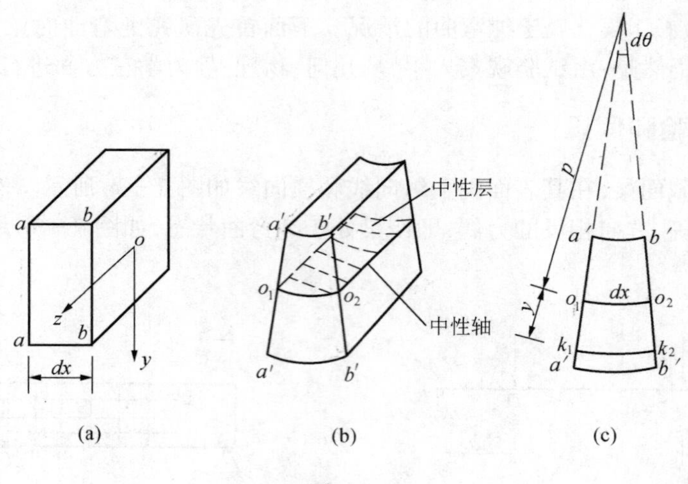


图 7-4

梁弯曲后,距中性层 $y$ 处的任一纵线$\overline{K_1K_2}$变为弧线$\overset{\frown}{K_1K_2}$。设微段梁左、右两截面的相对转角为 $d\theta$,中性层$\overset{\frown}{O_1O_2}$的曲率半径为 $\rho$,则

$$\overline{K_1K_2} = \mathrm{d}x = \overset{\frown}{O_1O_2} = \rho\mathrm{d}\theta$$

$$\overset{\frown}{K_1K_2} = (\rho + y)\mathrm{d}\theta$$

故,纵线$\overline{K_1K_2}$的正应变为

$$\varepsilon = \frac{\widehat{K_1K_2} - \overline{K_1K_2}}{\overline{K_1K_2}} = \frac{(\rho + y)\mathrm{d}\theta - \rho\mathrm{d}\theta}{\rho\mathrm{d}\theta} = \frac{y}{\rho} \tag{a}$$

上式表达了横截面上任一点处正应变的规律，由于对同一截面，$\rho$ 为常数，故横截面上某点处的正应变与该点到中性轴的距离成正比。

2. 物理方面

由单向受力假设，当正应力不超过材料的比例极限时，即可应用胡克定律，得

$$\sigma = E\varepsilon = \frac{Ey}{\rho} \tag{b}$$

式(b)表明，横截面上任一点的正应力 $\sigma$ 与该点到中性轴的距离成正比，即正应力 $\sigma$ 沿高度呈线性分布，中性轴上各点的正应力为零，如图 7－5 所示。

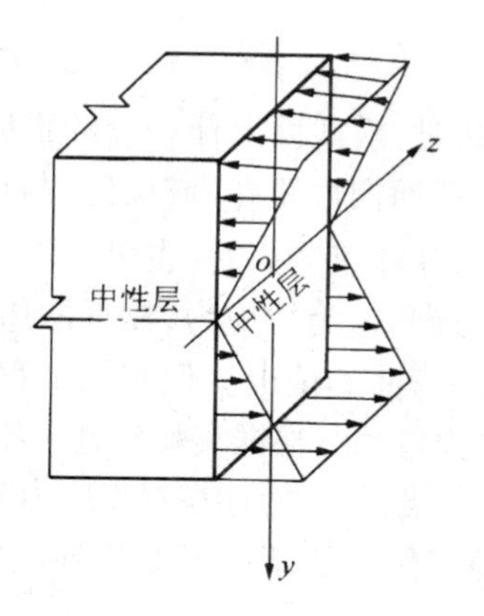

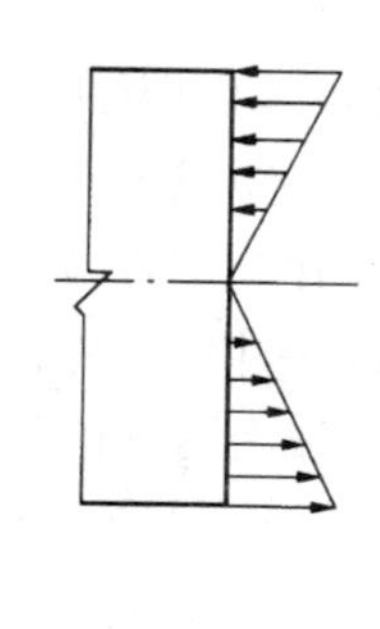

图 7－5

3. 静力学方面

式(b)给出了正应力的分布规律，但不能用来计算正应力的数值。因为中性轴的位置和中性层的曲率半径 $\rho$ 未知。这些问题必须利用应力和内力间的静力学关系才能解决。

在横截面上取任意微面积 $\mathrm{d}A$，则作用在微面积上的法向内力为 $\sigma\cdot\mathrm{d}A$，如图 7－6 所示。由于横截面上没有轴力，只有弯矩 $M$，故

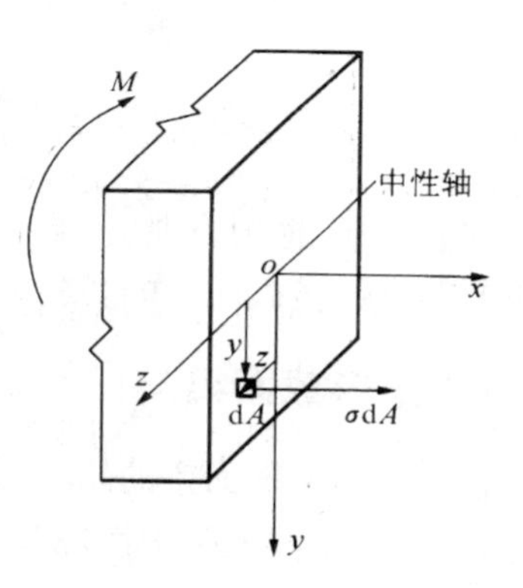


图 7－6

$$\int_A \sigma\mathrm{d}A = 0 \tag{c}$$

$$\int_A y\sigma\mathrm{d}A = M \tag{d}$$

将式(b)代入式(c)得

$$\int_A \frac{E}{\rho}y\mathrm{d}A = \frac{E}{\rho}\int_A y\mathrm{d}A = 0$$

由于 $E/\rho \neq 0$，故必有

$$\int_A y\mathrm{d}A = 0 \quad 即 \quad S_Z = 0$$

横截面对中性轴的静矩为零，表明中性轴通过截面形心。

将式(b)代入式(d)，得

$$\frac{E}{\rho}\int_A y^2\mathrm{d}A = M$$

式中 $\int_A y^2\mathrm{d}A$ 为横截面对中性轴的惯性矩，即 $I_Z = \int_A y^2\mathrm{d}A$ 。代入上式，得

$$\frac{1}{\rho} = \frac{M}{EI_Z} \tag{7-1}$$

式(7－1)就是纯弯曲时用曲率表示的弯曲变形公式。式中 $EI_Z$ 称为梁的**抗弯刚度**，它反映了梁抵抗弯曲变形的能力。

将式(7－1)代入(b)式，得

$$\sigma = \frac{My}{I_Z} \tag{7-2}$$

式(7－2)即为纯弯曲时，横截面上任一点的正应力计算公式。此式说明，正应力 $\sigma$ 与该截面上的弯矩成正比，与截面惯性矩 $I_Z$ 成反比，与点到中性轴的距离成正比。

在利用式(7－2)计算正应力时，也可不考虑 $M$ 和 $y$ 的正负号，直接判断正应力的符号，即以中性轴为界，靠近凸边为拉应力，靠近凹边为压应力。

以上讨论的是纯弯曲的情况。但实际工程中的梁，其横截面上往往同时存在弯矩和剪力，这种弯曲称为**横力弯曲**。根据实验和进一步的理论研究可知，对于跨长 $l$ 与横截面高度之比 $l/h>5$ 的横力弯曲梁，剪力的存在对正应力分布规律的影响很小。故式(7－2)仍可适用。

此外，式(7－2)虽然是从矩形截面梁导出的，但对横截面为对称形状的梁(如工字形、T字形、圆形等)都适用。

最后，需要指出的是，在式(7－2)的推导过程中应用了虎克定律，因此，该式只适用于应力在比例极限内的情况。

## 第二节　弯曲切应力

如前所述，横力弯曲时，梁的横截面上有剪力，相应地在该横截面上将有切应力。下面将研究等直梁横截面上的切应力。

### 一、矩形截面梁

在分析矩形截面梁的切应力时，我们对横截面上的切应力分布作如下假设：

(1)在横截面上距中性轴等远的各点处切应力相等。

(2)各点处的切应力方向均与截面侧边平行。

进一步的研究表明，当横截面的高度在远大于其宽度 $b$ 时，由上述假设所建立的切应力公式是足够准确的。

图(7－7)所示为一矩形截面梁，在梁上任取一横截面 $a-a$，现研究截面上距中性轴为 $y$

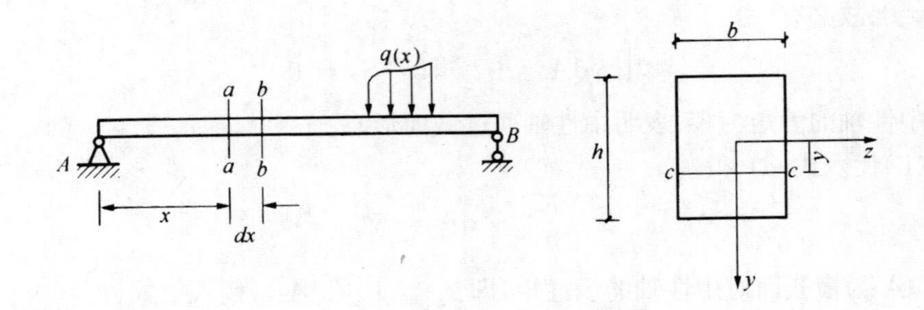


图 7－7

的水平线 $c-c_1$ 的切应力。由前述假设，$c-c_1$ 上各点的切应力大小相等，方向都平行于 $y$ 轴。

用相距 $\mathrm{d}x$ 的横截面从梁中截取一微段。设该微段上无横向外力（$q=0$），则微段两侧面的剪力相等，弯矩不等（图 7－8a），这样，在同一坐标 $y$ 处，两侧面上的正应力将不相同（图 7－8b）。

为了计算截面上 $c-c_1$ 水平线上各点的切应力，用过 $c-c_1$ 的纵截面得微段梁截开，并取下部为研究对象(图 7－8c)。由切应力互等定理，在下部的顶面上一定存在切应力 $\tau'$，且 $\tau'=\tau$。

作用在该微块上的水平方向的力如图 7－8d 所示。$F_{N1}$ 和 $F_{N2}$ 分别代表左、右侧面上法

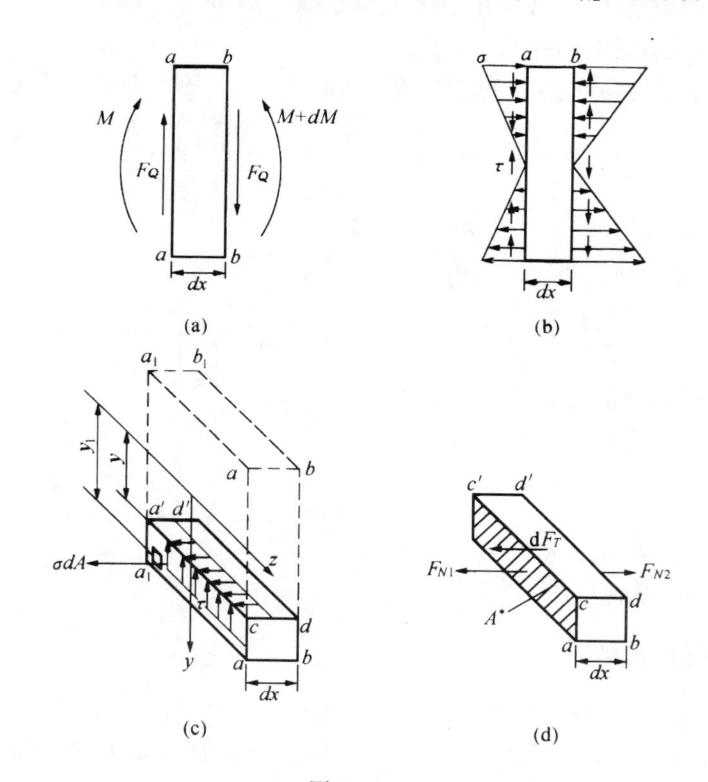


图 7－8

向内力的总和，$\mathrm{d}F_T$ 代表顶面上水平剪力的总和。由平衡条件 $\sum F_x=0$ 得

$$F_{N2}-F_{N1}-\mathrm{d}F_T=0 \tag{a}$$

其中

$$F_{N1}=\int_{A^*}\sigma_1\mathrm{d}A=\int_{A^*}\frac{My_1}{I_Z}\mathrm{d}A=\frac{M}{I_Z}\int_{A^*}y_1\mathrm{d}A=\frac{M}{I_Z}\cdot S_Z^*$$

式中 $S_Z^*$ 为面积 $A^*$ 对中性轴的静矩。

同理

$$F_{N2}=\frac{M+\mathrm{d}M}{I_Z}\cdot S_Z^*$$

由于 $\mathrm{d}x$ 很小，顶面上的切应力可认为是均匀分布的。所以

$$\mathrm{d}F_T=\tau' b\mathrm{d}x$$

将 $F_{N1}$、$F_{N2}$ 和 $dF_T$ 代入式(a)中,得

$$\frac{M + dM}{I_Z} \cdot S_Z^* - \frac{M}{I_Z} \cdot S_Z^* - \tau' b dx = 0$$

经整理得

$$\tau' = \frac{dM}{dx} \cdot \frac{S_Z^*}{I_Z \cdot b} = \frac{F_Q \cdot S_Z^*}{I_Z b}$$

由 $\tau' = \tau$,故

$$\tau = \frac{F_Q \cdot S_Z^*}{I_Z b} \tag{7-3}$$

式(7-3)即矩形截面梁任一点处切应力的计算公式。其中 $S_Z^*$ 为所求应力点处水平线一侧部分截面对中性轴的静矩,显然为一变量。

如图 7-9a 所示,设截面 $A^*$ 的形心的纵坐标为 $y_0$,则该截面对中性轴的静矩为

$$S_Z^* = \int_{A^*} y_1 dA = A^* y_0 = b\left(\frac{h}{2} - y\right)\left[y + \left(\frac{h}{2} - y\right)/2\right]$$
$$= \frac{b}{2}\left(\frac{h^2}{4} - y^2\right)$$

将该式及 $I_Z = bh^3/12$ 代入式(7-3)得

$$\tau = \frac{6F_Q}{bh^3}\left(\frac{h^2}{4} - y^2\right)$$

由此可见,矩形截面梁的弯曲切应力沿截面高度为二次抛物线变化。如图 7-9b 所示。

当 $y = \pm h/2$ 时,$\tau = 0$

当 $y = 0$ 时,$\tau_{max} = \frac{3F_Q}{2bh} = \frac{3}{2}\frac{F_Q}{A}$

即最大切应力为平均切应力的 1.5 倍。

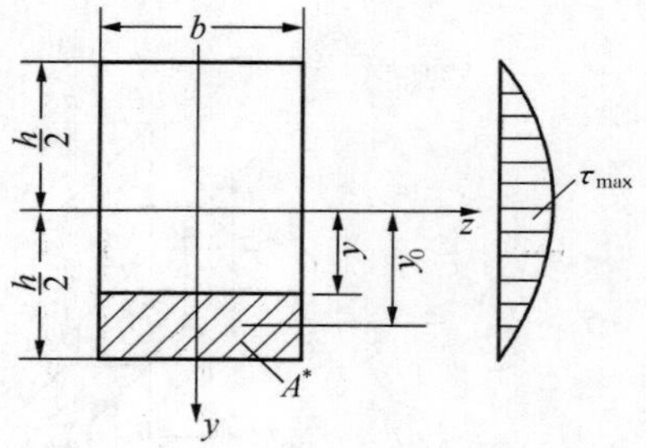

图 7-9

## 二、工字形截面梁

工字形截面梁由上、下翼缘和腹板所组成如图 7-10a 所示。由于腹板为狭长矩形,仍可采用与矩形截面梁相同的假设。经过与矩形截面梁类似的推导,可得腹板上距中性轴 $y$ 处点的切应力为

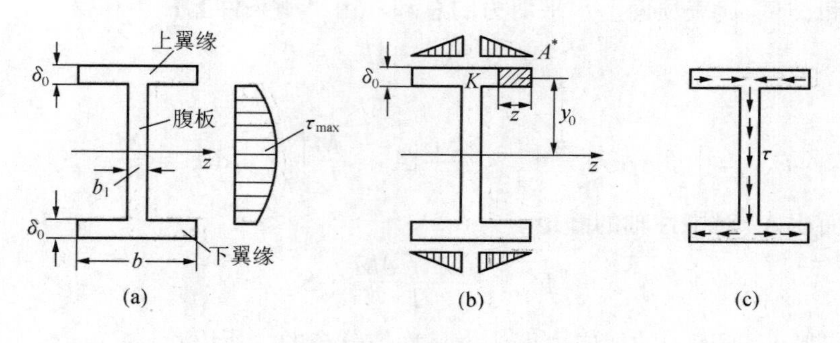


图 7-10

$$\tau = \frac{F_Q S_Z^*}{I_Z \cdot d}$$

式中，$I_Z$ 为整个工字形截面对中性轴的惯性矩，$S_Z^*$ 为 $y$ 处横线一侧的部分截面对中性轴的静矩，$d$ 为腹板的厚度。

切应力沿腹板高度的分布规律如图 7－10a 所示，仍按抛物线分布，最大切应力 $\tau_{max}$ 仍在截面的中性轴上。

至于翼缘上的切应力，基本上沿翼缘侧边，但其值则远小于腹板上的切应力，在计算时可以不予考虑，(图 7－10b、c)

## 三、圆形和圆环形截面梁

圆形和圆环形截面的最大切应力均发生在中性轴上，并沿中性轴均匀分布如图 7－11 所示。其值分别为

$$圆形截面：\tau_{max} = \frac{4}{3}\frac{F_Q}{A}$$

$$薄壁圆环形截面：\tau_{max} = \frac{2F_Q}{A}$$

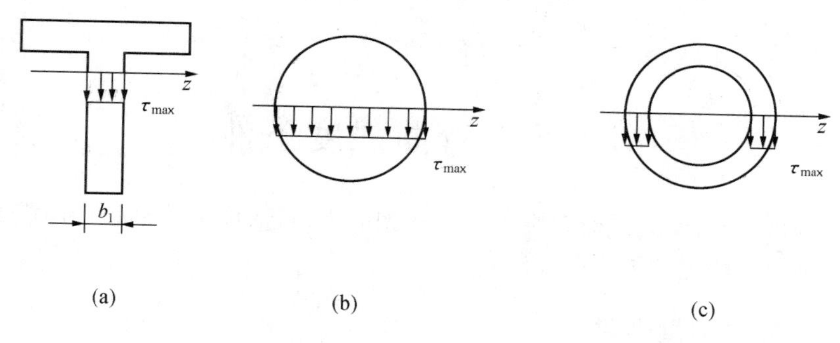


图 7－11

此外，对箱形截面梁和 T 字形截面梁都可采用式(7－3)计算其腹板上的切应力，最大切应力仍发生在截面的中性轴上。

例 7－1. 矩形截面梁($b \times h$)受均布载荷 $q$ 作用，如图 7－12 所示。试求 $\sigma_{max}$ 和 $\tau_{max}$，并比较。

解：作剪力图和弯矩图如图 7－12b、c 所示。

$$F_{Q\max} = ql/2 \qquad\qquad M_{max} = ql^2/8$$

则梁的最大正应力和最大切应力分别为

$$\tau_{max} = \frac{M_{max} \cdot y_{max}}{I_Z} = \frac{(ql^2/8)\cdot(h/2)}{bh^3/12} = \frac{3ql^2}{4bh^2}$$

$$\tau_{max} = \frac{3F_{Q\max}}{2A} = \frac{3 \cdot ql/2}{2bh} = \frac{3ql}{4bh}$$

二者比值为

$$\frac{\sigma_{max}}{\tau_{max}} = \frac{l}{h}$$

更多的计算表明：一般细长非薄壁截面梁，最大正应力与最大切应力之比的数量级，约

等于梁的跨高比。故一般细长梁的主要应力是弯曲正应力。

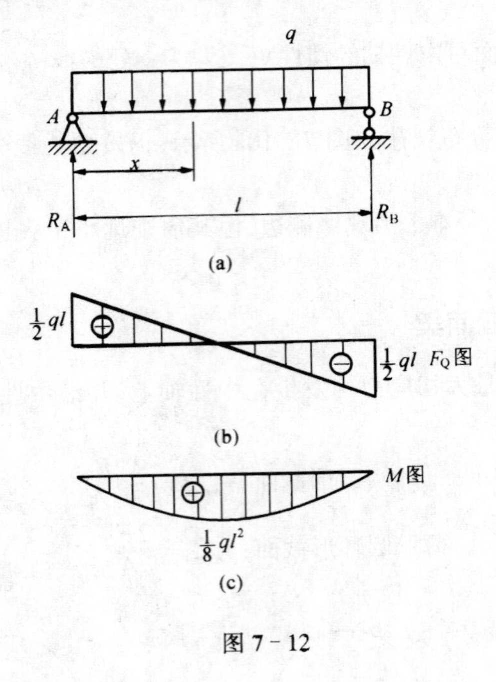


图 7-12

## 第三节　弯曲强度条件

前几节的分析表明,梁内同时存在正应力和切应力,最大应力分别处于横截面的不同位置上。故应分别建立相应的强度条件。

### 一、弯曲正应力强度条件

梁的最大弯曲正应力发生在横截面上离中性轴最远的各点处,而该处的切应力或为零,或很小,因而可看作是处于**单向应力状态**,所以,梁的弯曲正应力强度条件为

$$\sigma_{max} \leqslant [\sigma] \tag{7-4}$$

式中,$[\sigma]$为单向受力时的许用应力。

对于等截面直梁,则

$$\sigma_{max} = \frac{M_{max} \cdot y_{max}}{I_Z}$$

如令 $W_Z = I_Z / y_{max}$,称 $W_Z$ 为抗弯截面模量,则等直梁的弯曲正应力强度条件为

$$\sigma_{max} = \frac{M_{max}}{W_Z} \leqslant [\sigma] \tag{7-5}$$

下面给出几种常用截面的抗弯截面模量。

对矩形截面:$W_Z = I_Z / y_{max} = bh^2/6$

对圆形截面:$W_Z = I_Z / y_{max} = \pi d^3/32$

对空心圆截面:$W_Z = \frac{\pi D^3}{32}(1-\alpha^4)$

应当指出，强度条件(7－4)和(7－5)只适用于许用拉应力和许用压应力相同的材料。

对于许用拉应力$[\sigma^+]$和许用压应力$[\sigma^-]$不等的材料(如铸铁)，则应分别按拉伸和压缩进行强度计算，即

$$\left.\begin{aligned}\sigma_{max}^{+} \leqslant [\sigma^{+}] \\ \sigma_{max}^{-} \leqslant [\sigma^{-}]\end{aligned}\right\} \tag{7-6}$$

式中，$\sigma_{max}^{+}$和$\sigma_{max}^{-}$分别代表最大拉应力和最大压应力。

## 二、弯曲切应力强度条件

梁的最大弯曲切应力通常发生在中性轴处，而该处的正应力为零，因此，该处处于纯剪切应力状态。故梁的弯曲切应力强度条件为

$$\tau_{max} \leqslant [\tau] \tag{7-7}$$

式中$[\tau]$为纯剪切时材料的许用切应力。

对于等截面直梁，其强度条件为

$$\tau_{max} = \frac{F_{Qmax} \cdot S_{Zmax}^{*}}{I_Z \cdot b} \leqslant [\tau] \tag{7-8}$$

根据上节的讨论，对于细长的非薄壁截面梁，只按正应力强度条件计算。对于薄壁梁和短粗梁以及弯矩较小而剪力较大的梁，则需同时考虑弯曲正应力强度条件和弯曲切应力强度条件。

例7－2. 一矩形截面梁如图7－13a所示。已知：$F_P = 10$ kN，$a = 1.2$ m，$[\sigma] = 10$ MPa，$h/b = 2$。试选择截面尺寸。

解：作梁的弯矩图如图7－13b所示。由图可见

$$|M|_{max} = F_P a = 12 \text{ kN} \cdot \text{m}$$

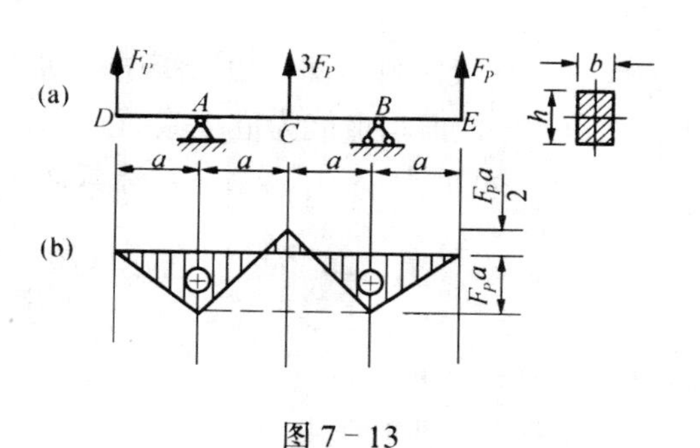

图7－13

由弯曲正应力强度条件

$$\sigma_{max} = \frac{M_{max}}{W_Z} \leqslant [\sigma]$$

得

$$W_Z \geqslant \frac{M_{max}}{[\sigma]} = \frac{12 \times 10^3}{10 \times 10^6} = 1\,200 \times 10^{-6} \text{m}^3$$

又

$$W_Z = \frac{bh^2}{6} = \frac{b(2b)^2}{6} = \frac{2b^3}{3}$$

即

$$\frac{2}{3}b^3 \geqslant 1\,200$$

由此得

$$b \geqslant \sqrt[3]{\frac{3}{2} \times 1\,200} = 122 \text{ mm}$$

取 $b=122$ mm, $h=244$ mm。

例 7-3. T形截面外伸梁如图 7-14 所示。材料的许用拉应力为 $[\sigma^+]=40$ MPa，许用压应力为 $[\sigma^-]=100$ MPa，试按正应力强度条件校核梁的强度。

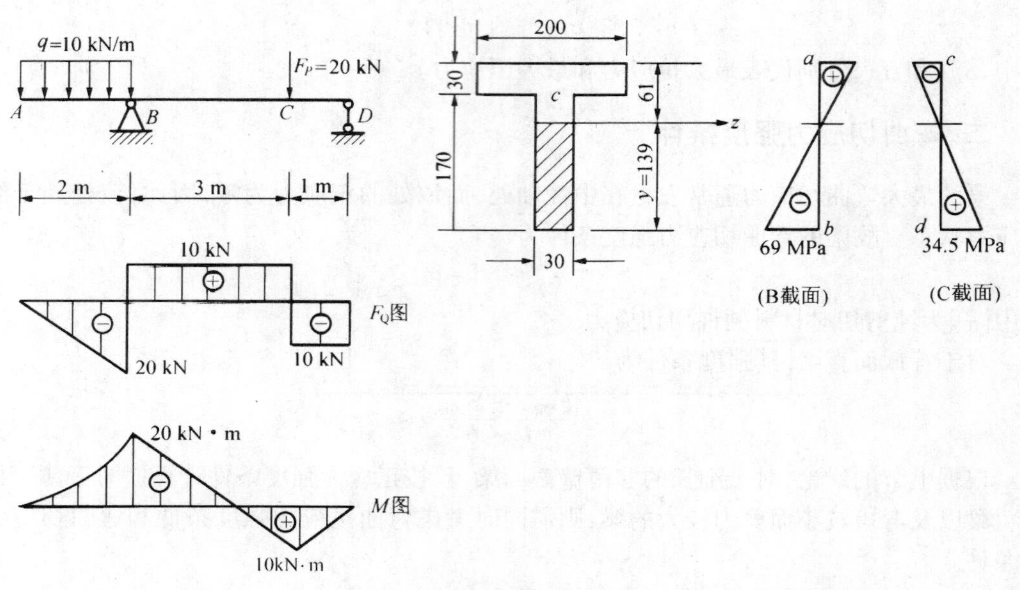


图 7-14

解：(1)作梁的弯矩图。由弯矩图可知，$C$、$B$ 截面上分别作用有最大正弯矩和最大负弯矩。故，$C$、$B$ 截面均可能为危险截面。

(2)确定截面形心的位置，并计算截面对中性轴的惯性矩。设截面形心距底边为 $y_c$，则

$$y_c=\frac{\sum A_i y_i}{\sum A_i}=\frac{30\times170\times85+30\times200\times185}{30\times170+30\times20}=139\text{ mm}$$

即中性轴距底边 139 mm。

截面对中性轴惯性矩为

$$I_Z=\frac{200\times30^3}{12}+200\times30\times(61-15)^2+\frac{30\times170^3}{12}+30\times70\times(139-85)^2$$
$$=40.3\times10^6\text{ mm}^4=40.3\times10^{-6}\text{ m}^4$$

(3)危险点判断

由弯矩 $M_B$、$M_C$ 的方向可画出截面 $B$、$C$ 上的正应力分布图，如图 7-14 中所示。$B$ 截面的上边缘各点(如 $a$ 点)和 $C$ 截面下边缘各点($d$ 点)均受拉应力；而 $B$ 截面下边缘各点($b$ 点)和 $C$ 截面上边缘各点($c$ 点)均受压应力。

由于 $|M_B\cdot y_a|<|M_c\cdot y_d|$，$|M_B\cdot y_b|>|M_c\cdot y_c|$，故，$\sigma_d^+>\sigma_a^+$，$|\sigma_b^-|>|\sigma_c^-|$。即，最大拉应力在 $C$ 截面下边缘各点($d$ 点)，最大压应力在 $B$ 截面下边缘各点($b$ 点)。

(4)校核强度

$$\sigma_{max}^+=\sigma_d^+=\frac{10\times10^3\times0.139}{40.3\times10^{-6}}=34.5\text{ MPa}<[\sigma^+]$$

$$\sigma_{\max}^{-} = \sigma_{b}^{-} = \frac{20 \times 10^{3} \times 0.139}{40.3 \times 10^{-6}} = 69 \text{ MPa} < [\sigma^{-}]$$

故该梁的强度是安全的。

例 7-4. 简支梁如图 7-15a 所示。已知，$F_{P1} = 50$ kN，$F_{P2} = 100$ kN，$[\sigma] = 160$ MPa，$[\tau] = 100$ MPa。试选择工字钢。

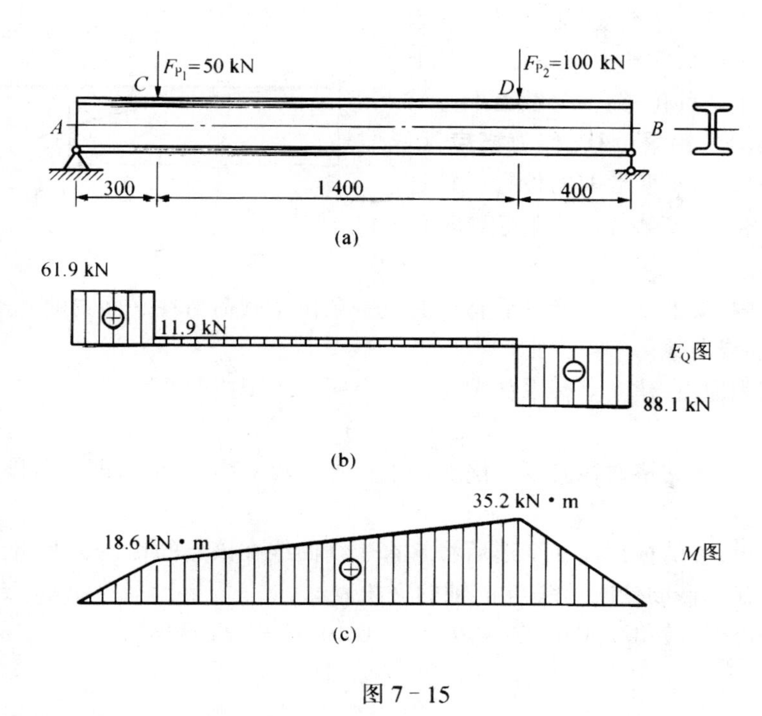


图 7-15

解：(1)作剪力图和弯矩图。

梁的剪力图和弯矩图分别如图 7-15b、c 所示，由图可知

$$|F_Q|_{\max} = 88.1 \text{ kN}$$

$$M_{\max} = 35.2 \text{ kN} \cdot \text{m}$$

(2)按正应力强度条件选择截面

由梁的正应力强度条件，得

$$W_Z \geqslant \frac{M_{\max}}{[\sigma]} = \frac{35.2 \times 10^{3} \times 10^{3}}{160} = 220 \times 10^{3} \text{ mm}^{3}$$

从型钢表中查得，20$a$ 号工字钢的抗弯截面模量为 $W_Z = 237 \times 10^3$ mm$^3$，故选 20$a$ 号工字钢。

(3)按切应力强度条件校核

从型钢表中查得，$I_Z / S_{Z\max}^{*} = 172$ mm，$d = 7$ mm，故梁的最大切应力为

$$\tau_{\max} = \frac{F_{Q\max} S_{Z\max}^{*}}{I_Z \cdot d} = \frac{88.1 \times 10^{3}}{172 \times 7} = 73 \text{ MPa} < [\tau]$$

可知，选 20$a$ 号工字钢将同时满足弯曲正应力强度条件和弯曲切应力强度条件。

## 第四节　弯曲变形

梁在外载荷作用下，其横截面将发生位移，梁的轴线由直线变为曲线，这就是弯曲变形。研究弯曲变形的目的是为了对梁进行刚度计算。

考察图 7－16 所示之简支架，设梁在外力作用下发生平面弯曲。在小变形条件下，其上任意横截面将发生两种位移：一是截面形心 $C$ 沿垂直于轴线方向的铅垂位移，称为**挠度**，用 $v$ 表示；二是截面相对于变形前的位置所转过的角度，称为**转角**，用 $\theta$ 表示，并规定顺时针为正。

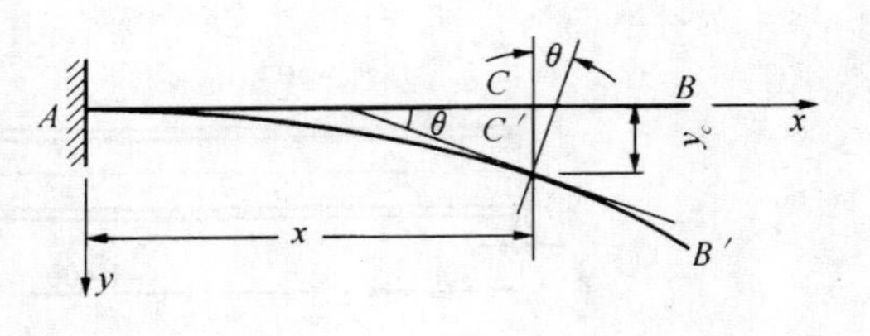


图 7－16

在弹性范围内，梁的轴线在变形后将弯曲成一条位于载荷所在平面内的光滑、连续的平面曲线，称为梁的**挠曲线**。

以梁的左端为原点，建立坐标系如图 7－16 中所示。则挠曲线可用方程

$$v = f(x)$$

来表示，此方程称为梁的**挠曲线方程**。挠曲线上任意一点的纵坐标 $v$，即为过该点的截面的挠度。

根据平面假设，梁的横截面在变形后将垂直于绕曲线在该点的切线。因此，横截面的转角也可用挠曲线在该截面处的切线与 $x$ 轴的夹角表示。

在小变形条件下，转角 $\theta$ 很小，通常 $\theta < 1° = 0.0175$ 弧度，这样

$$\theta \approx \mathrm{tg}\theta = \frac{\mathrm{d}v}{\mathrm{d}x}$$

上式表明，挠曲线上任意一点的斜率等于该点处横截面的转角。可见，分析梁变形的关键是确定挠曲线方程 $v = f(x)$。

### 一、挠曲线近似微分方程

在建立弯曲正应力公式时，曾得到纯弯曲时梁变形的曲率公式

$$\frac{1}{\rho} = \frac{M}{EI}$$

横力弯曲时，剪力对梁变形的影响很小，可忽略不计，则上式也适用于横力弯曲，但这时式中的 $M$ 和 $\rho$ 都是 $x$ 的函数，即

$$\frac{1}{\rho(x)} = \frac{M(x)}{EI} \tag{a}$$

由微分学可知，平面曲线上任一点的曲率为

$$\frac{1}{\rho(x)} = \pm \frac{\dfrac{\mathrm{d}^2 v}{\mathrm{d}x^2}}{\left[1 + \left(\dfrac{\mathrm{d}v}{\mathrm{d}x}\right)^2\right]^{3/2}} \tag{b}$$

将式(a)代入式(b)得

$$\pm \frac{\frac{\mathrm{d}^2 v}{\mathrm{d}x^2}}{\left[1+\left(\frac{\mathrm{d}v}{\mathrm{d}x}\right)^2\right]^{3/2}} = \frac{M(x)}{EI} \tag{7-9}$$

式(7－9)是梁的挠曲线微分方程。

在小变形条件下，$\theta = \frac{\mathrm{d}v}{\mathrm{d}x} < 1° = 0.0175$ 弧度。因此，$(\mathrm{d}v/\mathrm{d}x)^2 \ll 1$，于是式(7－1)可简化为

$$\pm \frac{\mathrm{d}^2 v}{\mathrm{d}x^2} = \frac{M(x)}{EI} \tag{7-10}$$

式(7－10)称为梁的**挠曲线近似微分方程**。或**小挠度微分方程**。

式(7－10)中的正负号，取决于坐标系的选择和弯矩正负号的规定。在我们选取的坐标系中 $v$ 轴向上。当弯矩为正值时，挠曲线为向下凸的曲线，此时 $\mathrm{d}^2 v/\mathrm{d}x^2$ 为负值；当弯矩为负值时，挠曲线为向上凸的曲线，此时 $\mathrm{d}^2 v/\mathrm{d}x^2$ 为负值。由(图 7－17)可见，弯矩与 $\mathrm{d}^2 v/\mathrm{d}x^2$ 总是符号相反，所以式(7－10)中应选取负号，即

$$\frac{\mathrm{d}^2 v}{\mathrm{d}x^2} = -\frac{M(x)}{EI}$$

或

$$v'' = -\frac{M(x)}{EI} \tag{7-11}$$

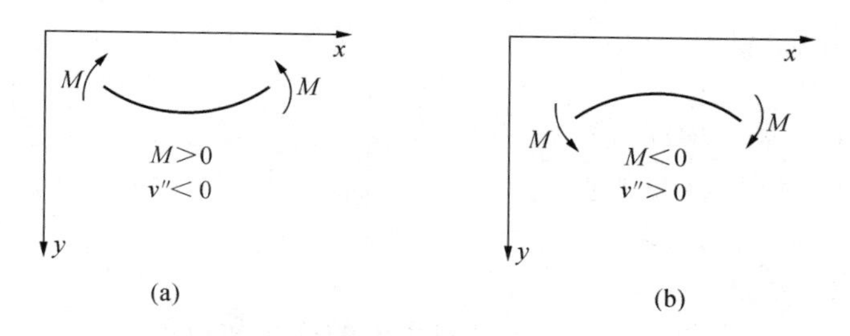


图 7－17

## 二、积分法求梁的变形

在计算梁的变形时，可对挠曲线近似微分方程式进行积分，积分一次得转角方程，积分两次得挠度方程。这种方法称为积分法。

对于等截面梁，$EI$ 为常数，对式(7－11)积分一次，得

$$EI\theta = EIv' = -\int M(x)\mathrm{d}x + C \tag{7-12}$$

再积分一次，得

$$EIv = \iint -M(x)\mathrm{d}x\mathrm{d}x + Cx + D \tag{7-13}$$

式中 $C$、$D$ 为积分常数，其值可由梁的某些截面的已知变形条件确定。这种已知的变形条件，称为梁的**边界条件**。积分常数确定后，由式(7－12)和(7－13)便可求出梁的转角方程和挠度方程。

例 7－5. 图 7－18 所示一等截面悬臂梁，自由端受一集中力 $F_P$ 的作用，梁的抗弯刚度

为 $EI$,求自由端的转角和挠度。

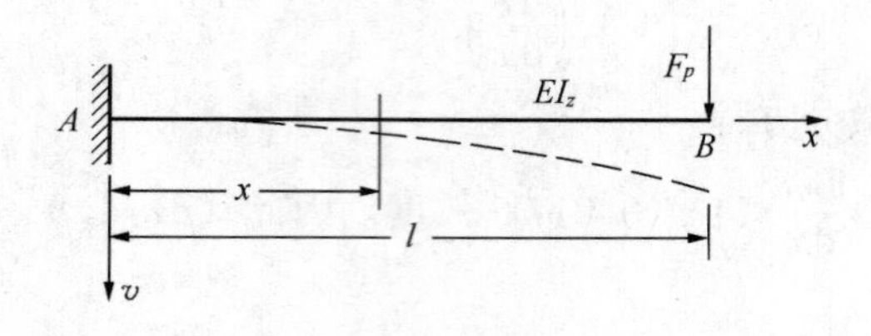


图 7－18

解:(1)列弯矩方程

$$M(x) = -F_P(l-x)$$

(2)建立挠曲线近似微分方程并积分

$$EIv'' = -M(x) = (F_Pl - F_Px)$$

积分得

$$EIv' = (F_Plx - \frac{1}{2}F_Px^2) + C \tag{a}$$

再积分得

$$EIv = (\frac{1}{2}F_Plx^2 - \frac{1}{6}F_Px^3) + Cx + D \tag{b}$$

(3)确定积分常数

梁的边界条件为

$x=0 \qquad \theta(0)=v'(0)=0$

$x=0 \qquad v(0)=0$

将边界条件代入(a)、($b$)二式得

$C=0 \qquad D=0$

(4)建立转角方程和挠曲线方程并计算自由端的挠度和转角

将求出的积分常数 $C$、$D$ 代入式(a)、(b)得

$$\theta = \frac{1}{EI}(F_Plx - \frac{1}{2}F_Px^2) \tag{c}$$

$$v = \frac{1}{EI}(\frac{1}{2}F_Plx^2 - \frac{1}{6}F_Px^3) \tag{d}$$

将 $x=l$ 代入式(c)、式(d)得自由端的转角和挠度为

$$\theta_B = \frac{F_Pl^2}{2EI}(\downarrow) \qquad v_B = \frac{F_Pl^3}{3EI}(\downarrow)$$

例 7－6 等截面简支梁受集中力作用,如图 7－19 所示。梁的抗弯刚度为 $EI$。试求梁的挠曲线方程和转角方程。

解:本题由于梁的弯矩方程须分段列出,因此,必须分段建立小挠度微分方程。

(1)分段列弯矩方程

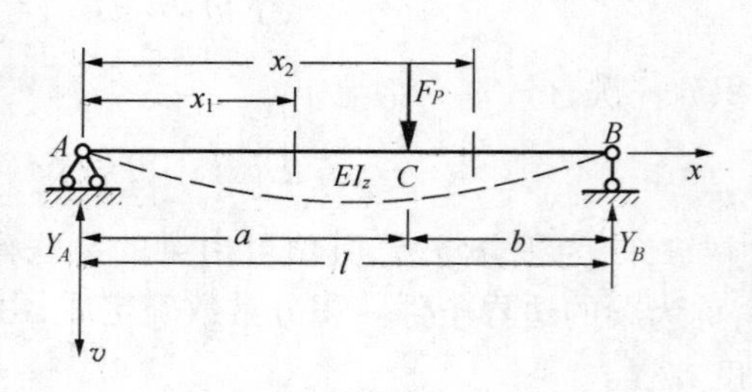


图 7－19

AC 段：　$M_1(x)=\frac{F_Pb}{l}x \quad (0\leqslant x\leqslant a)$

CB 段：　$M_2(x)=\frac{F_Pb}{l}x-F_P(x-a) \quad (a\leqslant x\leqslant l)$

(2)分段建立小挠度微分方程并积分

AC 段：　$EIv_1''=-M_1(x)=-\frac{F_Pb}{l}x$

$$EIv_1'=-\frac{1}{2}\cdot\frac{F_Pb}{l}\cdot x^2+C_1 \tag{a}$$

$$EIv_1=-\frac{1}{6}\cdot\frac{F_Pb}{l}\cdot x^3+C_1x+D_1 \tag{b}$$

CB 段：　$EIv_2''=-M_2(x)=-\frac{F_Pb}{l}x+F_P(x-a)$

$$EIv_2'=-\frac{1}{2}\cdot\frac{F_Pb}{l}\cdot x^2+\frac{1}{2}F_P(x-a)^2+C_2 \tag{c}$$

$$EIv_2=-\frac{1}{6}\cdot\frac{F_Pb}{l}\cdot x^3+\frac{1}{6}F_P(x-a)^3+C_2x+D_2 \tag{d}$$

(3)确定积分常数

在上述各式中共出现四个积分常数。梁的边界条件只有两个，即

① $x=0,v_1(0)=0$

② $x=l,v_2(l)=0$

因此，还必须考虑梁变形的**连续性条件**。由于挠曲线是光滑、连续的曲线，故左、右两段梁在截面 $C$ 处应具有相同的转角和挠度，即

③ $x=a$ 时，$v_1'(a)=v_2'(a)$

④ $x=a$ 时，$v_1(a)=v_2(a)$

通过边界条件①②和变形连续条件③④，便可求出四个积分常数。

由条件③可得

$$C_1=C_2$$

由条件④可得

$$D_1=D_2$$

再由条件①、②可得

$$D_1=D_2=0,C_1=C_2=\frac{F_Pb}{6l}(l^2-b^2)$$

(4)求转角方程和挠度方程

AC 段：　$\theta_1=\frac{F_Pb}{6lEI}(l^2-b^2-3x^2) \quad (0\leqslant x\leqslant a)$

$v_1=\frac{F_Pbx}{6lEI}(l^2-b^2-x^2) \quad (0\leqslant x\leqslant a)$

CB 段：　$\theta_2=\frac{1}{EI}\left[\frac{F_Pb}{6l}(l^2-b^2-3x^2)+\frac{F_P(x-a)^2}{2}\right] \quad (a\leqslant x\leqslant l)$

$$v_2=\frac{1}{EI}\left[\frac{F_Pbx}{6l}(l^2-b^2-x^2)+\frac{F_P(x-a)^2}{6}\right]\qquad(a\leqslant x\leqslant l)$$

积分法是求弯曲变形的一种基本方法，虽然计算比较繁琐，但在理论上是重要的。

为了实用上方便，各种常用梁的挠度和转角的有关计算公式均有表可查。表 7-1 列出了几种常见的情况。

**表 7-1　简单荷载作用下梁的转角和挠度**

| 支承和荷载情况 | 梁端转角 | 最大挠度 | 挠曲线方程式 |
|---|---|---|---|
| 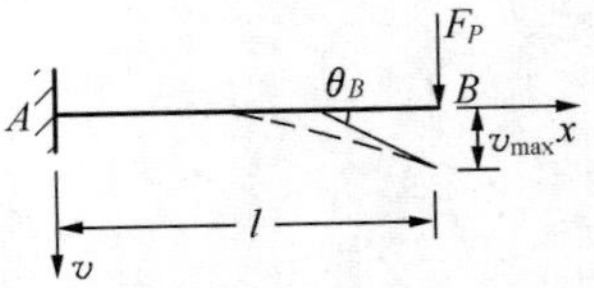  | $\theta_B=\frac{F_Pl^2}{2EI_Z}$ | $v_{max}=\frac{F_Pl^3}{3EI_Z}$ | $v=\frac{F_Px^2}{6EI_Z}(3l-x)$ |
| 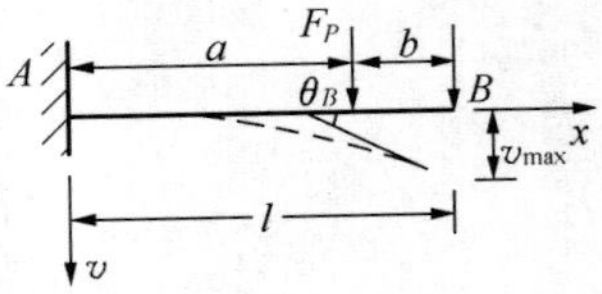  | $\theta_B=\frac{F_Pa^2}{2EI_Z}$ | $v_{max}=\frac{F_Pa^3}{6EI_Z}(3l-a)$ | $v=\frac{F_Px^2}{6EI_Z}(3a-x),0\leqslant x\leqslant a$<br>$v=\frac{Pa^2}{6EI_Z}(3x-a),a\leqslant x\leqslant l$ |
| 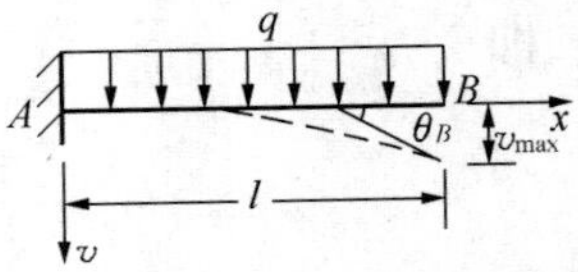  | $\theta_B=\frac{ql^3}{6EI_Z}$ | $v_{max}=\frac{ql^4}{8EI_Z}$ | $v=\frac{qx^2}{24EI_Z}(x^2+6l^2-4lx)$ |
| 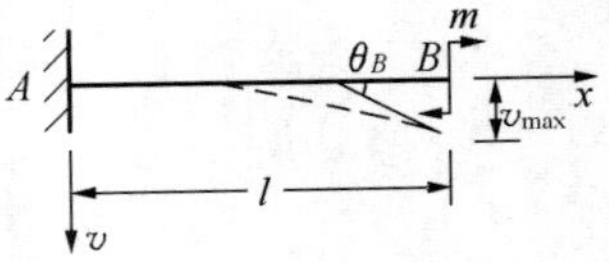  | $\theta_B=\frac{ml}{EI_Z}$ | $v_{max}=\frac{ml^2}{2EI_Z}$ | $v=\frac{mx^2}{2EI_Z}$ |
| 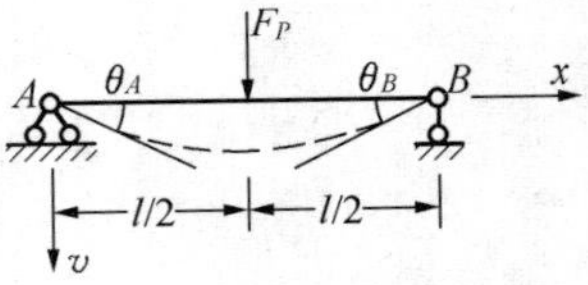  | $\theta_A=-\theta_B=\frac{F_Pl^2}{16EI_Z}$ | $v_{max}=\frac{F_Pl^3}{48EI_Z}$ | $v=\frac{F_Px}{48EI_Z}(3l^2-4x^2)$<br>$0\leqslant x\leqslant\frac{l}{2}$ |
| 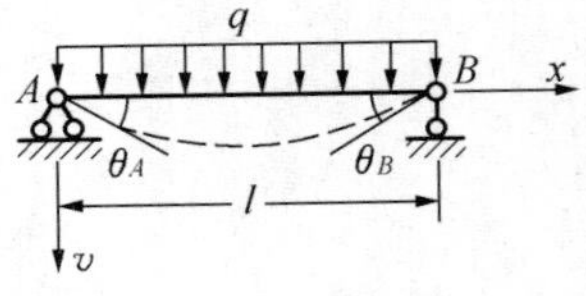  | $\theta_A=-\theta_B=\frac{ql^3}{24EI_Z}$ | $v_{max}=\frac{5ql^4}{384EI_Z}$ | $v=\frac{qx}{24EI_Z}(l^3-2lx^2+x^3)$ |
| 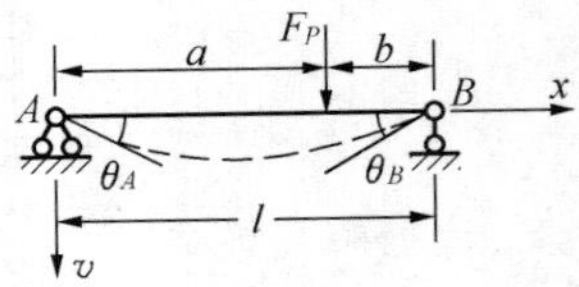  | $\theta_A=\frac{F_{Pab(l+b)}}{6lEI_Z}$<br>$\theta_B=\frac{-Pab(l+a)}{6lEI_Z}$ | $v_{max}=\frac{F_{Pb}}{9\sqrt{3}lEI}(l^2-b^2)^{3/2}$<br>在 $x=\frac{\sqrt{l^2-b^2}}{3}$ 处 | $v=\frac{F_{Pbx}}{6lEI_Z}(l^2-b^2-x^2)x,0\leqslant x\leqslant a$<br>$v=\frac{P}{EI_Z}[\frac{6}{6l}(l^2-b^2-x^2)x+\frac{1}{6}(x-a)^3],a\leqslant x\leqslant l$ |

续表 7-1

| 支承和荷载情况 | 梁端转角 | 最大挠度 | 挠曲线方程式 |
| --- | --- | --- | --- |
| | $\theta_A=\frac{ml}{6EI_Z}$<br>$\theta_B=-\frac{ml}{3EI_Z}$ | $v_{\max}=\frac{ml^2}{9\sqrt{3}EI_Z}$<br>在 $x=\frac{l}{\sqrt{3}}$ 处 | $v=\frac{mx}{6lEI_Z}(l^2-x^2)$ |

## 三、叠加法求梁的挠度和转角

通过上一节的分析可知，在小变形条件下，当梁内的应力不超过材料的比例极限时，梁的挠曲线近似微分方程是一个线性微分方程。由此方程求得的挠度和转角均与载荷成线性关系。因此，可用**叠加法**求梁的变形，即梁在几个载荷共同作用下某截面的挠度或转角等于各个载荷单独作用时该截面挠度或转角的代数和。

例 7-7. 一简支梁如图 7-20a 所示，已知梁的抗弯刚度为 $EI$，求跨中 $C$ 截面的挠度。

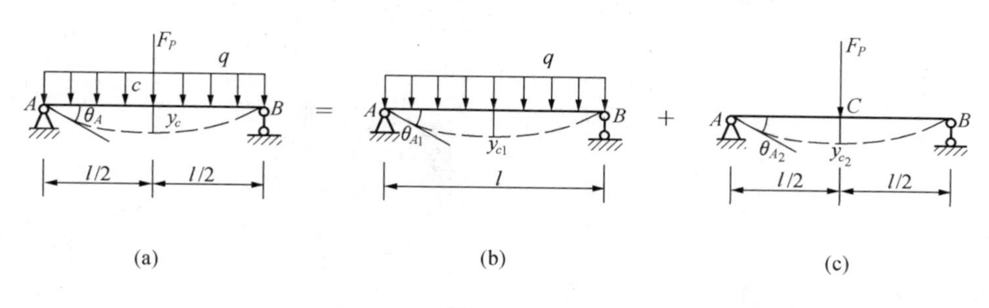


图 7-20

解：将梁上载荷分为如图 7-20b、c 所示的两种简单载荷，梁分别在 $q$ 和 $F_P$ 单独作用下 $C$ 截面的挠度 $v_{C1}$ 和 $v_{C2}$ 可由表 7-1 查得

$$v_{C1}=\frac{5ql^4}{384EI},v_{C2}=\frac{F_Pl^3}{48EI}$$

则 $q$、$F_P$ 共同作用下 $C$ 截面的挠度为

$$v_C=v_{C1}+v_{C2}=\frac{5ql^4}{384EI}+\frac{F_Pl^3}{48EI}$$

例 7-8. 外伸梁受力如图 7-21a 所示。已知梁的抗弯刚度为 $EI$，求 $C$ 截面的挠度 $v_C$ 和转角 $\theta_C$。

解：将梁看成是图 7-21b、c、d 三种情况的组合。在图 b 中将 $BC$ 段视为刚体，故 $BC$ 段所受的外力可向 $B$ 截面的形心简化。

对图 c 的情况，查表 7-1 得

$$\theta_{C1}=\frac{qa^3}{6EI}\qquad v_{C1}=\frac{qa^4}{8EI}$$

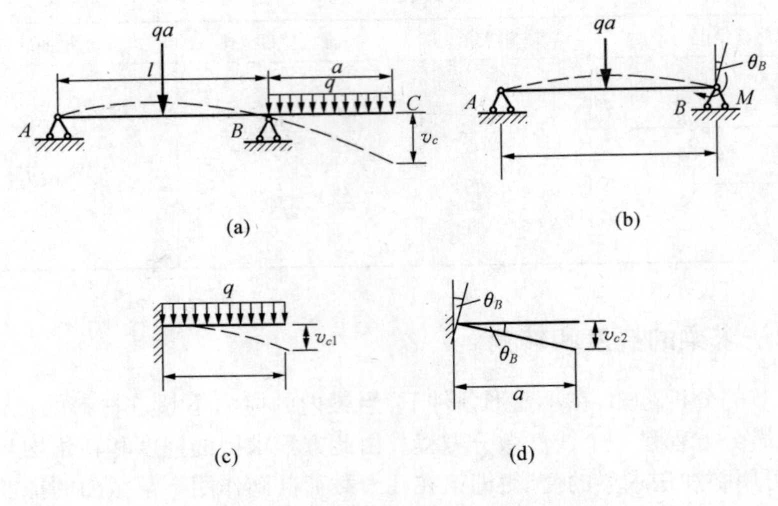


图 7-21

对图 b 的情况，查表 7-1 得

$$\theta_B = -\frac{qa(2a)^2}{16EI} + \left(\frac{\frac{1}{2}qa^2 \cdot 2a}{3EI}\right) = \frac{qa^3}{12EI}$$

由图 d 知

$$\theta_{C2} = \theta_B = \frac{qa^3}{12EI}$$

$$v_{C2} = \theta_B a = \frac{qa^4}{12EI}$$

由此得 $C$ 截面的转角和挠度分别为

$$\theta_C = \theta_{C1} + \theta_{C2} = \frac{qa^3}{6EI} + \frac{qa^3}{12EI} = \frac{qa^3}{4EI}(\circlearrowright)$$

$$v_C = v_{C1} + v_{C2} = \frac{qa^4}{8EI} + \frac{qa^4}{12EI} = \frac{5qa^4}{24EI}(\downarrow)$$

## 四、梁的刚度条件

为了保证梁能正常工作，除了应使梁满足强度条件外，一般还应使梁满足刚度条件，即梁的挠度和转角不超过许用值。即满足

$$\frac{v_{max}}{l} \leqslant \left[\frac{f}{l}\right] \tag{7-14}$$

$$\theta_{max} \leqslant [\theta] \tag{7-15}$$

上述二式称为梁的刚度条件，其中$\left[\frac{f}{l}\right]$为梁单位长度允许的最大挠度，$[\theta]$为许用转角，它们的值是根据实际工作要求规定的。

大多数构件的设计过程都是先进行强度计算，确定截面形状和尺寸，然后再进行刚度校核。

## 习　　题

7－1.矩形截面外形伸梁受载如图,求 $\sigma_{max}$ 的大小。

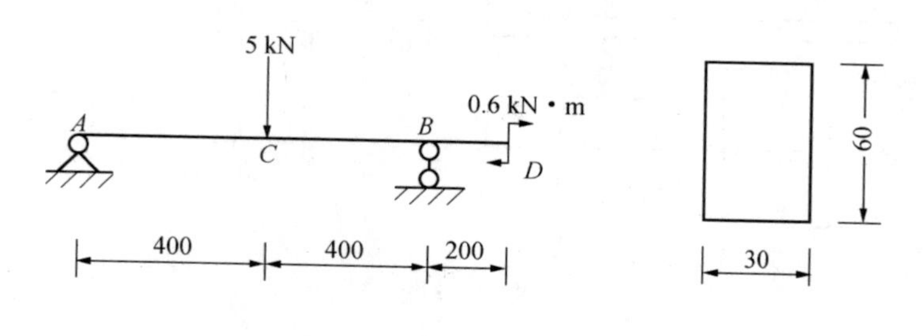


题 7－1 图

答:$\sigma_{max}=38.9$ MPa

7－2.指出图示 T 形截面梁内最大拉应力所在截面及其位置,并计算最大拉应力 $\sigma_{max}$ 的值。

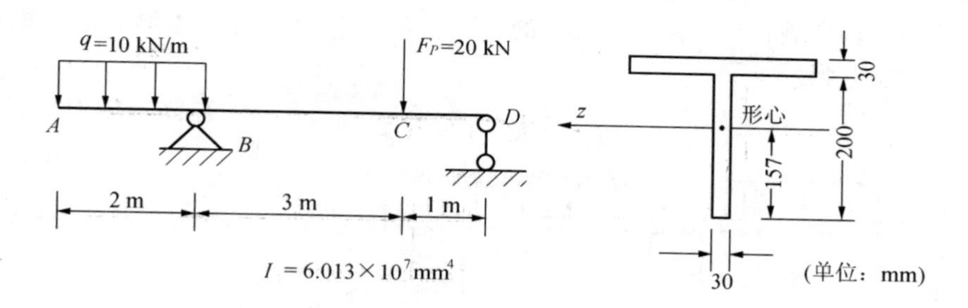


题 7－2 图

答:$\sigma_{max}=26.2$ MPa

7－3.图示梁$[\sigma]=160$ MPa,求(1)按正应力强度条件选择圆形和矩形两种截面尺寸;(2)比较两种截面的 $W_Z/A$,并说明哪种截面好。

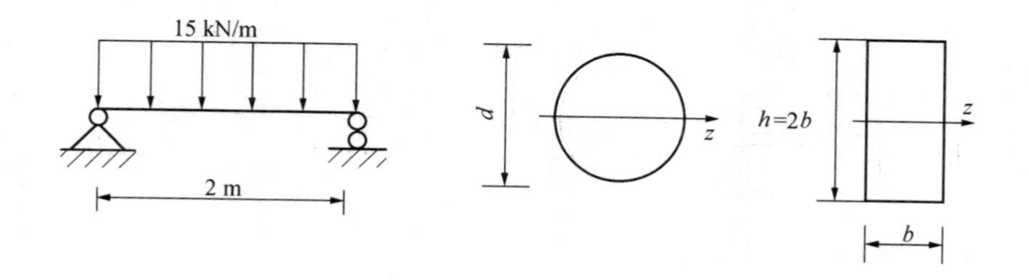


题 7－3 图

7－4.图示为一铸铁梁,$F_{P1}=9$ kN,$F_{P2}=4$ kN,许用拉应力$[\sigma_t]=30$ MPa,许用压应力$[\sigma_c]=60$ MPa,$I_y=7.63\times10^{-6}$ m$^4$,试校核此梁的强度。

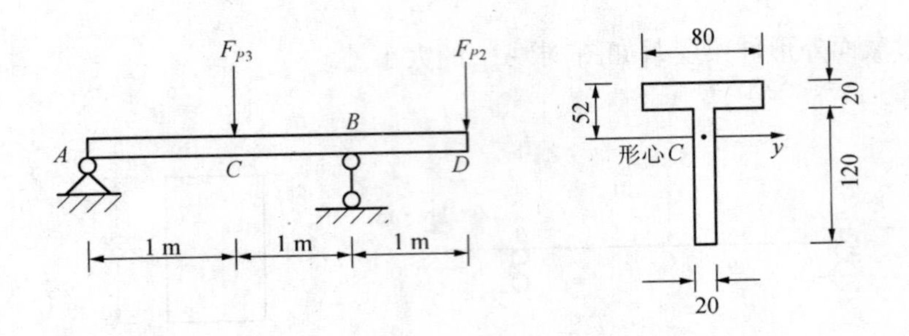


题 7 - 4 图

答：$\sigma_{\max}^{-}$ 在 $B$ 截面下缘，$\sigma_{max}^{-} = 46.1$ MPa

$\sigma_{\max}^{+}$

$B$ 截面上缘　$\sigma_{\max}^{+} = 27.3$ MPa

$C$ 截面下缘　$\sigma_{\max}^{+} = 28.8$ MPa

7 - 5. 如图所示支承楼板的木梁，其两端支承可视为简支，跨度 $l = 6$ m，两木梁的间距 $a = 1$ m，楼板受均布载荷 $p = 3.5\ \text{kN/m}^2$ 的作用。若$[\sigma] = 10$ MPa，木梁截面为矩形($b/h = 2/3$)，试选定其尺寸。

答：$h = 242$ mm

$b = 161$ mm

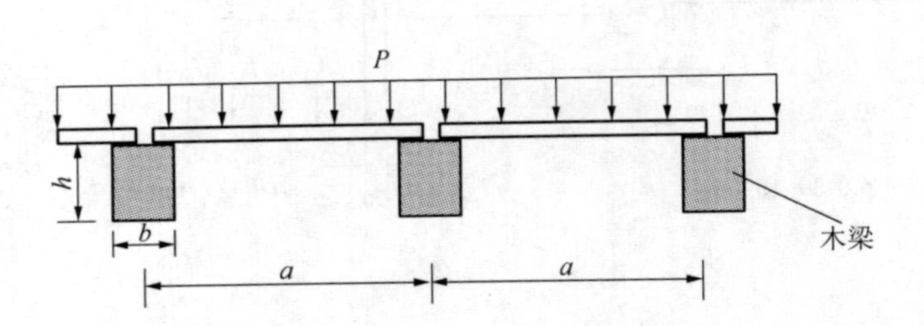


题 7 - 5 图

7 - 6. 已知$[\sigma] = 170$ MPa，$[\tau] = 100$ MPa，求许可荷载$[F_P]$。

答：$[F_P] = 25.4$ kN

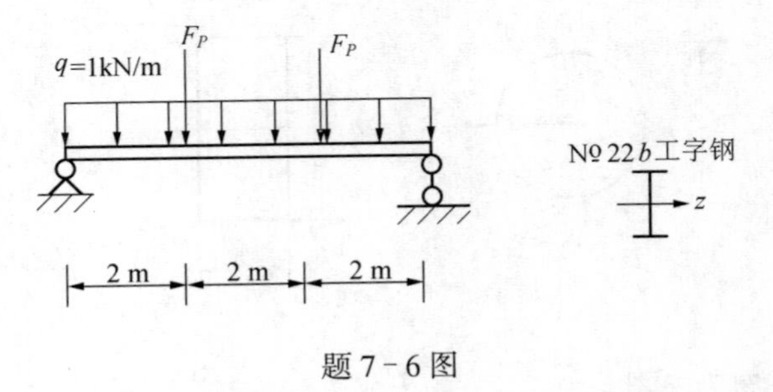


题 7 - 6 图

7 - 7. 当载荷 $F_P$ 直接作用在 $AB$ 梁中点时，梁内最大应力超过许用应力的 30%，为消除这一过载现象，配置辅助梁 $CD$。已知 $l = 6$ m，试求辅助梁的最小跨度 $a$。

7 - 8. 图示水坝由下端嵌固的竖直梁 $B$ 及水平板 $A$ 组成，水深 1.5 m，梁间距为 1 m，木梁的$[\sigma]=8$ MPa。试确定正方形截面竖直梁的截面尺寸 $b$。

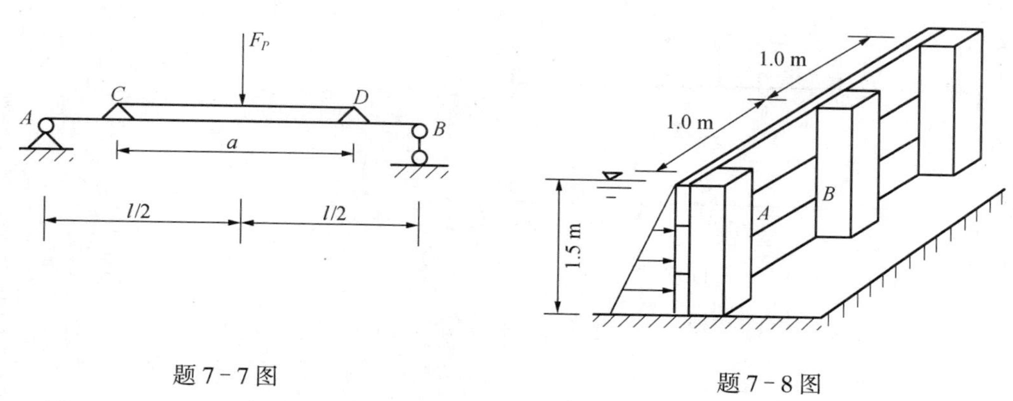


题 7－7 图　　　　题 7－8 图

答:$a=1.38$ m　　　　答:$b=162$ mm

7－9. 矩形截面外伸梁由圆木制成,已知 $F_P=5$ kN,$[\sigma]=10$ MPa,$a=1$ m,确定所需木料的最小直径 $d$。

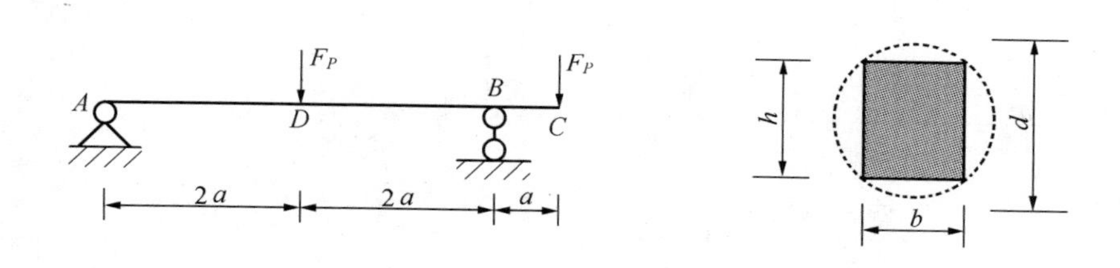


题 7－9 图

答:$d \geqslant 198.3$ mm

7－10. $AD$ 梁及所受载荷如图所示。

(1)画出梁挠曲线的大致形状。

(2)指出梁最大挠度的位置。

(3)若用积分法求挠度,应分为几段,并写出必要的边界条件和连续条件。(不要求写微分方程)。

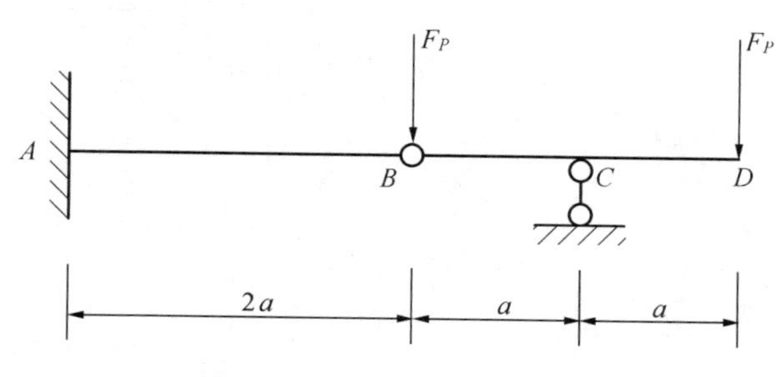


题 7－10 图

7－11. 用积分法计算图示外伸梁 $A$ 端转角 $\theta_A$ 和 $C$ 端挠度 $v_C$。

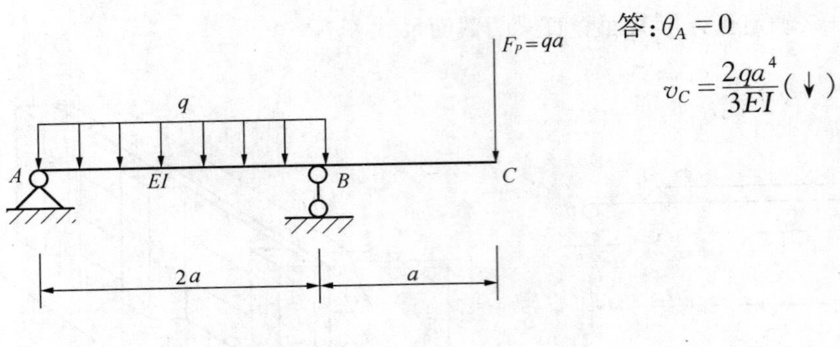


题 7-11 图

答：$\theta_A=0$

$v_C=\dfrac{2qa^4}{3EI}(\downarrow)$

7-12. 用叠加法求图示梁 $C$ 端挠度 $v_C$ 和转角 $\theta_C$。

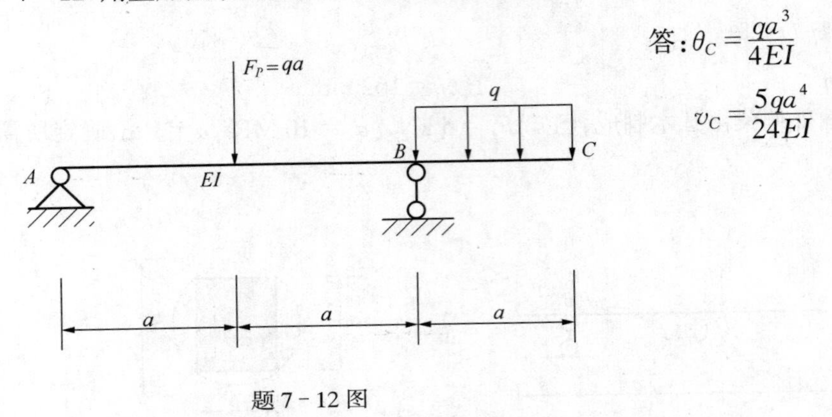


题 7-12 图

答：$\theta_C=\dfrac{qa^3}{4EI}$

$v_C=\dfrac{5qa^4}{24EI}$

7-13. 图示工字形截面梁，$l=6\ \mathrm{m}$，$q=4\ \mathrm{kN/m}$，$E=200\ \mathrm{Gpa}$，$[f/l]=1/400$，$I_Z=0.34\times10^{-4}\ \mathrm{m^4}$。校核梁的刚度。

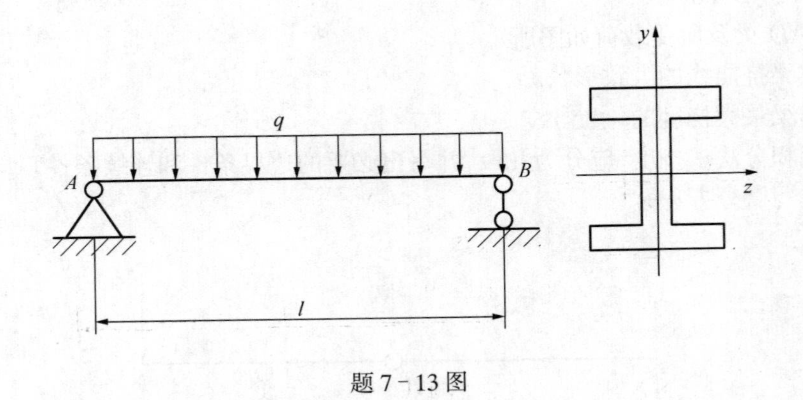


题 7-13 图

答：$\dfrac{v_{\max}}{l}=\dfrac{0.01}{6}<\left[\dfrac{f}{l}\right]$

# 第八章 静定梁的影响线

工程实际中，除不动荷载外，还遇到移动荷载，如在吊车梁上行驶的吊车，在桥梁上行驶的各种车辆等。当荷载移动时，结构的支座反力和内力都将随荷载作用点的移动或荷载分布的变化而变化。因此，需要研究荷载位置变化时，结构支座反力和内力的变化规律，才能求出其最大值作为设计的依据。本章所讲的影响线及其应用就是解决这一问题的方法之一。

## 第一节　影响线的概念

移动荷载的类型很多，为了研究在移动荷载作用下梁中各个截面的内力的最大值，可以用分解和叠加的方法，先研究指定的某个内力在单位移动荷载 $F_P=1$ 作用下的变化规律，即影响线问题。下面通过一个简例说明影响线的概念。

图 8－1a 所示为一简支梁 $AB$，当单位荷载，$F_P=1$ 在梁上移动时，讨论支座反力 $F_{RB}$ 的变化规律

取 $A$ 点为坐标原点，用 $x$ 表示荷载 $F_P=1$ 作用点的横坐标，纵坐标 $y$ 表示支座反力 $F_{RB}$ 的值。支座反力的方向规定向上为正。由平衡方程

$$\sum M_A=0 \quad F_{RB}l-1\cdot x=0$$

得

$$F_{RB}=\frac{x}{l}$$

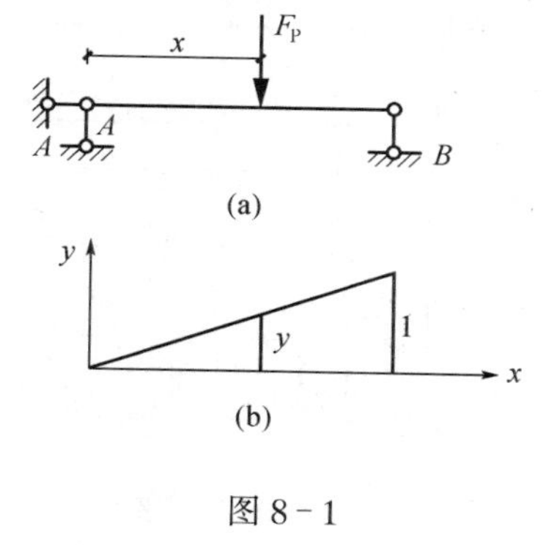


图 8－1

上式称为 $F_{RB}$ 的影响线方程。用图形表示这个方程称为影响线。由于影响线方程为 $x$ 的一次函数，所以 $F_{RB}$ 的影响线为直线。只要求出其上两个点的纵坐标就可以绘出整个图形。

当 $x=0$ 时，$F_{RB}=0$

当 $x=l$ 时，$F_{RB}=1$

将两点纵坐标相连，就得到 $F_{RB}$ 的影响线如图 8－1b 所示。

上面是从简支梁支座反力 $F_{RB}$ 为例说明影响线的概念。至此，可以给出影响线的定义如下：当 $F_P=1$ 在梁上移动时，表示梁的某量 $Z$（如支座反力、某指定截面的内力）变化规律的曲线称为 $Z$ 的影响线。

绘制影响线图形时，正值画在基线上面，负值画在基线下面。由于 $F_P=1$ 无量纲，因此，某量 $Z$ 影响线纵坐标的量纲等于 $Z$ 值的量纲除以力的量纲。

## 第二节　静力法作单跨静定梁的影响线

静定梁的影响线有两种作法,静力法和机动法。所谓静力法就是利用静力平衡条件写出支座反力、内力与单位集中荷载 $F_P=1$ 的作用位置之间的关系式,把这个关系式用图形的形式表示出来,得到的便是反力、内力的影响线。

### 一、简支梁的影响线

1. 支座反力的影响线

简支梁支座反力 $F_{RB}$ 的影响线(图 8-2b)已在上节讨论过,下面讨论支座反力 $F_{RA}$ 的影响线。

设 $F_P=1$ 作用在距 $A$ 为 $x$ 的位置,(图 8-2a)由平衡方程

$$\sum M_B = 0 \quad F_{RA} \cdot l - 1 \cdot (l - x) = 0$$

得
$$F_{RA} = \frac{l-x}{l} \qquad (0 \leqslant x \leqslant l)$$

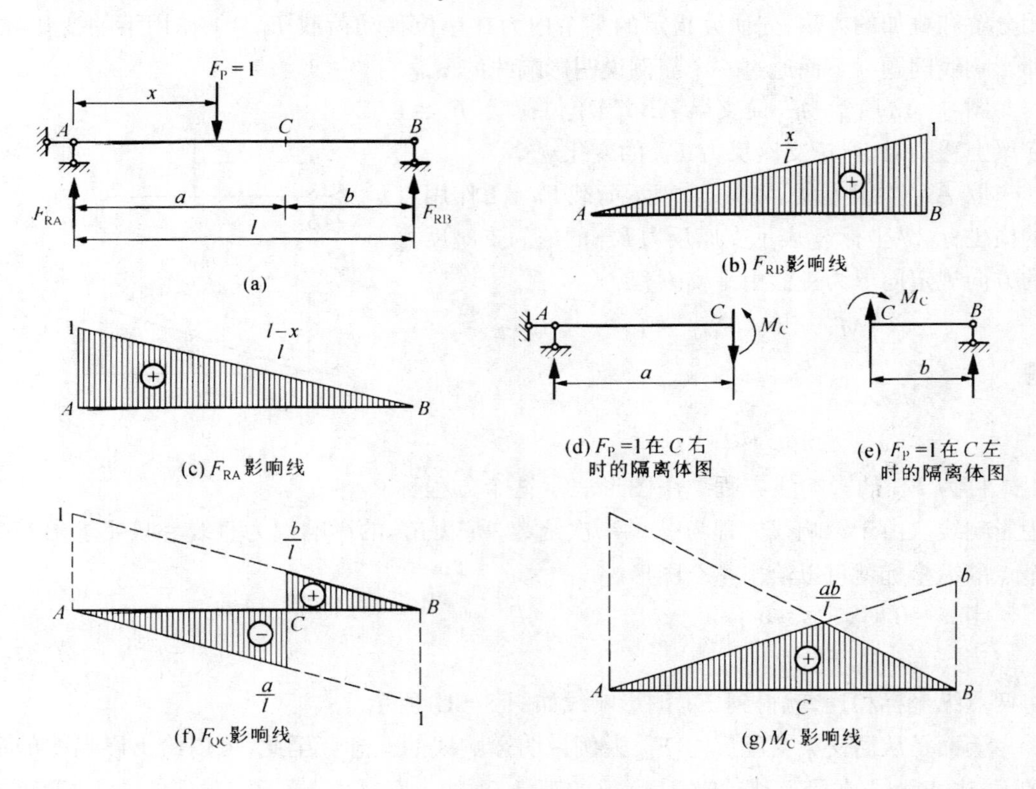


图 8-2

上式即为支座反力 $F_{RA}$ 的影响线方程,它是 $x$ 的一次函数。

当 $x=0$ 时,$F_{RA}=1$

当 $x=l$ 时,$F_{RA}=0$

由此可画出 $F_{RA}$ 的影响线如图 8－2c 所示。

2. 剪力影响线

下面绘制图 8－2a 所示简支梁指定截面 $C$ 的剪力影响线。当 $F_p=1$ 作用在 $C$ 点左侧或右侧时，剪力 $F_{QC}$ 的影响线方程具有不同的表达式，应分别考虑。

当 $F_P=1$ 作用在 $C$ 截面以右时，取左部为隔离体，受力图如图 8－2d 所示，由 $\sum F_y=0$，求得

$$F_{QC} = F_{RA}$$

由此可看出，当 $F_P=1$ 作用在 $C$ 截面以右时，$F_{QC}$ 的影响线与 $F_{RA}$ 的影响线相同。这样，可以利用 $F_{RA}$ 的影响线作 $F_{QC}$ 的影响线的 $CB$ 段。为此，可先作 $F_{RA}$ 的影响线，然后只保留其中的 $CB$ 段，$C$ 点的纵坐标可由比例关系求出如图 8－2f。

当 $F_P=1$ 在 $C$ 截面右侧时，取右部为隔离体，受力图如图 8－2e 所示。由平衡条件得

$$F_{QC} = -F_{RB}$$

由此可见，在 $AC$ 段内，$F_{QC}$ 的影响线与 $F_{RB}$ 的影响线的形状相同，但正负号相反，与前面类似，也可利用 $F_{RB}$ 的影响线作 $F_{QC}$ 在 $AC$ 段的影响线。只是注意应将 $F_{RB}$ 的影响线反过来画在基线下面。$C$ 点的坐标按比例关系求得为 $-\frac{a}{l}$（图 8－2f）。

由图 8－2f 可见，$F_{QC}$ 的影响线分为两段，左右两段相互平行，两者的间距为 1，突变发生在 $C$ 截面处。

剪力影响线的量纲与支座反力相同，是无量纲量。

3. 弯矩影响线

下面讨论图 8－2a 所示简支梁上指定截面 $C$ 上的弯距 $M_C$ 的影响线。与剪力影响线类似，也应分为两段。

设 $F_P=1$ 位于 $C$ 截面以右，取截面 $C$ 左侧为研究对象（图 8－2d），由平衡条件 $\sum M_c=0$ 得

$$M_c = F_{RA}a$$

由此可见，$M_c$ 的影响线图形与 $F_{RA}$ 影响线相同，符号也相同，只是纵坐标增大了 $a$ 倍，如图 8－2g 所示。正的弯矩影响线画在基线上边。

当 $F_P=1$ 位于 $C$ 截面以左时，取截面 $C$ 右侧为隔离体（图 8－2e），由平衡条件得

$$M_c = F_{RB}\cdot b$$

由此，$M_c$ 的影响线在 $AC$ 段的图形与 $F_{RB}$ 的影响线相同，只是纵坐标增大了 $b$ 倍。如图 8－2g 所示。

由图 8－2g 可见，$M_c$ 的影响线分成 $AC$ 和 $BC$ 两段，两段均为直线，形成一个三角形。当 $F_P=1$ 作用在截面 $C$ 上时，弯矩 $M_c$ 为极大值（$\frac{ab}{l}$）。

弯矩影响线的量纲是[长度]。

以上列 $C$ 截面内力的影响线方程时，也可以不画隔离体图，直接从图 8－2a 中来求 $C$ 截面内力的影响线方程。只是注意当 $F_P=1$ 作用在 $C$ 截面某侧时，通常用另一侧的外力计算 $C$ 截面的内力。

## 二、伸臂梁的影响线

1. 支座反力的影响线

下面绘制图 8 - 3a 所示伸臂梁支座反力 $F_{RA}$ 和 $F_{RB}$ 的影响线。取 $A$ 点为坐标原点，横坐标 $x$ 以 $A$ 点向右为正。当荷载 $F_p = 1$ 作用于梁上任一点 $x$ 时，由平衡方程分别求支座反力 $F_{RA}$ 和 $F_{RB}$ 为

$$\left.\begin{aligned} F_{RA} &= \frac{l-x}{l} \\ F_{RB} &= \frac{x}{l} \end{aligned}\right\} (-l_1 \leqslant x \leqslant l_1 + l_2)$$

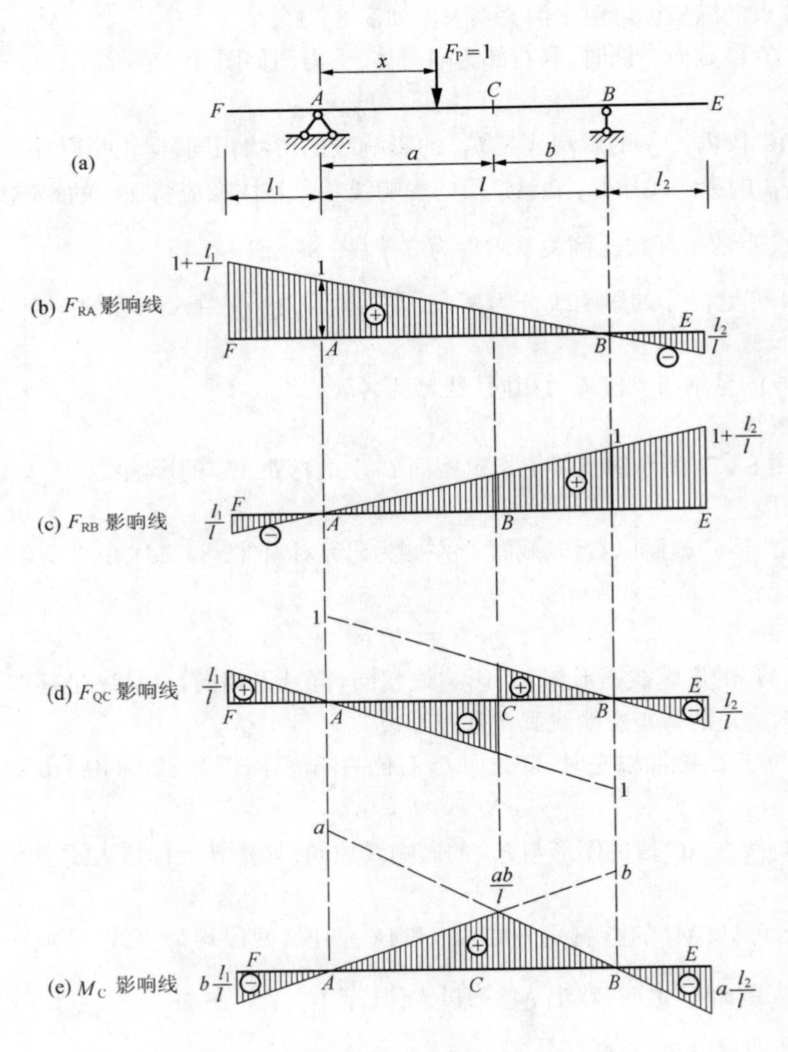


图 8 - 3

由此可见，将简支梁支座反力的影响线向两端延伸，即得伸臂梁支座反力的影响线。如图 8 - 3b、c 所示。

2. $AB$ 跨内剪力和弯矩的影响线

下面绘制图 8-3a 所示伸臂梁 $AB$ 跨内指定截面$C$ 的剪力 $F_{QC}$和弯矩 $M_c$ 的影响线。

当 $F_P=1$ 在截面 $C$ 左侧时，由 $C$ 截面右侧的所有外力求得

$$F_{QC}=-F_{RB}$$

$$M_c=F_{RB}b$$

当 $F_P=1$ 在截面 $C$ 右侧时，由 $C$ 截面左侧的所有外力求得

$$F_{QC}=F_{RA}$$

$$M_c=F_{RA}a$$

由此可见，$F_{QC}$ 与 $M_c$ 的影响线与简支梁的相应影响线相同，只需将跨中部分的影响线向两伸臂部分延长即可。如图 8-3d、e 所示。

3. 伸臂部分指定截面的内力影响线

下面绘制伸臂部分(图 8-4a)$D$ 截面的剪力 $F_{QD}$和弯矩 $M_D$ 的影响线。

当 $F_P=1$ 作用在 $D$ 截面左侧时，看 $D$ 截面右侧，无外力作用，因而

$$F_{QD}=0$$

$$M_D=0$$

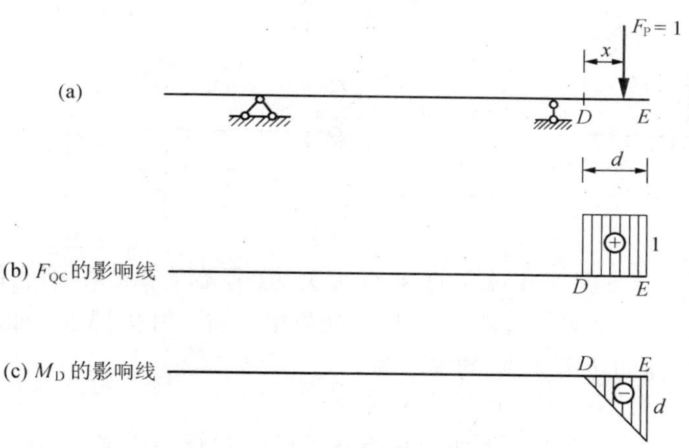


图 8-4

当 $F_p=1$ 作用在 $D$ 截面右侧时，为方便起见，取 $D$ 点为坐标原点，$x$ 以向右为正，这时如用 $D$ 截面左侧外力计算$D$ 截面的内力则并不方便，因此，利用 $D$ 截面右侧外力计算 $F_{QD}$和$M_D$，得

$$F_{QD}=1$$

$$M_D=-x$$

由此，作 $F_{QD}$和$M_D$ 的影响线如图 8-4b、c 所示。

综上所示，伸臂梁的影响线有如下特点：

(1)支座反力及跨中某截面内力的影响线与简支梁相同，只需将跨中部分的直线延长至伸臂部分上。

(2)伸臂部分各截面,只有当 $F_p=1$ 作用在该截面以外时才有内力,所以伸臂段的内力影响线只在伸臂的相应段上有值。

# 第三节 机动法作静定梁的影响线

机动法作影响线,可以不经计算直接给出影响线的形状,这给结构设计中考虑最不利荷载的布局,提出设计方案,带来很大的方便,还可以用它对静力法绘出的影响线进行校核。机动法作影响线的理论基础是刚体虚功原理。

## 一、刚体体系的虚功原理

1.虚功

力的实功是力在其本身引起的位移上所作的功。

如果位移与作功的力无关,则说力在此位移上作了虚功。例如,力在另外一组力或其他原因产生的位移上所作的功,是虚功。

如图 8-5a 所示梁在 $C$ 处受集中力 $F_P$ 作用,如果该梁由于其他原因(不是 $F_P$)引起 $C$ 截面的竖向位移 $\Delta$(与 $F_P$ 相应),则 $F_P$ 的虚功为

$$W = F_P \cdot \Delta$$

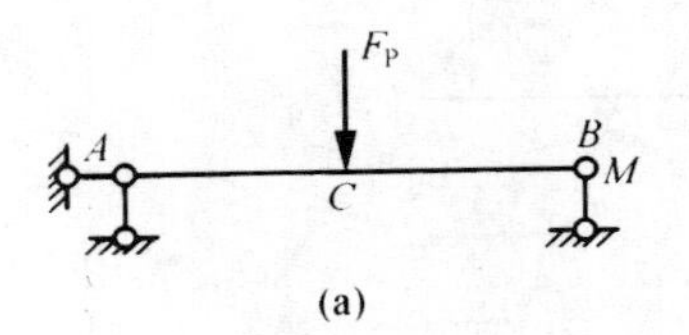


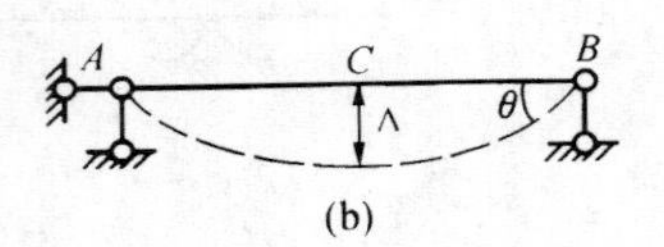


图 8-5

注意这里的 $F_P$ 与 $\Delta$ 是互相独立的,彼此无关的,即无因果关系,但它们必须是相应的,也就是说这里的 $\Delta$ 只能是 $C$ 点的竖向位移。如果梁上有一外力偶 $M$,如图 8-5a 所示,则其相应位移是 $B$ 截面的转角 $\theta$,$M$ 的虚功为

$$W = M \cdot \theta$$

以后,为了简便,我们将这些作功的与力有关的因素称为广义力,用 $P$ 表示,将那些与位移有关的因素称为与广义力 $P$ 相应的广义位移,用 $\Delta$ 表示,则虚功为

$$W = P \cdot \Delta$$

当广义位移与广义力方向一致时为正,反之为负。

2.刚体体系的虚功原理

刚体体系的虚功原理:刚体体系在任意平衡力系作用下,体系上所有外力在任一与约束条件相符合的无限小位移(称为虚位移)上所作的虚功总和恒等于零,即

$$W_e = 0 \tag{8-1}$$

如图 8-6a 所示梁,受一组平衡力系作用,设其支座发生微小位移如图 8-6b 所示,则由式(8-1)知

$$\begin{aligned} W_e &= F_{P1}\Delta_1 + F_{P2}\Delta_2 - F_{R1}C_1 - F_{R2}C_2 \\ &= 0 \end{aligned}$$

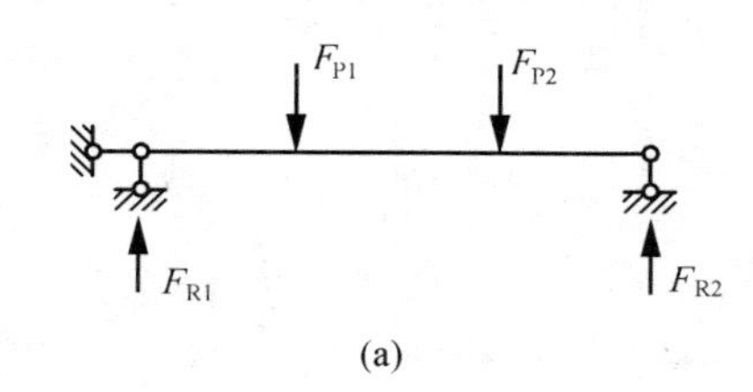

(a)

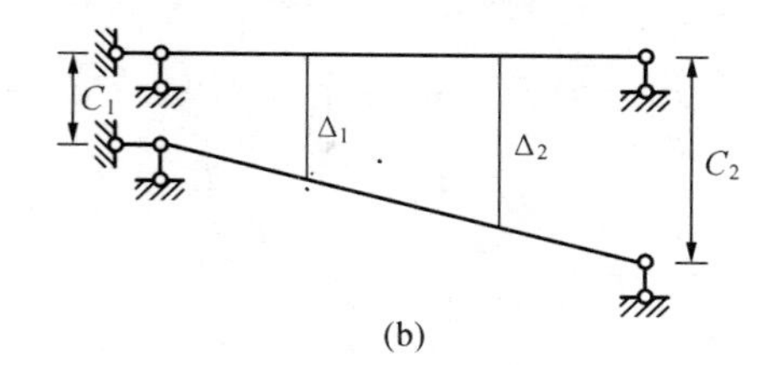

(b)

图 8-6

## 二、机动法作静定梁的影响线

现在以简支梁的支座反力为例(图 8-7a)说明用机动法作影响线的原理和方法。

为了运用刚体虚功原理求 $F_{RB}$ 的影响线,先将与 $F_{RB}$ 相应的约束去掉,代之以约束反力 $F_{RB}$,这样,原结构变成了机构(8-7b),并处于平衡状态。然后给此机构以虚位移,使其绕 $A$ 点发生微小转动。这时与 $F_{RB}$ 相应的位移是 $\delta$,与 $F_P$ 相应的位移是 $y$,由刚体虚位移原理有

$$F_{RB}\delta - F_{P}y = 0 \qquad (F_P = 1)$$

由此
$$F_{RB} = y/\delta$$

如取 $\delta=1$,则有

$$F_{RB} = y$$

上式表明:如果沿 $F_{RB}$ 的正向取单位位移($\delta=1$)时,所得的位移图就是 $F_{RB}$ 的影响线。

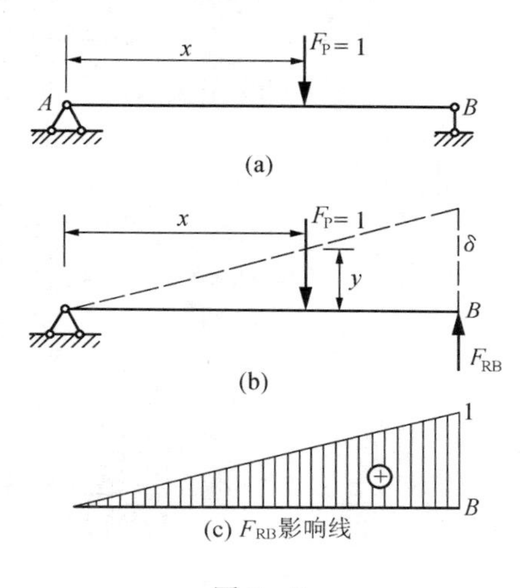

图 8-7

因此,用机动法绘影响线的步骤为:

1. 求哪个力的影响线,就去掉与其相应的约束,代以未知力,此时结构变为机构。

2. 沿所求力的正向给体系以单位虚位移,或者说,令与所求力相应的广义位移等于 1,这样得到的位移图就是所求力的影响线,其符号规定为:杆轴线以上为正。

例 8-1. 用机动法作图 8-8a 所示简支梁 $C$ 截面弯矩和剪力的影响线。

解:

1. 弯矩 $M_c$ 的影响线

首先,撤去截面 $C$ 处与弯矩 $M_c$ 相应的约束(在截面 $C$ 处加铰),代之以一对大小相等方向相反的力偶 $M_c$。注意 $M_c$ 必须按正向画出,使梁的下边受拉,如图 8-8b 所示。然后,使梁沿 $M_c$ 的方向发生虚位移,图 8-8b 中纵坐标 $y$ 为单位力 $F_P=1$ 的作用点处的位移。由刚体虚功原理:

$$M_c \cdot d + M_c \cdot \beta - F_P \cdot y = 0$$

解得
$$M_c = \frac{y}{\alpha + \beta}$$

令 $\alpha+\beta=1$,则

$$M_c = y$$

可见，沿 $M_c$ 方向使梁产生单位相对转角$\theta=\alpha+\beta=1$，所得到的位移图就是 $M_c$ 的影响线，如图 8－8c 所示，$C$ 点的纵坐标为$\frac{ab}{l}$。

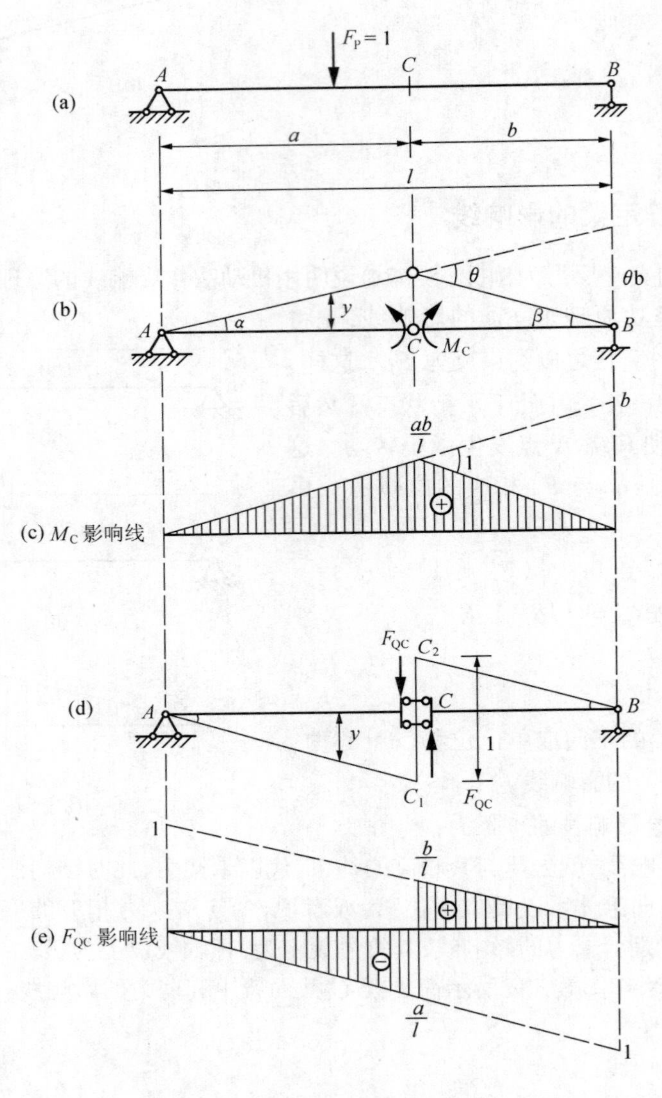


图 8－8

2. 剪力 $F_{QC}$的影响线

首先在截面 $C$ 处撤去与剪力$F_{QC}$相应的约束（在截面 $C$ 处加两个水平链杆），代以一对大小相等方向相反的正剪力 $F_{QC}$，由于两个水平链杆限制 $C$ 左右两截面的相对转动，及沿轴向的相对位移，但允许此两截面发生相对错动。沿 $F_{QC}$方向使$C$ 两侧发生单位相对位移，梁 $AC$ 段与$CB$ 段仍保持平行，所得的位移图即为 $F_{QC}$影响线，如图 8－8e 所示。

应当指出，机动法不仅适用于作单跨梁的影响线，也适用于多跨静定梁及超静定结构。其原理和步骤与前述的完全相同。

# 第四节　影响线的应用

## 一、计算影响量值

根据叠加原理,可利用影响线求出固定荷载作用下某量值的影响量(支座反力、内力)。

1. 一组集中力

设 $AB$ 梁承受固定集中力 $F_{P1}$、$F_{P2}$、$F_{P3}$,现在欲求梁上指定截面 $C$ 的弯矩(图 8-9a)。

为了应用影响线求 $M_c$,需绘出 $M_c$ 的影响线,如图 8-9b 所示。图中每个点的纵坐标表示单位荷载 $F_p=1$ 作用在该点时截面 $C$ 的弯矩 $M_c$ 的值。因此,由 $F_{P1}$ 产生的 $M_c$ 等于 $F_{P1}y_1$,$F_{P2}$ 产生的 $M_c$ 等于 $F_{P2}y_2$,$F_{P3}$ 产生的 $M_c$ 等于 $F_{P3}y_3$。由叠加原理,梁上同时作用 $F_{P1}$、$F_{P2}$、$F_{P3}$ 时 $M_c$ 的值为

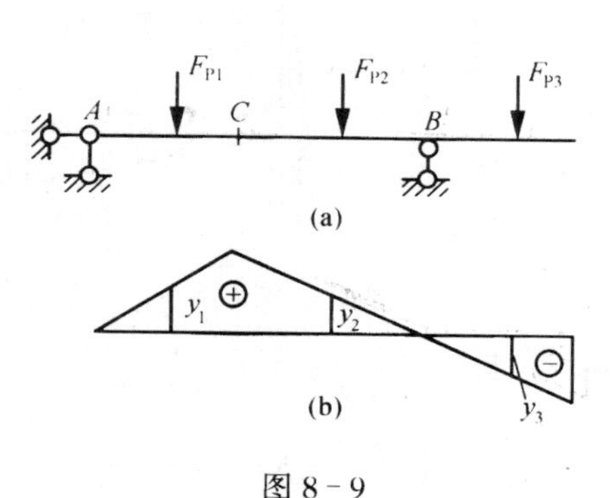

图 8-9

$$M_c = F_{P1}y_1 + F_{P2}y_2 + F_{P3}y_3$$

这种方法同样适用于求 $F_{QC}$、$F_{RA}$、$F_{RB}$……等影响量,将影响量用 $Z$ 表示,即

$$Z = F_{P1}y_1 + F_{P2}y_2 + \cdots + F_{Pn}y_n = \sum_{i=1}^{n} F_{Pn}y_n \qquad (8-2)$$

应用式(8-2)时,需注意纵标 $y$ 有正、负之分。

2. 均布荷载

设梁 $AB$ 承受均布荷载(图 8-10a),求 $C$ 截面的弯矩 $M_c$。

作出 $M_c$ 的影响线,如图 8-10b 所示。均布荷载可视为无限多个无限小微段上的集中力。将微段 $dx$ 上的均布荷载视为集中力 $q dx$,在它作用下,$M_c$ 的值为

$$dM_c = q dx \cdot y(x)$$

在全部均布荷载作用下,$M_c$ 的值等于各微段的集中力影响之和即

$$M_c = \int_a^b q\, y(x) dx = q\int_a^b y(x) dx = q\omega$$

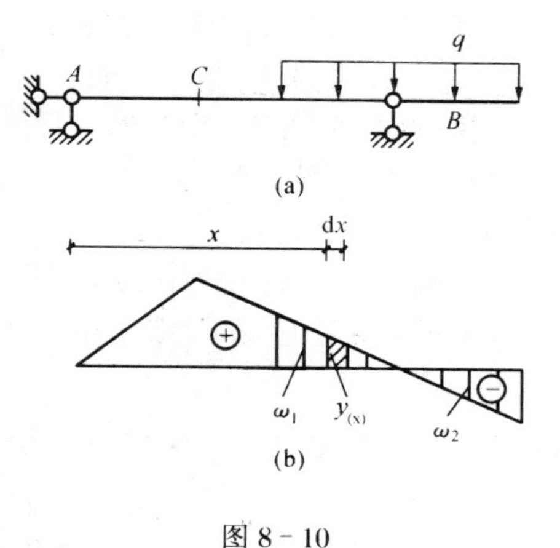

图 8-10

式中的 $\omega$ 为均布荷载下影响线的面积的代数和,对于本例,$\omega=\omega_1-\omega_2$。

上述结论适用于求各种影响量,即

$$Z = q\omega \qquad (8-3)$$

例 8-2. 利用影响线求图 8-11a 所示梁 $C$ 截面的剪力 $F_{QC}$

解　为求 $F_{QC}$,先作 $F_{QC}$ 的影响线如图 8-11b 所示,由式(8-2)和式(8-3)得

$$F_{QC} = -F_p \cdot \frac{1}{4} + q\omega_1 + q\omega_2 + q\omega_3$$

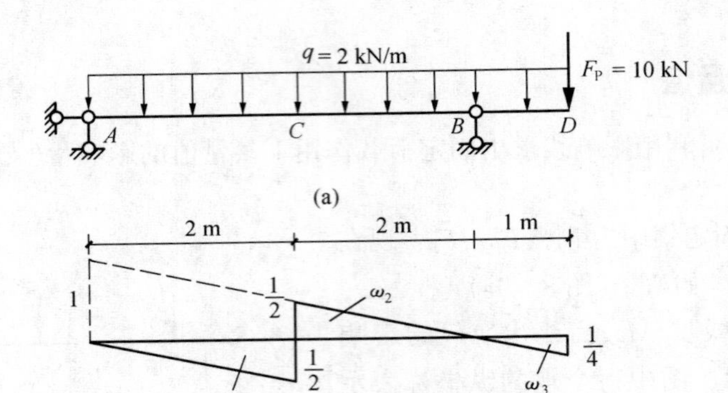

图 8-11

式中：$\omega_1 = -\frac{1}{2} \times \frac{1}{2} \times 2 = -\frac{1}{2}$

$\omega_2 = -\omega_1 = \frac{1}{2}$

$\omega_3 = -\frac{1}{2} \times \frac{1}{4} \times 1 = \frac{1}{8}$

代入得

$$F_{QC} = -10 \times \frac{1}{4} - 2 \times \frac{1}{2} + 2 \times \frac{1}{2} - 2 \times \frac{1}{8}$$
$$= -2.75 \text{ KN}$$

## 二、可动均布荷载的最不利布置

可动均布荷载的最不利布置是指荷载可按任意位置分布时，使某量 $Z$ 达到最大值的荷载分布位置。

根据式(8-8)可知，当可动均布荷载布满全梁时，某量值 $Z$ 并不一定最大，某量的最不利布置应当为：求最大正号值 $Z_{max}$ 时，应在影响线正号部分布满荷载；求最大负号值 $Z_{min}$ 时，应在负号部分布满荷载。

例 8-3. 图 8-11 中外伸梁承受均布荷载 $q = 2$ kN/M 的作用，荷载在梁上可任意布置，求 $F_{QC}$ 的最大正号值和最大负号值。

解：

由式(8-3)及图 8-11b 所示该梁的影响线，可知，当荷载布满 $CB$ 段时，可得最大正剪力

$$F_{QCmax} = q\omega_2 = 1 \text{ kN}$$

当荷载布满 $AC$ 段和 $BD$ 段时，可得最大负剪力

$$F_{QCmin} = q\omega_1 + q\omega_3 = -2 \times \frac{1}{2} - 2 \times \frac{1}{8}$$
$$= -1.25 \text{ kN}$$

## 习　题

8－1. 用静力法求图示梁支座反力 $F_{RA}$、$F_{RB}$，截面 $C$ 的内力 $M_c$、$F_{QC}$ 的影响线

8－2. 用静力法求图示梁支座反力 $F_{RA}$、$F_{RB}$，截面 $C$ 的内力 $M_c$、$F_{QC}$ 的影响线。

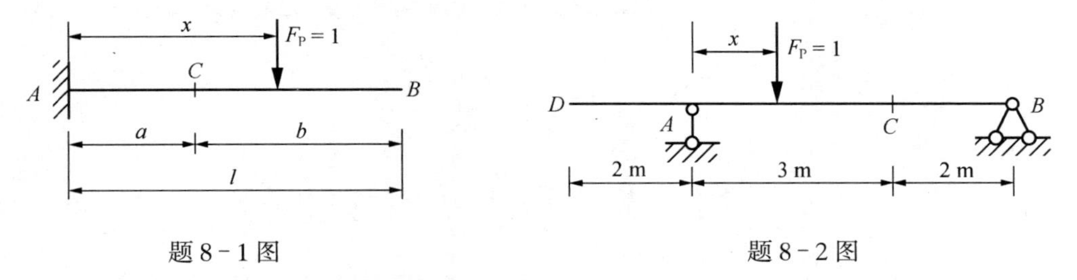


题 8－1 图　　　　题 8－2 图

8－3. 用机动法作题 8－1 图中各量的影响线。

8－4. 用机动法作图示梁、支座反力 $F_{RA}$，截面 $D$ 的内力 $M_D$、$F_{QD}$ 的影响线。

8－5. 用机动法作图示梁支座反力 $F_{RA}$、$F_{RD}$ 截面 $E$ 的内力 $M_E$、$F_{QE}$ 的影响线。

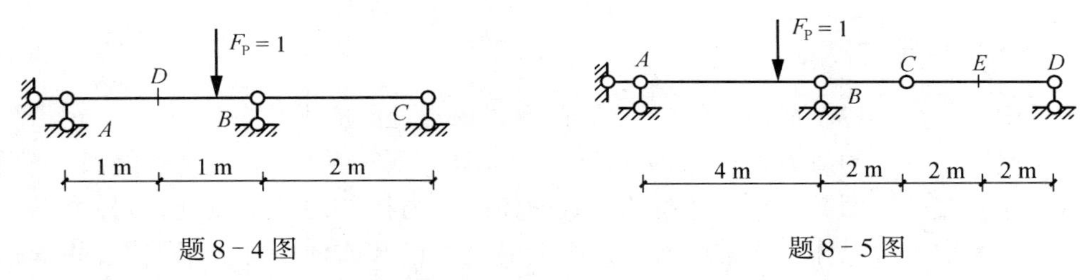


题 8－4 图　　　　题 8－5 图

8－6. 利用影响线求图示荷载作用下 $M_c$、$F_{QC}$ 的值。

8－7. 利用影响线求图示荷载作用下 $F_{Ay}$、$M_A$ 和 $F_{QB}$ 的值。

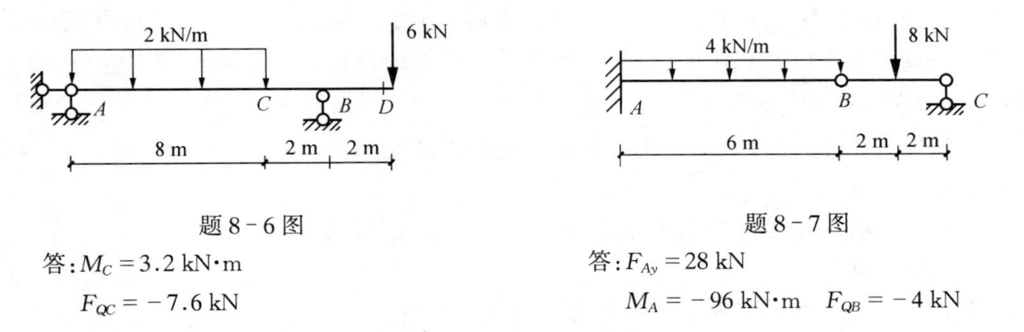


题 8－6 图　　　　题 8－7 图

答：$M_C = 3.2$ kN·m
$F_{QC} = -7.6$ kN

答：$F_{Ay} = 28$ kN
$M_A = -96$ kN·m　$F_{QB} = -4$ kN

8－8. 设题 8－2 图所示梁上作用可以任意分布的均布荷载 $q = 10$ kN/M，求 $M_{cmax}$、$M_{cmin}$、$F_{QCmax}$ 和 $F_{QCmin}$。

# 第九章 应力状态和强度理论

## 第一节　应力状态概述

前面所研究杆件的基本变形中,给出了计算横截面上各点处正应力或剪应力的计算公式,并以此作为强度计算的判据。但是实际构件破坏时,并不都是沿横截面破坏的。如铸铁压缩时,试件是沿 45°斜截面方向破坏,即构件的破坏还与斜截面上的应力有关。因此,除横截面上的应力外,还必须研究各斜截面上的应力。

### 一、一点的应力状态

构件内任一点处各个截面上的应力情况,称为该点处的应力状态。

为了研究一点处的应力状态,通常借助于单元体。所谓单元体,就是围绕所研究的点,用三对互相垂直的平面截取一个微小的正六面体。受力构件内任一点处,沿各个不同的方位可以截取无数个单元体。通常以所截平面上的应力已知或便于计算来选取,并以此为基础,从单元体的受力状况推出任意其他截面上的应力情况。

通过一点所作的单元体上,如果一组平行截面上没有切应力,这组平面就称为主平面。主平面上没有切应力,只有正应力,又称为主应力。

可以证明,在受力构件内任一点处都可以找到一个单元体,组成这个单元体的三对相互垂直的平面均为主平面。相应地,在受力构件任一点处均存在着三个正交的主应力,用 $\sigma_1$、$\sigma_2$ 和 $\sigma_3$ 来表示,并规定 $\sigma_1 \geqslant \sigma_2 \geqslant \sigma_3$。

一点的应力状态,可以依照其主单元体上的应力情况分类如下:

1.单向应力状态

主单元体上有两个主应力为零的应力状态称为单向应力状态。

2.二向应力状态

只有一个主应力为零的应力状态称为二向应力状态。

单向应力状态和二向应力状态的单元体,可以将单元体向主应力为零的平面投影后简化为平面单元,因此单向应力状态和二向应力状态又可以统称为平面应力状态。

3.三向应力状态

单元体上三个主应力均不为零的应力状态称为三向应力状态。

二向应力状态又称为空间应力状态。

一点的应力状态有时也按照其应力状态的复杂程度分类,通常单向应力状态又称为简单应力状态,二向和三向应力状态统称为复杂应力状态。

图 9－1a、b、c 分别表示了单向、双向和三向应力状态下的主单元体。

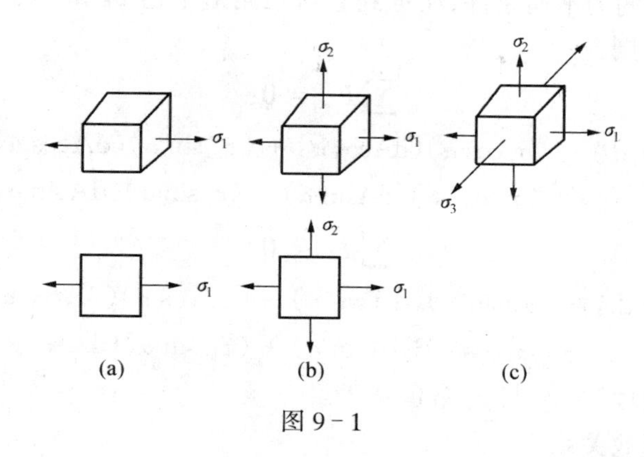


图 9－1

## 第二节　平面应力状态分析(解析法)

在受力构件一点处截取单元体如图 9－2a 所示。其中 $z$ 面上的应力为零,故可以简化为图 9－2b 所示的投影图形。由于单元体前后两个 $z$ 面上没有应力,故 $z$ 面即为主平面。其他四个面上的应力已知,如图 9－2a、b 中所示。

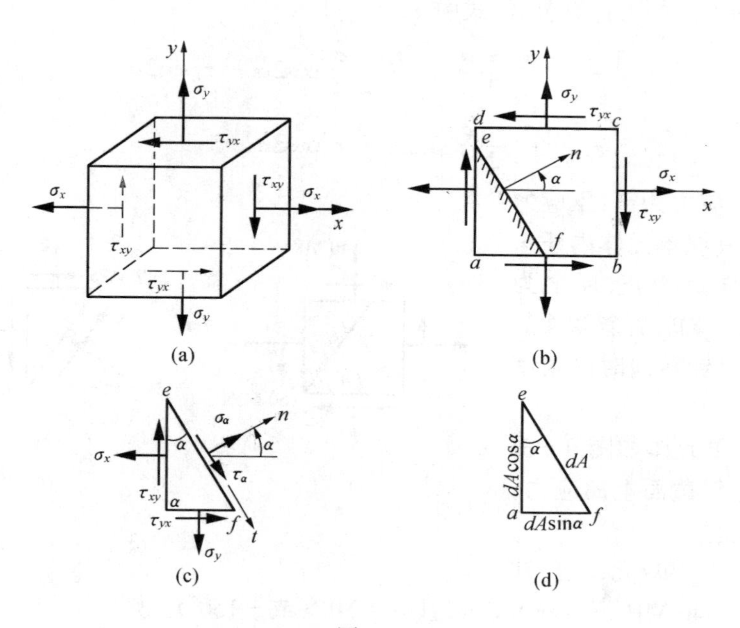


图 9－2

平面应力状态的分析,就是在某单元体上应力情况为已知的条件下,确定其他与已知主平面垂直的任意斜截面上的应力,并确定该点处其他两个正交主应力的大小与方向。

### 一、斜截面上的应力

图 9－2a、b 所示单元体上,各截面上的应力 $\sigma_x$,$\tau_{xy}$,$\sigma_y$,$\tau_{yx}$ 已知(图中所画均为正值)。

欲求斜截面 $ef$ 上的应力，取截面左边的三角形棱柱体 $efa$ 为研究对象，如图 9-2c、d。

考虑所取脱离体的力平衡条件，注意到直角三角形中边 $ae$、$af$ 与 $ef$ 的对应关系，令斜面 $ef$ 的面积为 $\mathrm{d}A$。则

$$\sum F_n = 0:$$

$$\sigma_\alpha \mathrm{d}A - (\sigma_x \cos\alpha)(\mathrm{d}A\cos\alpha) + (\tau_{xy}\sin\alpha)(\mathrm{d}A\cos\alpha) + (\tau_{yx}\cos\alpha)(\mathrm{d}A\sin\alpha) - (\sigma_y\sin\alpha)(\mathrm{d}A\sin\alpha) = 0$$

$$\sum F_t = 0:$$

$$\tau_\alpha \mathrm{d}A - (\sigma x\sin\alpha)(\mathrm{d}A\cos\alpha) - (\tau_{xy}\cos\alpha)(\mathrm{d}A\cos\alpha) + (\sigma_y\cos\alpha)(\mathrm{d}A\sin\alpha) + (\tau_{yx}\sin\alpha)(\mathrm{d}A\sin\alpha) = 0$$

由切应力互等定理知，$\tau_{xy}$ 与 $\tau_{yx}$ 数值相等。

并注意到三角函数关系式

$$\cos^2\alpha = \frac{1}{2}(1+\cos2\alpha)$$

$$\sin^2\alpha = \frac{1}{2}(1-\cos2\alpha)$$

$$\sin\alpha\cos\alpha = \frac{1}{2}\sin2\alpha$$

得到任意斜截面上的应力计算公式(式中 $\tau_x = \tau_{xy}$)

$$\begin{cases} \sigma_\alpha = \dfrac{\sigma_x+\sigma_y}{2} + \dfrac{\sigma_x-\sigma_y}{2}\cos2\alpha - \tau_x\sin2\alpha \\ \tau_\alpha = \dfrac{\sigma_x-\sigma_y}{2}\sin2\alpha + \tau_x\cos2\alpha \end{cases} \tag{9-1}$$

式中正应力以拉应力为正，压应力为负；切应力在其绕单元体内任一点为顺时针转向时为正，反之为负；夹角 $\alpha$ 以从 $x$ 轴转到斜截面的外法线 $n$ 为逆时针转向时的角度为正，反之为负。

例 9-1. 一单元体如图 9-3a 所示，试求指定斜截面上的应力，并在单元体上标注。

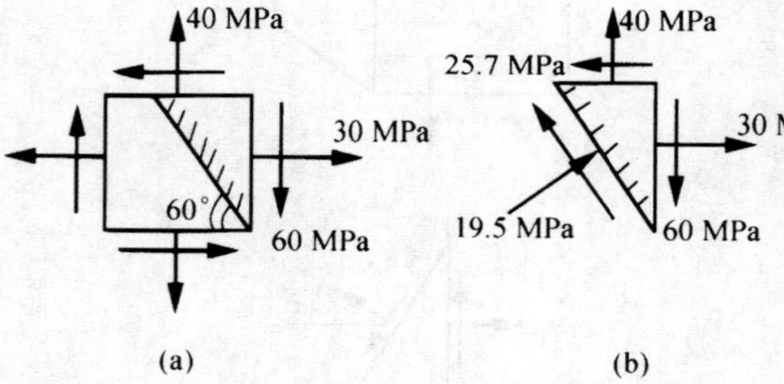

图 9-3

解：对图示单元，已知 $\sigma_x = 30$ MPa，$\sigma_y = 40$ MPa，$\tau_x = 60$ MPa，且 $\alpha = 210°$(或 $-150°$)。则

$$\begin{aligned} \sigma_\alpha &= \frac{\sigma_x+\sigma_y}{2} + \frac{\sigma_x-\sigma_y}{2}\cos2\alpha - \tau_x\sin2\alpha \\ &= \frac{30+40}{2} + \frac{30-40}{2}\cos420° - 60\sin420° \\ &= -19.5(\mathrm{MPa}) \end{aligned}$$

$$\tau_\alpha = \frac{\sigma_x-\sigma_y}{2}\sin2\alpha + \tau_x\cos2\alpha$$

$$= \frac{30 - 40}{2}\sin420° + 60\cos420°$$

$$= 25.7(\text{MPa})$$

将所求出的应力按其真实方向画在图 b 上。

## 二、主应力与主平面

由式(9－1)可以看出,任意斜截面上的应力 $\sigma_\alpha$、$\tau_\alpha$ 随 $\alpha$ 的变化而不同。换言之,当 $\sigma_x$、$\sigma_y$ 与 $\tau_x$ 一定时,$\sigma_\alpha$ 和 $\tau_\alpha$ 是角度 $\alpha$ 的连续函数。在分析构件的强度时,我们关心的是在哪一个截面上的应力最大,以及最大应力之值。对 $\sigma_\alpha$ 求极值,令

$$\frac{d\sigma_\alpha}{d\alpha} = \frac{\sigma_x - \sigma_y}{2}(-2\sin2\alpha) - 2x(2\cos2\alpha) = 0$$

即

$$\text{tg}2\alpha_0 = \frac{\sin2\alpha_0}{\cos2\alpha_0} = \frac{-2\tau_x}{\sigma_x - \sigma_y} \tag{9－2}$$

式中 $\alpha_0$ 表示最大正应力和最小正应力所处平面的位置。将 $\alpha_0$ 代入式(9－1)中 $\tau_\alpha$ 的表达式,可以得到 $\tau_{\alpha0}=0$ 的结果。因此,最大正应力和最小正应力所在平面上的切应力为零。切应力等于零的平面,称为主平面。主平面上的正应力,称为主应力。因此,在通过某点的各个平面上,最大正应力和最小正应力就是该点处的主应力。由式(9－2)求出 $\sin2\alpha_0$ 和 $\cos2\alpha_0$ 代入式(9－1),得到主应力的计算公式:

$$\begin{matrix}\sigma_1\\ \sigma_3\end{matrix} = \begin{matrix}\sigma_{max}\\ \sigma_{min}\end{matrix} = \frac{\sigma_x + \sigma_y}{2} \pm\sqrt{(\frac{\sigma_x - \sigma_y}{2})^2 + \tau_x^2} \tag{9－3}$$

主平面的方位可由式(9－2)所确定。将所求得的 $\sigma_{max}\sigma_{min}$ 与已知为零的另一个主应力按代数值排序,以确定各主应力的序号。式(9－3)中 $\sigma_1$,$\sigma_3$ 为示意方式。

由于式(9－2)所确定的两个 $2\alpha_0$ 相差 180°,故两个主平面的方位角 $\alpha_0$ 相差 90°,即:两个主平面是相互垂直的;同样,两个主应力也必须相互垂直。

可以证明:单元体上任意两相互垂直平面上的正应力之和保持不变,恒等于该单元体上两个主应力之和。

## 三、最大切应力

同样地,欲求最大切应力,可对 $\tau_\alpha$ 求极值,令

$$\frac{d2\alpha}{d\alpha} = (\sigma_x - \sigma_y)\cos2\alpha - 2\tau_x\sin2\alpha = 0$$

即

$$\text{tg}2\alpha_1 = \frac{\sigma_x - \sigma_y}{2\tau_x} \tag{9－4}$$

式中 $\alpha_1$ 表示最大切应力和最小切应力所处平面的位置。比较式(9－4)与式(9－2),可以确定,$\alpha_1$ 与 $\alpha_0$ 相差 45°,即最大切应力和最小切应力所在平面与主平面成 45°角。

由式(9－4)求出 $\sin2\alpha_1$ 与 $\cos2\alpha_1$ 代入式(9－1),得

$$\begin{matrix}\tau_{\max}\\ \tau_{\min}\end{matrix} = \pm\sqrt{\left(\frac{\sigma_x - \sigma_y}{2}\right)^2 + \tau_x^2} \tag{9-5}$$

或

$$\begin{matrix}\tau_{\max}\\ \tau_{\min}\end{matrix} = \pm\frac{\sigma_1 - \sigma_3}{2} \tag{9-6}$$

最大切应力与最小切应力大小相等,符号相反,其所在平面相互垂直。

例 9-2. 试求图 9-4a 中所示单元体的主应力和最大切应力,并在单元体图上标明。

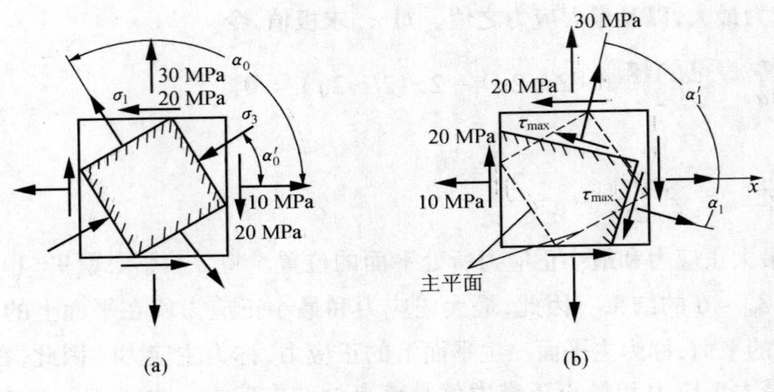


图 9-4

解:已知 $\sigma_x = 10$ MPa, $\sigma_y = 30$ MPa, $\tau_x = 20$ MPa,由式(9-3),得主应力

$$\begin{matrix}\sigma_1\\ \sigma_3\end{matrix} = \frac{\sigma_x + \sigma_y}{2} \pm\sqrt{\left(\frac{\sigma_x - \sigma_y}{2}\right)^2 + \tau_x^2}$$

$$= \frac{10+30}{2} \pm\sqrt{\left(\frac{10-30}{2}\right)^2 + 20^2}$$

$$= \begin{matrix}42.4\ \text{MPa}\\ -2.4\ \text{MPa}\end{matrix}$$

再由式(9-2)确定主平面位置。

$$\text{tg}2\alpha_0 = \frac{-2\tau_x}{\sigma_x - \sigma_y} = \frac{-2\times 20}{10-30} = \frac{-40}{-20} = 2$$

由于 $\text{tg}2\alpha_0 = \frac{\sin 2\alpha_0}{\cos 2\alpha_0} = \frac{\text{负数}}{\text{负数}}$,可知 $2\alpha_0$ 应在第三象限,则与 $\sigma_1$ 对应的主平面方位角

$$\alpha_0 = \frac{1}{2}\times(63^\circ 26' + 180^\circ) = 120^\circ 43'$$

与 $\sigma_3$ 对应的主平面方位角

$$\alpha'_0 = \alpha_0 \pm 90^\circ = \begin{matrix}211^\circ 43'\\ 31^\circ 43'\end{matrix}$$

将所求得的主应力按其数值与方位对应标明在单元体图中,如图 9-4a 中所示。

由式(9-5),得到最大切应力

$$\tau_{\max} = \sqrt{\left(\frac{10-30}{2}\right)^2 + 20^2} = 22.4\ \text{MPa}$$

仿照主平面位置的确定方法，由式(9-4)确定出与 $\tau_{max}$对应的平面方位角。即

$$\text{tg}2\alpha_0 = \frac{10-30}{2\times 20} = \frac{负数}{负数}$$

$2\alpha_1$ 在第四象限，则

$$\alpha_1 = \frac{1}{2}\times(-26°34') = -13°17'$$

将所求得的最大切应力按其数值与方位对应标明在单元体图中，如图 9-4b 中所示。$\tau_{min}$可按切应力互等规律标出。注意最大切应力与最小切应力所在平面尚有正应力存在，其数值可由式(9-1)求出。

## 四、几种常见的特例

1.单向应力状态

等直杆受轴向拉力或压力作用时，横截面上的正应力均匀分布，$\sigma=\dfrac{F_N}{A}$。横截面上任意一点的应力情况如图 9-5 所示，为单向应力状态。

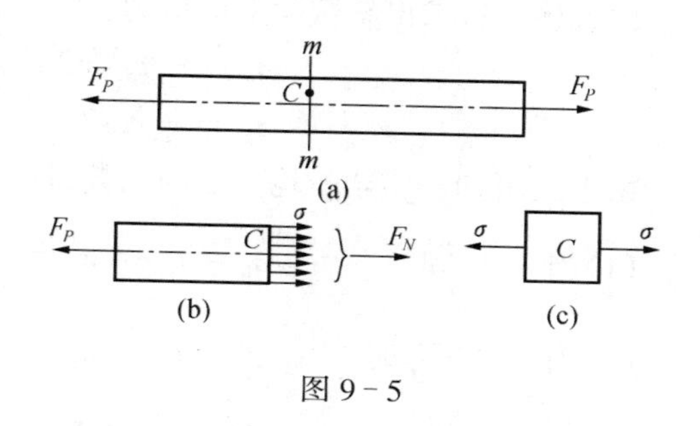

图 9-5

对于任意斜截面 $\alpha$，由式(9-1)得

$$\begin{aligned}\sigma_\alpha &= \sigma\cos 2\alpha\\ \tau_\alpha &= \sigma\sin\alpha\cos\alpha\end{aligned}\qquad(\text{a})$$

由倍角公式

$$\begin{aligned}\cos 2\alpha &= 2\cos^2\alpha - 1\\ \sin 2\alpha &= 2\sin\alpha\cos\alpha\end{aligned}\qquad(\text{b})$$

式(a)又可以写成

$$\begin{cases}\sigma_\alpha = \dfrac{\sigma}{2}+\dfrac{\sigma}{2}\cos 2\alpha\\[2mm] \tau_\alpha = \dfrac{\sigma}{2}\sin 2\alpha\end{cases}\qquad(9-7)$$

由上式可知，$\sigma_\alpha$ 与 $\tau_\alpha$ 均随 $\alpha$ 角变化，且：

(1)当 $\alpha=0,\pi$ 时

$$\sigma_\alpha=\sigma_{max}=\sigma$$

当 $\alpha=\pm\pi/2$ 时　　(9-8)

$$\sigma_\alpha=\sigma_{min}=0$$

(2)当 $\alpha=\pi/4$ 时

$$\tau_\alpha=\tau_{max}=\frac{\sigma}{2}$$

当 $\alpha=-\pi/4$ 时　　(9-9)

$$\tau_\alpha=\tau_{min}=-\frac{\sigma}{2}$$

即原来横截面上的正应力 $\sigma$ 就是最大正应力，纵截面上的正应力为零，横截面与纵截面均

为主平面。故在单向拉伸情况下，$\sigma_1=\sigma,\sigma_2=\sigma_3=0$。(单向压缩时，则 $\sigma_1=\sigma_2=0,\sigma_3=\sigma$)。最大与最小切应力大小相等，符号相反，发生在与横截面成 $\pm\frac{\pi}{4}$ 角的面上，亦称主切应力。注意主切应力所在面上的正应力可由式(9-1)求出，通常不为零。

铸铁试件压缩试验时，破坏时沿与杆轴约$\frac{\pi}{4}$角方向发生裂缝，系剪切破坏的实例。

2.纯剪切应力状态

纯剪切应力状态，是指单元体的四个侧面上只有切应力而无正应力。前面讨论圆轴扭转问题时，其横截面上各点处只有切应力而无正应力。根据切应力互等定理，该点处纵截面上有大小相等，符号相反的切应力，且纵截面上正应力为零。图9-6所示即为一纯剪切应力状态的单元体。

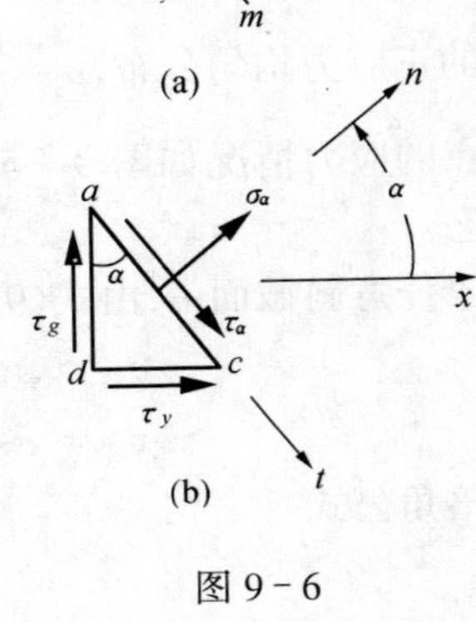

图 9-6

由式(9-1)求出斜截面上的应力：

$$\begin{aligned}\sigma_\alpha &= -\tau_x\sin2\alpha \\ \tau_\alpha &= \tau_x\cos2\alpha\end{aligned} \qquad (9-10)$$

由上式可知，$\sigma_\alpha$ 与 $\tau_\alpha$ 均为 $\alpha$ 的函数，且：

(1)当 $\alpha=\frac{\pi}{4}$时 $\qquad \sigma_\alpha=\sigma_{\max}=\sigma_1=\tau_x$

当 $\alpha=-\frac{\pi}{4}$时 $\qquad \sigma_\alpha=\sigma_{\min}=\sigma_3=-\tau_x$ $\qquad$ (9-11)

(2)当 $\alpha=0$ 时 $\qquad F_\alpha=\tau_{\max}=\tau_x$

当 $\alpha=\frac{\pi}{2}$时 $\qquad \tau_\alpha=\tau_{\min}=-\tau_x$ $\qquad$ (9-12)

对于纯剪切应力状态，$\alpha=\pm\frac{\pi}{4}$平面为主平面，且 $\sigma_{\max}=-\sigma_{\min}=\tau_x$；原来单元体上的切应力就是切应力的极值，即 $\tau_{max}=-\tau_{\min}=\tau_x$。

铸铁圆杆扭转时，其破坏是沿$\frac{\pi}{4}$方向，系铸铁的抗拉强度弱于抗剪强度的缘故。

例 9-3.悬臂梁如图 9-7a、b 所示，已知 $F_p=85$ kN，$l=150$ cm，$t=24$ cm，$h=40$ cm。试求危险截面上 $a$、$b$、$c$ 三点处的主应力及其方向，并求出各点处的最大切应力。

解：(1)首先确定危险截面。作 $F_Q$、$M$ 图如图 9-7 中 d、c，可以看出，危险截面为 $C_{右}$截面，在该截面上：

$$M=M_{\max}=\frac{F_Pl}{2}$$

$$=\frac{85\times1.5}{2}=63.75(\text{kN}\cdot\text{m})$$

$$F_Q=F_{Q\max}=F_p=85(\text{kN})$$

(2)求出危险截面上 $a$、$b$、$c$ 三点的正应力 $\alpha$ 和切应力 $\tau$，并绘出相应的单元体图。

$$\sigma=\frac{My}{I} \qquad \tau=\frac{F_QS}{Ib}$$

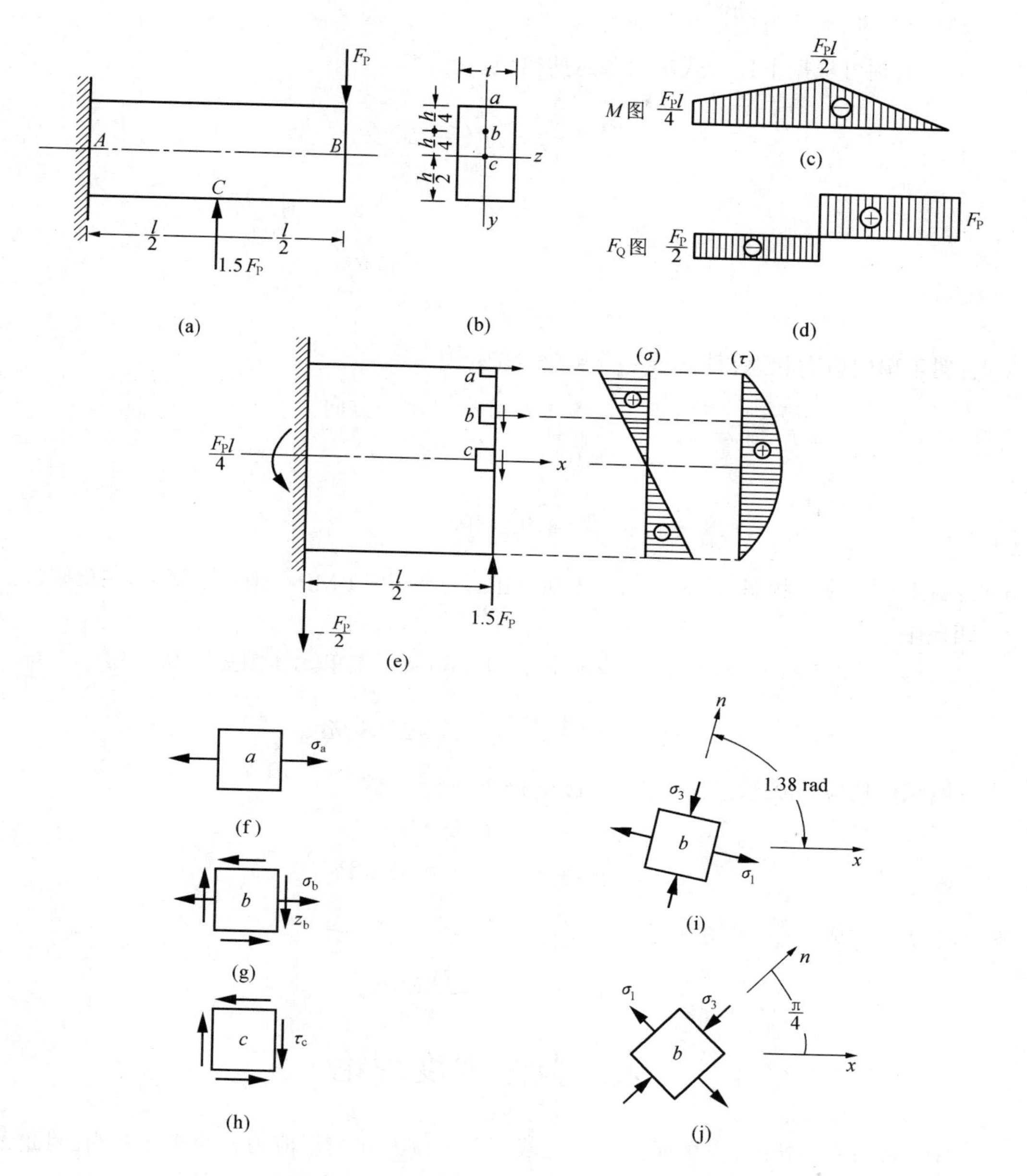


图 9-7

其中 $I=\frac{th^3}{12}=\frac{24\times40^3}{12}=1.28\times10^5(\text{cm}^4)$

则 $\sigma_a=\frac{63.75}{1.28\times10^5}\times20\times10^{-2}\times10^5=9.96(\text{MPa})$　　$\tau_a=0$

$\sigma_b=4.98\ \text{MPa}$　　$\tau_b=1\ \text{MPa}$

$\sigma_c=0$　　$\tau_c=1.33\ \text{MPa}$

各点处单元体图见图及 9-7$f,g,h$。

(3)求主应力、主方向最大切应力

$\sigma_y=0$,则可根据下述公式求出各点所需值。

$$\begin{cases} \begin{matrix}\sigma_1\\ \sigma_3\end{matrix} = \dfrac{\sigma_x}{2} \pm\sqrt{(\dfrac{\sigma_x}{2})^2+\tau_x^2} \\ \mathrm{tg}2\alpha_0=\dfrac{-2\tau_x}{\sigma_x} \\ \tau_{\max}=\sqrt{(\dfrac{\sigma_x}{2})^2+\tau_x^2} \end{cases}$$

$a$ 点:属于单向应力状态,且 $\sigma_x=\sigma_a=9.96\ \text{MPa}$,则

$$\sigma_1=\sigma_x=9.96\ \text{MPa}\quad（水平方向）$$

$$\sigma_3=\sigma_y=0$$

$$\tau_{\max}=\frac{\sigma_1}{2}=4.98\ \text{MPa}$$

$b$ 点:属于平面应力状态,且 $\sigma_x=\sigma_b=4.98\ \text{MPa}$,$\tau_x=\tau_b=1\ \text{MPa}$。则 $2\alpha_0$ 在第三象限,$\alpha_0$ 在二、四象限。

取 $\alpha_0=-0.19\ \text{rad}$,则与 $\sigma_3$ 对应的 $\alpha'_0=1.38\ \text{rad}$。主单元体图见图 9-7i。

$$\tau_{\max}=\sqrt{\left(\frac{4.98}{2}\right)^2+1^2}=2.68\ \text{MPa}$$

$c$ 点:属纯剪切应力状态,且 $\tau_x=\tau_c=1.33\ \text{MPa}$,则

$$\sigma_1=\tau_x=1.33\ \text{MPa}$$

$$\sigma_3=-\tau_x=-1.33\ \text{MPa}$$

主方向与 $x$ 轴成 $\mp\dfrac{\pi}{4}$,见图 9-7j。

$$\tau_{\max}=\tau_x=1.33\ \text{MPa}$$

## 第三节　强度理论

对于复杂应力状态,不可能排斥同一截面上正应力 $\sigma$ 与切应力 $\tau$ 的相互影响,因此无法象前几章杆件基本变形时那样分别列出正应力与切应力的强度条件;同时,对于复杂应力状态,由于其截面上的应力状况可能有无数种组合,因此也不可能由实测来一一确定其强度条件。因此,需要重新建立复杂应力状态下的强度条件。

经过大量的生产实践和科学实验,人们发现构件达到危险状态时,主要有以下两种破坏形式:一种是断裂,包括拉断、压坏和剪断;另一种是塑性流动,即构件发生较大的塑性变形而影响正常使用。据此,学者们提出种种假说:根据材料受简单拉伸或压缩时达到危险状态的某一因素,作为衡量复杂应力状态下达到危险状态的强度准则,并由此建立起相应的强度条件。

工程中常用的几种假说(强度理论)及强度条件如下。

1. 最大拉应力理论(第一强度理论)

第一强度理论认为,材料在复杂应力状态下达到危险状态的标志是它的最大拉应力 $\sigma_1$ 达到该材料在简单位伸时最大拉应力的危险值 $\sigma_1^0$。

强度条件为:

$$\sigma_1 \leqslant [\sigma] \qquad (9-13)$$

式中:$\sigma_1$——材料在复杂应力状态下的最大拉应力;

$[\sigma]$——材料受简单拉伸时的容许应力。

2. 最大拉应变理论(第二强度理论)

第二强度理论认为,材料在复杂应力状态下达到危险状态的标志是它的最大拉应变 $\varepsilon_1$ 达到材料在简单拉伸时最大拉应变的危险值 $\varepsilon_1^0$。

强度条件为:

$$\varepsilon_1 \leqslant [\varepsilon_1]$$

即

$$\sigma_1 - \mu(\sigma_2 + \sigma_3) \leqslant [\sigma] \qquad (9-14)$$

该强度理论目前在工程中已很少使用。

3. 最大切应力理论(第三强度理论)

第三强度理论认为,材料在复杂应力状态下达到危险状态的标志是它的最大切应力 $\tau_{max}$ 达到该材料在简单拉伸或压缩时最大切应力的危险值 $\tau^0$。

强度条件为:

$$\tau_{max} \leqslant [\tau] \qquad (9-15a)$$

式中:$\tau_{max}$——材料在复杂应力状态下的最大切应力

$[\tau]$——材料受简单拉伸时的容许切应力,即$[\tau]=\frac{\tau^0}{n}$。

由于简单拉伸或压缩时,$\tau^{\circ}=\frac{\sigma^0}{2}$,则$[\tau]=\frac{1}{2}[\sigma]$。又因为 $\tau_{max}=\frac{\sigma_1-\sigma_3}{2}$,因此强度条件(9-15a)又可以写成用正应力表达的形式:

$$\sigma_1 - \sigma_3 \leqslant [\sigma] \qquad (9-15b)$$

4. 最大形状改变比能理论(第四强度理论)

第四强度理论认为,材料在复杂应力状态下达到危险状态的标志是,引起单元体的单位体积形状改变的能量,达到在简单拉伸或压缩时单元体的单位体积形状改变的能量的危险值。

强度条件为(推导略):

$$\sqrt{\frac{1}{2}[(\sigma_1-\sigma_2)^2+(\sigma_2-\sigma_3)^2+(\sigma_3-\sigma_1)^2]} \leqslant [\sigma] \qquad (9-16a)$$

式中:$[\sigma]$一材料受简单拉伸或压缩时的容许应力。

对于平面应力状态($\sigma_2=0$),则式(9-16a)可简化为:

$$\sqrt{\sigma_1^2+\sigma_3^2-\sigma_1\sigma_3} \leqslant [\sigma] \qquad (9-16b)$$

上述四个强度理论中,第一和第二强度理论多用于脆性材料,第三和第四强度理论多用于塑性材料。但是,同一种材料制成的构件处于不同荷载条件下,或者同一类构件的荷载条件相同但材料不同，它们所达到的危险状态不一定相同，其破坏形式也不尽相同。例如低碳钢在三向拉应力情况下，也可能发生脆性断裂；而脆性材料在三向压应力情况下也可能发生塑性变形而破坏。总之，强度理论是一个非常复杂的问题，构件的破坏与否和多种因素相关。已经提出的强度理论有许多种，但都具有一定的局限。随着现代科技的发展，人们对于构件破坏机理和材料力学性质认识的逐步深入，将会提出新的和更为适用的强度理论。

将以上四个强度条件写成统一的形式：

$$\sigma_r \leqslant [\sigma] \tag{9-17}$$

其中 $\sigma_r$ 为相当应力，即

$$\sigma_{r1} = \sigma_1$$

$$\sigma_{r2} = \sigma_1 - \mu(\sigma_2 + \sigma_3)$$

$$\sigma_{r3} = \sigma_1 - \sigma_3$$

$$\sigma_{r4} = \sqrt{\frac{1}{2}[(\sigma_1 - \sigma_2)^2 + (\sigma_2 - \sigma_3)^2 + (\sigma_3 - \sigma_1)^2]}$$

## 第四节　梁的主应力及其强度计算

从钢筋混凝土梁的破坏试验中，如图 9-8 所示，可以观察到在最大弯矩所在截面处出现垂直于梁轴线的横向裂缝，这主要是由于横截面上正应力作用的结果。有时还在支座附近出现斜向裂缝，这与梁斜截面上的应力有关。因此，为了对梁进行全面的强度分析，除第七章中介绍过的对横截面上的最大正应力和最大切应力分别考虑外，还需要考虑横截面上任意一点的应力状态。特别是采用工字型截面的梁，其翼缘和腹板交界处既有正应力又有切应力存在，其应力状态为图 9-9 所示的平面应力状态，强度分析时多采用第三或第四强度理论。

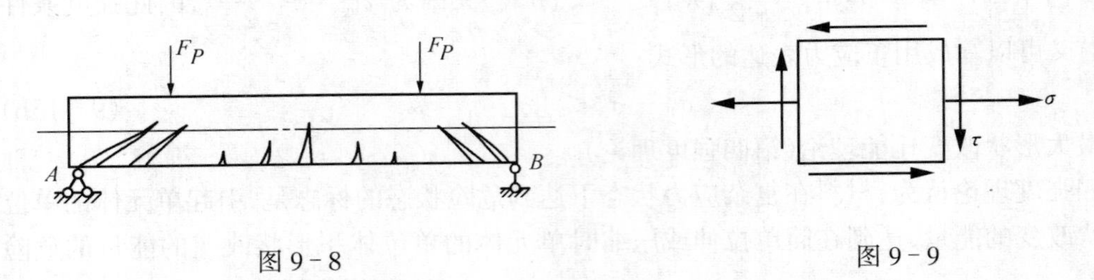


图 9-8　　　　图 9-9

首先将 $\sigma_x = \sigma, \sigma_y = 0, \tau_x = \tau$ 代入主应力公式，得

$$\left.\begin{matrix}\sigma_1\\ \sigma_3\end{matrix}\right\} = \frac{\sigma}{2} \pm \sqrt{\left(\frac{\sigma}{2}\right)^2 + \tau^2}$$

然后由式(9-17)计算相当应力，得

$$\left.\begin{aligned}\sigma_{r3} &= \sqrt{\sigma^2 + 4\tau^2}\\ \sigma_{r4} &= \sqrt{\sigma^2 + 3\tau^2}\end{aligned}\right\} \tag{9-18}$$

式中 $\sigma, \tau$ 为梁横截面上任一点处的正应力和切应力。

在进行梁的主应力强度计算时，可直接引用式(9-18)而不必计算主应力。

例 9－4.焊接工字钢梁如图 9－10a、b 所示。已知：$F_p=750\text{ kN}$。$l=4.2\text{ m}$，$b=22\text{ cm}$，$h_1=80\text{ cm}$，$t=2.2\text{ cm}$，$d=1\text{ cm}$，$[\sigma]=17\times10^4\text{ kPa}$。试按强度理论校核翼缘与腹板交界处 $C$ 点的强度。

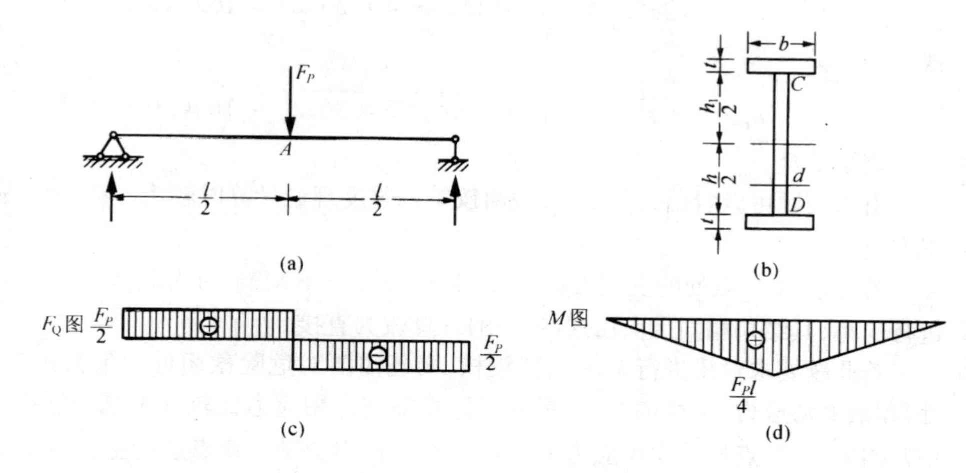


图 9－10

解：(1)作梁的 $F_Q$、$M$ 图如图 9－10c、d 所示，可知危险截面在跨中，且

$$M_{\max}=\frac{F_Pl}{4}=\frac{1}{4}\times750\times4.2=788(\text{kN}\cdot\text{m})$$

$$F_{Q\max}=\frac{F_P}{2}=\frac{1}{2}\times750=375(\text{kN})$$

(2)求跨中横截面上 $C$ 点处的应力

组合截面的惯性矩

$$\begin{aligned}I_z&=2\left[\frac{bt^3}{12}+bt\left(\frac{h_1}{2}+\frac{t}{2}\right)^2\right]+\frac{1}{12}\mathrm{d}h_1^3\\&=2\left[\frac{22\times2.2^3}{12}+22\times2.2\left(\frac{80}{2}+\frac{2.2}{2}\right)^2\right]+\frac{1}{12}\times1\times80^3\\&=206.3\times10^3(\text{cm}^4)\end{aligned}$$

静矩

$$\begin{aligned}S_C&=bt\left(\frac{h_1}{2}+\frac{t}{2}\right)\\&=22\times2.2\times\left(\frac{80}{2}+\frac{2.2}{2}\right)\\&=1989(\text{cm}^3)\end{aligned}$$

则

$$\sigma_c=\frac{M_{\max}y_c}{I_z}=\frac{788\times40}{206.3\times10^3}\times10^6=152.8\times10^3(\text{kPa})=153(\text{MPa})$$

$$\tau_c=\frac{F_{Q\max}S_c}{I_z\mathrm{d}}=\frac{375\times1989}{206.3\times10^3\times1}\times10^4=36.2(\text{MPa})$$

(3)强度校核

工字钢梁,采用第三或第四强度理论。$C$ 点处系平面应力状态如图 9-9 所示,可以直接采用式(9-18)校验。

$$\sigma_{r3} = \sqrt{\sigma_c^2 + 4\tau_c^2} = \sqrt{153^2 + 4 \times 36.2^2} = 169(\text{MPa}) < [\sigma]$$

或

$$\sigma_{r4} = \sqrt{\sigma_c^2 + 3\tau_c^2} = \sqrt{153^2 + 3 \times 36.2^2} = 165(\text{MPa}) < [\sigma]$$

该梁安全。

由该例题可以看出,$\sigma_{r4} < \sigma_{r3}$,说明按第四强度理论计算时较为经济,第三强度理论则偏于安全。

若先求出 $C$ 点处的主应力 $\sigma_1 = 161$ MPa,$\sigma_3 = -8$ MPa,再由式(9-17)求出相当应力后进行验算,其结果相同。而由式(9-18)计算较为直接。

若此题要求对梁进行全面强度校核,则还需要对危险截面处的最大正应力(上下边缘处)和最大切应力(中性轴上)分别进行计算并与许用应力比较。本题中横截面上的 $\sigma_{max} = 157$ MPa,而 $C$ 点处的主拉应力 $\sigma_1 = 161$ MPa,所以必须对该点进行主应力强度校核。

## 习　题

9-1. 求图示单元体的主应力,并在单元体上标出其作用面的位置。

答:$\sigma_1 = 115.4$ MPa

$\sigma_2 = 0$

$\sigma_3 = -55.4$ MPa

$\alpha_0 = -34.7$。

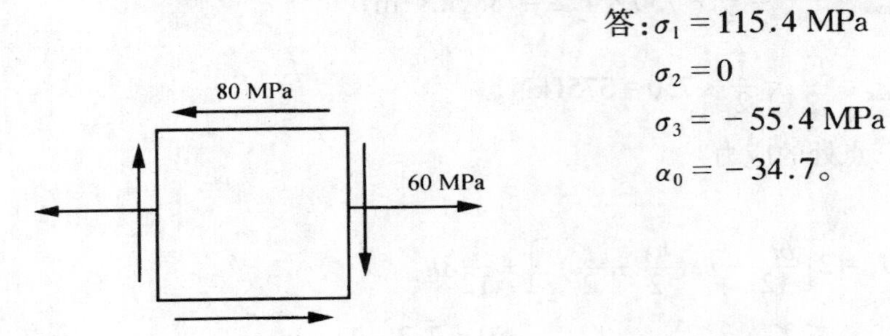


9-2. $A$、$B$ 两点的应力状态如图示,试求各点的主应力和最大切应力。

答:A 点:$\sigma_1 = 100$ MPa

$\sigma_2 = \sigma_3 = 0$

$\tau_{max} = 50$ MPa

B 点:$\sigma_1 = 40$ MPa

$\sigma_2 = 0$

$\sigma_3 = -40$ MPa

$\tau_{max} = 40$ MPa

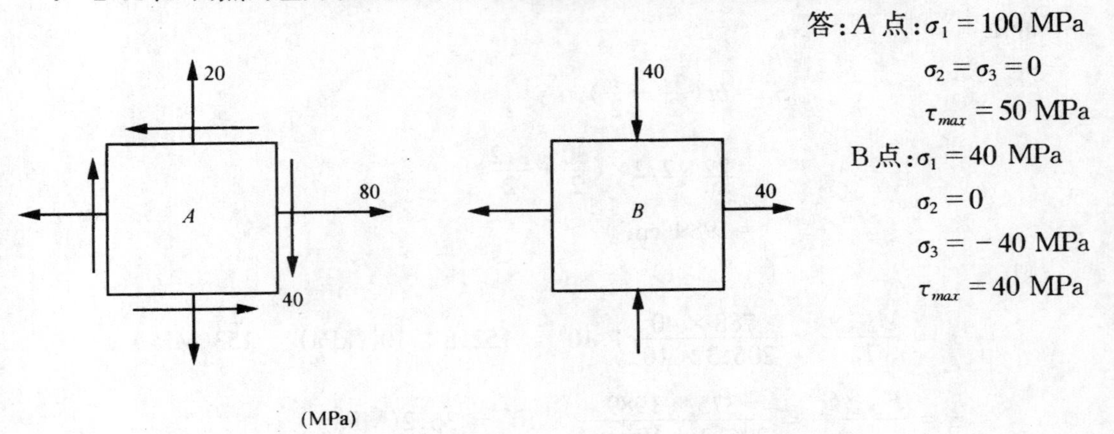

9-3. 已知应力状态如图。试求主应力及其方向角,并确定最大切应力值。

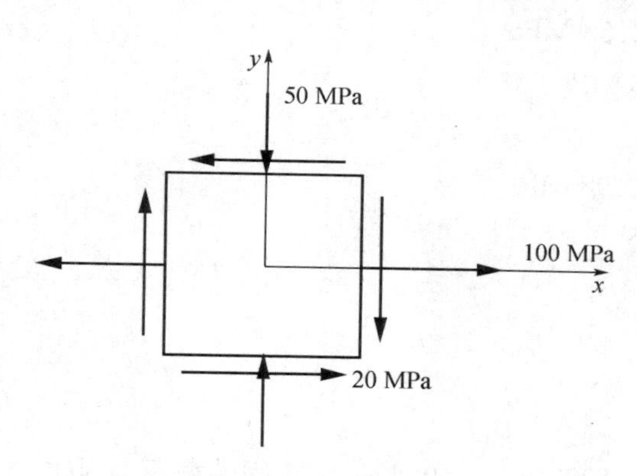


答: $\sigma_1 = 102.6$ MPa

$\sigma_2 = 0$

$\sigma_3 = -52.6$ MPa

$\alpha_0 = -7.46°$

$\tau_{max} = 77.6$ MPa

9-4. 求图示单元体的主应力和主方向以及最大切应力。

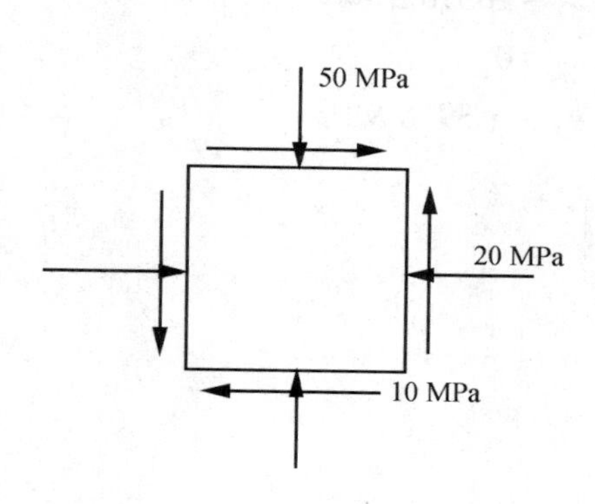


答: $\sigma_1 = 0$

$\sigma_2 = -16.97$ MPa

$\sigma_3 = -53.03$ MPa

$\alpha_0 = 16.85°$

$\tau_{max} = 26.52$ MPa

9-5. 图示单元体,求:(1)指定斜截面上的应力;(2)主应力大小,并将主平面标在单元体图上。

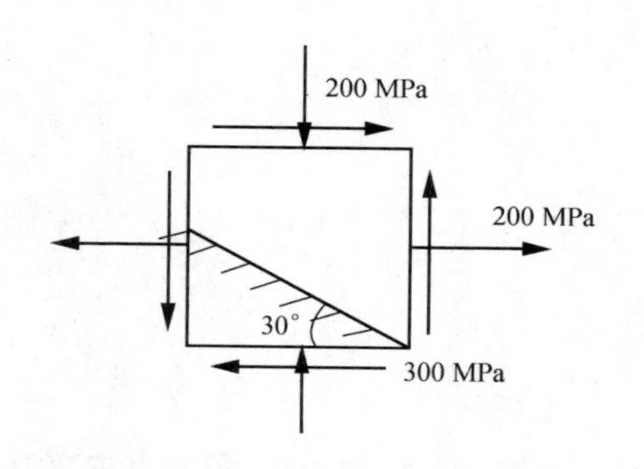


答: $\sigma_\alpha = 159.8$ MPa

$\sigma_1 = 360.56$ MPa

$\sigma_2 = 0$

$\sigma_3 = -360.56$ MPa

$\alpha_0 = 28.15°$

$\tau_\alpha = 323.2$ MPa

9-6. 图示单元体,求

(1)指定斜截面上的应力;

(2)主应力大小及主平面位置,并将主平面标在单元体图上。

答：$\sigma_{30^\circ}=76.6$ MPa

$\tau_{30^\circ}=-32.68$ MPa

$\sigma_1=81.98$ MPa

$\sigma_2=0$

$\sigma_3=-121.98$ MPa

$\alpha_0=39.35^\circ$

9－7. 图示中，$F_p=5\pi$kN，$T=4\pi$kN·m，d＝100 mm，$l=0.4$ m，试求固端截面 $A$ 点的主应力。

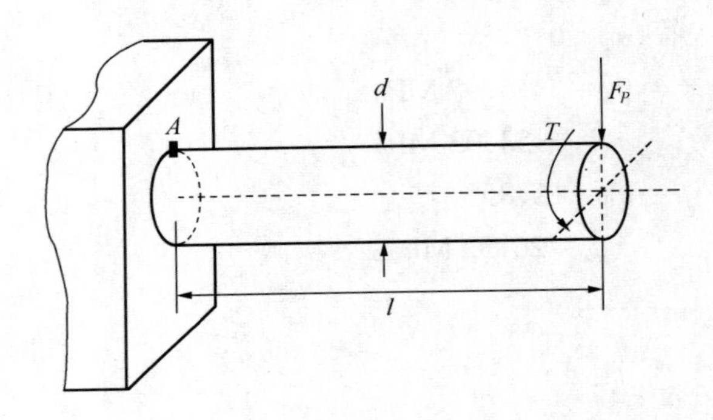


答：$\sigma_1=103.6$ MPa

$\sigma_2=0$

$\sigma_3=-39.6$ MPa

9－8. 已知某构件危险点的应力状态如图，$[\sigma]=160$ MPa。试校核其强度。（用第三强度理论）

答：$\sigma_{r3}=100$ MPa＜$[\sigma]$

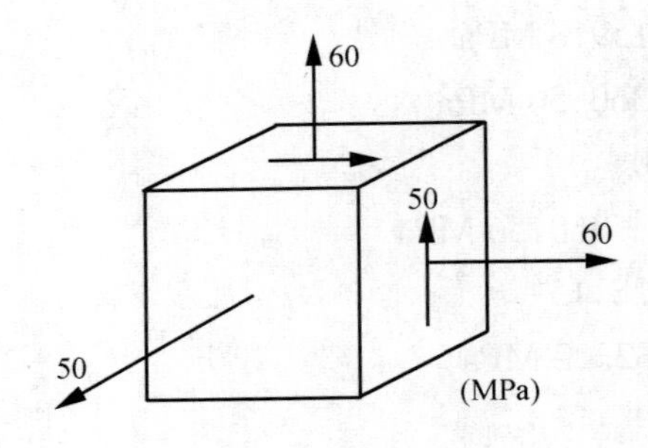


9－9. 试对铝合金（塑性材料）零件进行强度校核。已知$[\sigma]=120$ MPa，危险点主应力为：$\sigma_1=80$ MPa，$\sigma_2=70$ MPa，$\sigma_3=-40$ MPa

答：$\sigma_{r3}=120$ MPa＝$[\sigma]$

$\sigma_{r4}=115$ MPa＜$[\sigma]$

9－10. 图示单元体，材料的$[\sigma]=160$ MPa。按第四强度理论校核其强度。

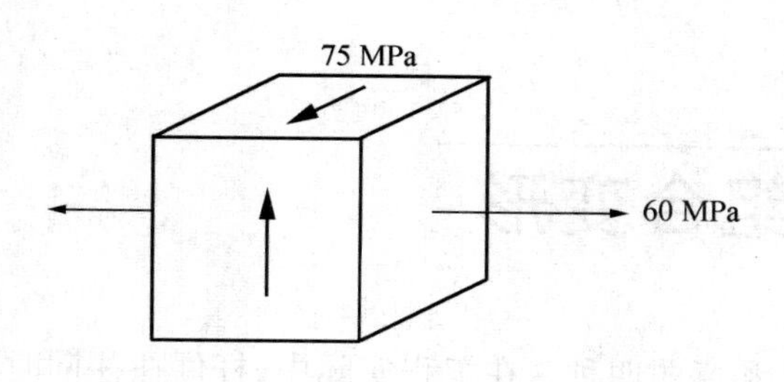


答：$\sigma_{r4}=140$ MPa$<[\sigma]$

安全。

# 第十章 组合变形

杆件的基本变形有轴向拉(压)、剪切、扭转和弯曲四种。在工程实际中,杆件往往同时发生两种或更多种的基本变形,这种变形称为组合变形。在杆件材料服从虎克定律且为小变形的情况下,组合变形的计算可以利用叠加原理,即分别计算各基本变形所引起的应力和位移,然后按一定规律叠加,得到组合变形时相应的应力和位移,再按危险点的应力状态选用合适的强度条件进行强度计算。

## 第一节 斜 弯 曲

弯曲可以分为平面弯曲和斜弯曲两种。即

平面弯曲:当横向力通过弯曲中心,且与横截面形心主惯性轴重合或平行时所发生的变形为平面弯曲。

斜弯曲:当横向力通过弯曲中心,但不与横截面形心主惯性轴重合或平行时所发生的变形为斜弯曲。

平面弯曲的挠曲线与外力在同一纵向平面内,而斜弯曲的挠曲线与外力不在同一纵向平面内。

下面,以图 10-1 所示矩形截面悬臂梁为例,讨论斜弯曲时的应力计算。

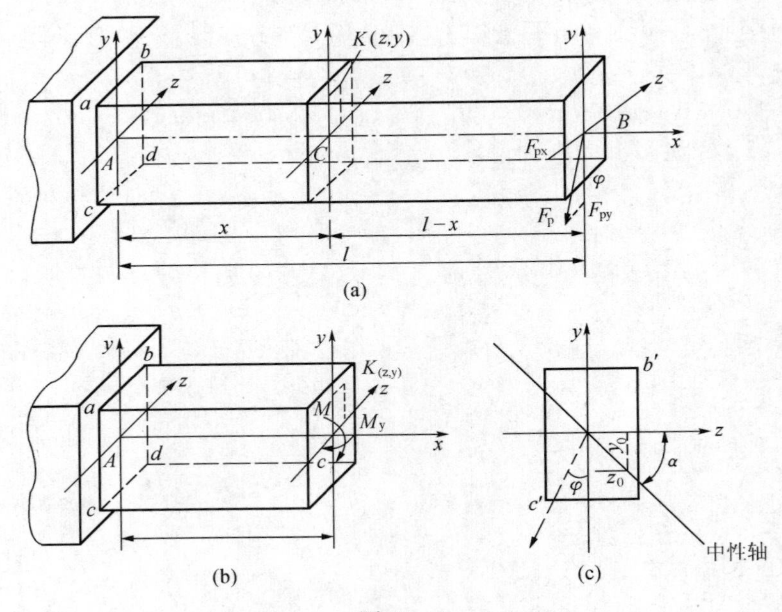


图 10-1

取梁的轴线为 $x$ 轴，$y$、$z$ 为横截面上的形心主惯性轴，则平面 $xy$ 和平面 $xz$ 为该梁的两个主惯性平面。该悬臂梁自由端受集中荷载 $F_p$ 作用，$F_p$ 力过横截面形心(亦即弯心)且垂直于梁轴线，$F_p$ 力作用线与 $y$ 轴夹角为 $\varphi$ 如图中所示。求距自由端为 $(l-x)$ 处横截面上 $K$ 点处的正应力。

首先将外力 $F_p$ 沿 $y$、$z$ 两轴分解，得到两个位于梁纵向对称面(即形心主惯性平面)内的荷载分量：

$$F_{py}=F_p\cos\varphi \qquad F_{pz}=F_p\sin\varphi$$

$F_{py}$ 使梁在 $xy$ 平面内发生平面弯曲，$F_{pz}$ 使梁在 $xz$ 平面内发生平面弯曲，则 $F_p$ 力所引起的斜弯曲可以看作在两个互相垂直平面内平面弯曲的组合。

令 $M=F_p(l-x)$ 为 $F_p$ 力在 $(l-x)$ 截面上产生的总弯矩，则该截面上由 $F_{py}$ 和 $F_{pz}$ 分别产生的弯矩为

$$M_z=F_{py}(l-x)=F_p(l-x)\cos\varphi=M\cos\varphi$$
$$M_y=F_{pz}(l-x)=F_p(l-x)\sin\varphi=M\sin\varphi$$

则 $K$ 点处的正应力

$$\sigma=\sigma'+\sigma'' \tag{10-1}$$

其中

$$\sigma'=\frac{M_z y}{I_z}=\frac{M\cos\varphi}{I_z}\cdot y$$

$$\sigma''=\frac{M_y z}{I_y}=\frac{M\sin\varphi}{I_y}\cdot z$$

$\sigma'$ 和 $\sigma''$ 的正负号可由各平面弯曲判定，$\sigma$ 为 $\sigma'$ 与 $\sigma''$ 的代数和。

在斜弯曲情况下，中性轴是一条过截面形心的斜线。由于平面弯曲中截面上各点的正应力值与该点距中性轴的距离成正比，斜弯曲中正应力又系两个平面弯曲中正应力的叠加，所以斜弯曲中各点的正应力值也与点距中性轴的距离成正比，截面中的 $\sigma_{max}$ 和 $\sigma_{min}$ 必然发生在距中性轴最远的点处。对于矩形截面，则发生在 $\sigma'$ 与 $\sigma''$ 具有相同符号的角点处。在进行强度计算时，还需判断危险截面的位置。图 10-1 中，在固定端截面 $M_y$ 和 $M_z$ 同时达到最大值，因此固定端截面为危险面，该截面上的角点 $b$、$c$ 为危险点。具体地，$b$ 点具有最大拉应力，$c$ 点具有最大压应力。即

$$\begin{aligned}\sigma_{max}=\sigma_b&=M_{max}\left(\frac{\cos\varphi}{I_z}y_{max}+\frac{\sin\varphi}{I_y}z_{max}\right)\\&=M_{max}\left(\frac{\cos\varphi}{W_z}+\frac{\sin\varphi}{W_y}\right)\\&=\frac{M_{zmax}}{W_z}+\frac{M_{ymax}}{W_y}\end{aligned}$$

$$\sigma_{min}=\sigma_c=-\sigma_b$$

强度条件为：

$$\sigma_{\substack{max\\min}}=\frac{M_{zmax}}{W_z}+\frac{M_{ymax}}{W_y}\leqslant[\sigma]_{\substack{拉\\压}} \tag{10-2}$$

式中各量均取绝对值。

对于图 10-2 所示的各种截面，其轮廓与矩形相同，$\sigma_{max}$，$\sigma_{min}$ 总是发生在角点处，可由

判断确定危险点的具体位置，进行强度计算。

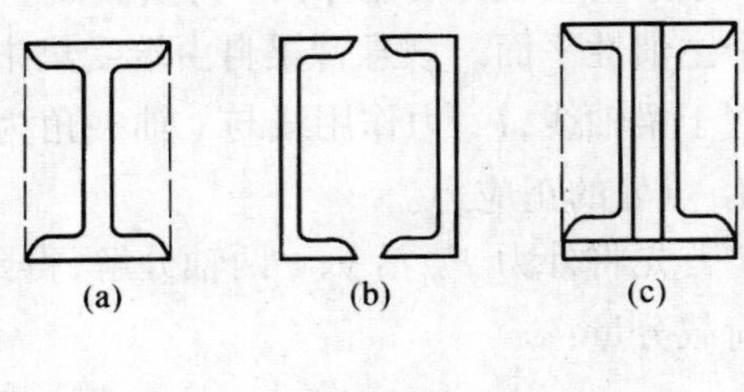

图 10－2

进行截面设计时，由于式(10－2)中同时存在 $W_z$ 和 $W_y$ 两个未知量，可先选择 $W_z/W_y$ 的比值，然后确定截面尺寸。如矩形截面：$\frac{W_z}{W_y}=\frac{b}{h}$，当$\frac{b}{h}$未给定时，可选为 1.2～2。

型钢截面：$\frac{W_z}{W_y}=3\sim10$，可通过试算法逐次逼近以确定合适截面。

例题 10－1　图 10－3 所示屋面檩条，两端简支在屋架上，承受从屋面传来的竖向载荷 $q$，屋面倾角 $\varphi=26°34'$。檩条材料的$[\sigma]=10\ \text{MPa}$，$E=10\ \text{GPa}$，$q=2\ \text{kN/m}$，$\left[\frac{f}{L}\right]=\frac{1}{200}$，檩条截面为矩形，$h/b=1.5$。试确定檩条截面尺寸并校核其刚度。

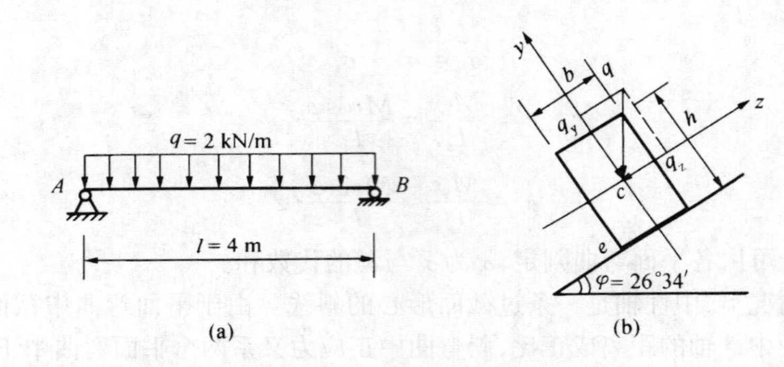

图 10－3

解：(1)确定危险截面并计算危险截面上的内力

将载荷 $q$ 沿 $y$、$z$ 轴分解

$$q_y=q\cos\varphi=1.79\ \text{kN/m}$$

$$q_z=q\sin\varphi=0.89\ \text{kN/m}$$

在 $q_y$、$q_z$ 分别作用下，其最大弯矩均发生在跨中截面，即跨中截面为危险截面，有

$$M_{z\max}=\frac{1}{8}q_yl^2=3.58\ \text{kN}\cdot\text{m}$$

$$M_{y\max}=\frac{1}{8}q_zl^2=1.79\ \text{kN}\cdot\text{m}$$

(2)确定危险点并进行强度计算

在 $M_{z\max}$ 和 $M_{y\max}$ 作用下，$e$ 点均为最大拉应力所在位置，故强度条件为

$$\sigma_{\max}=\sigma_e=\frac{M_{z\max}}{W_z}+\frac{M_{y\max}}{W_y}\leqslant[\sigma]$$

将$\frac{W_z}{W_y}=\frac{h}{b}=1.5$代入，得

$$W_z \geqslant \frac{M_{z\max} + \frac{W_z}{W_y} M_{y\max}}{[\sigma]} = \frac{3.58 + 1.5 \times 1.79}{10 \times 10^3} = 6.27 \times 10^{-4}(\text{m}^3)$$

且
$$W_z = \frac{bh^2}{6} = \frac{b \times (1.5b)^2}{6} = \frac{3}{8}b^3 \geqslant 6.27 \times 10^{-4}$$

得
$$b = 11.9\ \text{cm} \qquad h = 17.9\ \text{cm}$$

故可以选用 120 mm×180 mm 的矩形截面。

(3)刚度校核

最大挠度亦发生在跨中截面,且

$$f_y = \frac{5q_y l^4}{384EI_z}, f_z = \frac{5q_z l^4}{384EI_y}$$

将
$$I_z = \frac{bh^3}{12} = \frac{12 \times 18^3}{12} = 5\,832(\text{cm}^4)$$

$$I_y = \frac{hb^3}{12} = \frac{18 \times 12^3}{12} = 2\,592(\text{cm}^4)$$

及 $q_y = 1.79$ kN/m, $q_z = 0.89$ kN/m, $E = 10$ Ga, $l = 4$ m 代入挠度公式,得

$$f_y = \frac{5 \times 1.79 \times 4^4}{384 \times 10^7 \times 5\,832 \times 10^{-8}} = 1.02 \times 10^{-2}(\text{m})$$

$$f_z = \frac{5 \times 0.89 \times 4^4}{384 \times 10^7 \times 2\,592 \times 10^{-8}} = 1.14 \times 10^{-2}(\text{m})$$

跨中总挠度

$$f_{\max} = \sqrt{f_y^2 + f_z^2} = \sqrt{1.02^2 + 1.14^2} = 1.53 \times 10^{-2}(\text{m})$$

$$\frac{f_{\max}}{l} = \frac{1.53 \times 10^{-2}}{4} = \frac{0.77}{200} < \left[\frac{f}{L}\right] = \frac{1}{200}$$

故满足刚度要求。

## 第二节　偏心压缩(拉伸)

在工程实际中,除轴心受压柱外,还存在偏心受压情况,即压力作用线虽然平行于轴线却不与轴线重合的情况。图 10 - 4a 为工业厂房中的柱,承受作用于柱上端的屋面荷载和作用于牛腿上的吊车梁传来的荷载,荷载作用线均平行于柱轴线但不与轴线重合。对于柱横截面而言,压力不通过截面形心,这种柱称为偏心受压柱。

### 一、偏心压缩(拉伸)的强度计算

杆件受到平行于轴线但不与轴线重合的压力作用时,引起的变形称为偏心压缩,荷载为拉力时称为偏心拉伸。下面,以图 10 - 5a 所示偏心受压柱为例,说明其应力分析及强度计算。

首先将偏心压力 $F_p$ 向截面形心简化,根据力的平移定理,等效为轴向压力 $F_p$ 和附加力偶矩 $M = F_p e$ 如图 b 所示。杆件在轴向压力 $F_p$ 作用下产生轴向压缩,在力偶矩 $M$ 作用下产生平面弯曲,在任一横截面上所引起的正应力分布如图中 $\sigma'$ 与 $\sigma''$ 所示。其中

轴向压力 $F_p$ 引起的正应力:

$$\sigma' = \frac{F_N}{A} = -\frac{F_p}{A}$$

力偶矩 $M = F_p e$ 引起的正应力：

$$\sigma'' = \pm\frac{My}{I_z} = \pm\frac{F_p e y}{I_z}$$

$\sigma''$的正负号可直接根据杆件在$M$作用下所产生的平面弯曲形式而定。

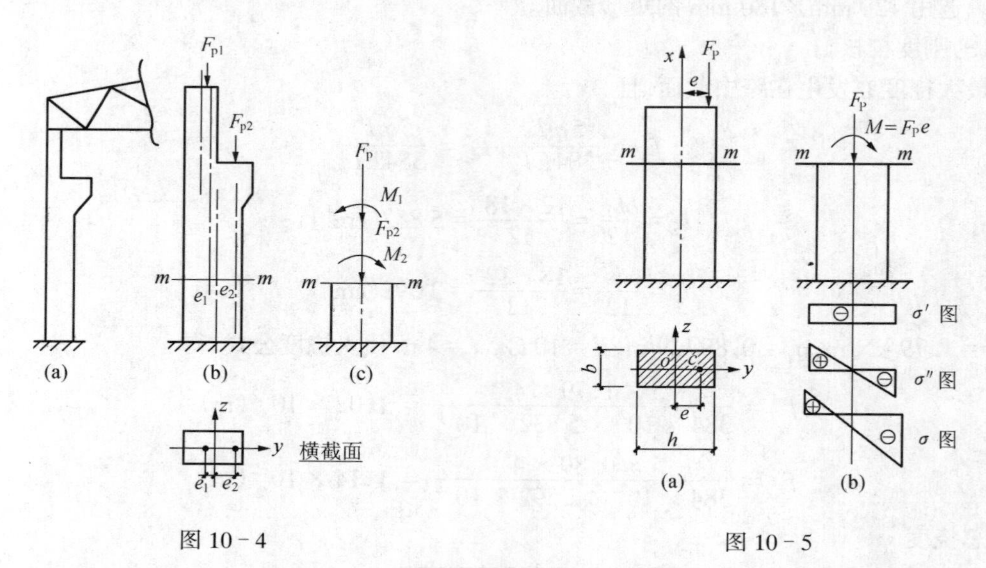


图 10－4　　　　图 10－5

杆件在 $F_p$、$M$ 共同作用下引起的正应力，即偏心压缩任意截面任意点处的正应力为：

$$\begin{aligned}\sigma &= \sigma' + \sigma'' \\ &= -\frac{F_p}{A} \pm \frac{F_p e y}{I_z}\end{aligned} \tag{10-3}$$

$\sigma$ 在横截面上的分布情形见图 10－5b。

横截面上最大和最小正应力为：

$$\sigma_{\substack{max \\ min}} = -\frac{F_p}{A} \pm \frac{F_p e}{W} \tag{10-4}$$

$W$ 为平面弯曲时截面对于中性轴的抗弯截面模量。

偏心压缩柱的强度条件为：

$$\sigma_{max} = \left| -\frac{F_p}{A} - \frac{F_p e}{W} \right| \leqslant [\sigma] \tag{10-5}$$

当材料的$[\sigma]_{拉} \neq [\sigma]_{压}$时，应分别校核 $\sigma_{max}$和 $\sigma_{min}$。

偏心拉伸的正应力及强度计算与上类似，仅轴向拉力引起的正应力为拉应力 $\sigma' = \frac{F_p}{A}$。

上面讨论的是荷载单偏心问题，图(10－6a)所示为一受双向偏心拉力的柱，引起的变形为偏心拉伸，依照单偏心的处理方法，将荷载 $F_p$ 向截面形心 $O$ 简化，得到一个轴向拉力 $F_p$ 和两个力偶矩 $M_y = F_p z_p$ 和 $M_z = F_p y_p$，从而引起轴向拉伸和两个平面弯曲的组合变形。对于任意横截面(图 10－6b)，它们所引起的正应力分别为：

轴向拉力 $F_p z_p$ 引起的正应力

$$\sigma_1 = \frac{F_p}{A}$$

$M_y = F_p z_p$ 引起的以 $y$ 轴为中性轴的平面弯曲引起的正应力

$$\sigma(z) = \frac{M_y z}{I_y} = \frac{F_p z_p}{I_y} z$$

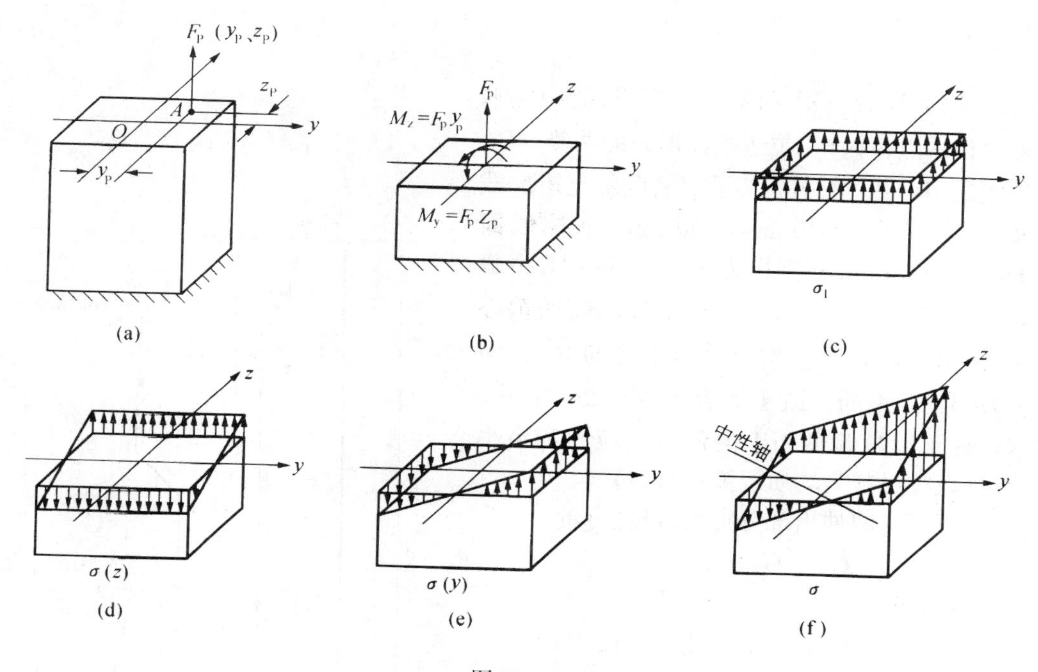


图 10-6

$M_z = F_p y_p$ 引起的以 $z$ 轴为中性轴的平面弯曲引起的正应力

$$\sigma(y) = \frac{M_z y}{I_z} = \frac{F_p y_p}{I_z} y$$

偏心拉伸引起的正应力为上述三项的叠加，即

$$\begin{aligned}\sigma &= \sigma_1 + \sigma(y) + \sigma(z) \\ &= \frac{F_p}{A} + \frac{M_z}{I_z} y + \frac{M_y}{I_y} z \end{aligned} \qquad (10-6)$$

图(10-6c、d、e、f)表示了双偏心情形下横截面上的正应力分布。

由图 10-6f 可以看出，双偏心拉伸时中性轴是一条不通过截面形心的直线，欲确定其位置，只需求出该中性轴在两坐标轴 $y$、$z$ 上的截距即可。由式(10-6)，将 $M_z = F_p y_p$，$M_y = F_p z_p$ 代入，得

$$\begin{aligned}\sigma &= \frac{F_p}{A}\left(1 + \frac{y_p y A}{I_z} + \frac{z_p z A}{I_y}\right) \\ &= \frac{F_p}{A}\left(1 + \frac{y_p y}{i_z^2} + \frac{z_p z}{i_y^2}\right)\end{aligned}$$

式中　$i_z=\sqrt{\dfrac{I_z}{A}}$，$i_y=\sqrt{\dfrac{I_y}{A}}$称为截面面积对于 $z$ 轴和 $y$ 轴的惯性半径。

令 $y_0$，$z_0$ 为中性轴上的任一点，因为中性轴上任一点的应力 $\sigma$ 均为零，故中性轴方程为

$$1+\frac{y_p y_0}{i_z^2}+\frac{z_p z_0}{i_y^2}=0 \tag{10-7}$$

中性轴在 $y$、$z$ 轴上的截距分别为

$$a_y=-\frac{i_z^2}{y_p}\qquad a_z=-\frac{i_y^2}{z_p} \tag{10-8}$$

式(10－8)表明，$a_y$，$a_z$ 与 $y_p$，$z_p$ 反号，故中性轴与外力作用点($y_p$，$z_p$)位于截面形心的两侧。

例题 10－2　图 10－7 示钢筋混凝土矩形截面柱，上柱截面 400 mm×400 mm，下柱截面 400 mm×600 mm，柱顶压力 $F_{P1}=250$ kN，牛腿上的压力 $F_{p2}=100$ kN。$F_{p1}$ 对上柱轴线的偏心矩 $e_1=0.05$ m，$F_{p2}$ 对下柱轴线的偏心距 $e_2=0.45$ m。钢筋混凝土的容重 $\gamma=25$ kN/m$^3$。试求该柱下段危险截面上的最大正应力和最小正应力(设柱材料为均质线弹性材料)。

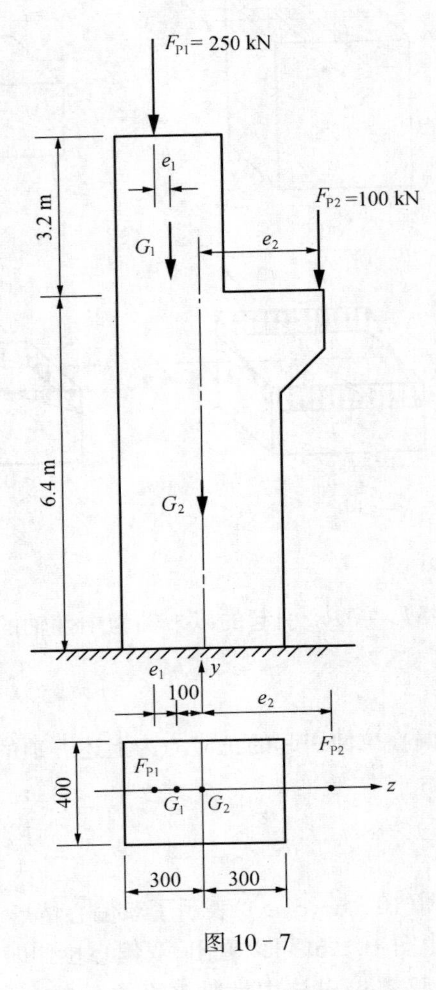

图 10－7

解：不计牛腿伸出部分重量，设柱自重

$$G=G_1+G_2$$

上段自重

$$G_1=0.4\times0.4\times3.2\times25=12.8\text{ kN}$$

下段自重

$$G_2=0.4\times0.6\times6.4\times25=38.4\text{ kN}$$

在 $F_{p1}$，$F_{p2}$，$G_1$，$G_2$ 共同作用下，柱发生单偏心压缩，危险截面为柱底面。

轴向压缩引起的正应力为：

$$\sigma'=-\frac{F_N}{A}=-\frac{F_{p1}+F_{p2}+G_1+G_2}{A}$$

$$=-\frac{250+100+12.8+38.4}{0.4\times0.6}\times10^{-3}$$

$$=-1.67(\text{MPa})$$

平面弯曲引起的正应力为：

$$\sigma''=\pm\frac{M_y}{W_y}=\pm\frac{F_{p2}e_2-F_{p1}(e_1+0.1)-G_1\times0.1}{W_y}$$

$$=\pm\frac{100\times0.45-250\times(0.05+0.1)-12.8\times0.1}{0.4\times0.6^2/6}$$

$$=\pm\frac{6.22}{24\times10^{-3}}=\pm0.26(\text{MPa})$$

故柱底面的最大和最小正应力为

$$\sigma_{max}=-\frac{F_N}{A}+\frac{M_y}{W_y}=-1.67+0.26=-1.41(\mathrm{MPa})$$

$$\sigma_{min}=-\frac{F_N}{A}+\frac{M_y}{W_y}=-1.67-0.26=-1.93(\mathrm{MPa})$$

$\sigma_{max}$发生在底截面左边沿处，$\sigma_{min}$发生在底截面右边沿处。

## 三、截面核心概念

对于砖、石、混凝土等脆性建筑材料，其抗压能力较强，抗拉能力差。为充分发挥材料的力学特性，应避免偏心受压柱横截面上出现拉应力。为此，必须使中性轴不通过截面，即中性轴在截面以外或中性轴与截面周边相切。

由偏心压缩柱的正应力公式知，$\sigma_{max}$的大小与轴向压力和弯矩的大小有关；当轴向压力的大小确定后，$\sigma_{max}$仅随偏心矩变化。当偏心矩控制在截面形心附近的一定范围内时，即可保证 $\sigma_{max}\leqslant 0$，截面上只出现压应力，该范围称为截面核心。

下面，以矩形截面为例，确定截面核心。

在图 10－8 中，$z$、$y$ 为形心主惯性轴，将与截面边界 $AB$ 相切的直线①视为中性轴，该中性轴在 $y$、$z$ 两个形心主轴上的截距分别为 $a_{y1}=\infty$，$a_{z1}=\frac{h}{2}$，由式(10－8)计算与中性轴①对应的外力作用点 1，其坐标为

$$y_{p1}=-\frac{i_z^2}{a_{y1}}=\frac{b^2/12}{\infty}=0$$

$$z_{p1}=-\frac{i_y^2}{a_{z1}}=\frac{h^2/12}{h/2}=-\frac{h}{6}$$

同样，将直线②、③、④分别视为中性轴，求出点 2、3、4 的坐标分别为

$$\begin{cases}y_{p2}=\frac{b}{6}\\ z_{p2}\end{cases}\qquad\begin{cases}y_{p3}=0\\ z_{p3}=\frac{h}{6}\end{cases}\qquad\begin{cases}y_{p4}=-\frac{b}{6}\\ z_{p4}=0\end{cases}$$

可以证明，当中性轴①绕 $A$ 点转到中性轴②的位置时，压力作用点沿着从点 1 到点 2 的直线移动。用直线顺序连接 1、2、3、4 点所得到的菱形(图 10－8 中有阴影线部分)即为该矩形截面的截面核心。当偏心压力 $F_p$ 作用在截面核心内(含边界)时，可以保证横截面上没有拉应力出现。

对于图 10－9 所示任意形状的截面，可将与截面周边相切的一系列直线①、②、…依次视为中性轴，由式(10－8)分别求出其相应的核心边界上的点 1、2、…，连接这些点所得到的封闭曲线即为所求的截面核心。

特殊地，圆形截面的截面核心是以截面形心为圆心，半径为$\frac{d}{8}$的小圆。其中 $d$ 为横截面直径。

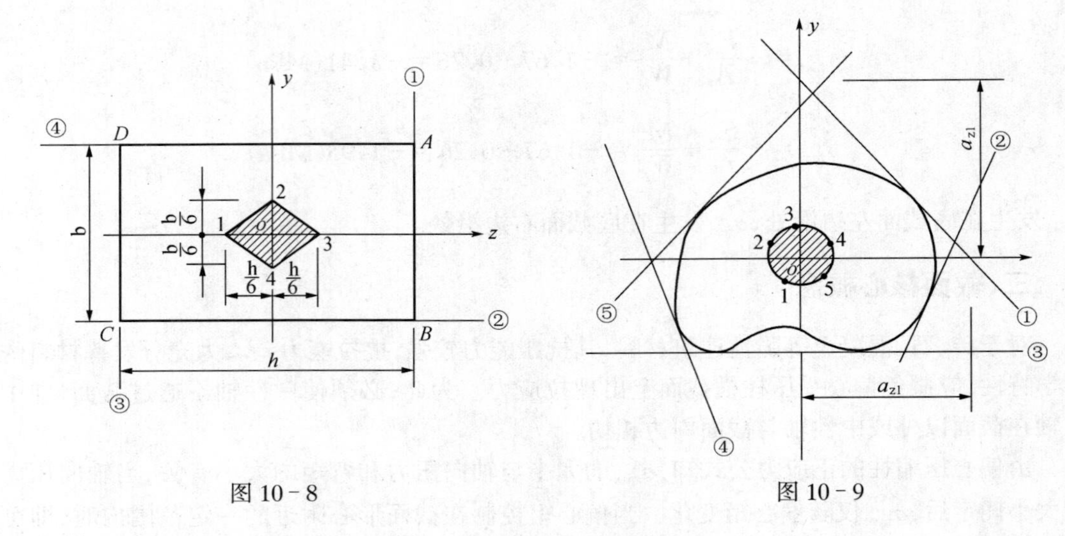


图 10-8　　　　图 10-9

# 第三节　弯扭组合

工程中有不少杆件同时受到弯曲和扭转的作用,如传动轴、雨篷梁等。本节仅就圆截面杆件在弯曲和扭转共同作用下的强度计算问题进行讨论。

图 10-10 所示的曲拐轴 $ABC$、$AB$ 段为圆截面,受图中荷载 $F_p$ 作用。

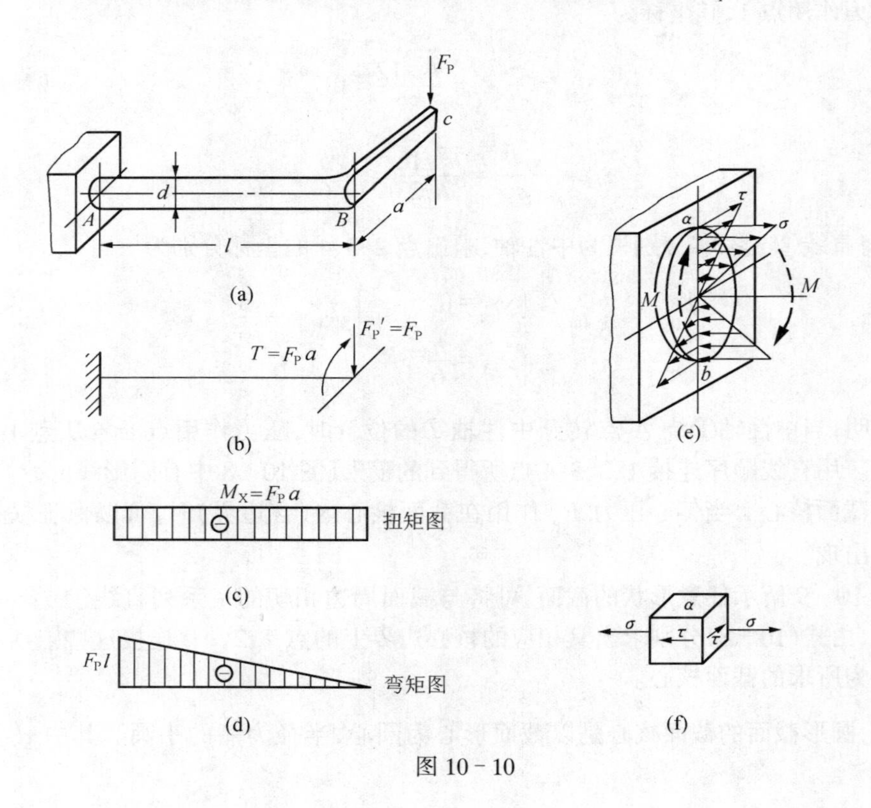


图 10-10

首先，将外力 $F_p$ 向 $AB$ 杆的 $B$ 截面形心简化，得到横向力 $F'_p = F_p$ 和力偶矩 $T = F_p a$。力 $F'_p$ 使杆 $AB$ 产生平面弯曲，力偶矩 $T$ 使杆 $AB$ 产生扭转，$AB$ 段发生弯曲和扭转的组合变形。由图 10－10c、d 可知，扭矩 $M_x = T$，弯矩 $M_{max} = F_p l$，发生在固定端截面，故危险截面为固定端截面。

弯矩 $M_{max}$ 所引起的正应力为

$$\sigma = \frac{M_{max} y}{I_z}$$

扭矩 $M_x$ 所引起的切应力为

$$\tau = \frac{M_x \rho}{I\rho}$$

其分布规律见图 10－10e。

（弯曲切应力忽略不计）

固定端截面上 $a$、$b$ 为危险点，将 $y_{max} = \frac{d}{2}$，$\rho_{max} = \frac{d}{2}$ 分别代入 $\sigma$、$\tau$ 表达式，得

最大弯曲正应力 $\sigma_{\substack{max \\ min}} = \pm \frac{M}{W_z}$

最大扭转切应力 $z_{max} = \frac{M_x}{W_p}$

图 10－10f 为 $a$ 点处的应力状态。对于该复杂应力状态，可由强度理论写出其相应的强度条件：

$$\sigma_{r3} = \sqrt{\sigma_\alpha^2 + 4\tau_\alpha^2} \leqslant [\sigma] \quad (10-9)$$

$$\sigma_{r4} = \sqrt{\sigma_\alpha^2 + 3\tau_\alpha^2} \leqslant [\sigma] \quad (10-10)$$

式中 $\sigma_\alpha$ 为弯曲引起的正应力，$\tau_\alpha$ 为同一截面同一点处扭转引起的切应力。

对于圆截面杆，$W_p = 2W_z$，上述强度条件又可以用弯矩 $M$，扭矩 $M_x$ 和抗弯截面模量 $W$ 表示为

$$\sigma_{r3} = \frac{\sqrt{M^2 + M_x^2}}{W} \leqslant [\sigma] \quad (10-11)$$

$$\sigma_{r4} = \frac{\sqrt{M^2 + 0.75M_x^2}}{W} \leqslant [\sigma] \quad (10-12)$$

式（10－11）（10－12）仅对圆截面（含空心圆截面杆）适用；式（10－9）（10－10）适用于任意形状截面的弯扭组合杆件。

由于圆截面杆不可能产生斜弯曲，若其在两个互相垂直的平面内存在弯矩 $M_y$ 和 $M_z$ 时，则可以用总弯矩 $M = \sqrt{M_y^2 + M_z^2}$ 代入强度条件计算。

例题 10－3　钢制圆轴如图 10－11a 所示，皮带轮 $A$、$B$ 的直径均为 1 m，其上松边和紧边拉力如图中所注，轮 $A$ 和轮 $B$ 自重均为 5 kN。已知圆轴材料的 $[\sigma] = 80$ MPa，试按第三强度理论选择轴的直径 $d$。

解：1. 荷载向截面形心处简化。

（1）两轮自重荷载 5 kN 过截面形心，无需简化；

(2)$A$ 轮水平拉力向形心简化为：

$5+2=7$ kN 的水平作用力和 $T_A=(5-2)\times\frac{1}{2}=1.5$ kN·m的外力偶矩；

(3)$B$ 轮竖向拉力向形心简化为：

$5+2=7$ kN 的竖向作用力和 $T_B=1.5$ kN·m 的外力偶矩。

2. 根据荷载简化图求出其相应支座反力并作相应的内力图。

$C$、$D$ 支座处水平反力和竖向反力如图 10-11b 中所示。

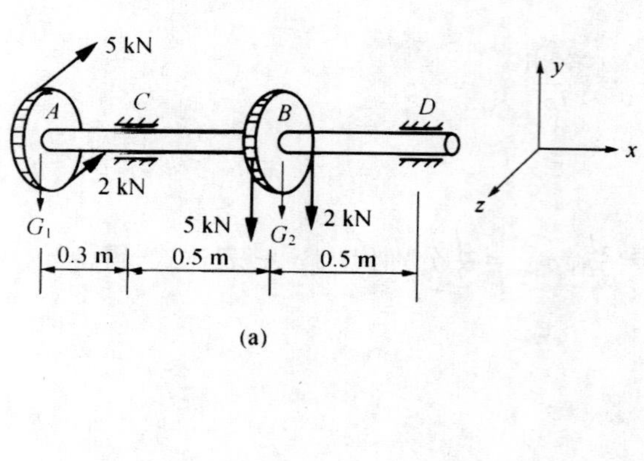


(a)

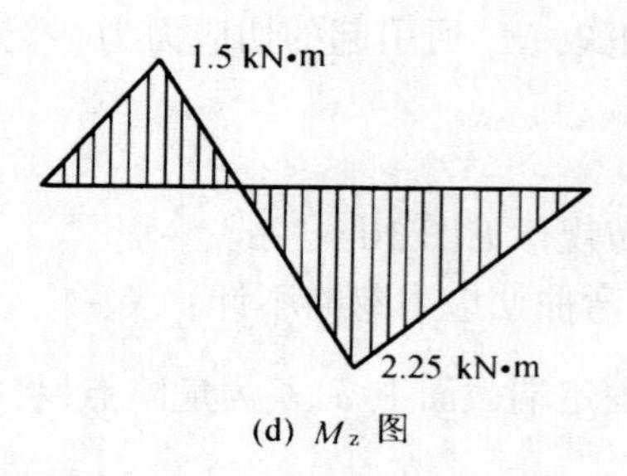


(d) $M_z$ 图

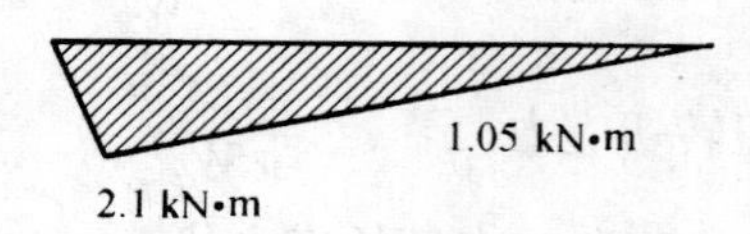


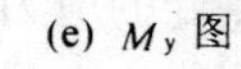

(e) $M_y$ 图

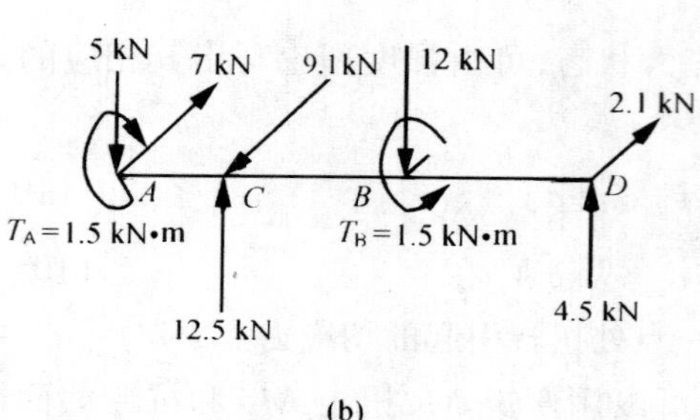


(b)

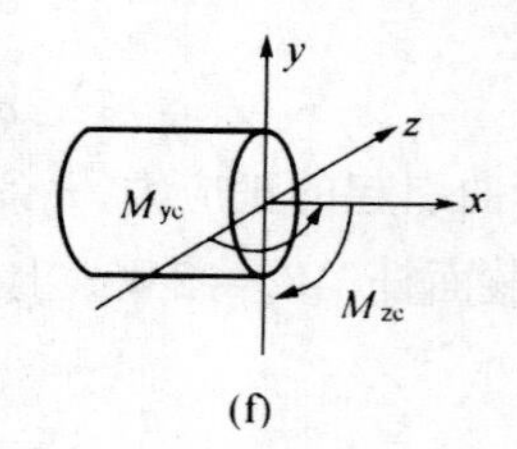


(f)

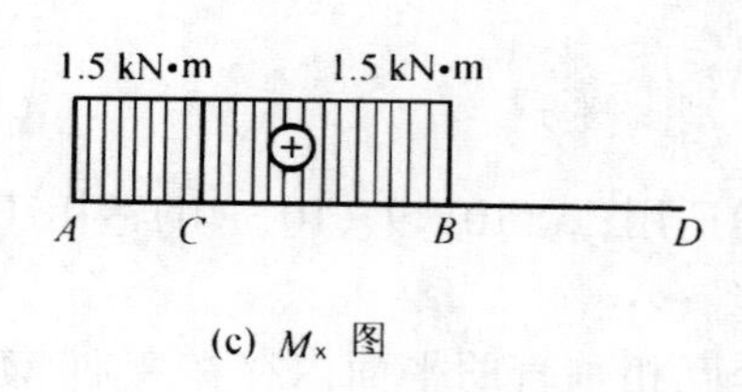


(c) $M_x$ 图

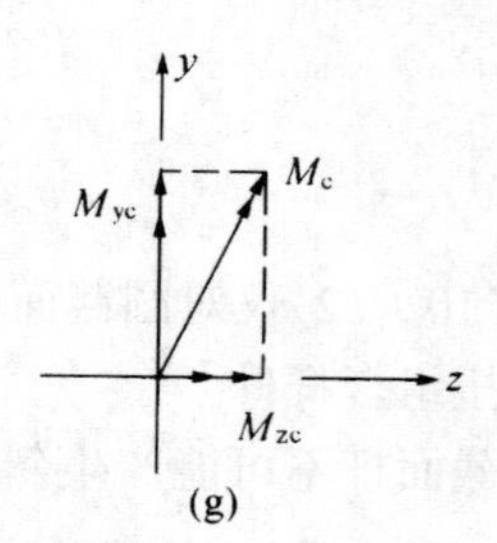


(g)

图 10-11

轴 $AB$ 段受扭，扭矩图见图 10-11c；

在铅垂平面内(即纸面内)，轴 $ACBD$ 受铅垂力引起弯曲，弯矩 $M_z$ 图如图 10-11d 所示；

在水平面内，轴 $ACBD$ 受水平力引起弯曲，弯矩 $M_y$ 如图 10-11e 所示。

3.判断危险截面及其相应的弯矩和扭矩。

由 c、d、e 图可以看出，$B$、$C$ 截面均有可能是危险截面，其扭矩均为

$$M_x = 1.5\ \text{kN·m}$$

其总弯矩为：

$$M_B = \sqrt{2.25^2 + 1.05^2} = 2.49(\text{kN·m})$$

$$M_C = \sqrt{1.5^2 + 2.1^2} = 2.58(\text{kN·m}) > M_B$$

故 $C$ 截面为危险截面（$C$ 截面弯矩合成如图 10－11f、g 所示）。

4.由第三强度理论确定轴的直径 $d$。

$$\sigma_{r3} = \frac{\sqrt{M_c^2 + M_x^2}}{W} \leqslant [\sigma]$$

$$W = \frac{\pi d^3}{32} \geqslant \frac{\sqrt{2.58^2 + 1.5^2} \times 10^3}{80 \times 10^6}$$

$$d \geqslant 73 \times 10^{-3}(\text{m})$$

故取轴的直径 d＝73 mm。

对于弯、扭再加拉（压）的组合变形，仍可沿用强度条件（10－9）和（10－10），仅需将式中弯曲正应力 $\sigma_\alpha$ 项改为 $\sigma_\alpha = \dfrac{M}{W} + \dfrac{F_N}{A}$ 即可。

## 习　　题

10－1.具有切槽的正方形木杆，受力如图所示。求

（1）$m-m$ 截面上的 $\sigma_{max}$ 和 $\sigma_{min}$；

（2）此 $\sigma_{max}$ 是截面削弱前的几倍？

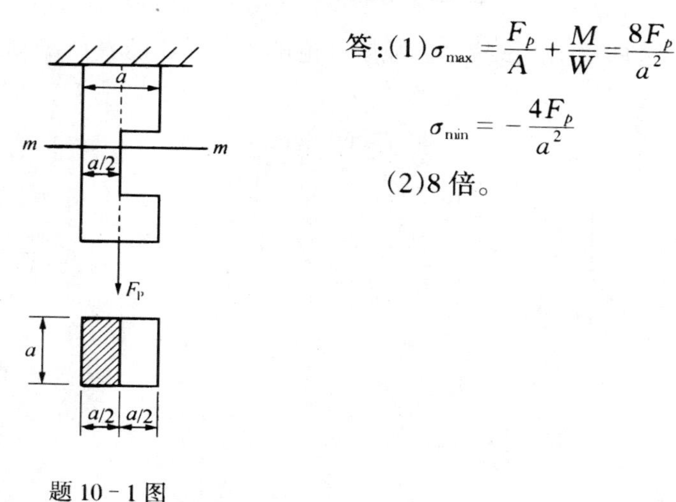


题 10－1 图

答：（1）$\sigma_{max} = \dfrac{F_p}{A} + \dfrac{M}{W} = \dfrac{8F_p}{a^2}$

$$\sigma_{min} = -\frac{4F_p}{a^2}$$

（2）8 倍。

10－2.求图中杆在 $F_p$ 作用下的$\sigma_{max}$数值,并指明所在位置。

答:$\sigma_{max}=20$ MPa

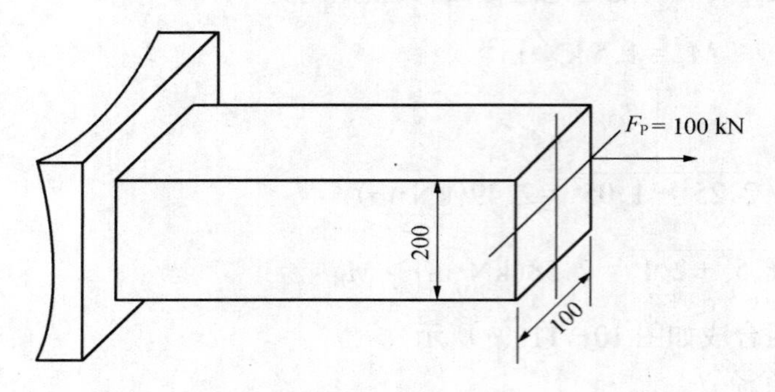


题 10－2 图

10－3.写出图示矩形截面杆固定端截面上 $A$、$B$ 两点处的应力表达式。

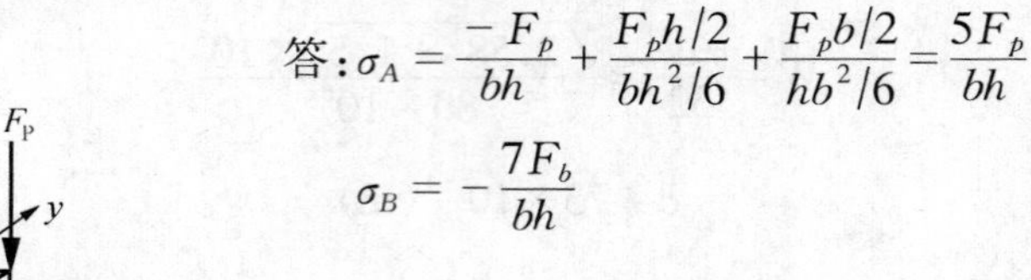

答:$\sigma_A=\dfrac{-F_p}{bh}+\dfrac{F_ph/2}{bh^2/6}+\dfrac{F_pb/2}{hb^2/6}=\dfrac{5F_p}{bh}$

$\sigma_B=-\dfrac{7F_b}{bh}$

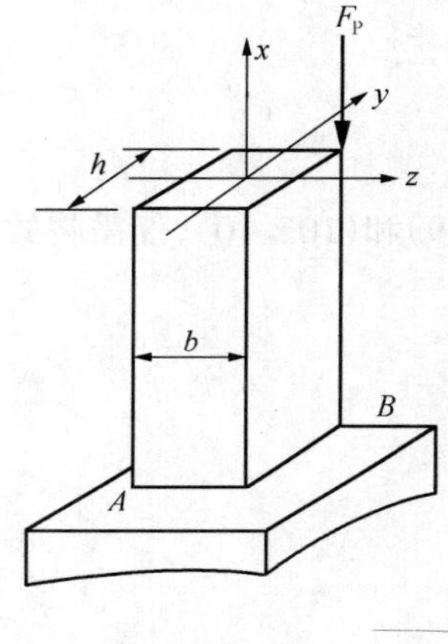


题 10－3 图

10－4.图示拐轴受铅垂载荷 $F_p$ 作用,试按第三强度理论确定轴 $AB$ 的直径 $d$。已知:$F_p=20$ kN,$[\sigma]=160$ MPa。

答:$d\geqslant 63.9$ mm

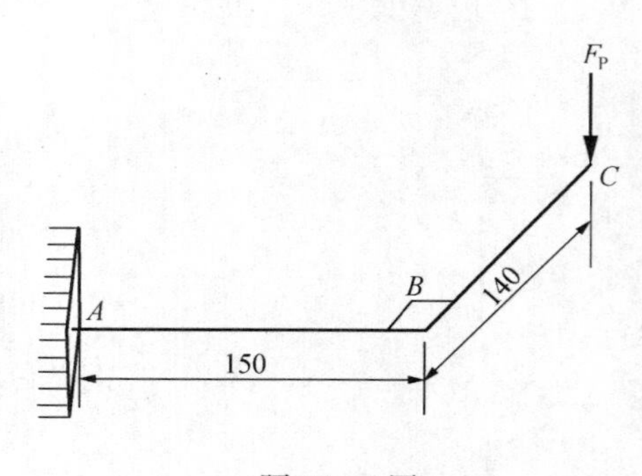


题 10－4 图

10－5. 图示矩形截面木梁。试求其最大拉(压)应力及其作用点位置。

答：$\sigma_{max} = 31.3$ MPa

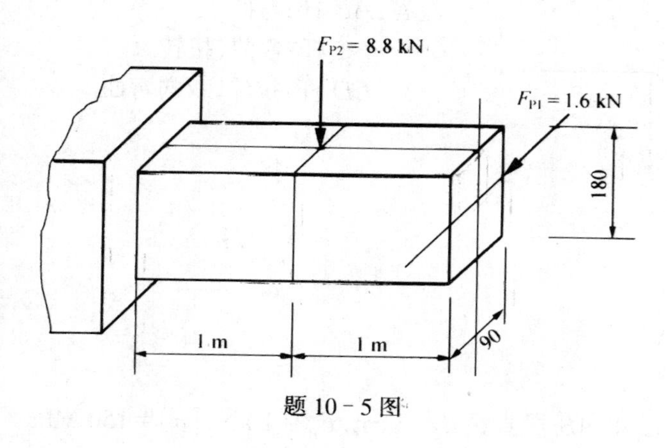


题 10－5 图

10－6. 图示简支梁，截面为 32*a* 工字钢，$W_z = 692\ cm^3$，$W_y = 70.8\ cm^3$，$l = 4$ m，$[\sigma] = 170$ MPa，校核其强度。

答：$\sigma_{max} = 167$ MPa，
安全。

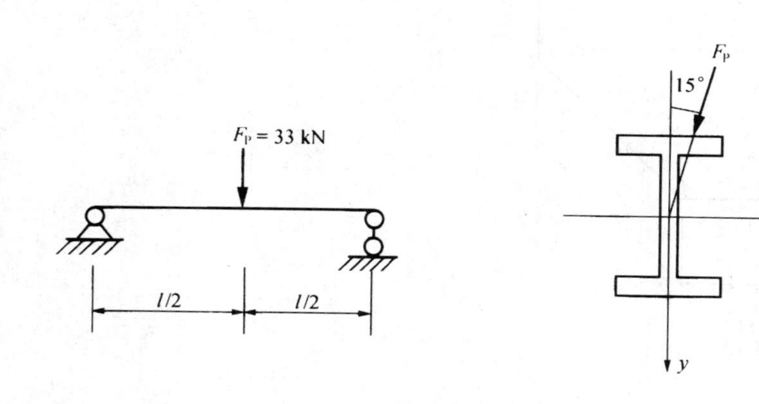


题 10－6 图

10－7. 直径 $d = 50$ mm 的圆截面杆，$[\sigma] = 120$ MPa，用第三强度理论校核强度。

答：$\sigma_{r3} = \sqrt{\sigma^2 + 4z^2} = 107\ MPa < [\sigma]$。

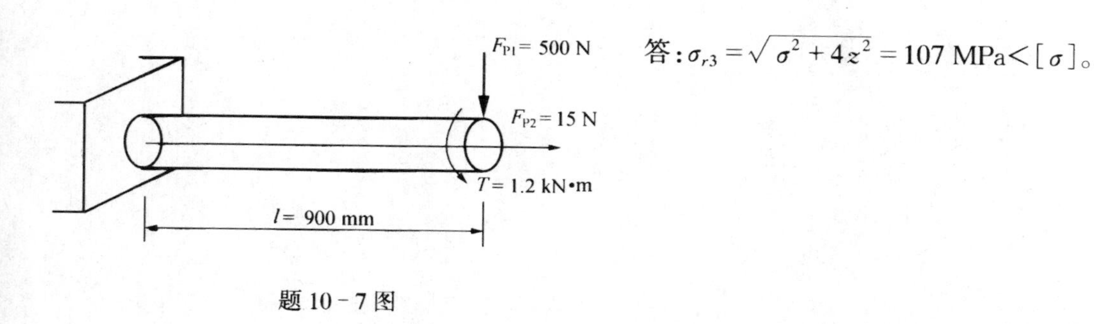


题 10－7 图

10－8. 试分析图中：杆 $AB$、$BC$、$CD$ 分别是哪几种基本变形组合。并写出各段内力方程。

答：$AB$ 杆：弯曲

$BC$ 杆：弯曲，扭转

$CD$ 杆：拉伸，双向弯曲

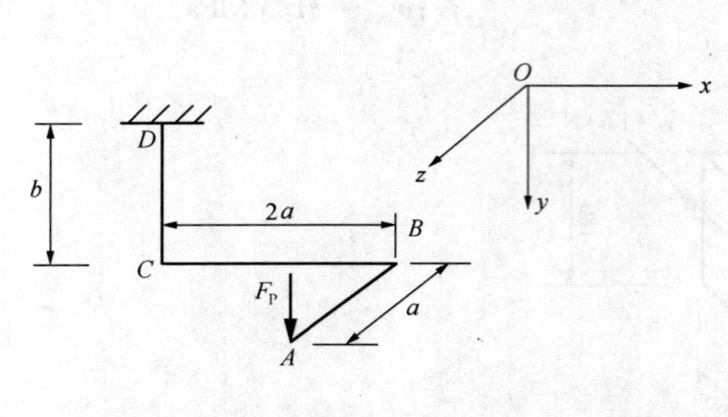


题 10－8 图

10－9. 图示水平直角折杆 $BAC$，已知 $AB$ 段直径 $d=3$ cm，$F_p=1$ kN，$[\sigma]=150$ MPa。试用第三强度理论校核轴 $AB$ 的强度。

答：$\sigma_{r3}=178$ MPa$>[\sigma]$

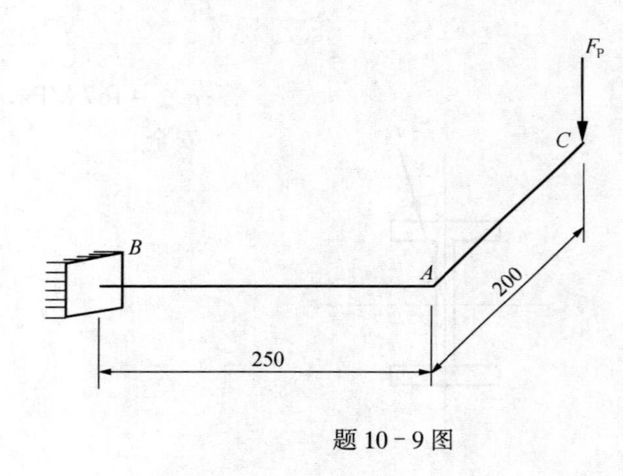


题 10－9 图

# 第十一章

# 压杆稳定

## 第一节　压杆稳定的概念

工程上常把承受轴向压力的直杆称为压杆。当轴向压缩杆件的强度条件满足时，压杆还可能产生失稳而破坏。如1907年加拿大一座施工中钢桥的突然倒塌，即是由于其桁架的压杆失稳所致。因此，压杆的稳定研究已成为工程中日益受到重视的课题，稳定条件与强度条件、刚度条件一样成为结构设计与检验的必要条件。

所谓失稳，就是本来挺直的压杆，当其所受的轴向压力超过某一数值时，会产生突然弯曲，退出工作的现象。严格地讲，压杆丧失其直线形状的平衡而过渡为曲线平衡的现象，称为丧失稳定，简称失稳。

现以图11－1所示两端铰支的细长压杆为例，研究压杆的平衡状态。

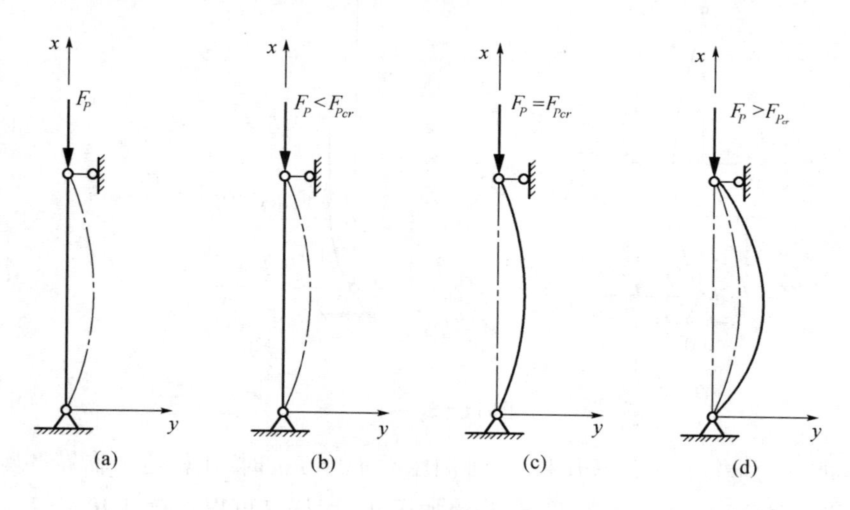


图11－1

图11－1a为一两端铰支，均质、等直且为完全弹性的细长杆件，外力作用线与压杆轴线重合。为了鉴别该压杆直线平衡状态的稳定性，对它作用一个微小的横向干扰力，使其偏离直线位置而发生弯曲如图a中点划线所示。然后去掉干扰，观察压杆能否恢复到原来的直线位置。实验证明，其结果可能有图b、c、d三种情况，图中实线表示杆件最终的平衡位置。

情形一：当压力$F_P$小于某一特定值$F_{Pcr}$时，压杆处于直线平衡状态。受到横向干扰力到达微弯状态后，解除干扰，压杆仍能恢复到原来的直线平衡状态（图11－1b）。杆件的这种平衡状态称之为稳定的平衡状态。

情形二：当压力 $F_P$ 等于某一特定值 $F_{Pcr}$ 时，压杆处于直线平衡状态。受到横向干扰力到达微弯状态后，解除干扰，压杆并不恢复到原来的直线平衡状态，而是在微弯状态保持平衡（图 11－1c）。杆件的这种平衡状态称之为临界平衡状态。

情形三：当压力 $F_P$ 大于某一特定值 $F_{Pcr}$ 时，压杆处于直线平衡状态。受到轻微的横向干扰，压杆就发生显著的弯曲变形，解除干扰后也不能恢复原有的直线平衡状态（图 11－1d）。杆件的这种平衡状态称之为不稳定的平衡状态。

综上，压杆的直线平衡状态，可以根据其轴向压力的大小分为稳定、临界与不稳定三种。由于实际杆件缺陷、偏心等因素的存在，起到了横向干扰的作用，所以对压杆而言，不稳定的平衡状态是不安全的。也就是说，压杆所承受的轴力应小于轴向压力的特定值 $F_{Pcr}$，$F_{Pcr}$ 称为临界压力或临界力。

## 第二节　细长压杆的临界力和临界应力

1．两端铰支细长压杆的临界力

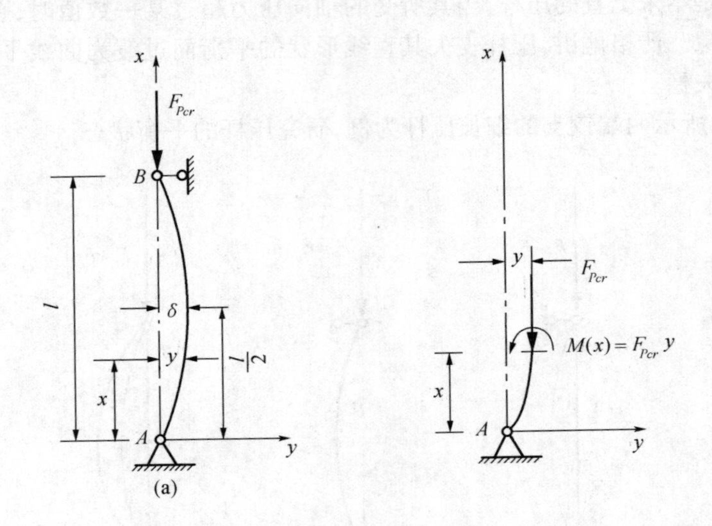


图 11－2

图 11－2a 所示两端铰支的细长压杆，当轴向压力 $F_p = F_{Pcr}$ 时，压杆处于临界平衡状态。此时若不加干扰，压杆可在直线位置平衡，若稍加干扰，压杆又可以在微弯状态保持平衡。临界压力的确定，可以从临界状态时杆件的微弯平衡考虑。如图 11－2b 所示，在微弯状态下，压杆 $x$ 截面上的弯矩为

$$M(x) = F_{Pcr}y \tag{a}$$

式中 $y$ 为杆轴线在 $x$ 截面处的挠度。当压杆横截面上的应力不超过压杆材料的比例极限时，由梁的弯曲理论知：

$$\frac{d^2 y}{dx^2} = -\frac{M(x)}{EI} \tag{b}$$

将式(a)代入(b)并令

$$k^2 = \frac{F_{Pcr}}{EI} \tag{c}$$

得

$$\frac{d^2 y}{dx^2} + k^2 y = 0 \tag{d}$$

上述二阶常系数微分方程的通解为

$$y = A\sin kx + B\cos kx \tag{e}$$

再由压杆的边界条件确定通解中的待定常数 $A$、$B$。两端铰支压杆的边界条件为:

$$x = 0 : y = 0; \qquad x = l : y = 0 \tag{f}$$

得到:$B = 0$ 和 $A\sin kl = 0$

若 $A = 0$,则 $y \equiv 0$,与压杆处于微弯平衡状态矛盾,则只能有:$\sin kl = 0$ 即

$$kl = n\pi \qquad (n = 0,1,2,\cdots\cdots)$$

则

$$k = \frac{n\pi}{l}$$

由式(c)

$$F_{Pcr} = k^2 EI = \frac{n^2\pi^2 EI}{l^2} \quad (n = 0,1,2,\cdots\cdots) \tag{g}$$

由式(g)可以看出,$n$ 等于零时轴向压力 $F_{Pcr}$ 为零,显然与题意不符。故使压杆在微弯状态下保持平衡的最小轴向压力为 $n$ 取 1 时,得

$$F_{Pcr} = \frac{\pi^2 EI}{l^2} \tag{11-1}$$

上式即为两端铰支压杆的临界压力公式,通常称为欧拉公式。式中 $l$ 为压杆长度,$EI$ 为杆的最小抗弯刚度。两端铰支压杆处于微弯平衡状态时,挠曲线是一条正弦曲线,其杆长 $l$ 对应于正弦波的半个波长。

2. 其他杆端支承下细长压杆的临界压力

对于其他杆端支承下细长压杆的临界压力,也可以依照上述方法一一推导出来。由于在弹性范围内,相同的变形对应着相同的作用力,也可以以两端铰支压杆的变形曲线为基准,通过变形比较的方法确定其临界压力。

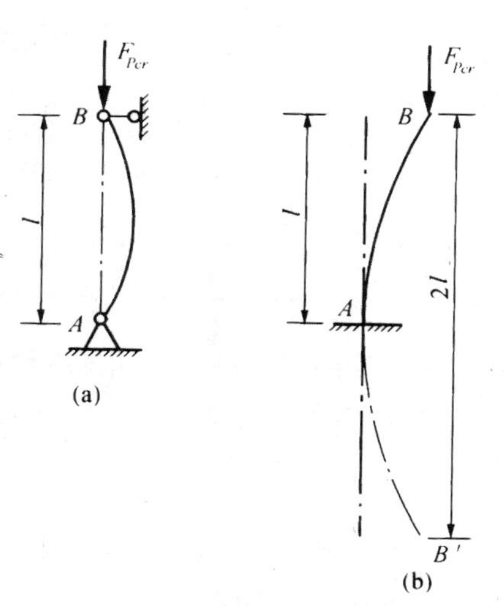

图 11-3

图 11-3a 为长为 $l$ 的两端铰支压杆,在微弯平衡时杆轴线成为半个正弦波曲线。图 11-3b 为一端固定一端自由的压杆,杆长 $l$,其挠曲线如图 b 中 $AB$ 段所示。若以固定端处的地平线作为对称轴,将该杆微弯平衡时的挠曲线向下延伸,则得到图 11-3b 中所示的半波正弦曲线,其形状与 11-3a 中的半波正弦曲线相同,但半波长为 $2l$。由此可见,图 b 中压杆 $AB$ 的挠曲线与图 $a$ 中压杆 $AB$ 挠曲线的上半部分相

同，都是$\frac{1}{4}$波长的正弦曲线，它们的临界压力表达式应当相同。

对于图 a 中的两端铰支压杆：

$$F_{Pcr} = \frac{\pi EI}{l^2}$$

对于图 b 中的一端固定一端自由压杆：

$$F_{Pcr} = \frac{\pi^2 EI}{(2l)^2} \tag{11-2}$$

同理，两端固定，长为 $l$ 的细长压杆临界压力为

$$F_{Pcr} = \pi^2 EI/(0.5l)^2 \tag{11-3}$$

几种常见杆端支承情况下的临界压力欧拉公式可参见表 11－1。

**表 11－1　各种支承约束条件下等截面压杆临界压力的欧拉公式**

| 杆端情况 | 两端铰支 | 一端固定<br>另端铰支 | 两端固定 | 一端固定<br>另端自由 | 两端固定<br>但可沿横向<br>相对移动 | 两端弹簧支座 |
|---|---|---|---|---|---|---|
| 失稳时挠曲线形状 | 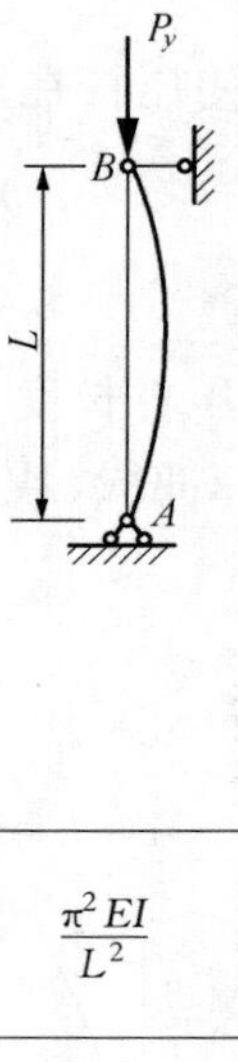 | 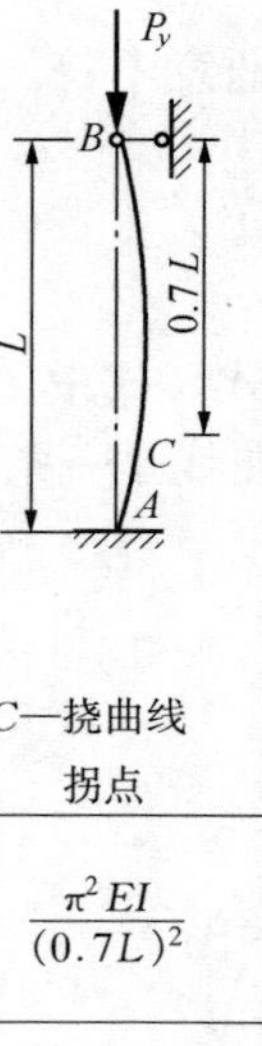 $C$—挠曲线<br>拐点 | 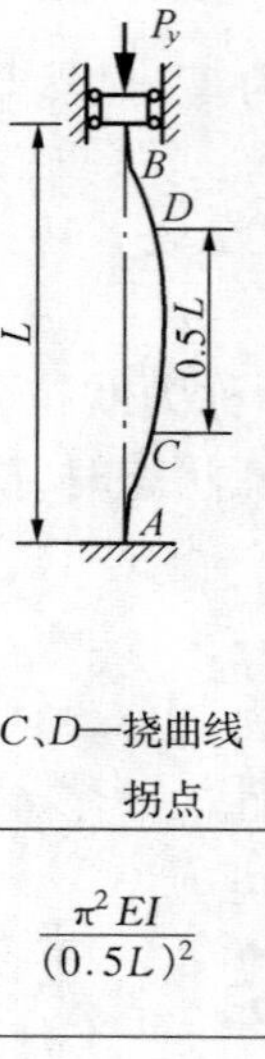 $C$、$D$—挠曲线<br>拐点 | 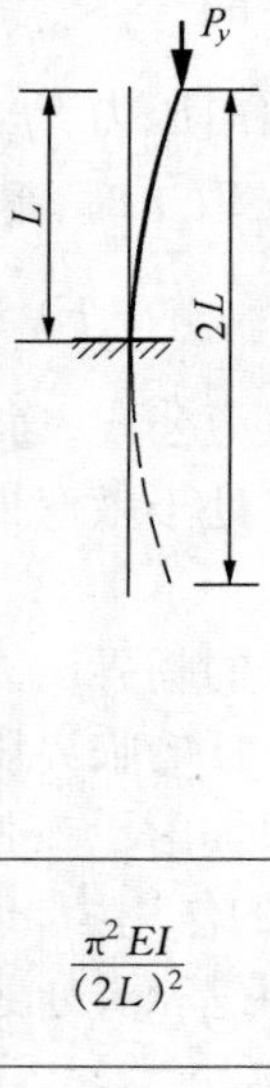 | 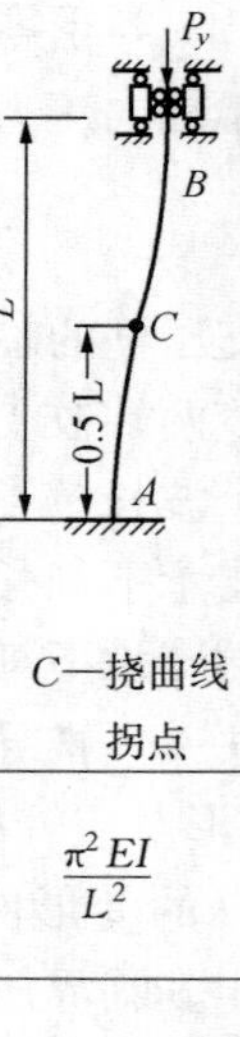 $C$—挠曲线<br>拐点 | 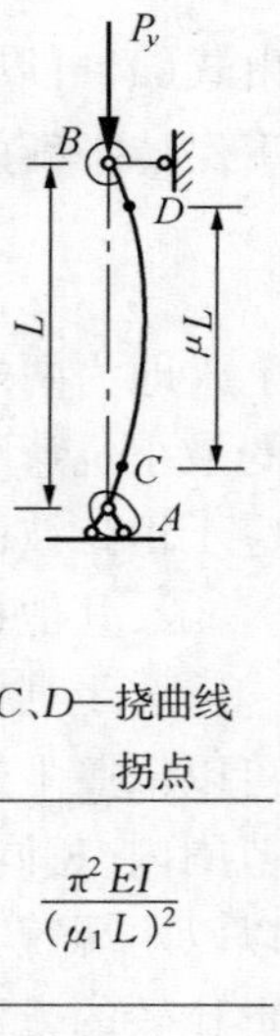 $C$、$D$—挠曲线<br>拐点 |
| 临界压力<br>$F_{Pcr}$ | $\frac{\pi^2 EI}{L^2}$ | $\frac{\pi^2 EI}{(0.7L)^2}$ | $\frac{\pi^2 EI}{(0.5L)^2}$ | $\frac{\pi^2 EI}{(2L)^2}$ | $\frac{\pi^2 EI}{L^2}$ | $\frac{\pi^2 EI}{(\mu_1 L)^2}$ |
| 长度系数<br>$\mu$ | $\mu=1$ | $\mu=0.7$ | $\mu=0.5$ | $\mu=2$ | $\mu=1$ | $\mu=\mu_1$<br>$0.5<\mu_1<1.0$ |

其中长度系数 $\mu$ 反映了不同杆端约束对临界压力的影响。

综上，可以将各种杆端约束条件下细长压杆的临界压力公式统一写成欧拉公式：

$$F_{Pcr} = \frac{\pi^2 EI}{(\mu l)^2} \tag{11-4}$$

$\mu l$ 称为压杆的相当长度，$\mu$ 为长度系数。

3. 细长压杆的临界应力

细长压杆处于临界状态时，横截面上的正应力称为临界应力。

即
$$\sigma_{cr} = \frac{F_{Pcr}}{A} = \frac{\pi^2 EI}{(\mu l)^2 A}$$
引入截面的惯性半径
$$i = \sqrt{\frac{I}{A}} \tag{11-5}$$
得到欧拉公式的另一种表达形式：
$$\sigma_{cr} = \frac{\pi^2 E}{\lambda^2} \tag{11-6}$$
式中
$$\lambda = \frac{\mu l}{i} \tag{11-7}$$

$\lambda$ 称为压杆的长细比，或称为柔度。它与杆件的长度，杆端的支承情况，截面的形状大小等因素有关，是影响压杆临界应力的一个无量纲的综合性参数。

由式(11－6)可以看出，临界应力 $\sigma_{cr}$随$\lambda$ 的增大而减少。同时，当压杆沿 $y$、$z$ 两个形心主惯性轴方向的约束条件不同时，压杆只可能在两个形心主惯性平面的某一平面内失稳，即在柔度 $\lambda$ 较大的平面内失稳。这时应分别计算相应的 $\lambda_y$ 和$\lambda_z$，并按其较大者来计算压杆的临界应力 $\sigma_{cr}$。

# 第三节　欧拉公式的适用范围和临界应力总图

## 一、欧拉公式的适用范围

前面推导欧拉公式(11－4)时，用到了弹性梁弯曲理论中的近似微分方程 $EIy''=-M(x)$。

当压杆的临界应力 $\sigma_{cr}$超过材料的比例极限时，虎克定律不再适用，欧拉公式也无从推导。因此，欧拉公式(11－4)与(11－6)的适用范围是：临界应力不超过材料的比例极限。即
$$\sigma_{cr} \leqslant \sigma_p \qquad \text{(a)}$$
当材料的比例极限 $\sigma_p$ 已知时，由式(a)可得
$$\frac{\pi^2 E}{\lambda^2} \leqslant \sigma_p \qquad \text{(b)}$$
即
$$\lambda \geqslant \sqrt{\frac{\pi^2 E}{\sigma_p}} \tag{11-8}$$
式(11－8)是用压杆长细比(柔度)表示的欧拉公式的适用范围。

引入记号
$$\lambda_p = \sqrt{\frac{\pi^2 E}{\sigma_p}} \tag{11-9}$$
则称 $\lambda \geqslant \lambda_p$ 的压杆为大柔度杆，或称为细长压杆。

由式(11－9)中可以看出，不同材料的 $\lambda_p$ 值不同，欧拉公式的适用范围也不同。如 $A_3$ 钢，取 $E=210$ GPa，$\sigma_p=200$ MPa，则

$$\lambda_p = \sqrt{\frac{\pi^2 \times 210 \times 10^3}{200}} \doteq 102$$

所以对 $A_3$ 钢欧拉公式的适用范围是 $\lambda \geqslant 102$。同样可以求得:铝合金材料的 $\lambda_p = 63$,铸铁的 $\lambda_p = 80$,松木的 $\lambda_p = 110$ 等等。

## 二、超过比例极限时压杆的临界应力

为了提高压杆的承载能力,工程中采用的压杆绝大多数都不是细长压杆,其柔度 $\lambda < \lambda_p$,通常称为中小柔度压杆。这种非细长压杆也存在着稳定问题,其临界应力超过了材料的比例极限,失稳发生在材料的弹塑性阶段,欧拉公式不再适用。目前世界各国大都采用以试验数据为依据的经验公式来计算中小柔度压杆的临界应力。我国钢结构设计规范(TJ17-74)中规定采用抛物线型经验公式:

$$\sigma_{cr} = \sigma_s \left[1 - \alpha \left(\frac{\lambda}{\lambda_c}\right)^2\right] \tag{11-10}$$

式中:$\sigma_s$——材料的屈服极限

$\alpha$——无量纲系数

$\lambda_c$——非理想压杆的柔度分界值

公式(11-10)的适用范围为

$$0 \leqslant \lambda \leqslant \lambda_c \tag{11-11}$$

对于 $A_3$ 钢和 16 Mn 钢,规定 $a = 0.43$,$\lambda_c = \pi\sqrt{\frac{E}{0.57\sigma_s}}$,且 $A_3$ 钢 $E = 210$ GPa,$\sigma_s = 240$ MPa,16 Mn 钢 $E = 210$ GPa,$\sigma_s = 350$ MPa。可以求得:

$A_3$ 钢　　$\lambda_c = 123$

$\sigma_{cr} = 240 - 0.006\,82\lambda^2$

16 Mn 钢　　$\lambda_c = 102$

$\sigma_{cr} = 350 - 0.014\,47\lambda^2$

更详细的分析可查阅新版钢结构设计规范(GBJ17-88)。

## 三、临界应力总图

将临界应力 $\sigma_{cr}$ 与柔度 $\lambda$ 的函数关系用曲线表示出来,即为临界应力总图。鉴于大柔度杆与中小柔度杆临界应力的两种不同计算公式,临界应力总图由两段曲线共同组成。例如,图 11-4 所示 $A_3$ 钢的临界应力总图中 ACB 段是以欧拉公式绘出的双曲线,DC 段则是以经验公式绘出的抛物线,两段曲线交于 $C$ 点,$C$ 点的横坐标 $\lambda_c = 123$,相应的临界应力 $\sigma_c = 134$ MPa。临界应力总图中,当 $\lambda \leqslant \lambda_c$ 时,采用抛物线公式曲线:$\lambda > \lambda_c$ 时,采用欧拉公

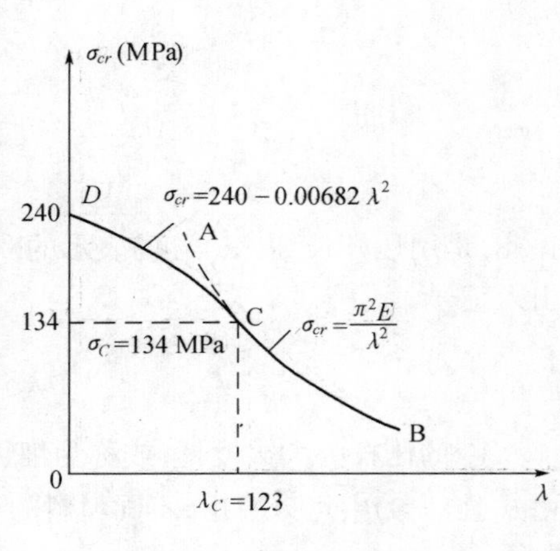

图 11-4

式曲线，即图中 $DC$ 与 $CB$ 两段曲线。$\lambda_c = 123$ 系由 $\lambda_c = \pi\sqrt{\dfrac{E}{0.57\sigma_s}}$ 求得，与 $\lambda_p = \sqrt{\dfrac{\pi^2 E}{\sigma_p}} = 102$ 不同。这是因为实际压不可能处于理想状态，而经验公式则是根据实际压杆而得出的结果。所以在实际计算中以 $\lambda_c = 123$ 作为分界点。当 $\lambda \leqslant \lambda_c$ 时用抛物线公式，$\lambda > \lambda_c$ 时则采用欧拉公式。

对于 16 Mn 钢，$\lambda_c = 102$，$\sigma_c = 195$ MPa。

由于局部截面的削弱（如钉孔等）对于杆件整体变形的影响很小，所以在计算临界应力时，多采用未削弱的横截面面积和惯性矩。临界力也用临界应力乘以上述毛面积得出。但是对于局部削弱的压杆，除稳定计算之外，还应对削弱了的横截面处进行强度校核。

## 四、算例

例题 11 - 1. 两根圆截面 $A_3$ 钢压杆，其截面直径均为 d = 16 cm，两端均为铰支，$l_1 = 2\,l_2 = 5$ m 。试求各压杆的临界压力。

解：

$$A = \frac{\pi d^2}{4} = \frac{\pi}{4} \times 0.16^2 = 2 \times 10^{-2}(\text{m}^2)$$

$$I = \frac{\pi^2 d^4}{64} = \frac{\pi}{64} \times 0.16^4 = 3.22 \times 10^{-5}(\text{m}^4)$$

$$i = \sqrt{\frac{I}{A}} = \frac{d}{4} = \frac{0.16}{4} = 0.04(\text{m})$$

$$\mu = 1$$

$$A = \frac{\pi d^2}{4} = \frac{\pi}{4} \times 0.16^2 = 2.0 \times 10^{-2}(\text{m}^2)$$

压杆①：$l_1 = 5$ m

$$\lambda_1 = \frac{\mu l_1}{i} = \frac{1 \times 5}{0.04} = 125 > \lambda_c = 123\text{，为大柔度杆}$$

由欧拉公式：

$$F_{Pcr} = \frac{\pi EI}{(\mu l_1)^2} = \frac{\pi^2 \times 210 \times 10^9 \times 3.22 \times 10^{-5}}{(1 \times 5)^2} = 2.67 \times 10^3(\text{kN})$$

压杆②：$l_2 = 2.5$ m

$$\lambda_2 = \frac{\mu l_2}{i} = 62.5 < \lambda_c = 123\text{，为中小柔度杆}$$

由经验公式：

$$\sigma_{cr} = 240 - 0.006\,82\lambda^2$$

$$= 240 - 0.006\,82 \times 62.5^2 = 213.4(\text{MPa})$$

$$F_{Pcr} = \sigma_{cr} A = 213.4 \times 10^6 \times 2 \times 10^{-2} = 4.27 \times 10^3(\text{kN})$$

例题 11 - 2. 图 11 - 5 所示矩形截面松木压杆，其支承情况是：在 $xy$ 平面（正视图 a）内相当于两端铰支：在 $xz$ 平面（俯视图 b）内相当于两端固定。已知松木的弹性模量 $E = 10$ GPa，$\lambda_p = 110$，试求此木杆的临界压力。

解：由于压杆在 $xy$ 面与 $xz$ 面中约束不同，截面对 $y$、$z$ 两轴的惯性矩也不相同，难于直

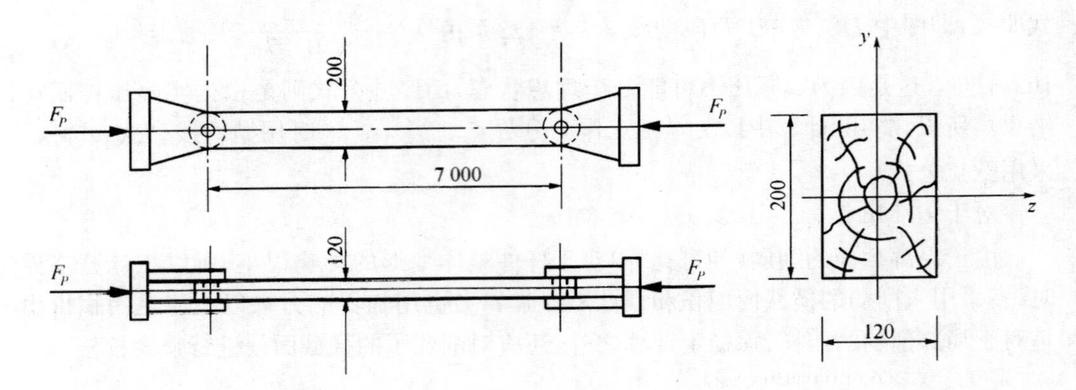


图 11 - 5

接判定杆件会在哪个平面内失稳。因此,首先计算压杆在两个平面内的柔度。

$$A = b \times h = 120 \times 200 \times 10^{-6} = 2.4 \times 10^{-2}(\mathrm{m}^2)$$

$$I_z = \frac{bh^3}{12} = \frac{120 \times 200^3}{12} \times 10^{-12} = 8 \times 10^{-5}(\mathrm{m}^4)$$

$$I_y = \frac{hb^3}{12} = \frac{200 \times 120^3}{12} \times 10^{-12} = 2.88 \times 10^{-5}(\mathrm{m}^4)$$

$$i_z = \sqrt{\frac{I_z}{A}} = \sqrt{\frac{8 \times 10^{-5}}{2.4 \times 10^{-2}}} = 5.77 \times 10^{-2}(\mathrm{m})$$

$$i_y = \sqrt{\frac{I_y}{A}} = \sqrt{\frac{2.88 \times 10^{-5}}{2.4 \times 10^{-2}}} = 3.46 \times 10^{-2}(\mathrm{m})$$

$xy$ 面中:两端铰支 $\mu = 1$

$$\lambda_z = \frac{\mu l}{i_z} = \frac{1 \times 7}{5.77 \times 10^{-2}} = 121$$

$xz$ 面中:两端固定 $\mu = 0.5$

$$\lambda_y = \frac{\mu l}{i_y} = \frac{0.5 \times 7}{3.46 \times 10^{-2}} = 101$$

因为 $\lambda_z > \lambda_y$,所以压杆先在 $xy$ 平面内失稳。又因为 $\lambda_z = 121 > \lambda_p = 110$,杆在 $xy$ 面内为细长压杆。

由欧拉公式

$$F_{Pcr} = \frac{\pi^2 EI_y}{(\mu l)^2} = \frac{\pi^2 \times 10 \times 10^9 \times 8 \times 10^{-5}}{(1 \times 7)^2} = 161(\mathrm{kN})$$

故此木压杆的临界力为 161 kN。

## 第四节　压杆稳定的实用计算

对于实际压杆的稳定计算,土建工程中主要采取折减系数法。

### 一、折减系数 $\varphi$

上节已经介绍了压杆临界应力 $\sigma_{cr}$ 的计算公式。同强度问题一样,压杆的实际工作应力

必须小于临界应力,同时还必须考虑一定的安全储备。则压杆的稳定条件为

$$\sigma = \frac{F_P}{A} \leqslant [\sigma_W] \tag{a}$$

其中稳定许用应力

$$[\sigma_W] = \frac{\sigma_{cr}}{n_W} \tag{b}$$

式中:$F_P$——作用于压杆上的实际工作压力

$A$——压杆横截面面积

$n_W$——稳定安全系数

$\sigma_{cr}$——压杆的临界应力

通常稳定安全系数大于强度计算时的安全系数,稳定许用应力$[\sigma_W]$小于强度计算的许用应力$[\sigma]$。

令 $\varphi = \frac{[\sigma_W]}{[\sigma]} = \frac{\sigma_{cr}}{n_W[\sigma]}$

则 $[\sigma_W] = \frac{\sigma_{cr}}{n_W[\sigma]} \cdot [\sigma] = \varphi[\sigma]$ (c)

可以看出 $0<\varphi<1$,称为折减系数。

当材料一定时,$[\sigma]$确定,$\varphi$ 由$[\sigma_W]$决定;而$[\sigma_W]$又由临界应力 $\sigma_{cr}$ 和稳定安全系数 $n_W$ 决定;$\sigma_{cr}$ 和 $n_W$ 则随压杆长细比 $\lambda$ 而变化。因此,折减系数 $\varphi$ 是由 $\lambda$ 确定的数值。表 11-2 中列出了几种常用材料压杆的折减系数。我国钢结构设计等规范中对于各种材料 $\varphi$ 值都有具体规定以供查阅。

**表 11-2 压杆的折减系数 φ**

| $\lambda$ | $\varphi$ 值 | | | | | 实心砖砌体 $\varphi$ 值 | |
|---|---|---|---|---|---|---|---|
| | $A_2$、$A_3$ 钢 | 16 锰钢 | 铸铁 | 木材 | 混凝土 | 50~100# 砂浆 | 25# 砂浆 |
| 0 | 1.000 | 1.000 | 1.00 | 1.000 | 1.00 | – | – |
| 20 | 0.981 | 0.973 | 0.91 | 0.932 | 0.96 | 0.96 | 0.96 |
| 40 | 0.927 | 0.895 | 0.69 | 0.822 | 0.83 | 0.85 | 0.83 |
| 60 | 0.842 | 0.776 | 0.44 | 0.658 | 0.70 | 0.73 | 0.71 |
| 70 | 0.789 | 0.705 | 0.34 | 0.575 | 0.63 | 0.65 | 0.62 |
| 80 | 0.731 | 0.627 | 0.26 | 0.460 | 0.57 | 0.58 | 0.55 |
| 90 | 0.669 | 0.546 | 0.20 | 0.371 | 0.51 | 0.52 | 0.49 |
| 100 | 0.604 | 0.462 | 0.16 | 0.300 | 0.46 | 0.47 | 0.45 |
| 110 | 0.536 | 0.384 | | 0.248 | | 0.42 | 0.40 |
| 120 | 0.466 | 0.325 | | 0.209 | | 0.37 | 0.35 |
| 130 | 0.401 | 0.279 | | 0.178 | | 0.32 | 0.29 |
| 140 | 0.349 | 0.242 | | 0.153 | | 0.28 | 0.26 |
| 150 | 0.306 | 0.213 | | 0.134 | | 0.24 | 0.22 |
| 160 | 0.272 | 0.188 | | 0.117 | | 0.18 | 0.17 |

续表 11-2

| λ | φ 值 | | | | | 实心砖砌体 φ 值 | |
|---|---|---|---|---|---|---|---|
| | $A_2$、$A_3$ 钢 | 16 锰钢 | 铸铁 | 木材 | 混凝土 | 50～100# 砂浆 | 25# 砂浆 |
| 170 | 0.243 | 0.168 | | 0.102 | | 0.16 | 0.15 |
| 180 | 0.218 | 0.151 | | 0.093 | | 0.13 | 0.12 |
| 190 | 0.197 | 0.136 | | 0.083 | | 0.11 | 0.10 |
| 200 | 0.180 | 0.124 | | 0.075 | | 0.09 | 0.08 |

## 二、稳定条件

由式(c)可知,稳定问题的许用应力

$$[\sigma_W] = \varphi[\sigma] \tag{d}$$

将式(d)代入式(a),得

$$\sigma = \frac{F_P}{A} \leqslant \varphi[\sigma] \tag{11-12}$$

上式即为折减系数法对压杆进行稳定计算的稳定条件。利用稳定条件可以解决下述三类问题。

1.稳定校核

即在压杆长度、截面、材料、支承及作用力均为已知的条件下,验算是否满足稳定条件(11-12)。

2.确定许用荷载

即在压杆长度、截面、材料、支承已知的条件下,由稳定条件 $F_P \leqslant \varphi[\sigma]A$ 确定许用荷载。

3.确定截面尺寸

即在压杆长度、材料、支承和作用力已知的条件下,由稳定条件 $A \geqslant \dfrac{F_P}{\varphi[\sigma]}$ 确定截面尺寸。

因为折减系数 $\varphi$ 须由压杆的长细比 $\lambda$ 确定,而 $\lambda$ 又与截面的 $I$ 和 $A$ 有关。在截面尺寸未知的条件下,$\varphi$ 亦是未知量,故稳定条件中含有 $A$ 与 $\varphi$ 两个未知量,不易直接求解。实际中多采用试算法解决这一问题。即首先假设一个 $\varphi_1$ 值(通常取 $\varphi_1 = 0.5 \sim 0.6$),将此 $\varphi_1$ 值代入稳定条件,求出 $A_1$;然后按 $A_1$ 求出 $\lambda_1$,再依 $\lambda_1$ 查出 $\varphi'_1$;比较 $\varphi_1$ 与 $\varphi'_1$,若相差较大,则重新设定 $\varphi_2$[可取 $\varphi_2 = \dfrac{1}{2}(\varphi_1 + \varphi'_1)$],重复上述过程,直到查到的 $\varphi'_n$ 与假设的 $\varphi_n$ 接近为止。最后对确定的截面尺寸进行稳定校核。

上述试算法通常只需 2～3 轮即可达到满意的结果。该试算法亦可由假设 $A$ 值开始,具体方法向上。

## 三、算例

例题 11-3. 图 11-6 所示支架,压杆 $AB$ 为直径 2.8 cm 的圆截面。已知 $A_3$ 钢的 $[\sigma] = 160$ MPa,试求该支架的容许荷载 $[F_P]$ 值。

解:此题为压杆的稳定实用计算。首先求出压杆 $AB$ 的容许轴力 $[F_{NAB}]$,然后再由平衡关系求出支架的容许荷载 $[F_P]$。

1. 计算压杆 $AB$ 的有关参数

压杆长度 $$l=\sqrt{0.8^2+0.6^2}=1(\text{m})$$

长度系数 $$\mu=1 \quad (\text{两端铰支})$$

截面惯性矩 $$I=\frac{\pi d^4}{64}=\frac{\pi\times 2.8^4\times 10^{-8}}{64}=3.01\times 10^{-8}(\text{m}^4)$$

截面面积 $$A=\frac{\pi d^2}{4}=\frac{\pi\times 2.8^2\times 10^{-4}}{4}=6.16\times 10^{-4}(\text{m}^2)$$

惯性半径 $$i=\sqrt{\frac{I}{A}}=\frac{d}{4}=\frac{2.8\times 10^{-2}}{4}=0.7\times 10^{-2}(\text{m})$$

长细比 $$\lambda=\frac{\mu l}{i}=\frac{1\times 1}{0.7\times 10^{-2}}=142.8$$

2. 计算压杆 $AB$ 的容许轴力 $[F_{NAB}]$

查折减系数表 11－2，由线性插值得

$$\varphi=0.349+\frac{28}{100}\times(0.306-0.349)=0.331$$

则 $$[F_{NAB}]=\varphi[\sigma]A=0.331\times 160\times 10^3\times 6.16\times 10^{-4}=32.6(\text{kN})$$

3. 计算支架的容许荷载 $[F_P]$

由梁 CBD 的平衡条件 $\sum M_c=0$，得

$$[F_P]\times 0.9=[F_{NAB}]\times\frac{4}{5}\times 0.6$$

$$[F_P]=\frac{8}{15}[F_{NAB}]$$

则 $$[F_P]=\frac{8}{15}[F_{NAB}]=\frac{8}{15}\times 32.6=17.4(\text{kN})$$

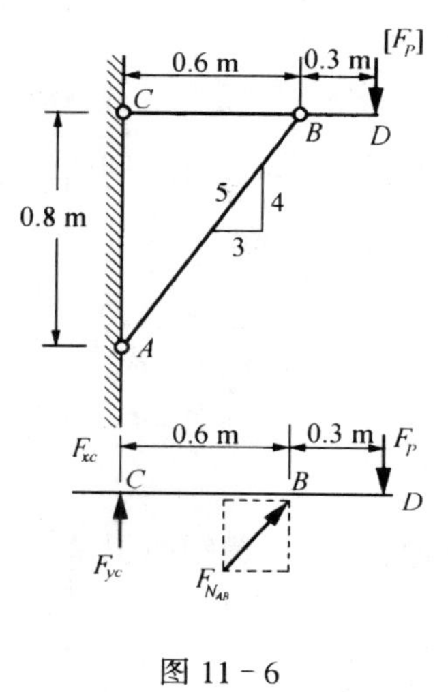


图 11－6

故该支架的容许荷载为 17.4 kN。

（注：求支架容许荷载时尚需考虑 CBD 梁本身的强度条件，此题中设定控制条件为压杆 AB 的稳定条件，故不再验证）。

例题 10－4. 厂房钢柱长 7 m，其上下两端分别与梁和基础联接。由于钢柱与梁联结的一端可能发生微小的侧移，因此钢柱的长度系数取为 $\mu=1.3$。钢柱承受轴向压力为 270 kN，截面形式如图 11－7 所示，由相距 $h$ 的两根槽钢组合而成，且 $A_3$ 钢的容许应力 $[\sigma]=170$ MPa。试选择槽钢的号码并确定 $h$ 的数值。

解：此题为确定截面的问题，由于 $i$ 与截面有关，事先无法确定，则 $\lambda$ 与 $\varphi$ 均无法事先确定，因此需要采用试算法确定。

1. 第一次试算

设 $\varphi_1=0.5$，则由稳定条件得出每根槽钢的面积为

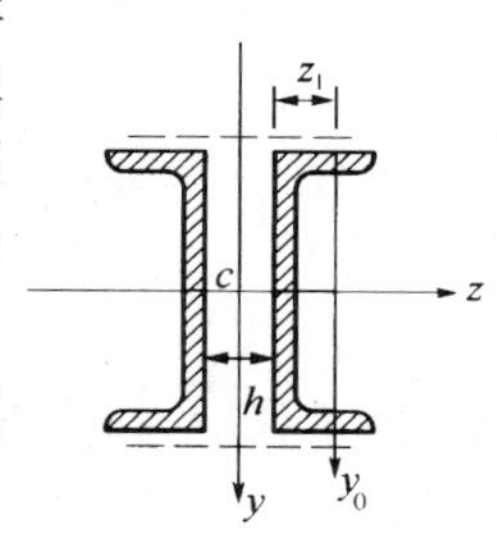


图 11－7

$$A \geqslant \frac{F_N}{2\varphi_1[\sigma]} = \frac{270 \times 10^6}{2 \times 0.5 \times 170 \times 10^3} = 1\,588(\text{mm}^2)$$

查型钢表,14a 号槽钢面积 $A_1 = 1\,851\ \text{mm}^2$,选该号槽钢。

对于图示截面

$$i_1 = \sqrt{\frac{2I}{2A}} = \sqrt{\frac{I}{A}} = i_z = 55.2(\text{mm})$$

则 $\lambda_1 = \dfrac{\mu l}{i_1} = \dfrac{1.3 \times 7 \times 10^3}{55.2} = 164.8$

由 $\lambda_1$ 查表得

$$\varphi'_1 = 0.272 + \frac{0.243 - 0.272}{170 - 160} \times (164.8 - 160) = 0.258$$

所求 $\varphi'_1 = 0.258$ 与所设 $\varphi_1 = 0.5$ 相差较大,需重新计算。

2.第二次试算

设 $\varphi_2 = \dfrac{1}{2}(\varphi_1 + \varphi'_1) = \dfrac{1}{2}(0.5 + 0.258) = 0.36$,由稳定条件求出

$$A \geqslant \frac{F_N}{2\varphi_2[\sigma]} = \frac{270 \times 10^6}{2 \times 0.36 \times 170 \times 10^3} = 2\,210(\text{mm}^2)$$

查型钢表,16 号槽钢面积 $A = 2\,515\ \text{mm}^2$,选该号槽钢。

则

$$i_2 = i_z = 61\ \text{mm}$$

$$\lambda_2 = \frac{\mu l}{i_2} = \frac{1.3 \times 7 \times 10^3}{61} = 149$$

由 $\lambda_2$ 查表得

$$\varphi'_2 = 0.310$$

所求 $\varphi'_2 = 0.310$ 与所设 $\varphi_2 = 0.36$ 已经比较接近,故选 16 号槽钢,$\varphi = 0.310$。

最后,按 16 号槽钢进行稳定验算。由稳定条件

$$\sigma = \frac{F_N}{A} \leqslant \varphi[\sigma]$$

即 $\sigma = \dfrac{F_N}{2A_2} = \dfrac{270 \times 10^6}{2 \times 2\,515} = 53.7 \times 10^3(\text{kPa})$

$$\varphi[\sigma] = 0.310 \times 170 \times 10^3 = 52.8 \times 10^3(\text{kPa}) < \sigma$$

但

$$\frac{53.7 - 52.8}{52.8} \times 100\% = 1.7\% < 5\%$$

虽然实际工作应力 $\sigma = 53.7$ MPa 超过稳定容许应力 $\varphi[\sigma] = 52.8$ MPa,但超过的百分数在 5% 之内,仍视为满足稳定条件。故选择 16 号槽钢。

3.确定 $h$ 值

以上计算中,惯性半径为 $i_z$,即考虑的是压杆在 $xy$ 平面内的稳定性。而要保证压杆在 $xz$ 平面内也不会失稳,须调整两槽钢的间距 $h$,使 $i_y$ 不小于 $i_z$。

$$i_y = \sqrt{\frac{2I_y}{2A}} = \sqrt{\frac{I_y}{A}}$$

而

$$I_y = I_{y0} + (z_0 + \frac{h}{2})^2 A$$

则

$$i_y = \sqrt{\frac{I_{y0} + (z_0 + \frac{h}{2})^2 A}{A}} = \sqrt{\frac{I_{y0}}{A} + (z_0 + \frac{h}{2})^2}$$

即

$$i_y^2 = i_{y0}^2 + (z_0 + \frac{h}{2})^2$$

令 $i_y^2 = i_z^2$，将 $i_z = 61\ \mathrm{mm}$，$i_{y0} = 18.2\ \mathrm{mm}$，$z_0 = 17.5\ \mathrm{mm}$ 代入，得

$$h = 2(\sqrt{i_y^2 - i_{y0}^2} - z_0) = 2(\sqrt{61^2 - 18.2^2} - 17.5) = 81.4(\mathrm{mm})$$

故两槽钢间距不得小于 81.4 mm。

## 四、提高压杆稳定性的措施

欲提高压杆的稳定性，必须提高压杆的临界力。而压杆的临界力又与压杆的长度、截面情况、杆件的材料及约束状态等多种因素有关。因此可以从以下几个方面考虑。

1. 尽量减少压杆的长度

由临界应力的欧拉公式和抛物线经验公式中都可以看出，随着压杆柔度 $\lambda$ 的增大临界应力迅速减小，而 $\lambda$ 又随着压杆长度 $l$ 的增加而增加。因此，尽可能减小压杆的长度 $l$，可以达到提高压杆临界应力，并从而提高压杆稳定性的目的。

土建工程中常采用增加横向支撑的方法来减小压杆的计算长度。如图 11-8 所示两端铰支压杆，若在中点增加一个横向支撑，则计算长度为原来的一半，加支撑后压杆的临界应力是原来的 4 倍。

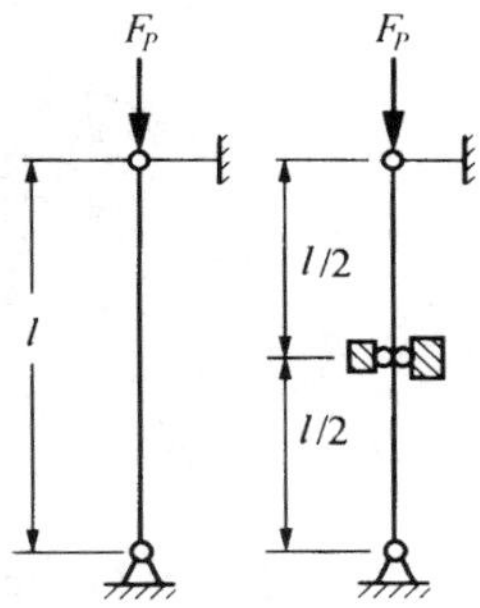

图 11-8

2. 选择合理的截面形状

当截面面积一定时，选用合理的截面形状。一方面可以设法增大惯性矩 $I$，从而提高惯性半径 $i = \sqrt{\frac{I}{A}}$ 的数值，从而减小 $\lambda = \frac{\mu l}{i}$ 的数值以提高临界应力；另一方面可以通过截面形状的调整，使压杆在两个主轴方向稳定性尽可能相同或接近，即令 $\lambda_y = \lambda_z$，从而全面发挥杆件在两个弯曲平面内抵抗失稳的性能。

3. 合理选择材料

欧拉公式和经验公式都与压杆的材料有关。对于大柔度压杆，由于各种钢材的 $E$ 值差别不大，通常采用低碳钢较为合适；对于中等柔度杆，采用高强度钢虽然可以提高临界应力，但考虑到高强度钢本身造价的提高，总收益也不太明显；对于小柔度杆，杆件本身就是以强度而不是稳定作为控制条件，采用高强度钢则可以大大提高其许用应力。

4. 改善压杆的约束状态

通过加强杆端约束的方法，减少长度系数 $\mu$ 值并从而减小 $\lambda$ 值，增加压杆的稳定性。如一端自由一端固定杆件的 $\mu$ 值为 2，而两端固定杆件的 $\mu = 0.5$。当其他条件相同时，其

$\lambda$ 值却为4:1,显然第二种情况的临界力比第一种大得多,压杆的稳定性得到提高。

除此之外,还可以采用改善结构形式,减少轴向压力等等措施来全面改善结构的整体受力性能,达到提高整体稳定性的目的。

## 习　题

11－1. 两根细长压杆 1、2,其长度、截面面积、材料和约束均相同,其中 1 杆截面为圆形,2 杆为正方形,求二杆临界力的比值。

答:$F_{pcr}^1/F_{pcr}^2=0.95$

11－2. 截面为圆形、直径为 $d$ 的两端固定的压杆和截面为正方形边长为 $d$ 两端铰支的压杆,若两杆都是细长杆且材料及柔度均相同,求两压杆的长度之比以及临界力之比。

答:$l_1/l_2=\sqrt{3},F_{pcr}^1=F_{pcr}^2=\dfrac{\pi}{4}$

11－3. 截面为矩形 $b\times h$ 的压杆两端用柱形铰联接(在 $xy$ 平面内弯曲时,可视为两端铰支;在 $xz$ 平面内弯曲时,可视为两端固定)。$E=200$ GPa,$\sigma_p=200$ MPa,求:

(1)当 $b=30$ mm,$h=50$ mm 时,压杆的临界载荷;

(2)若使压杆在两个平面($xy$ 和 $xz$ 平面)内失稳的可能性相同时,$b$ 和 $h$ 的比值。

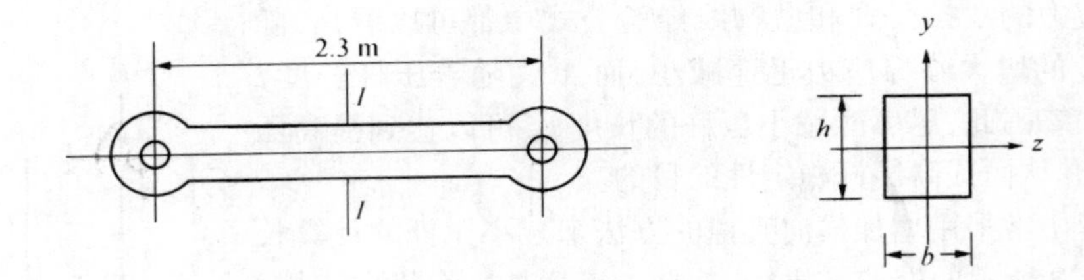


题 11－3 图

答:(1)$F_{Pcr}=116.6$ kN

(2)$b/h=\dfrac{1}{2}$

11－4. 图示结构,$AB$ 为刚性梁。圆杆 $CD$ 的 $d=50$ mm,$E=2\times10^5$ MPa,$\lambda_p=100$,试求结构的临界载荷 $F_{pcr}$。

答:$\lambda_{CD}=160>\lambda_p$

$F_{pcr}=60.4$ kN

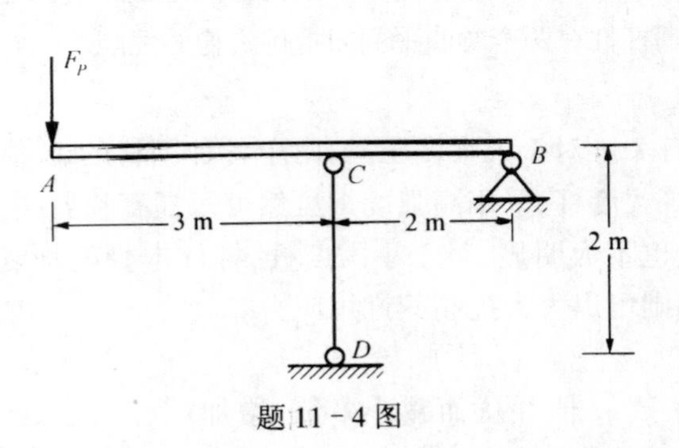


题 11－4 图

11－5. 图示结构中，$AB$ 杆和 $AC$ 杆直径 $d=8$ cm，材料为 A3 钢，$[\sigma]=160$ MPa，求结构的许用载荷 $F_p$。

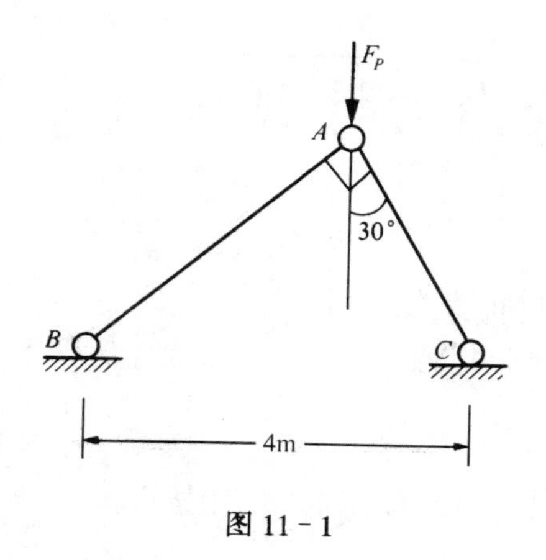


图 11－1

**折减系数表(钢)**

| 柔度 $\lambda$ | 系数 $\varphi$ | 柔度 $\lambda$ | 系数 $\varphi$ |
|---|---|---|---|
| 90 | 0.69 | 140 | 0.36 |
| 100 | 0.60 | 150 | 0.32 |
| 110 | 0.52 | 160 | 0.29 |
| 120 | 0.45 | 170 | 0.26 |
| 130 | 0.40 | 180 | 0.23 |

答：$\lambda_{AB}=173$，$\lambda_{AC}=100$　$\varphi_{AB}=0.251$，$\varphi_{AC}=0.60$

由 $AB$ 杆：$[F'_p]=404$ kN

由 $AC$ 杆：$[F''_p]=558$ kN

$\therefore [F_p]=404$ kN

11－6. 图示结构中 $AD$ 杆视为刚体，杆 1、2 直径 $d=40$ mm，其 $EA$ 相同，$[\sigma]=160$ MPa。试校核杆 2 的稳定性。

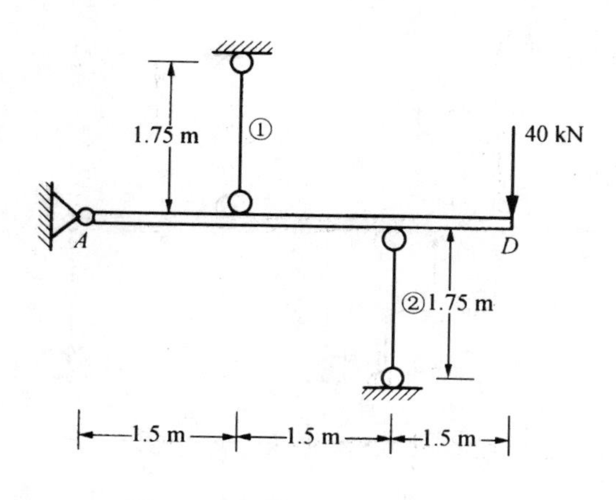


题 11－6 图

| $\lambda$ | $\varphi$ |
|---|---|
| 160 | 0.272 |
| 170 | 0.243 |
| 180 | 0.218 |
| 190 | 0.197 |
| 200 | 0.180 |

答：$F_{N_2}=42.7$ kN

$\lambda_2=175$，$\varphi=0.231$

$\dfrac{F_{N_2}}{\varphi A}=147.1$ MPa$<[\sigma]$，稳定。

# 第十二章

# 静定结构内力计算

## 第一节　静定平面刚架

### 一、静定平面刚架的几何构造和特点

刚架是由梁、柱等直杆组成的具有刚结点的结构。如图 12－1 所示为一刚架。

刚结点与铰结点比较，有以下区别：在变形方面，在刚结点处所连结的各杆端的轴线不能发生相对转动，因而在外力作用下，各杆之间的夹角保持不变，如图 12－1 中虚线所示。而铰结点所连杆件在受力变形后各杆之间的夹角将发生改变。在受力分析方面：刚结点能传递力和力矩，而铰结点只能传递力。

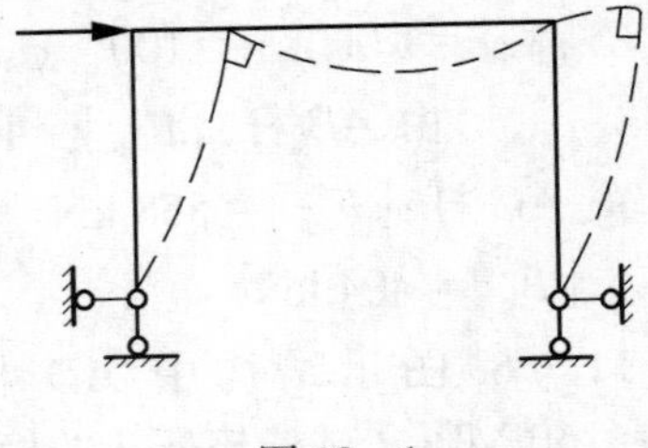

图 12－1

静定刚架的几何组成应符合几何不变无多余约束体系的组成规则。常见的平面刚架有以下几种：

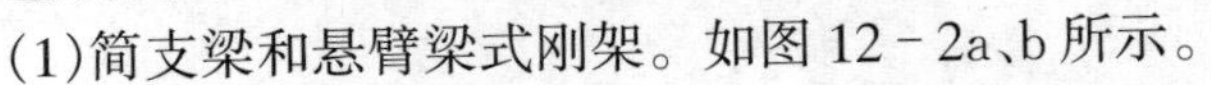

(1)简支梁和悬臂梁式刚架。如图 12－2a、b 所示。

(2)三铰刚架，如图 12－2c。

(3)多跨或多层刚架，如图 12－2d、e 所示。

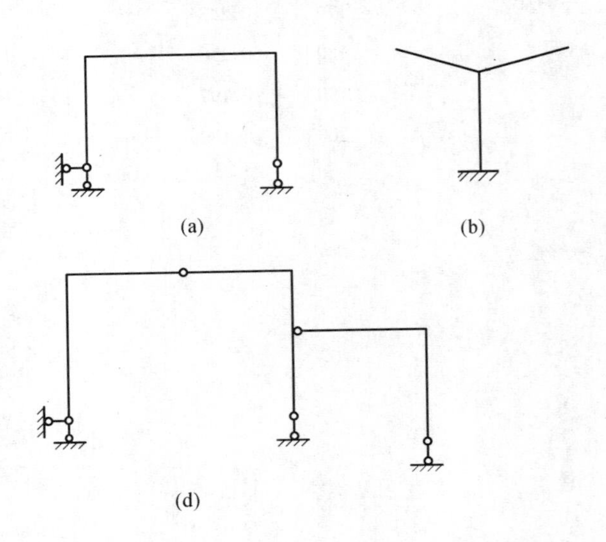


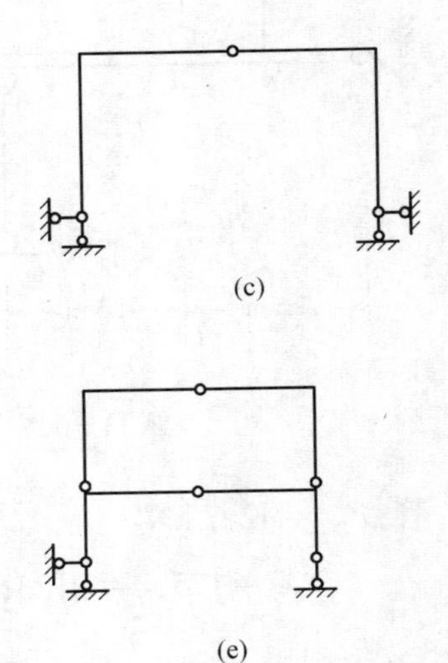


图 12－2

## 二、静定刚架支座反力的计算

简支梁式和悬臂梁式刚架的支座反力计算很简单，不再讨论。下面通过例题讨论三铰刚架和多跨刚架支座反力的计算。

例 12－1. 计算图 12－3 所示三铰刚架的支座反力。

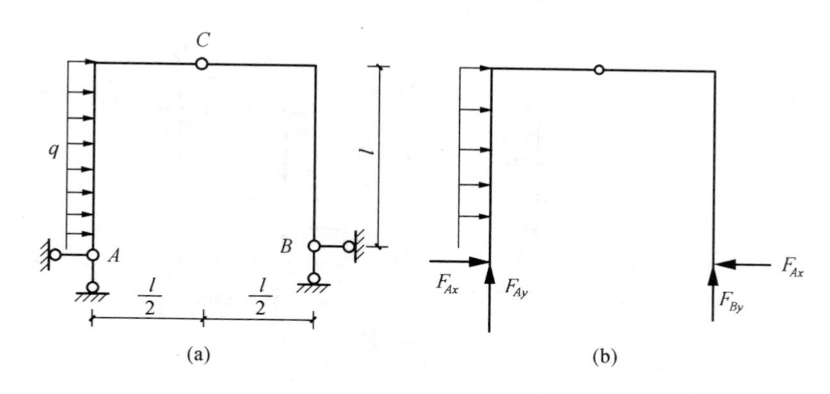


图 12－3

解：图 12－3a 所示刚架是以 $A$、$B$、$C$ 三个铰将三个刚片(其中之一是基础)两两相连而成的三刚片结构。取隔离体(如图 b 所示)后，共有四个支座反力：$F_{Ax}$、$F_{Ay}$、$F_{Bx}$、$F_{By}$。同时也有四个平衡方程：三个整体平衡方程和一个铰 $C$ 处弯矩为零的方程。问题足以求解。

(1)利用两个整体平衡方程求 $F_{Ay}$ 和 $F_{By}$

$$\sum M_A = 0 \qquad ql \times \frac{l}{2} - F_{By} \cdot l = 0 \qquad F_{By} = \frac{1}{2}ql(\uparrow)$$

$$\sum M_B = 0 \qquad ql \times \frac{l}{2} + F_{Ay} \cdot l = 0 \qquad F_{Ay} = -\frac{1}{2}ql(\downarrow)$$

校核：$\sum F_y = 0 \qquad \frac{1}{2}ql - \frac{1}{2}ql = 0$

(2)利用铰 $C$ 弯矩为零的平衡方程，求出一个水平反力 $F_{Ax}$ 或 $F_{Bx}$。现由截面 $C$ 右半边 $BC$ 所受外力计算 $M_C$，得

$$M_C = 0 \qquad F_{Bx}l - F_{By} \cdot \frac{l}{2} = 0 \qquad F_{Bx} = \frac{F_{By}}{2} = \frac{1}{4}ql(\leftarrow)$$

(3)利用第三个整体平衡方程，求另一个水平支座反力。

$$\sum F_x = 0 \qquad ql + F_{Ax} - F_{Bx} = 0 \qquad F_{Ax} = -\frac{3}{4}P(\leftarrow)$$

例 12－2. 计算图 12－4a 所示两跨刚架的支座反力。

解：图 12－4a 所示刚架共有四个支座反力(图 12－4b)，可利用三个整体平衡方和及铰 $C$ 弯矩为零的条件，解出四个支座反力。一般应先进行几何组成分析，然后按组成相反的顺序求解。

(1)进行几何组成分析，确定计算支座反力的顺序。

刚架 $AFBC$ 先与基础相连，为基本部分；刚架 $CDE$ 通过铰 $C$ 和竖直支杆与基本部分相连，为附属部分。求支座反力的次序与组成次序相反，即先计算附属部分的支座反力，后计

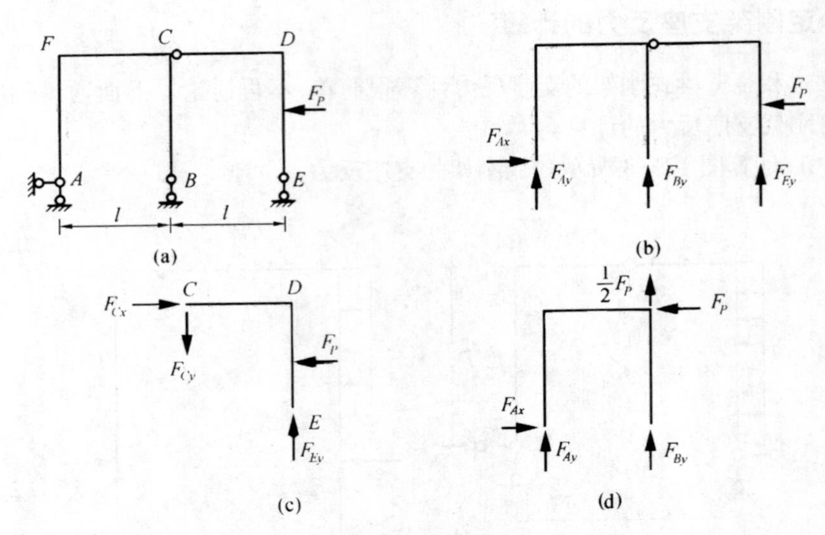


图 12－4

算基本部分的支座反力。

(2)从铰 $C$ 处切开,取附属部分 $CDE$ 为隔离体(图 12－4c),利用平衡方程得

$$\sum M_c = 0 \quad F_P \frac{l}{2} - F_{Ey} \cdot l = 0 \quad F_{Ey} = \frac{F_P}{2}(\uparrow)$$

$$\sum F_y = 0 \quad F_{Ey} - F_{Cy} = 0 \quad F_{Cy} = \frac{F_P}{2}(\downarrow)$$

$$\sum F_x = 0 \quad F_{Cx} - F_P = 0 \quad F_{Cx} = F_P(\rightarrow)$$

(3)将求得的铰 $C$ 处约束反力反向作用于基本部分 $AFCB$ 上(图 12－4d),求基本部分的支座反力。

$$\sum F_x = 0 \quad F_{Ax} - F_P = 0 \quad F_{Ax} = F_P(\rightarrow)$$

$$\sum M_A = 0 \quad -F_{By} \cdot l - F_P \cdot l - \frac{1}{2}F_P \cdot l = 0 \quad F_{By} = -\frac{3}{2}F_P(\downarrow)$$

$$\sum M_B = 0 \quad F_{Ay}l - F_Pl = 0 \quad F_{Ay} = F_P(\uparrow)$$

校核:$\sum F_y = 0 \quad F_P - \frac{3}{2}F_P + \frac{1}{2}F_P = 0$

## 三、求刚架杆端截面内力

1.刚架的内力及正负号规定

刚架的内力有弯矩、剪力和轴力。弯矩不作正负号规定,其正向可以任意假设,但规定弯矩图要画在杆件受拉纤维的一侧。剪力和轴力的符号规定与前面各章相同,即剪力绕截面顺时针旋转为正,轴力以拉力为正。

2.刚结点处的杆端截面及杆端截面内力的表示

刚架由梁、柱等不同方向的直杆用刚结点组成,因此,在刚结点处有不同方向的杆端截面,如图 12－5a 所示刚架,结点 $C$ 有 $C_1$ 和 $C_2$ 两个杆端截面。杆端截面的内力用两个下标表示:第一个下标为截面所在端的标号,第二个下标为杆远端的标号;如杆端截面 $C_1$、$C_2$ 的弯矩分别用 $M_{CA}$、$M_{CB}$ 表示,剪力和轴力则分别用 $F_{QCA}$、$F_{QCB}$ 和 $F_{NCA}$、$F_{NCB}$ 表示,如图 12-5b所示。

3. 杆端内力的计算

求刚架杆端内力的方法与梁一样,也是截面法,具体作法是:

(1)将待求内力的截面截开,任取一部分作为隔离体(研究对象)。

(2)作隔离体的受力图。将暴露出的剪力、轴力画成正向,弯矩正向自行假设。

(3)由投影平衡方程求剪力和轴力,由对截面形心取矩方程求弯矩。若得正则与假设方向相同,若得负则相反。

例 12-3. 计算图 12-5a 所示刚架刚结点 $C$ 处各杆杆端截面的内力。

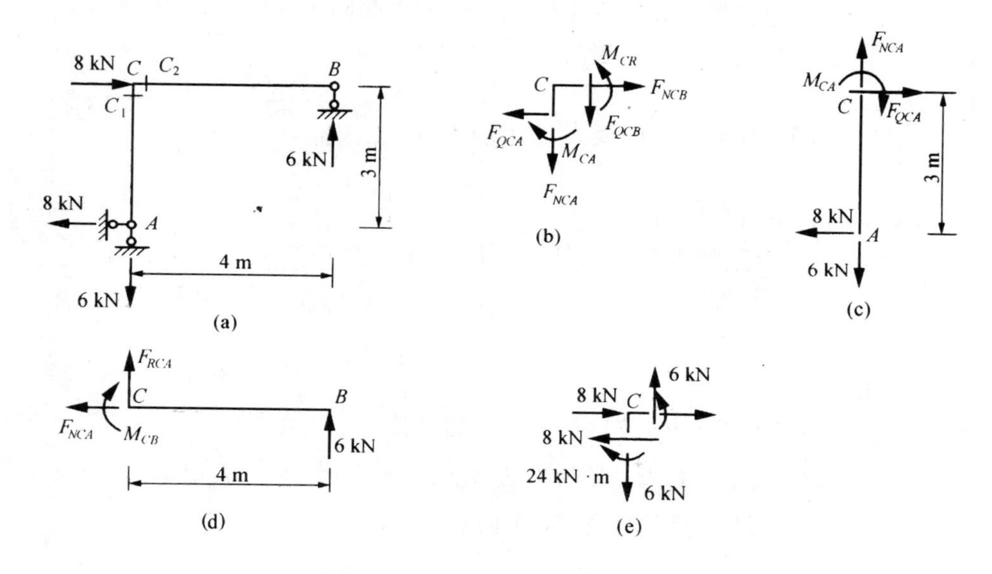


图 12-5

解:1. 利用整体平衡的三个平衡方程求出支座反力,如图 12-5a 所示。

2. 计算刚结点 $C$ 处杆端截面内力。

截开 $C_1$ 截面,取 $CA$ 为隔离体(图 12-5c)。

$$\sum F_x = 0, F_{QCA} - 8 = 0 \qquad F_{QCA} = 8\ \text{kN}$$

$$\sum F_y = 0, F_{NCA} - 6 = 0 \qquad F_{NCA} = 6\ \text{kN}$$

$$\sum M_c = 0, 8 \times 3 + M_{CA} = 0 \qquad M_{CA} = -24\ \text{kN}$$

$M_{CA}$ 为负,说明 $M_{CA}$ 的方向与假设相反,使杆件右侧受拉。

截开 $C_2$ 截面,取 $CB$ 杆为隔离体(图 12-5d)。

$$\sum F_x = 0, F_{NCB} = 0$$

$$\sum F_y = 0, F_{QCB} + 6 = 0 \qquad F_{QCB} = -6\ \text{kN}$$

$$\sum M_c = 0, M_{CB} - 6 \times 4 = 0 \qquad M_{CB} = 24\ \text{kN}$$

$M_{CB}$为正说明$M_{CB}$的方向与假设相同,使杆件下边受拉。

校核,取结点 $C$ 为隔离体(图 12-5e)。

$$\sum F_x = 0 \qquad 8 - 8 = 0$$

$$\sum F_y = 0 \qquad 6 - 6 = 0$$

$$\sum M_c = 0 \qquad 24 - 24 = 0$$

由上例的计算可见:

某截面上的剪力的数值等于该截面一侧外力在垂直于杆轴方向上的投影之和,而方向相反。轴力等于一侧外力在杆轴方向上投影之和而方向相反。弯矩等于一侧外力对截面形心力矩之和,而方向相反。

利用上述原则,可以直接计算杆端截面的内力,而不必画出每杆的隔离体受力图。

例 12-4.计算图 12-6 所示刚架结点 $C$、$D$ 处杆端截面的内力。

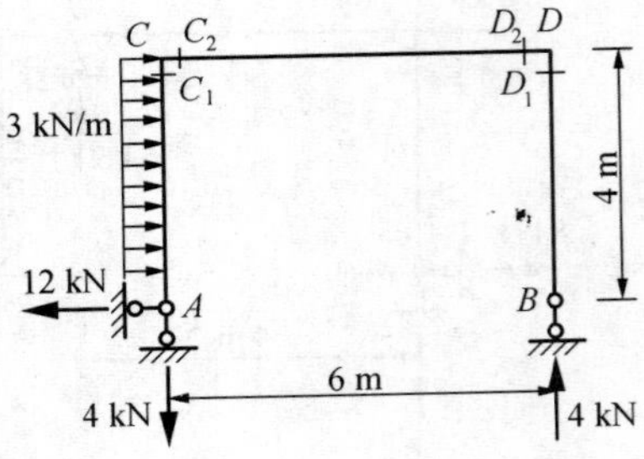

解:1.利用整体平衡,求出支座反力,如图 12-6 所示。

2.计算刚结点 $C$ 处杆端内力。

沿 $C_1$ 作截面,用 $AC_1$ 杆上作用的外力,自 $A$ 向 $C_1$ 求得



图 12-6

$$F_{QCA} = 12 - 3 \times 4 = 0$$

$$F_{NCA} = 4\ \text{kN}$$

$$M_{CA} = 12 \times 4 - 3 \times 4 \times 2 = 24\ \text{kN} \cdot \text{m}(\text{右边受拉})$$

这里列 $M_{CA}$ 算式时,是以右边受拉为正列出的,结果为正,故右边受拉。

沿 $C_2$ 截面,用 $AC_2$ 上作用的外力,自 $A$ 向 $C_2$ 求得。

$$F_{NCD} = 12 - 3 \times 4 = 0$$

$$F_{QCD} = -4\ \text{kN}$$

$$M_{CD} = 12 \times 4 - 3 \times 4 \times 2 = 24\ \text{kN} \cdot \text{m}(\text{下边受拉})$$

这里列 $M_{CD}$ 算式时,是以下边受拉为正列出的;结果为正,故下边受拉。

3.计算刚结点 $D$ 处杆端截面内力

沿 $D_1$ 作截面,用 $BD_1$ 上作用的力,自 $B$ 向 $D_1$ 求得

$$F_{QDB} = 0$$

$$F_{NDB} = -4\ \text{kN}$$

$$M_{DB} = 0$$

沿 $D_2$ 作截面,用 $BD_2$ 上作用的外力,自 $B$ 向 $D_2$ 求得

$$F_{NDC} = 0$$

$$F_{QDC} = -4\ \text{kN}$$

$$M_{DC} = 0$$

## 四、静定刚架内力图的绘制

静定刚架内力图包括弯矩图、剪力图和轴力图。刚架的内力图是由各杆的内力图组合而成的，而各杆的内力图，只需求出杆端截面的内力值后，按照梁中绘制内力图的方法画出。

例 12－5. 作图 12－7 所示刚架的内力图。

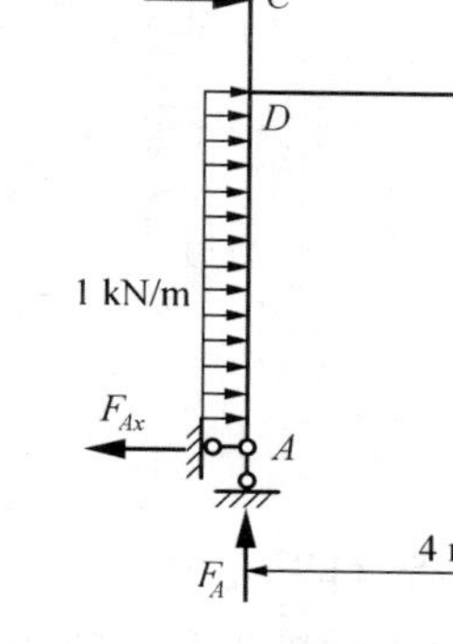


图 12－7

解：1. 计算支座反力(图 12－7)

$\sum M_A=0 \quad 4\times5+1\times4\times2-F_{By}\times4=0$

$F_{By}=7\ \text{kN}(\uparrow)$

$\sum F_x=0 \quad 4+1\times4-F_{Ax}=0$

$F_{Ax}=8\ \text{kN}(\leftarrow)$

$\sum M_B=0 \quad 4\times1-1\times4\times2+8\times4+F_{Ay}\times4=0$

$F_{Ay}=-7\ \text{kN}(\downarrow)$

2. 作 $M$ 图

(1)计算各杆杆端弯矩

$CD$ 杆，自 $C$ 向 $D$：

$M_{CD}=0$

$M_{DC}=4\times1=4\ \text{kN}\cdot\text{m}$(左边受拉)

$DB$ 杆，自 $B$ 向 $D$：

$M_{BD}=0$

$M_{DB}=7\times4=28\ \text{kN}\cdot\text{m}$(下边受拉)

$AD$ 杆，自 $A$ 向 $D$：

$M_{AD}=0$

$M_{DA}=8\times4-1\times4\times2=24\ \text{kN}\cdot\text{m}$(右边受拉)

(2)分别作各杆的弯矩图

在杆的受拉边画弯矩图的纵坐标。杆 $CD$ 和 $BD$，杆上无荷载，将杆的两端杆端弯矩的纵坐标从直线相连，即得杆 $CD$ 和 $BD$ 的弯矩图。杆 $AD$ 上有均布荷载作用，将杆 $AD$ 两端杆端弯矩值以虚直线相连，以此虚直线为基线，叠加以杆 $AD$ 的长度为跨度的简支梁受均布荷载作用下的弯矩图，即得杆 $AD$ 的弯矩图。叠加后，$AD$ 杆中点截面 $E$ 的弯矩值为

$$M_E=\frac{1}{2}(0+24)+\frac{1}{8}\times1\times4^2=14\ \text{kN}\cdot\text{m}(\text{右边受拉})$$

刚架的 $M$ 图如图 12－8a 所示。

3. 作 $F_Q$ 图

(1)计算各杆杆端剪力

$CD$ 杆，自 $C$ 向 $D$：

$F_{QCD}=F_{QDC}=4\ \text{kN}$

$DB$ 杆，自 $B$ 向 $D$：

$F_{QDB}=F_{QBD}=-7\ \text{kN}$

$AD$ 杆，自 $A$ 向 $D$：

$F_{QAD}=8\ \text{kN}$

$F_{QDA}=8-1\times4=4\ \text{kN}$

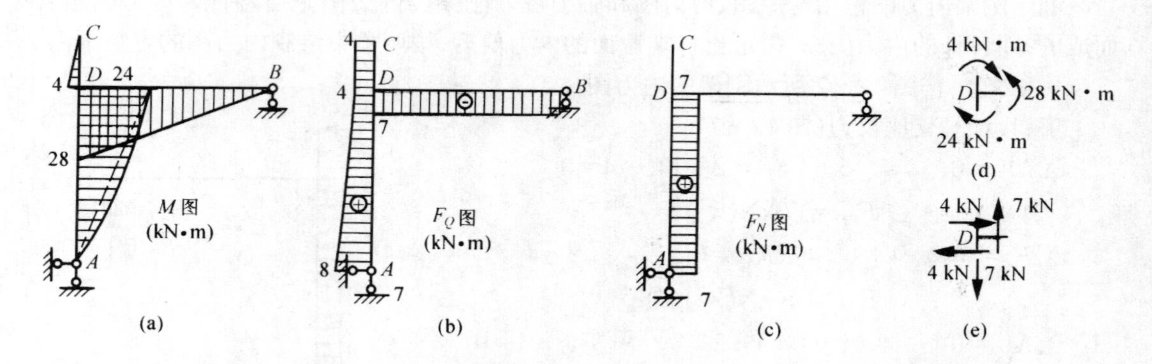


图 12-8

(2)分别作各杆的 $F_Q$ 图

剪力图的纵坐标可画在杆的任一边，但需标注正负号。将各杆杆端剪力纵坐标用直线相连(各杆跨中均无集中力作用)，即得各杆的剪力图。刚架的剪力图如图 12-8b 所示。

4.作 $F_N$ 图

(1)计算各杆杆端轴力

$CD$ 杆，自 $C$ 向 $D$：$F_{NCD}=F_{NDC}=0$

$DB$ 杆，自 $B$ 向 $D$：$F_{NDB}=F_{NBD}=0$

$AD$ 杆，自 $A$ 向 $D$：$F_{NAD}=F_{NDA}=7\ \text{kN}$

轴力图的作法与剪力图类似，可画在任意一边，需注明正负号。

刚架的 $F_N$ 图如图 12-8c 所示。

5.校核

(1)微分关系校核。$AD$ 杆上有均布荷载，$M$ 图为抛物线，凸向与荷载指向相同，$F_Q$ 图为斜直线；$CD$ 杆和 $BD$ 杆上无荷载，$M$ 图为斜直线，$F_Q$ 图为平行于杆轴的平行线。

(2)平衡条件的校核。取结点 $D$ 为隔离体(如图 12-8d、e 所示)

$$\sum F_x=0 \qquad 4-4=0$$

$$\sum F_y=0 \qquad 7-7=0$$

$$\sum M_D=0 \qquad 4+24-28=0$$

例 12-6.作图 12-9a 所示刚架的弯矩图。

解：1.利用平衡方程求出支座反力(如图 12-9a 所示)

2.计算各杆的杆端弯矩

$AC$ 杆，自 $A$ 向 $C$：

$$M_{AC}=0$$

$$M_{CA}=5\times13.75-\frac{1}{2}\times5\times5^2=6.25\ \text{kN·m}(\text{下边受拉})$$

$BC$ 杆，自 $B$ 向 $C$：

$M_{BC}=0$

$M_{CB}=11.25\times5=56.25\ \text{kN·m}$(下边受拉)

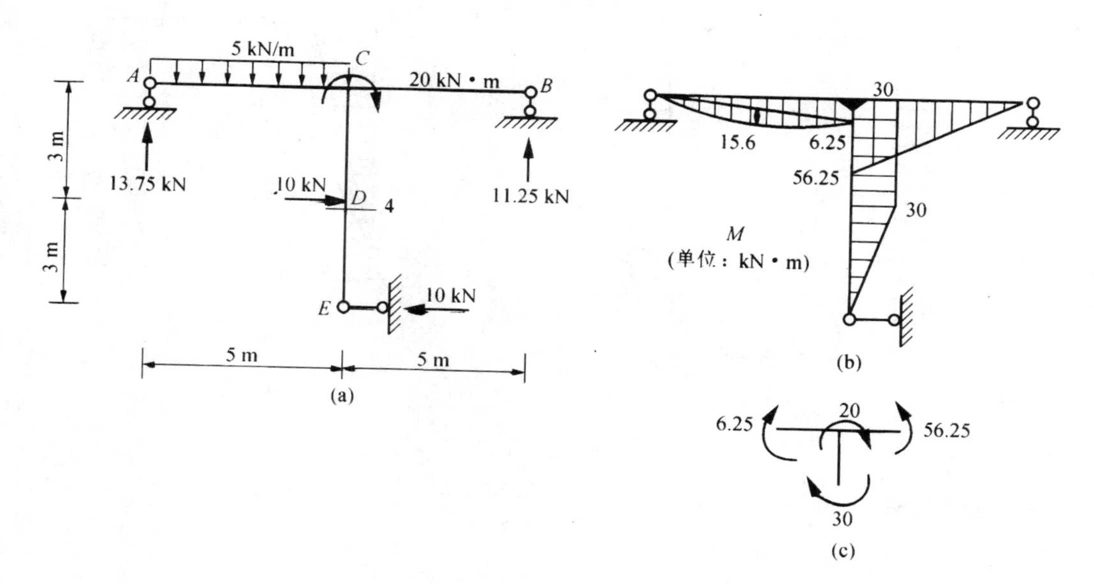


图 12 - 9

杆 $DE$，自 $E$ 向 $D$：

$M_{ED}=0$

$M_{DE}=10\times3=30\ \text{kN·m}$(右边受拉)

$DC$ 杆，$DC$ 杆的 $D$ 端弯矩与 $ED$ 杆 $D$ 端弯矩值相同，即

$M_{DC}=M_{DE}=30\ \text{kN·m}$(右边受拉)

求 $DC$ 杆 $C$ 端弯矩时可取 $CDE$ 隔离体，即自 $C$ 向 $D$：

$M_{CD}=10\times6-10\times3=30\ \text{kN·m}$(右边受拉)

3. 作 $M$ 图

杆 $AC$ 上作用均布荷载，将杆 $AC$ 两端的弯矩值用虚直线相连，以虚直线为基线，叠加简支梁受均布荷载作用的弯矩图(杆中央截面的叠加值为 $\frac{1}{8}\times5\times5^2=15.625\ \text{kN·m}$)。由此得杆 $AC$ 上的弯矩图。其余各杆，将杆端弯矩的纵坐标用直线相连。刚架的弯矩图如图 12 - 9b 所示。

4. 校核

取结点 $C$ 为隔离体，如图 12 - 9c 所示。显然满足 $\sum M_c=0$。

例 12 - 7. 作图 12 - 10a 所示三铰刚架的弯矩图。

解：支座反力在例 12 - 1 中已经求出，如图 12 - 10a 所示。下面绘制弯矩图。

杆 $BE$ 中，$M_{BE}=0$，$M_{EB}=\frac{1}{4}ql^2$(右拉)

杆 $CE$ 中，$M_{EC}=M_{EB}=\frac{1}{4}ql^2$(上拉)

$M_{CE}=0$

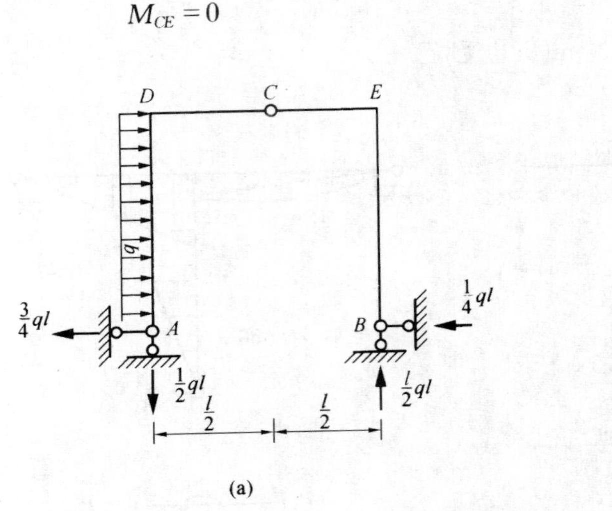


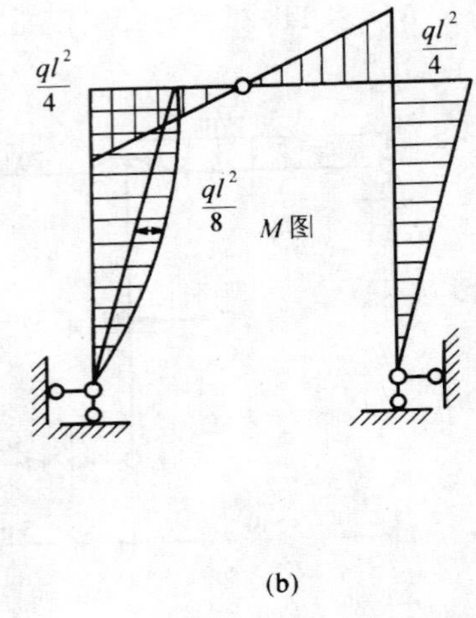


图 12－10

杆 $AD$ 中，$M_{AD}=0$

$$M_{DA}=\frac{1}{4}ql^2\text{（右拉）}$$

杆 $DC$ 中，$M_{DC}=M_{DA}=\frac{1}{4}ql^2\text{（下拉）}$

$$M_{CD}=0$$

根据各杆的杆端弯矩，并注意杆 $AD$ 上作用有均布荷载，需叠加计算，即可绘出刚架的弯矩图如图 12－10b 所示。

校核：可以截取 $CD$ 杆，重算 $D$ 截面的弯矩，所得结果相同。

## 第二节　三　铰　拱

### 一、三铰拱的受力特点

三铰拱是由曲杆用铰组成的静定的拱式结构（图 12－11a）。在竖向荷载作用下不仅产生竖向支座反力，而且产生水平支座反力（称为水平推力）。由于这一对水平推力能产生负弯矩（使上边受拉），抵消一部分正弯矩（使下面受拉），使得三铰拱中的弯矩远小于曲梁或水平直梁中的弯矩。

由于三铰拱对基础的作用不仅有压力，而且有推力，这对于基础是不利的。有时为了消除这一影响，去掉一个水平支杆，加一根拉杆（图 12－11b），这就是带拉杆的三铰拱。在竖向荷载作用下，拉杆内的拉力代替了推力的作用。

三铰拱中的弯矩很小，主要是承受轴力，最适于砖石砌体（耐压不耐拉）。

### 二、三铰拱内力计算

支座反力计算：

三铰拱有四个支座反力 $F_{Ax}$、$F_{Ay}$、$F_{Bx}$、$F_{By}$，平衡方程也有四个，即三个整体平衡方程和

一个 $C$ 铰处弯矩为零的方程。问题是静定的。

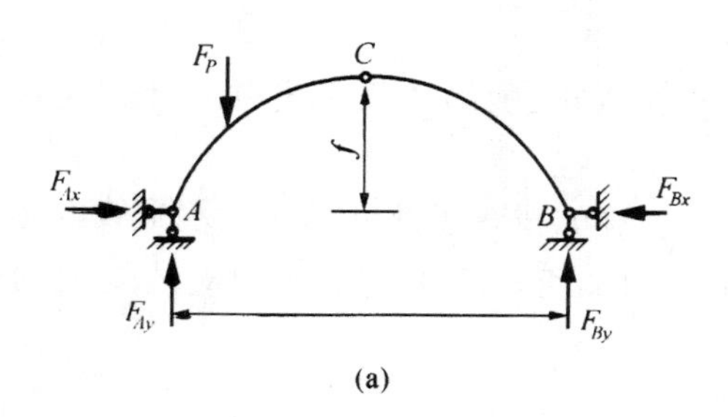


(b)

图 12－11

为了便于理解和比较三铰拱与梁受力的不同，在图 12－12b 中画出一相应的简支梁，它的跨度和荷载都和图 12－12a 三铰拱相同。称为“相当梁”。

由三铰拱及相当梁对支座 $B$ 的力矩方程 $\sum M_B = 0$ 的对比可知：

$$F_{Ay} = F_{Ay}^{\circ} \qquad (12-1)$$

同理，由 $\sum M_A = 0$ 得

$$F_{By} = F_{By}^{\circ} \qquad (12-2)$$

即：三铰拱的竖向反力与相当梁的竖向反力相同。

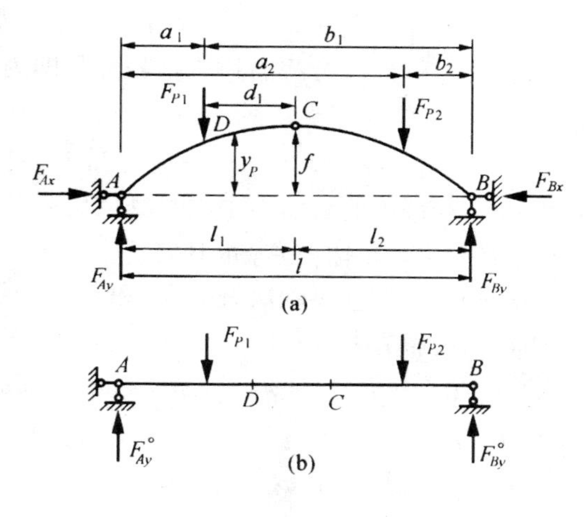


图 12－12

由拱整体平衡方程 $\sum F_x = 0$ 得

$$F_{Ax} = F_{Bx} = F_H$$

由铰 $C$ 处弯矩为零的条件：$M_C = 0$。考虑铰 $C$ 左边所有外力对铰 $C$ 的力矩代数和，即

$$(F_{Ay}l_1 - F_{P1}d_1) - F_H \cdot f = 0$$

注意到上式中括号部分是 $C$ 铰左边所有竖向力对 $C$ 点力矩的代数和；它等于简支梁相应截面 $C$ 的弯矩值，即

$$M_C^{\circ} = F_{Ay}^{\circ}l_1 - F_{P1}d_1 = F_{Ay}l_1 - F_{P1}d_1$$

由此得

$$M_C^{\circ} - F_H \cdot f = 0$$

$$F_H = \frac{M_C^{\circ}}{f} \qquad (12-3)$$

在竖直向下荷载作用下，梁中弯矩 $M_C^{\circ}$ 总是正的(下边受拉)，所以 $H$ 总是正的，即三铰拱的水平推力 $F_H$ 永远指向内(图 12－12a)。

式(12－3)表明，拱愈扁平($f$ 愈小)，水平推力愈大。如果 $f \to 0$，推力趋于无穷大，这时，$A$、$B$、$C$ 三个铰在一直线上，成为瞬变体系。

## 三、三铰拱的内力计算

三铰拱截面的内力有弯矩、剪力和轴力。

内力正负号规定如下：弯矩使拱曲杆内边受拉为正，剪力使拱小段顺时针方向转动为正，轴力以拉力为正。

在图 12－12a 中任取一截面 $D$，其坐标为$(x_D, y_D)$，拱轴于此处切线与水平线的倾角为 $\varphi_D$。取 $D$ 左边部分为隔离体，其受力图如图12－13a所示。相当梁上相应的受力图如图 12－13b所示。

1. 弯矩 $M_D$ 的计算

对 $D$ 截面形心列力矩方程

$$\sum M_D = 0 \qquad M_D = [F_{Ay} \cdot x_D - F_{P1}(x_D - a_1)] - F_H \cdot y_D$$

因为 $F_{Ay} = F^{\circ}_{Ar}$，方程右边方括号部分即为相当梁 $D$ 截面的弯矩 $M^{\circ}{}_D$，因此，上式可表示为

$$M_D = M^{\circ}{}_D - F_H y_D \qquad (12-4)$$

此式表明，三铰拱的弯矩小于相当梁的弯矩。

2. 剪力 $F_{QD}$和轴力 $F_{ND}$的计算

分别列 $t$ 方向（拱轴法线方向）和 $n$ 方向（拱轴切线方向）的投影方程。

$$\sum t = 0 \quad -F_{Ay}\cos\varphi_D + F_{P1}\cos\varphi_d + F_H\sin\varphi_D + F_{QD} = 0$$

$$\sum n = 0 \quad F_{Ay}\sin\varphi_D - F_{P1}\sin\varphi_D + F_H\cos\varphi_D + F_{ND} = 0$$

注意到 $\quad F^{\circ}{}_{AY} - F_{P1} = F^{\circ}{}_{QD}$ 及 $F^{\circ}{}_{Ay} = F_{Ay}$

其中 $F^{\circ}{}_{QD}$ 为相当梁在截面 $D$ 的剪力，得三铰拱剪力和轴力的算式

$$F_{QD} = F^{\circ}{}_{QD}\cos\varphi_D - F_H\sin\varphi_D \qquad (12-5)$$

$$F_{ND} = -(F^{\circ}{}_{QD}\sin\varphi_D + F_H\cos\varphi_D) \qquad (12-6)$$

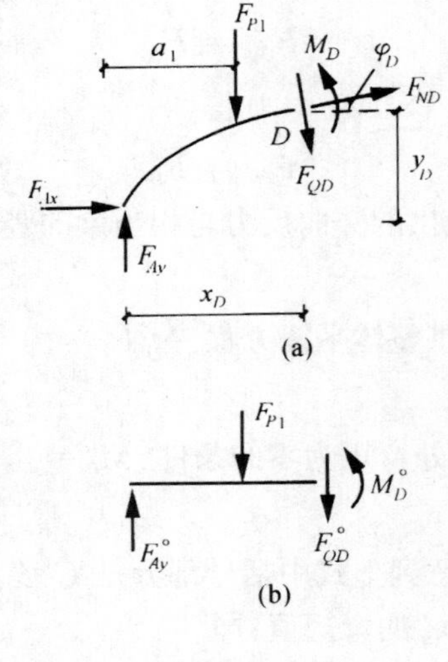

图 12－13

注意：$M_D$、$F_{QD}$、$F_{ND}$ 的表达式是由拱的左半部任一截面导出的，它们也适用于右部截面，只是左侧 $\varphi_D$ 取正号，右侧 $\varphi_D$ 取负号。

例 12－8. 计算图 12－14a 所示三铰拱的支座反力及截面 $D$ 的内力。拱轴是抛物线，方程为

$$y(x) = \frac{4fx}{l^2}(l - x)$$

解：

(1) 支座反力

$$F_{Ay} = F^{\circ}{}_{Ay} = \frac{20 \times 18}{24} = 15\ \text{kN}(\uparrow)$$

$$F_{By}=F^{\circ}_{By}=\frac{20\times6}{24}=5\ \text{kN}(\uparrow)$$

$$F_H=\frac{M^{\circ}_c}{f}=\frac{5\times12}{5}=12\ \text{kN}$$

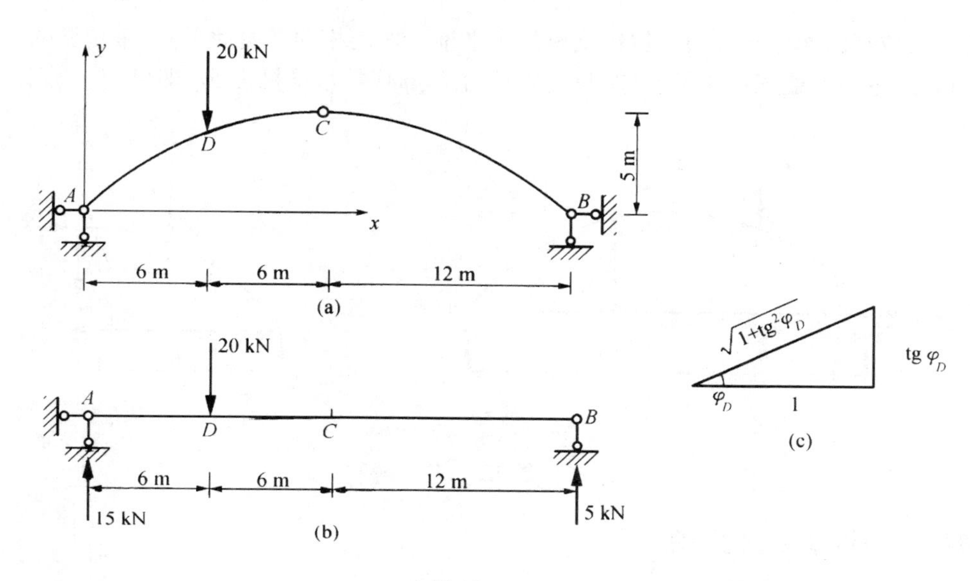


图 12－14

(2)几何参数

$$y_D=\frac{4fx}{l^2}(l-x)=\frac{4\times5\times6}{24^2}(24-6)=3.75\ \text{m}$$

$$\text{tg}\varphi_D=\left(\frac{\mathrm{d}y}{\mathrm{d}x}\right)_D=\frac{4f}{l^2}(l-2x)=\frac{4\times5}{24}(24-12)=0.416\,7$$

$$\sin\varphi_D=0.384\,6$$

$$\cos\varphi_D=0.923\,1$$

(3)内力计算

$$M_D=M^{\circ}_D-F_Hy_D=15\times6-12\times3.75=15\ \text{kN}\cdot\text{m}$$

$$F^{\circ}_{D左}=15\ \text{kN}\qquad F^{\circ}_{QD右}=15-20=-5\ \text{kN}$$

$$F_{QD左}=F^{\circ}_{QD左}\cos\varphi_D-F_H\sin\varphi_D=15\times0.923\,1-12\times0.384\,6=9.2313\ \text{kN}$$

$$F_{QD右}=F^{\circ}_{QD右}\cos\varphi_D-F_H\sin\varphi_D=-5\times0.923\,1-12\times0.384\,6=-9.230\,7\ \text{kN}$$

$$F_{ND左}=F^{\circ}_{QD左}\sin\varphi_D-F_{HD左}\cos\varphi_D=-15\times0.384\,6-12\times0.923\,1=-16.846\,2\ \text{kN}$$

$$F_{ND右}=-F^{\circ}_{QD右}\sin\varphi_D-F_{HD右}\cos\varphi_D=-(-5)\times0.384\,6-12\times0.923\,1=-9.154\,2\ \text{kN}$$

3. 几点说明

由于拱轴纵标 $y$ 及 $\cos\varphi$、$\sin\varphi$ 都是 $x$ 的非线性函数，所以三铰拱的弯矩图、剪力图、轴力图都是曲线图形。通常将跨度分为若干等份，求出分点处的各截面的内力值，然后联以曲线，以得到内力图。此外与梁类似，弯矩与剪力之间存在微分关系 $\frac{\mathrm{d}M(x)}{\mathrm{d}x}=F_Q(x)$。

对于图 12－15a 所示带拉杆的拱，其支座反力与相当梁的支座反力相同。水平拉力

$F_{NAB}$的值可以采用截断拉杆$AB$和铰$C$截面，利用铰$C$左半边的隔离体建立$M_C=0$的方程求得

$$F_{NAB}=\frac{M^{\circ}}{f}$$

因此，拉杆的作用与普通三铰拱支座的水平推力作用相同。由此可知，带拉杆的三铰拱的内力算式也与普通三铰拱的相同，只是以拉力$F_{NAB}$代替水平推力$F_H$即可。

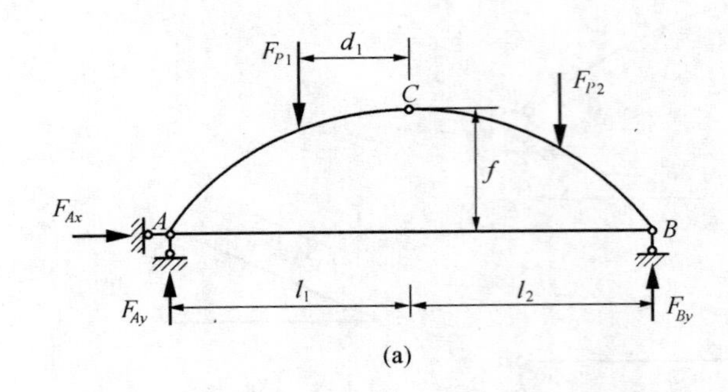


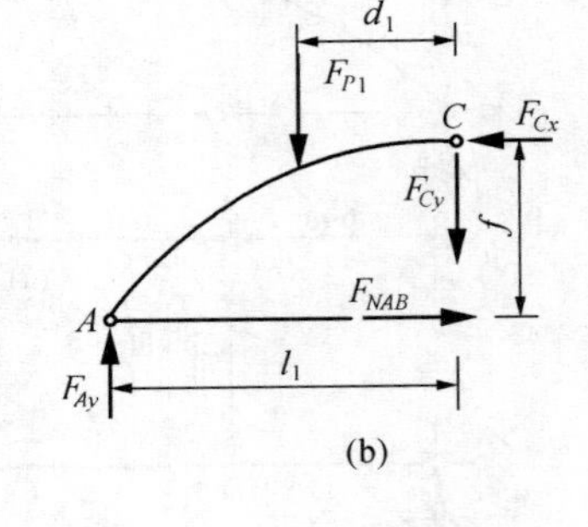


图 12－15

## 四、三铰拱的合理拱轴

在固定荷载作用下使拱各截面的弯矩等于零（即拱处于无弯矩状态）的拱的轴线称为合理轴线，或称合理拱轴。

下面讨论在竖向荷载作用下三铰拱的合理拱轴。

由(12－4)式知：三拱任一截面的弯矩为

$$M(x)=M^{\circ}(x)-F_{Hy}y(x)$$

当拱为合理拱轴时，各截面的弯矩应为零，即

$$M(x)\equiv 0 \qquad M^{\circ}(x)-F_H y(x)=0$$

因此，合理拱轴的方程为

$$y(x)=\frac{M^{\circ}(x)}{F_H} \qquad (12-7)$$

式中$M^{\circ}(x)$是相当梁的弯矩方程，如用图形表示时，即为相当梁的弯矩图。

所以，在竖向荷载作用下，三铰拱的合理拱轴的表达式与相当梁弯矩的表达式，差一个比例常数$F_H$，即合理拱轴的纵坐标与相当梁弯矩图的纵坐标成比例。

例 12－9. 图 12－16 所示三铰拱在均布荷载作用下的合理拱轴。

解：由式(12－7)

$$y(x)=\frac{M^{\circ}(x)}{F_H}$$

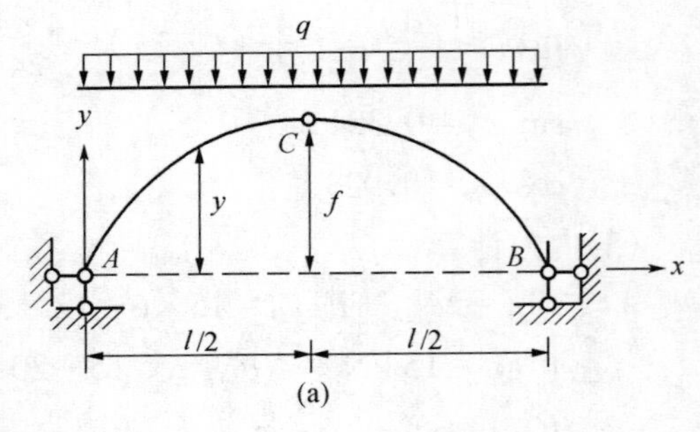


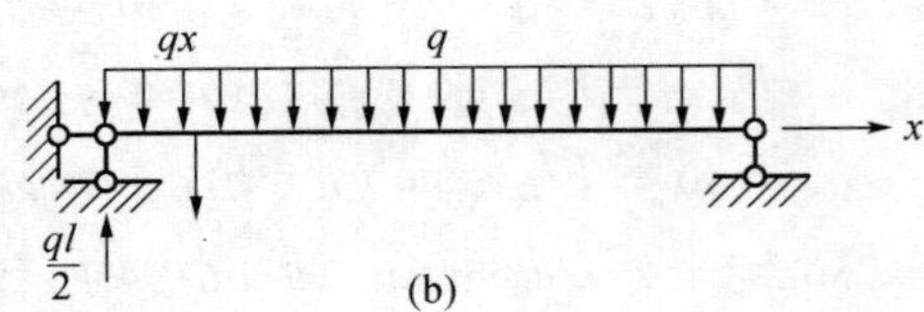


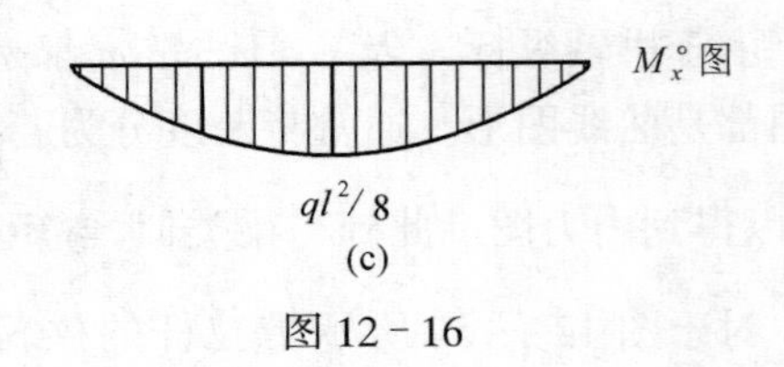


图 12－16

相当梁的弯矩方程为

$$M^{\circ}_{(x)} = \frac{ql}{2}x - \frac{1}{2}qx^2 = \frac{qx}{2}(l - x)$$

由(12－3)式求得的推力为

$$F_H = \frac{M^{\circ}_c}{f} = \frac{ql^2}{8f}$$

所以,合理拱轴的方程为

$$y = \frac{M^{\circ}_{(x)}}{F_H} = \frac{8f}{ql^2}(\frac{qx}{2} - \frac{1}{2}qx^2) = \frac{4f}{l^2}x(l - x)$$

上式表明,在均布荷载作用下,三铰拱的合理拱轴是一抛物线。

## 第三节　平面桁架

### 一、桁架的特点和组成分类

桁架是工程中广泛使用的一种结构形式,例如屋架、桥梁、高压输电塔等。工程中的桁架,是由直杆在两端以适当方式连接而成的几何不变的结构。实际桁架的结点可以是榫接、焊接式铆接等。如果按照实际情况进行内力分析,则比较困难。在结构设计的力学分析中必须忽略细节,通常采用下述假设:

(1)桁架的结点都是铰结点。

(2)各杆的轴线都是直线并通过铰的中心。

(3)荷载和反力都作用在结点上。

符合上述假设的桁架称为理想桁架。当桁架各杆轴线和外力都作用在同一平面内时,称为平面桁架。图 12－17 所示即为一平面桁架的计算简图。根据前述的假设,桁架中的每一根杆都是二力杆,内力只有轴力。在计算中,规定拉力为正,压力为负。当杆件受拉时,其对结点作用之力背离结点;当杆件受压时,其对结点作用之力指向结点。

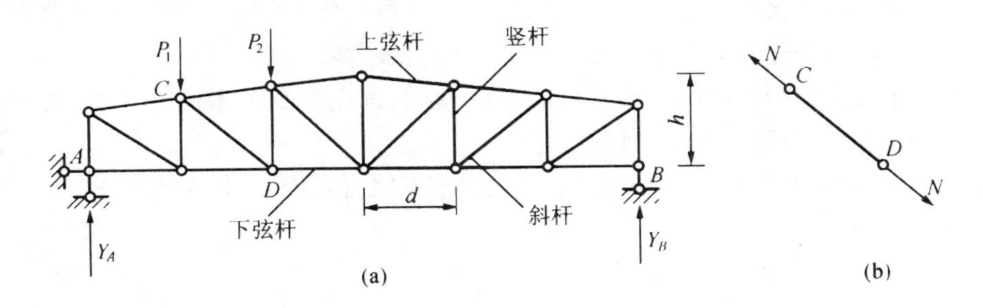


图 12－17

桁架中的杆件,按其所在的位置不同,可分为弦杆和腹杆。桁架上、下周围的杆件称为弦杆,内部的杆件称为腹杆。如图 12－17 所示。

根据桁架的几何组成特点,可将其分为三类:

1. 简单桁架

简单桁架又分为两种，一种是从一个基本铰接三角形开始，逐次加二元体，最后用三杆与基础相联而形成的桁架。如图 12－18a 所示。另一种是从基础开始，逐次加二元体而形成的桁架，如图 12－18b 所示。图 12－18 中的两个桁架都是几何不变，且无多余约束。

2. 联合桁架

由几个简单桁架按照两刚片规划或三刚片规则组成的桁架，称为联合桁架，如图 12－19 所示。这类桁架也是几何不变，并且无多余约束。

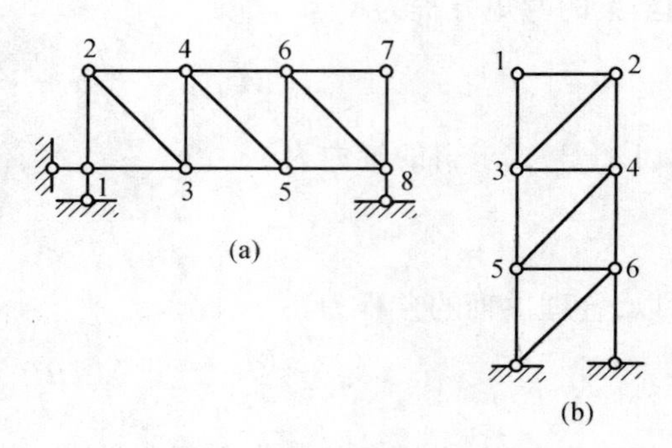


图 12－18

3. 复杂桁架

不属于简单桁架及联合桁架的，称为复杂桁架。如图 12－20 所示。

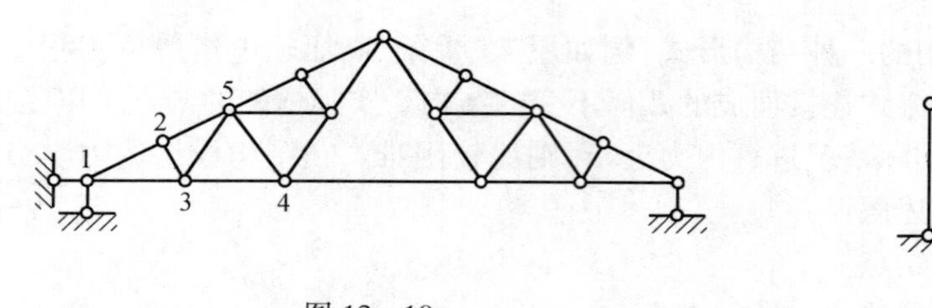


图 12－19

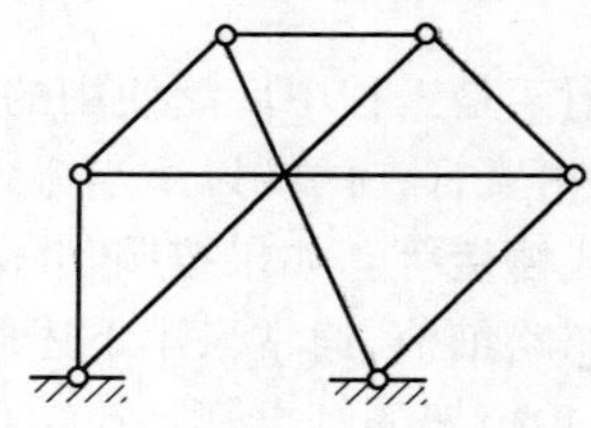

图 12－20

## 二、结点法

结点法是以桁架结点为隔离体，由结点平衡条件求杆件内力的方法。平面桁架的结点受平面汇交力系作用，每个结点只能列两个独立的平衡方程。因此，在所取结点上，未知内力不能多于两个。在求解时，应先截取只有两个杆件的结点，也就是说，用与组成次序相反的顺序截取结点，即可依次求出全部杆件的轴力。计算时先假定未知杆件的轴力为拉力（背离结点），若结果为正值，表示该杆轴力为拉力；反之，表示轴力为压力。

桁架中某杆的轴力为零时，称为零杆。在计算时，宜先判断出零杆，把零杆去掉，使计算得以简化。常见的零杆有以下几种情况：

1. 不共线的两杆结点，若无外力作用，则此两杆轴力必为零（图 12－21a）。

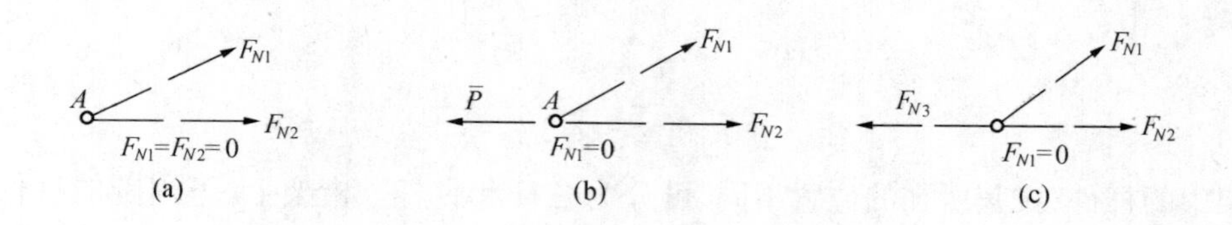


图 12－21

2. 不共线的两杆结点，其外力与其中一杆共线，则另一杆轴力必为零(图 12－21b)。

3. 三杆结点，无外力作用，若其中两杆共线，则另一杆轴力必为零(图 12－21c)。

例 12－10 一屋架的尺寸及所受荷载如图 12－22a 所示，试用结点法求每根杆的轴力。

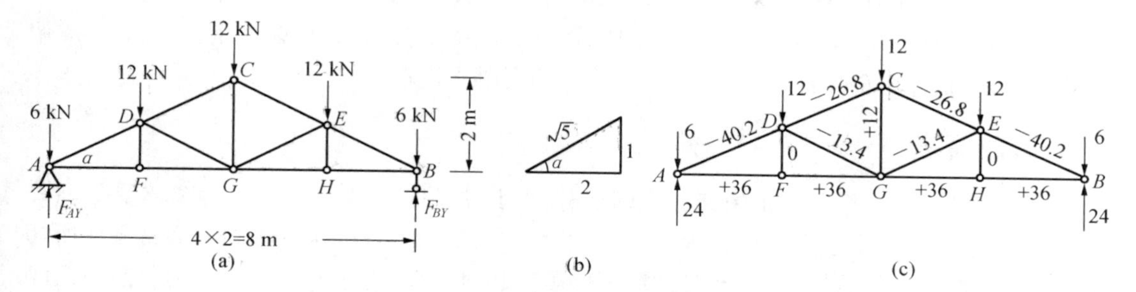


解：对此桁架，首先由整体平衡求得支座反力 $F_{Ay}=F_{By}=24$ kN。然后，按几何组成相反的次序，从结点 $A$(或 $B$)开始，依次逐个截取结点，便可求出各杆的内力。注意到结构和荷载的对称性，只要计算桁架的一半即可。又根据零杆的判断方法，可知 $DF$ 杆和 $EH$ 杆为零杆，可去掉。故计算的顺序为结点 $A$、$D$、$C$。

(1)结点 $A$，受力如图 12－22a 所示。由

$$\sum F_y = 0 \quad F_{NAD}\sin\alpha + 24 - 6 = 0$$

得

$$F_{NAD} = -18/\sqrt{5} = -40.2\ \text{kN}$$

$$\sum F_x = 0 \quad F_{NAF} + F_{NAD}\cos\alpha = 0$$

得

$$F_{NAF} = -(-40.2)2/\sqrt{5} = 36\ \text{kN}$$

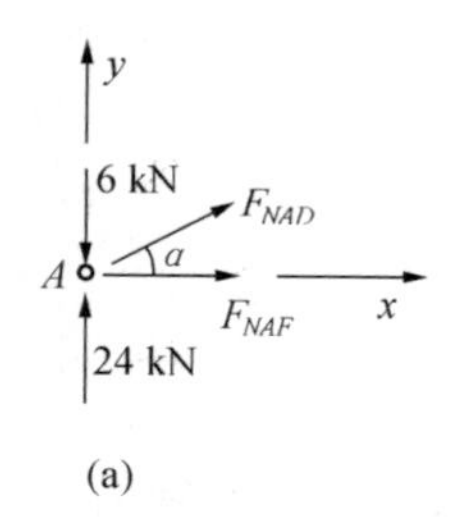


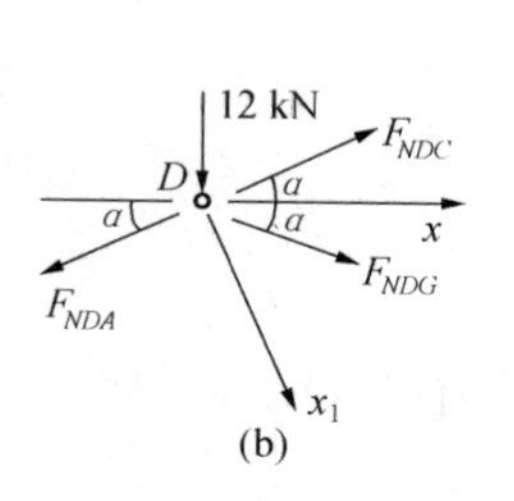


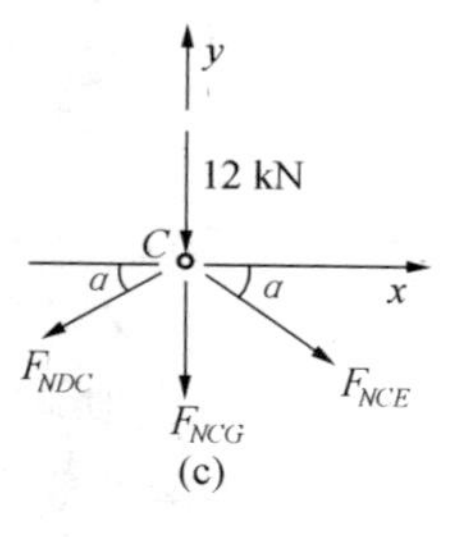


图 12－22

(2)结点 $D$，受力图如图 12－22b 所示。由

$$\sum F_{x_1} = 0 \quad F_{NDG}\cos(90° - 2\alpha) + 12\cos\alpha = 0$$

得

$$F_{NDG} = -6\sqrt{5} = -13.4\ \text{kN}$$

$$\sum F_x = 0 \quad F_{NDC}\cos\alpha + F_{NDG}\cos\alpha - F_{NAD} = 0$$

$$F_{NDC} = -40.2 - (-13.4) = -26.8\ \text{kN}$$

(3)结点 $C$，如图 12－22c 所示。由

$$\sum F_x = 0, \quad F_{NCE}\cos\alpha - F_{NDC}\cos\alpha = 0$$

得

$$F_{NCE} = -26.8\ \text{kN}$$

$$\sum F_y = 0 \qquad -F_{NCG} - (F_{NCE} + F_{NDC})\sin\alpha - 12 = 0$$

得

$$F_{NCG} = 2(-26.8)/\sqrt{5} - 12 = 12\ \text{kN}$$

最终各杆之轴力如图 12－21c 所示。图中正号为拉力，负号为压力，单位是 kN。

由计算结果可知，桁架的上弦杆都受压，而下弦杆都受拉，斜腹杆亦受压。所以，在屋架的制作中，下弦杆用钢拉杆，上弦杆用木材或钢筋混凝土制造。

## 三、截面法

截面法就是用一个截面把桁架分成两部分，取其中一部分为隔离体。隔离体受平面一般力系的作用，有 3 个独立平衡方程，利用它们可求出所切各杆的未知轴力。通常截面所切断杆件的个数，不应超过三个。有时被截杆件虽然超过三个，但某些杆件的轴力仍能由此隔离体求出。如图 12－23 中所示的截面，虽然截了四根杆，但除一根杆外，均相交于点 $B$，由 $\sum M_B = 0$ 可以求出 $F_{N1}$. 又如图 12－24 所示的截面中，被截杆件有四个，但除一杆外均平行，这时 $F_{N4}$ 可由投影方程(垂直于 $F_{N1}$、$F_{N2}$、$F_{N3}$ 方向)算出。

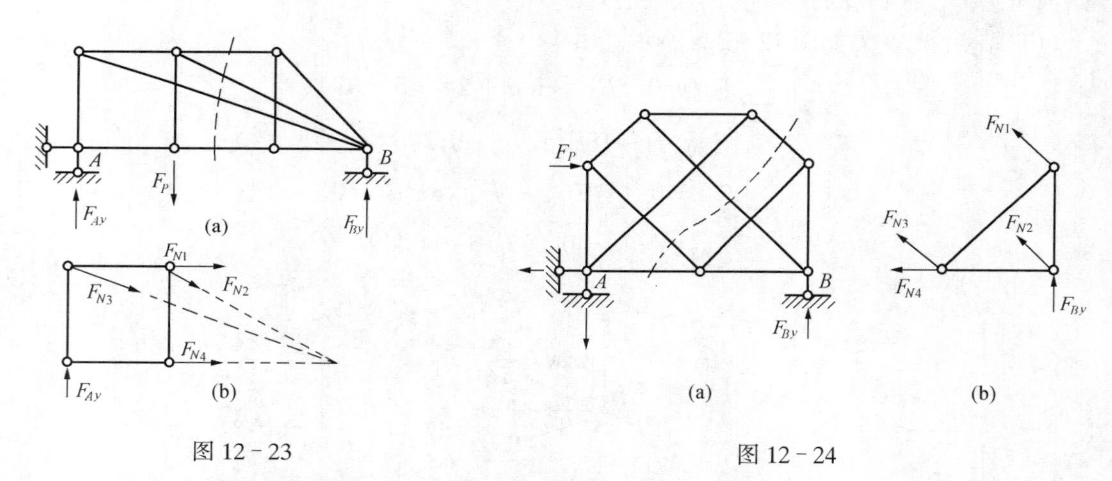


图 12－23　　　　图 12－24

截面法适用于求某些指定杆的轴力以及联合桁架连接杆的轴力。

例 12－11. 桁架的受力及尺寸如图 12－25a 所示。试求其中 1、2、3 杆的轴力。

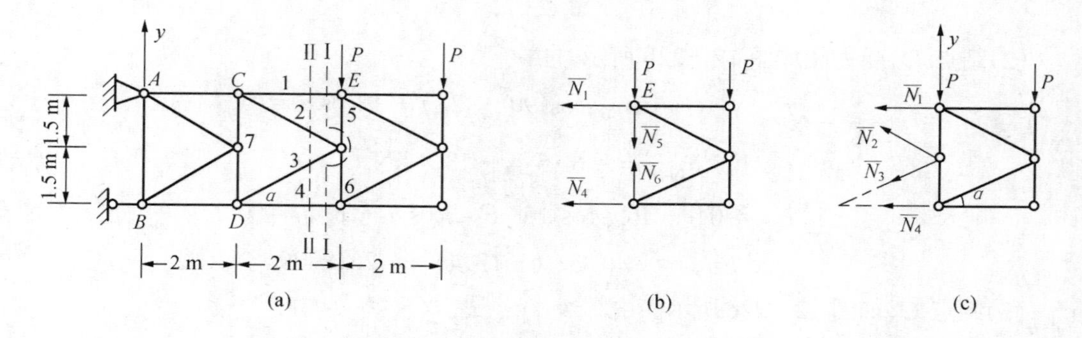


图 12－25

解:若选用截面Ⅱ-Ⅱ分桁架为两部分,此时将截断四根杆,无法求解,若取截面Ⅰ-Ⅰ将桁架截断,取右部为隔离体(图 12-25b),虽然也截断四根杆,但杆 5、杆 6 的轴力共线,并且与 4 杆轴力交于 $H$。故可以 $H$ 为矩心,由力矩方程可解出 $F_{N1}$。由图示尺寸知:$\cos\alpha=4/5,\sin\alpha=3/5$。

(1)取截面Ⅰ-Ⅰ右部为隔离体,受力图如图 12-25b。由

$$\sum M_H=0,\qquad F_{N1}\cdot 3-F_P\cdot 2=0$$

得

$$F_{N1}=\frac{2}{3}F_P$$

(2)取截面Ⅱ-Ⅱ右部为隔离体,受力如图 12-25c。由

$$\sum M_D=0,\qquad F_{N2}\cos\alpha\cdot 1.5+F_{N2}\cdot\sin\alpha\cdot 2+F_{N1}\cdot 3-F_P\cdot 2-4F_P=0$$

得

$$F_{N2}=\frac{5}{3}F_P$$

$$\sum F_y=0\qquad F_{N2}\sin\alpha-F_{N3}\sin\alpha-2F_P=0$$

得

$$F_{N3}=-\frac{5}{3}F_P$$

其中正号表示轴力为拉力,负号表示轴力为压力。

## 习　题

12-1.求图示各刚架的支座反力。

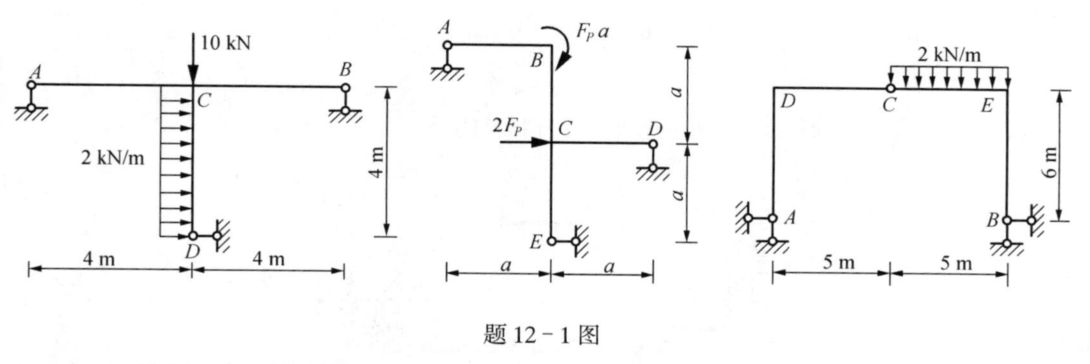


题 12-1 图

12-2.作图示各刚架的弯矩图。

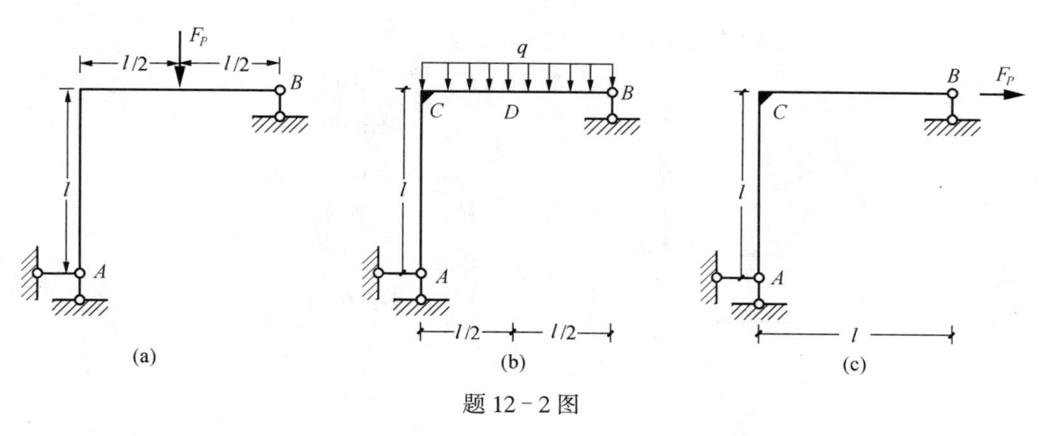


题 12-2 图

12－3. 作图示各刚架的弯矩图。

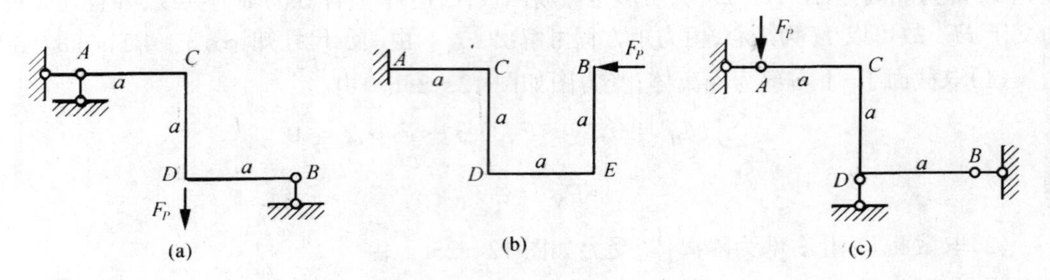


题 12－3 图

12－4. 作图示各刚架的弯矩图，剪力图和轴力图。

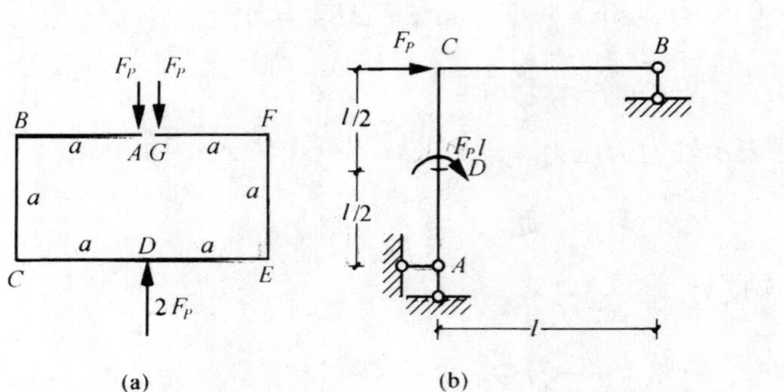


题 12－4 图

12－5. 求图示三铰拱 $C$ 截面的弯矩，剪力和轴力。

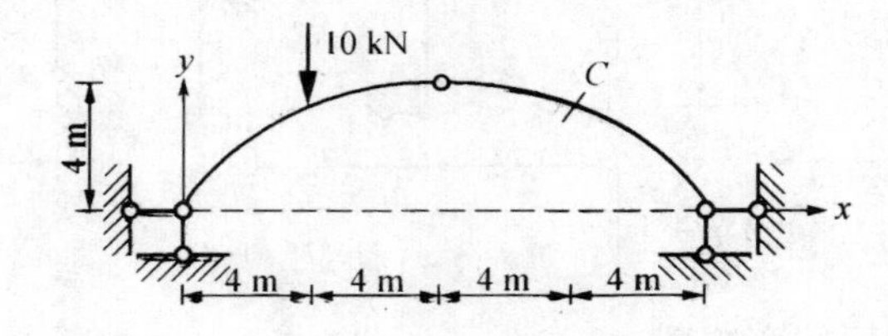


题 12－5 图

12－6. 试用结点法，求图示桁架中的各杆轴力。

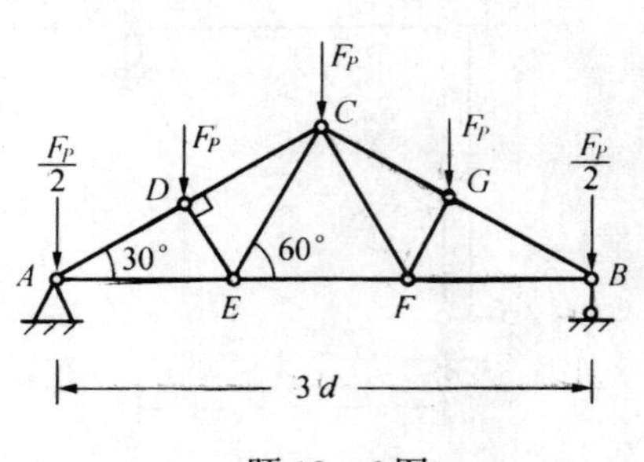


题 12－6 图

答：$F_{NAD}=-3F_p$

$F_{NAE}=2.6F_p$

$F_{NDE}=-0.866\ F_p$

$F_{NDC}=-2.5F_p$

$F_{NEF}=1.73F_p$

$F_{NEC}=0.866\ F_p$

12－7. 试用截面法，求图示桁架中指定杆的轴力。

已知 $F_p = 24$ kN

答：$F_{N1} = 24$ kN

$F_{N2} = 0$

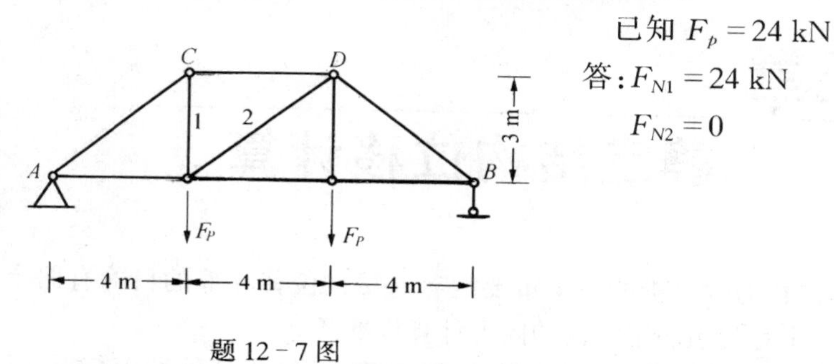


题 12－7 图

12－8. 图示桁架中，$F_p = 20$ kN。求杆 1、2、3、4 的轴力。

答：$F_{N1} = 30$ kN

$F_{N2} = -12.5$ kN

$F_{N3} = 70$ kN

$F_{N4} = 12.5$ kN

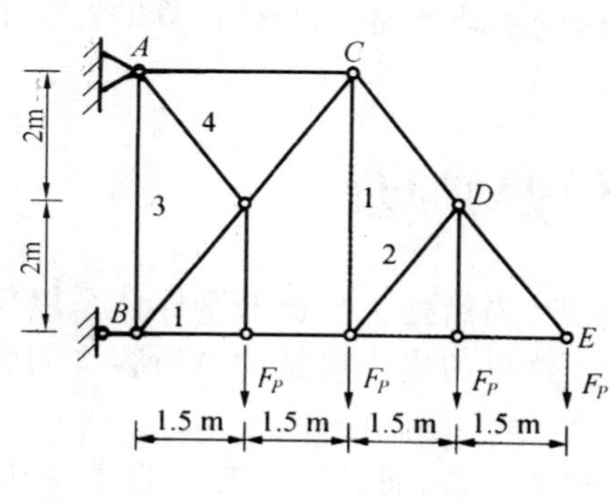


题 12－8 图

# 第十三章 静定结构位移计算

静定结构的位移计算是结构力学分析的一个重要内容。结构位移计算的目的有两个，一个是验算结构的刚度；另一个是为超静定结构的内力计算作准备。

在荷载和外界因素(温度变化、支座移动、制造误差等)作用下，结构杆件发生变形。结构变形时，结构上某点产生的线位移和某个截面发生转动的角位移，称为结构的位移。

本章只讨论线弹性变形体系的位移计算，计算的理论基础是虚功原理，计算的方法是单位荷载法。

## 第一节　变形体系的虚功原理

在第八章中曾讨论过刚体虚功原理。按照这一原理，当给处于平衡的刚体体系以任意的虚位移时，作用于体系上的外力之功的总和等于零。这里的虚位移是约束所容许的微小的刚体位移。

如果体系是变形体系，则所给的虚位移可能不是刚体位移，而是某一变形曲线，例如某一组力所引起的弹性变形曲线(图 13-1b)，这时图 13-1a 中所有外力在此虚位移上所做的虚功的总和显然不等于零。

对于变形体系，虚功原理可表述如下：体系在任意平衡力系作用下，给体系以几何可能的位移和变形，体系上所有外力所作的虚功总和恒等于体系各截面所有内力在微段变形上所作的虚功总和。即

$$W_e = W_i \tag{13-1}$$

式中：$W_e$——体系的外力虚功；

$W_i$——体系的内力虚功。

下面讨论内力虚功 $W_i$ 的表达式。

图 13-1a 是梁 $AB$ 在荷载作用下的一组平衡力系，图 13-1b 是 $AB$ 梁在其他因素作用下的位移和变形状态。(虚位移)

虚位移中微段的变形可分为弯曲变形 $d\theta$，轴向变形 $d\lambda$，和剪切变形 $d\eta$，如图 13-1d 所示。

微段内力(图 13-1c)在图 13-1d 微段变形上所作的内力虚功为

$$dW_i = F_N d\lambda + F_Q d\eta + M d\theta$$

因此，梁 $AB$ 内力虚功为

$$W_i = \int_A^B (F_N d\lambda + F_Q d\eta + M d\theta)$$

对于杆件体系

$$W_i = \sum\int(F_N\mathrm{d}\lambda + F_Q\mathrm{d}\eta + M\mathrm{d}\theta)$$

因为 $\mathrm{d}\lambda=\varepsilon\mathrm{d}s$，$\mathrm{d}\eta=\gamma_0\mathrm{d}s$，$\mathrm{d}\theta=\kappa\mathrm{d}s$

所以

$$W_i = \sum\int(F_N\varepsilon + F_Q\gamma_0 + M\kappa)\mathrm{d}s \tag{13-2}$$

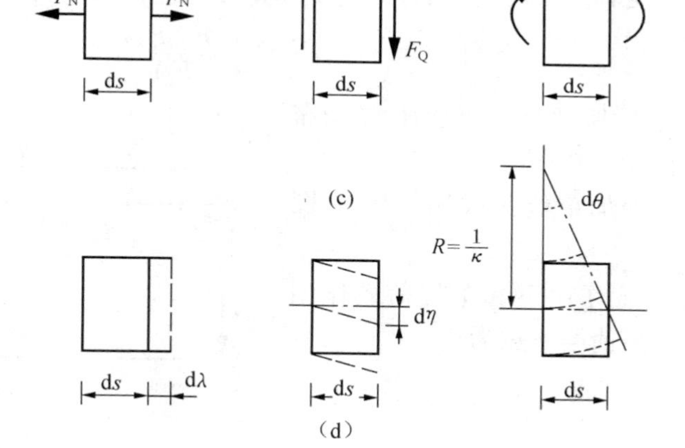


图 13-1

## 第二节　荷载作用下的位移计算(单位荷载法)

设结构已有一实际给定的变形状态，要用虚功方程(13-1)求其位移 $\Delta$。为求此位移，需在位移 $\Delta$ 的方向虚设一个相应的单位荷载 $F_p=1$(广义力)。将虚设状态中的力视为做功的力，将实际状态产生的位移视为虚位移，由虚功方程

$$W_e = W_i$$

而

$$\left.\begin{aligned} W_e &= 1\cdot\Delta + \sum\bar{F}_{RK}C_K \\ W_i &= \sum\int(\bar{F}_N\varepsilon + \bar{F}_Q\gamma_0 + \bar{M}\kappa)\mathrm{d}s \end{aligned}\right\} \tag{13-3}$$

式中，$\bar{F}_{Ni}$、$\bar{F}_{Qi}$、$\bar{M}_i$、$\bar{F}_{RK}$ 分别为虚设单位荷载引起的内力和支座反力。

将(13-3)代入(13-1)式得单位荷载法计算位移的一般公式

$$\Delta = \sum\int(\bar{F}_{Ni}\varepsilon + \bar{F}_{Qi}\gamma_0 + \bar{M}_i\kappa)\mathrm{d}s - \sum \bar{F}_{RK}C_K \tag{13-4}$$

如果只讨论荷载作用下的位移计算，并且假设材料是线弹性的，则可由胡克定律求得在荷载作用下直杆与轴力($F_{NP}$)、剪力($F_{QP}$)、弯矩($M_P$)相应的弹性应变

$$\varepsilon = \frac{F_{NP}}{EA} \qquad \gamma_0 = k\frac{F_{QP}}{GA} \qquad \kappa = \frac{M_P}{EI} \tag{13-5}$$

其中，$k$ 是一个与截面形状有关的系数。

将式(13-5)代入(13-4)得直杆在荷载作用下计算位移的一般公式为

$$\Delta = \sum\int\frac{\bar{F}_{Ni}F_{NP}}{EA}\mathrm{d}s + \sum\int\frac{k\bar{F}_{Qi}F_{QP}}{GA}\mathrm{d}s + \sum\int\frac{\bar{M}_iM_P}{EI}\mathrm{d}s \tag{13-6}$$

注意，上式中两种状态的内力正向规定必须一致。

式(13-6)中的三项分别是由于轴向变形、剪切变形和弯曲变形产生的位移。

对于通常的梁和刚架，弯曲变形是主要的，轴向变形和剪切变形可以忽略不计，于是

$$\Delta = \sum\int\frac{\bar{M}_iM_P}{EI}\mathrm{d}s \tag{13-7}$$

对于桁架，各杆只受轴力，并且每根杆的 $EA$ 和轴力沿杆长为常量，于是

$$\Delta = \sum\int\frac{\bar{F}_{Ni}F_{NP}}{EA}\mathrm{d}s = \sum\frac{\bar{F}_{Ni}F_{NP}}{EA}l \tag{13-8}$$

例 13-1. 图 13-2a 所示悬臂梁 $AB$，受均布荷载 $q$ 作用，试求截面 $A$ 的挠度。设 $EI$ 为常数。

解：(1)在截面 $A$ 处加单位荷载 $F_P=1$，如图 13-2b 所示。

(2)分别计算外荷载作用下和单位荷载作用下梁的内力(这里设弯矩使梁下拉为正)

$$M_P = -\frac{1}{2}qx^2$$

$$\bar{M}_i = -x$$

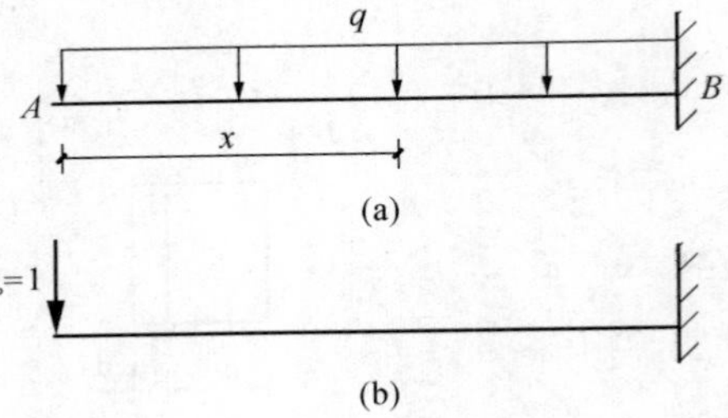

图 13-2

(3)计算 $\Delta$

将以上内力代入(13-7)式，得 $A$ 截面竖向位移为

$$\Delta = \int\frac{\bar{M}_iM_P}{EI}\mathrm{d}s = \int_0^l\frac{(-\frac{1}{2}qx^2)(-x)}{EI}\mathrm{d}x = \frac{ql^4}{8EI}(\downarrow)$$

所得结果为正值，说明 $A$ 点竖向位移与假设单位荷载方向相同，即方向向下。

例 13-2. 图 13-3a 所示桁架，在节点 $C$ 处受竖向力 $F_P$ 作用，试计算节点 $C$ 的水平位移。设各杆的 $EA$ 均相同。

解：(1)在 $C$ 节点加单位水平荷载。

(2)分别计算各杆在外载和虚加单位荷载作用下的内力。

$$F_{NP1} = F_P, F_{NP2} = -\sqrt{2}F_P$$

$$\bar{F}_{Ni1} = 1, \bar{F}_{Ni2} = 0$$

(3)计算水平位移 $\Delta$

$$\Delta = \sum \frac{\bar{F}_N F_{NP}}{EA} l = \frac{F_P l}{EA} (\rightarrow)$$

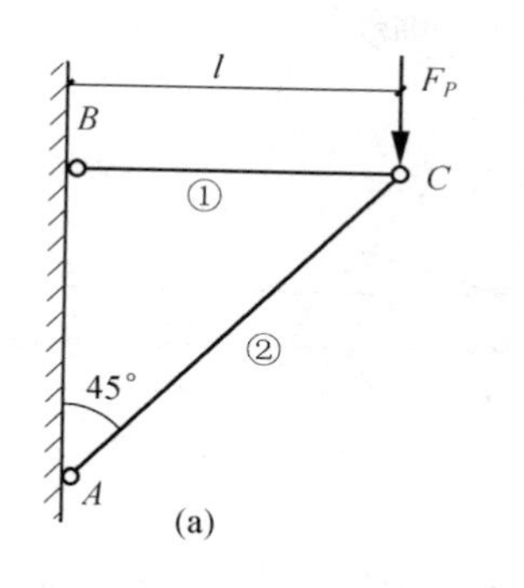


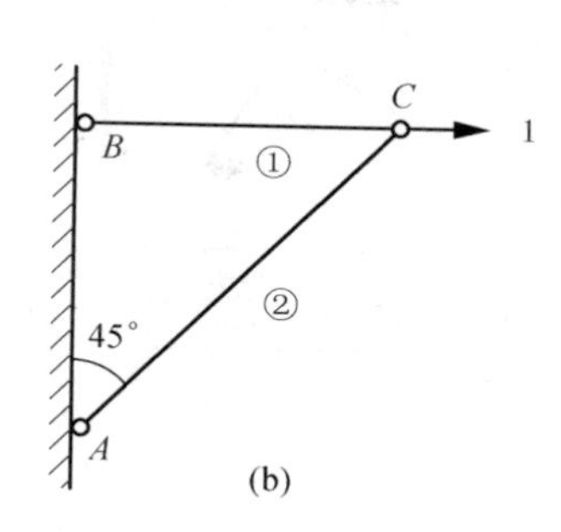


图 13－3

# 第三节　图　乘　法

由上节可知，对于梁和刚架，位移计算式为

$$\Delta = \sum \int \frac{\bar{M}_i M_p}{EI} \mathrm{d}s$$

对于直杆，d$s$ 可写作 d$x$，如为等直杆，则 $EI$ 可以提到积分号外，这样对于等截面直杆体系，位移计算公式为

$$\Delta = \sum \frac{1}{EI} \int \bar{M}_i M_P \mathrm{d}x \tag{a}$$

通常 $\bar{M}_i$ 图为直线段组成，如图 13－4 所示为直杆的两个弯矩图。因 $\bar{M}_i$ 图是直线，则式(a)中的积分可如下计算(证明略)

$$\int_A^B \bar{M}_i M_P \mathrm{d}x = \omega \cdot y_0 \tag{13-9}$$

式中：$\omega$——$AB$ 杆 $M_P$ 图形的面积；

$y_0$——$M_P$ 图的形心对应的 $\bar{M}_i$ 图的纵坐标。

式(13－9)就是图乘法计算积分的公式，应用该式时还应注意：取纵坐标 $y_0$ 的图形必须是直线的，而不是折线的或曲线的；当 $\omega$ 与 $y_0$ 图在杆轴同侧时，乘积取正号，当 $\omega$ 与 $y_0$ 在杆轴的异侧时，乘积 $\omega y_0$ 取负号。

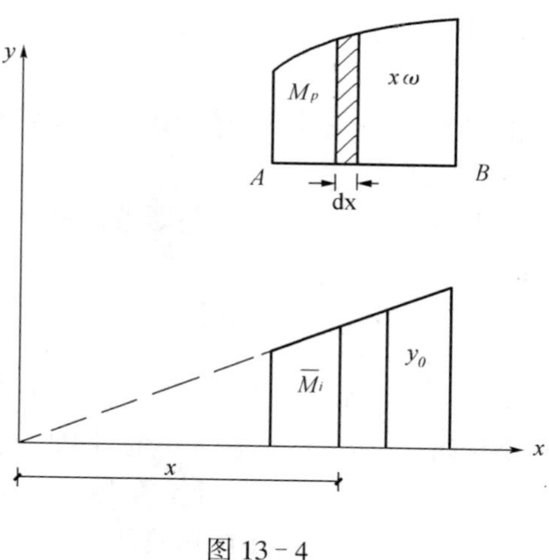


图 13－4

若 $\bar{M}_i$ 图是折线，则应当分段图乘。若为阶梯形杆，也应当分段图乘。

通过以上分析，位移计算公式(a)可写为

$$\Delta = \sum \frac{\omega \cdot y_0}{EI} \tag{13-10}$$

图 13－5 给出了位移计算中几种常见图形的面积和形心位置。在应用抛物线图形的公式时，必须注意在顶点处的切线应与基线平行。

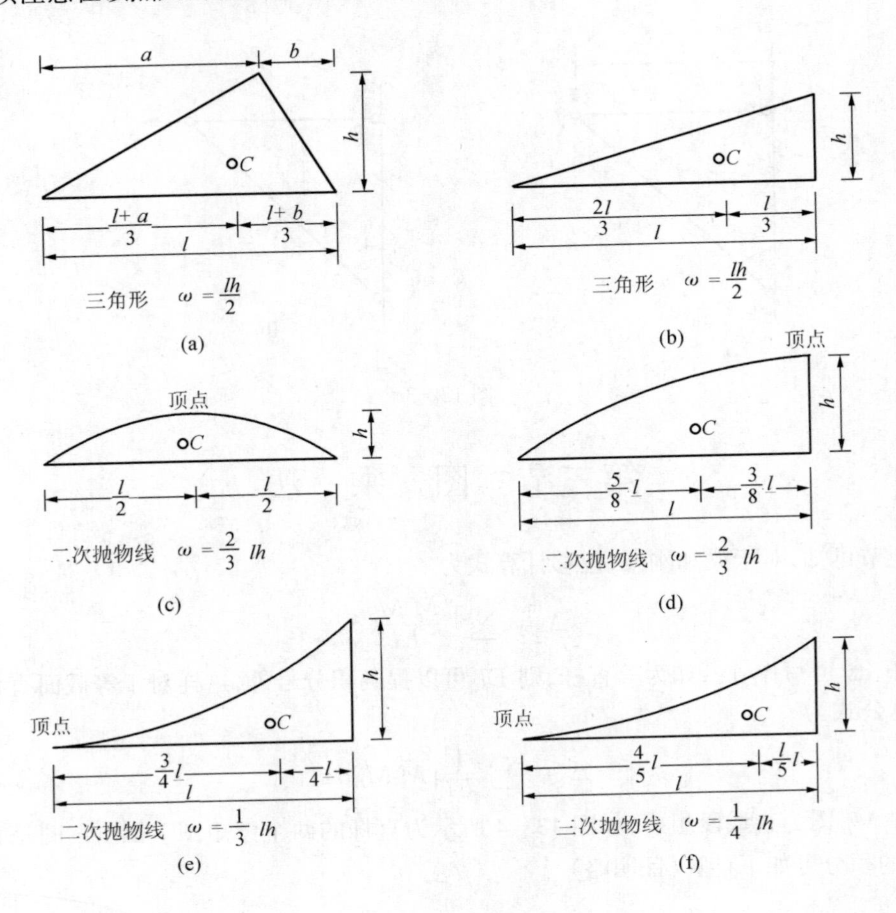


图 13－5

图 13－5 给出的均为简单图形的面积及其形心位置，对于复杂图形，可将其分解为简单图形，叠加计算。

如图 13－6a 所示 $M_P$ 图形为梯形，可将其分解为两个三角形，分别应用图乘法，然后叠加，即

$$\int \bar{M}_i M_P \, \mathrm{d}x = \omega_1 y_1 + \omega_2 y_2$$

图 13－6b 亦可分解为两个三角形计算。

图形的分解方法不是唯一的，例如梯形也可以分解为一个矩形和一个三角形，反梯形也可以分解为一个矩形和一个三角形，一个在轴线下一个在轴线上。如图 13－7a、b 所示。

对于图 13－7c 所示的抛物线，可分解为简支梁在均布荷载作用下的抛物线与梯形的叠架，对梯形可按前述方法再作分解。

例 13－3. 用图乘法计算图 13－8a 所示简支梁在均布荷载作用下中点 $C$ 的挠度，$EI$＝常数。

解:(1)在简支梁中点 $C$ 加竖向单位力 $F_P=1$ 如图 13-8b 所示。

(2)分别作出荷载作用下的弯矩图 $M_P$ 和单位力作用下的弯矩图 $\bar{M}_i$(如图 13-8a、b 所示)。

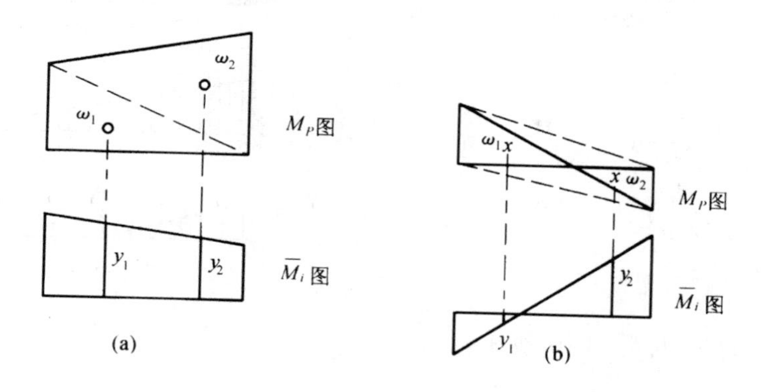


图 13-6

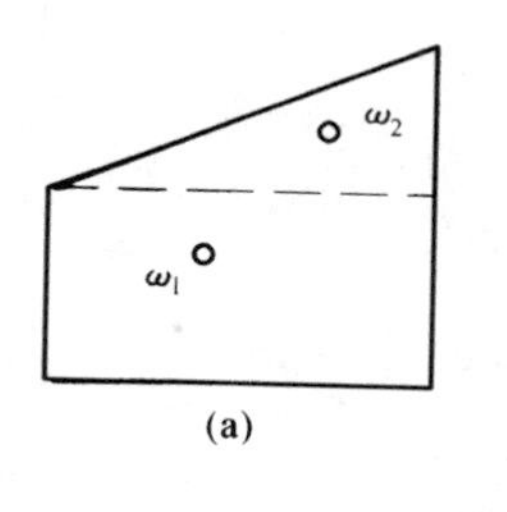


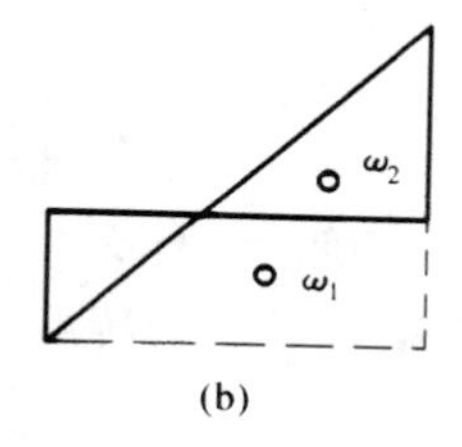


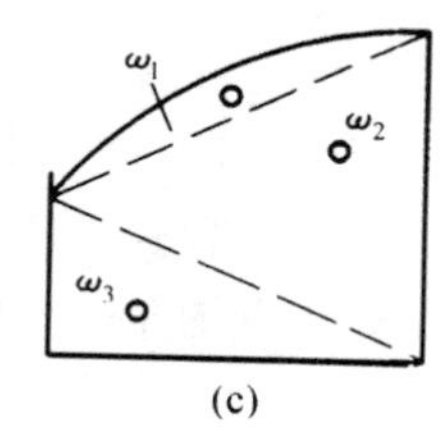


图 13-7

(3)计算 $\Delta$

因 $\bar{M}_i$ 图是两段直线组成,故用图乘法公式计算时应分两段进行。由于图形的对称性,可计算一半再乘两倍。

$$\omega=\frac{2}{3}\cdot\frac{l}{2}\cdot\frac{ql^2}{8}=\frac{ql^3}{24}$$

$$y_0=\frac{5}{8}\cdot\frac{l}{4}=\frac{5l}{32}$$

所以
$$\Delta=\sum\int\frac{\bar{M}_iM_P}{EI}\mathrm{d}x$$
$$=2\cdot\frac{1}{EI}\cdot\omega y_0=2\cdot\frac{1}{EI}\cdot\frac{ql^3}{24}\cdot\frac{5l}{32}$$
$$=\frac{5ql^4}{384EI}(\downarrow)$$

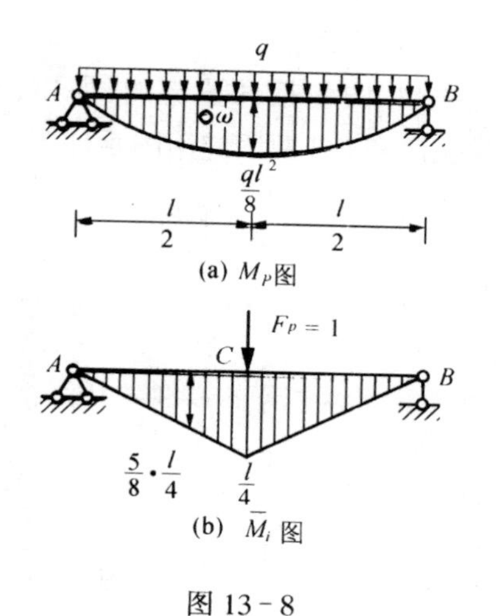


图 13-8

例 13-4. 求图 13-9a 所示梁中点 $C$ 的位移,$EI=$常数。

解:(1)在梁中点 $C$ 加单位力(图 13-9c)。

(2)分别作 $M_P$ 图和 $\bar{M}_i$ 图如图 13-9b、c 所示。

(3)计算 $\Delta_c$

由于 $M_P$ 图和 $\bar{M}_i$ 图都是直线图形,取哪个图的面积都可以。

如取 $M_P$ 图的面积, $\bar{M}_i$ 图的纵坐标有

$$\omega = \frac{1}{2}F_Pl \cdot l = \frac{1}{2}F_Pl^2$$

$$y_0 = \frac{1}{3} \times \frac{l}{2} = \frac{l}{6}$$

$$\Delta_c = \int \frac{\bar{M}_iM_p}{EI}\mathrm{d}x = \frac{1}{EI} \cdot \omega y_0$$

$$= \frac{1}{EI}(\frac{1}{2}F_pl^2)(\frac{l}{6})$$

$$= \frac{F_Pl^3}{12EI}(\downarrow)$$

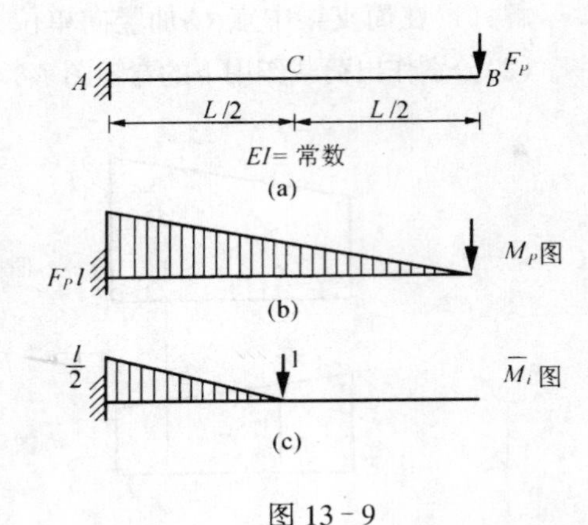


图 13－9

如取 $\bar{M}_i$ 图的面积, $\bar{M}_P$ 图的纵坐标,有

$$\omega = \frac{1}{2} \times \frac{l}{2} \times \frac{l}{2} = \frac{l^2}{8}$$

$$y_0 = \frac{5}{6} \times F_Pl = \frac{5F_Pl}{6}$$

$$\Delta_c = \int \frac{\bar{M}_iM_P}{EI}\mathrm{d}x = \frac{1}{EI} \cdot wy_0 = \frac{1}{EI} \cdot (\frac{l^2}{8})(\frac{5F_Pl}{6}) = \frac{5F_Pl^3}{48EI}(\downarrow)$$

两种方法的结果不同,后一种结果正确。为什么?

例 13－5. 计算图 13－10a 所示伸臂梁 $C$ 端的转角。$EI = 45\ \mathrm{kN \cdot m^2}$。

解:

(1)在 $C$ 端加一单位力偶,如图 13－10c 所示。

(2)分别作 $M_P$ 图和 $\bar{M}_i$ 图,如图 13－10b、c 所示。

(3)计算 $\Delta$

$\bar{M}_i$ 图包括两段直线,所以,整个梁应分为 $AB$ 和 $BC$ 两段应用图乘法。

$$\omega_1 = \frac{1}{2} \times 4 \times 2 = 4$$

$$y_1 = \frac{2}{3}(y_1 \text{ 与 } \omega_1 \text{ 同侧})$$

$$\omega_2 = \frac{2}{3} \times 4 \times 6 = 16$$

$$y_2 = \frac{1}{2}(y_2 \text{ 与 } \omega_2 \text{ 异侧})$$

$$\omega_3 = \frac{1}{2} \times 1 \times 2 = 1$$

$$y_3 = 1(y_3 \text{ 与 } \omega_3 \text{ 同侧})$$

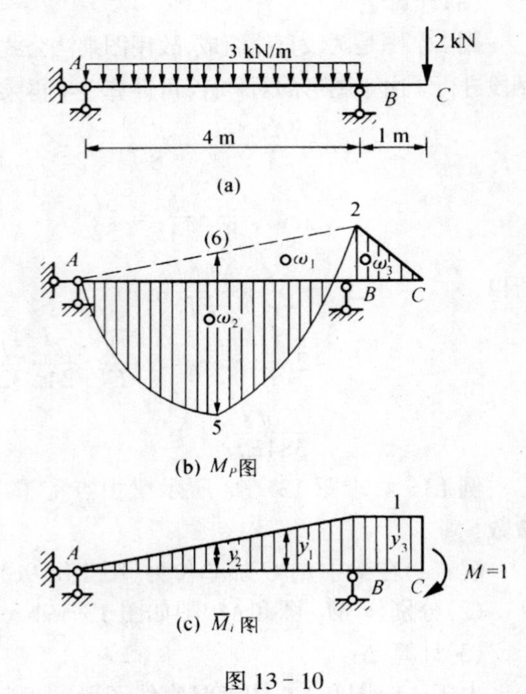


图 13－10

所以

$$\Delta = \frac{1}{EI}\sum \omega y_0$$

$$= \frac{1}{EI}(\omega_1 y_1 - \omega_2 y_2 + \omega_3 y_3)$$

$$= \frac{1}{EI}(4 \times \frac{2}{3} - 16 \times \frac{1}{2} + 1)$$

$$= -0.096(\mathrm{rad})(\uparrow)$$

负号表示 $C$ 端转角的方向与所设单位力偶的方向相反。

例 13－6.求图 13－11a 所示刚架右支座的水平位移 $\Delta_{BH}$，$EI=$常数。

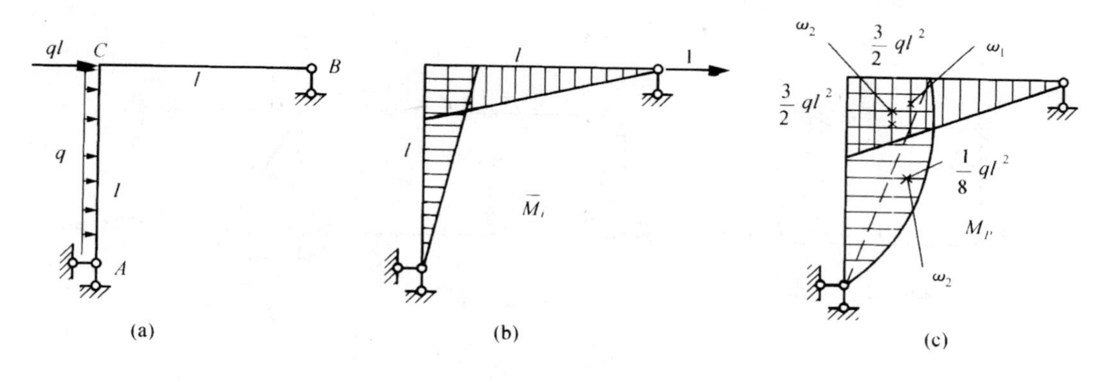


图 13－11

解：(1)在 $B$ 点加水平单位力如图 13－11b。

(2)分别作刚架的 $\bar{M}_i$ 图和 $M_P$ 图，如图 13－11b、c 所示。

(3)计算 $\Delta_{BH}$

$$\omega_1 = \frac{1}{2} \times \frac{3}{2}ql^2 \cdot l = \frac{3}{4}ql^3$$

$$\omega_2 = \frac{2}{3} \times \frac{1}{8}ql^2 = \frac{1}{12}ql^3$$

$$\omega_3 = \frac{1}{2} \times \frac{3}{2}ql^2 \cdot l = \frac{3}{4}ql^3$$

$y_1 = \frac{2}{3}l$ （与 $\omega_1$ 同侧）

$y_2 = \frac{l}{2}$ （与 $\omega_2$ 同侧）

$y_3 = \frac{2}{3}l$ （与 $\omega_3$ 同侧）

$$\Delta_{BH} = \frac{1}{EI}\sum wy_0 = \frac{1}{EI}(\frac{3}{4}ql^3 \cdot \frac{2}{3}l + \frac{1}{12}ql^3 \cdot \frac{l}{2} + \frac{3}{4}ql^3 \cdot \frac{2}{3}l) = \frac{25ql^4}{24EI}(\rightarrow)$$

例 13－7.求图 13－12a 所示刚架 $D$ 点的竖向位移，$EI = 8 \times 10^8\ \mathrm{kN \cdot m^2}$。

解：(1)在 $D$ 点加竖向单位力。

(2)分别作 $M_P$ 图和 $\bar{M}_i$ 图，如图 13－12b、c 所示。

(3)计算 $\Delta_{DV}$。

由于 $AC$ 段的 $\bar{M}_i$ 图为两条直线，所以 $AC$ 部分应分为 $AD$ 和 $DC$ 两端计算。

$\omega_1 = \frac{1}{2} \times 32 \times 4 = 64$ $\quad y_1 = \frac{8}{3}$（与 $\omega_1$ 同侧）

$\omega_2 = \frac{2}{3} \times 2 \times 4 = \frac{16}{3}$ $\quad y_2 = \frac{1}{2} \times 4 = 2$（与 $\omega_2$ 异侧）

$\omega_3=\frac{1}{2}\times4\times24=48\qquad y_3=\frac{2}{3}\times4=\frac{8}{3}$(与 $\omega_3$ 同侧)

$\omega_4=4\times8=32\qquad y_4=\frac{1}{2}\times4=2$(与 $\omega_4$ 同侧)

$$\Delta_{DV}=\frac{1}{EI}\sum\omega y_0=\frac{1}{EI}(64\times\frac{8}{3}-\frac{16}{3}\times2+48\times\frac{8}{3}+32\times2)=44\times10^{-5}(\text{m})$$
$$=0.44(\text{mm})(\downarrow)$$

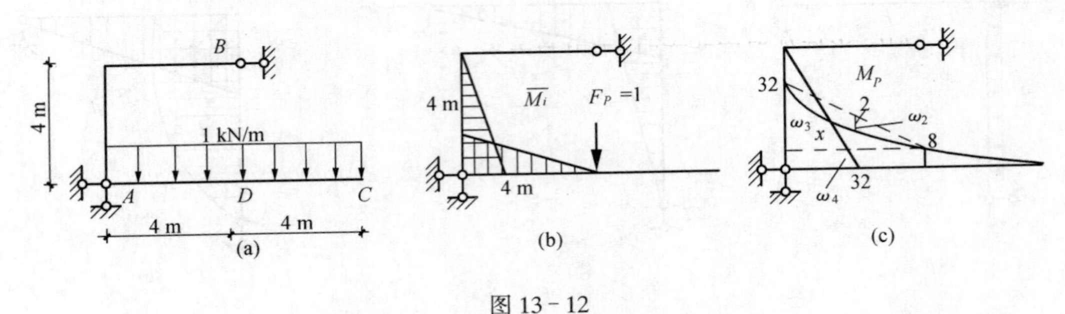


图 13-12

## 第四节　支座移动和温度改变时的位移计算

### 一、支座移动时的位移计算

静定结构是几何不变无多余约束的体系,当支座移动时,静定结构不产生内力和变形,只产生刚体位移。其位移计算可用刚体体系的虚功原理求解。当用单位荷载法计算时,由式(13-4)可得

$$\Delta=-\sum\bar{F}_{RK}C_K\qquad(13-11)$$

式中:$C_K$ 为支座位移的绝对值。

$\bar{F}_{RK}$ 为单位荷载产生的发生位移的支座的约束反力,与位移方向一致时取正号。

例 13-8.图 13-13a 所示三铰刚架支座 $B$ 发生位移,其水平分量为 $\Delta_1$,竖向分量为 $\Delta_2$,求结点 $E$ 的转角。

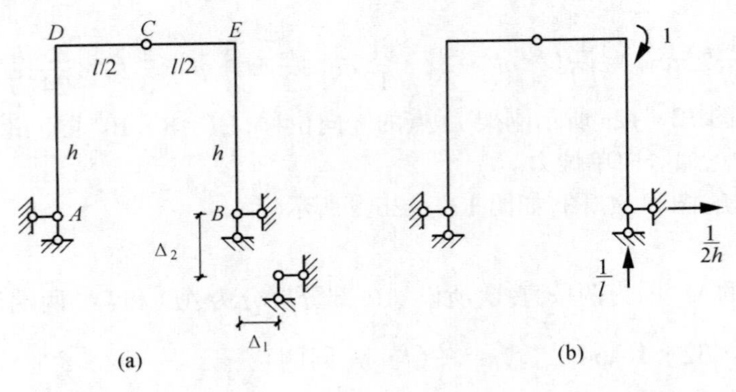


图 13-13

解:(1)在 $E$ 点加单位力偶,如图 13-13b 所示。

(2)由平衡条件,求出 $B$ 支座反力 $\overline{F}_{RK}$,如图 13-13b 所示。

(3)代入式(13-11)式得

$$\varphi_c=-\sum\overline{F}_{RK}\cdot C_K=-\left(\frac{1}{2h}\Delta_1-\frac{1}{l}\Delta_2\right)=\frac{\Delta_2}{l}-\frac{\Delta_1}{2h}$$

## 二、温度改变时的位移

对于静定结构,当杆件温度改变时,不引起内力,但材料会发生膨胀和收缩,从而使结构产生变形和位移。计算其位移和变形时,同样可采用单位荷载法。如图 13-14a 所示结构,求由于温度变化引起的 $C$ 点的竖向位移 $\Delta$,可选取图 13-14b 所示虚拟状态,即在 $C$ 点处加一个竖向单位力,这时结构内力用 $\overline{M}$、$\overline{F}_Q$、$\overline{F}_N$ 表示。由公式(13-4)则有

$$\begin{aligned}\Delta&=\sum\int(\overline{F}_{Ni}\varepsilon+\overline{F}_{Qi}\delta_0+\overline{M}_ik)\mathrm{d}s\\&=\sum\int(\overline{M}\mathrm{d}\theta+\overline{F}_Q\mathrm{d}\eta+\overline{F}_N\mathrm{d}\lambda)\end{aligned}\tag{a}$$

式中 $\mathrm{d}\theta$、$\mathrm{d}\eta$、$\mathrm{d}\lambda$ 为实际状态中杆件微段 $\mathrm{d}x$ 由于温度改变而产生的变形。(图 13-14c)。计算时,设温度沿杆件截面厚度 $h$ 按直线规律变化,变形后,截面仍保持为平面。截面的变形可分解为沿轴线方向的拉伸变形 $\mathrm{d}u$ 和截面的转角 $\mathrm{d}\theta$,不产生剪切变形。

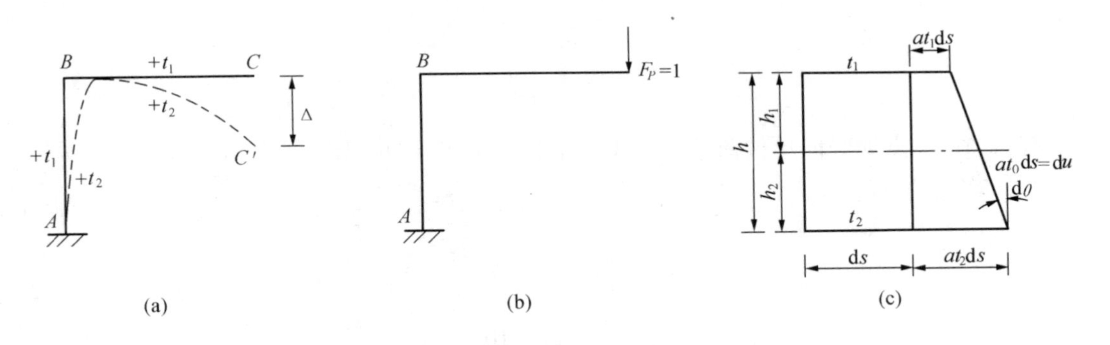


图 13-14

当杆件截面对称于形心轴时,则其形心轴处的温度 $t_0$ 为

$$t_0=\frac{1}{2}(t_1+t_2)$$

当杆件截面不对称于形心轴时,则其形心轴处的温度 $t$ 为

$$t_0=\frac{t_1h_2+t_2h_1}{h}$$

如材料的线膨胀系数为 $\alpha$,则 $\mathrm{d}s$ 段的变形为

$$\mathrm{d}\lambda=\varepsilon\mathrm{d}s=\alpha t_0\mathrm{d}s$$

$$\mathrm{d}\theta=\kappa\mathrm{d}s=\frac{\alpha(t_2-t_1)}{h}\mathrm{d}s=\alpha\frac{\Delta t}{h}\mathrm{d}s$$

将以上变形代入式(a)得

$$\Delta=\sum\int\overline{M}\frac{\alpha\Delta t}{h}\mathrm{d}s+\sum\int\overline{F}_N\alpha t_0\mathrm{d}s\tag{13-12}$$

如果 $t_0 \Delta t$ 沿杆全长为常数,则得

$$\begin{aligned}\Delta &= \sum \frac{\alpha \Delta t}{h} \int \overline{M} \mathrm{d}s + \sum \alpha t_0 \int \overline{F}_N \mathrm{d}s \\ &= \sum \alpha \frac{\Delta t}{h} \omega + \sum \overline{F}_N \alpha t_0 l\end{aligned} \tag{13-13}$$

式中 $l$ 为杆件的长度,$\omega$ 代表 $\overline{M}$ 图的面积。

正负号规定如下:轴力 $\overline{F}_N$ 以拉力为正,$t_0$ 以温度升高为正。弯矩 $\overline{M}$ 和内外侧温度 $\Delta t$ 则用其乘积定正负号。当弯矩 $\overline{M}$ 和温差 $\Delta t$ 引起的弯曲为同一方向时,其乘积为正。

例 13-9.求图 13-15a 所示刚架 $C$ 点的竖向位移。刚架内侧温度升高 10 ℃,外侧无变化。设各杆的截面相同,且与形心轴对称。

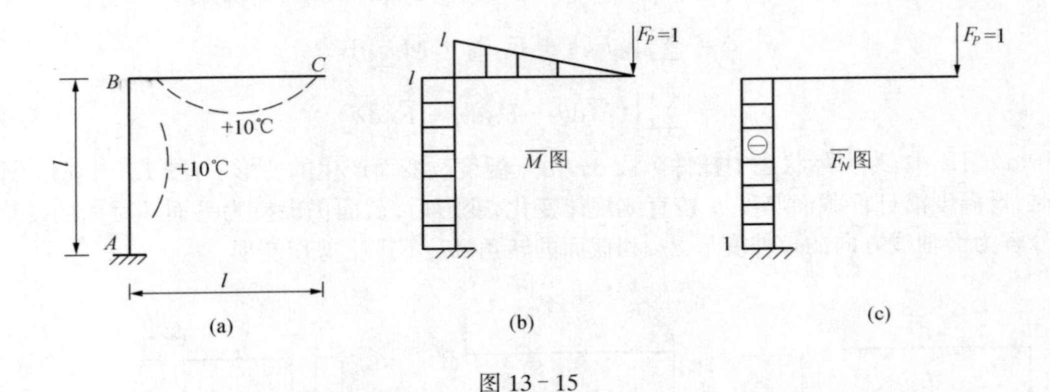


图 13-15

解:1.在 $C$ 点加竖向单位荷载 $F_p=1$。分别作 $\overline{M}$ 图和 $\overline{F}_N$ 图。如图 13-15b、c 所示。

2.计算温差 $\Delta t$ 及 $t_0$

$$t_0 = \frac{1}{2}(t_1 + t_2) = 5°$$

$$\Delta t = t_2 - t_1 = 10°$$

3.代入式(13-13)得

$$\begin{aligned}\Delta &= \sum \alpha \frac{\Delta t}{h} \omega + \sum \overline{F}_N \alpha t_0 l \\ &= -\frac{10\alpha}{h}\left(\frac{1}{2} l \cdot l + l \cdot l\right) + 5\alpha(-1 \cdot l) \\ &= -15\alpha \frac{l^2}{h} - 5\alpha l (\uparrow)\end{aligned}$$

负号说明 $C$ 点的实际竖向位移方向向上。

## 习 题

13-1.求图示刚架自由端的竖向位移。$EI$ = 常数

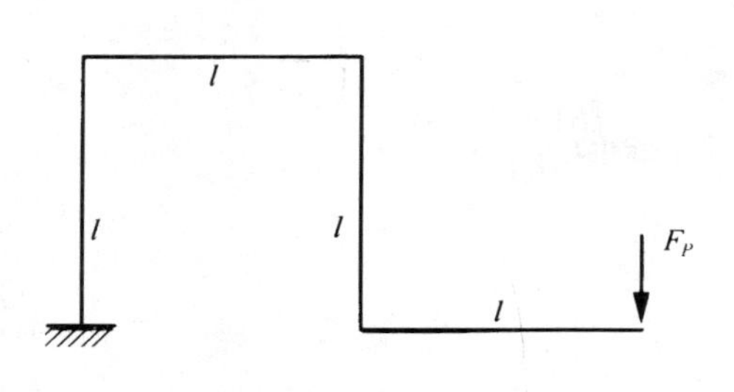


答：$\Delta_V=\dfrac{23F_pl^3}{3EI}$（↓）

题 13－1 图

13－2. 求梁中点的位移。

答：$\Delta_V=\dfrac{F_pl^3}{48EI}$（↓）

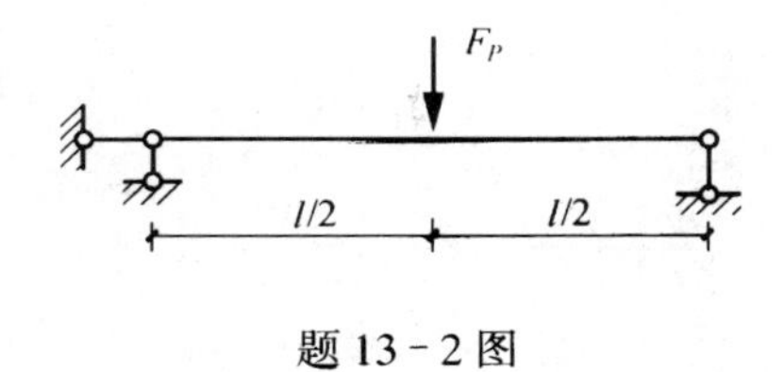


题 13－2 图

13－3. 求图示刚架结点 C 的转角

答：$\theta_C=\dfrac{25}{192}\cdot\dfrac{ql^3}{EI}$（↻）

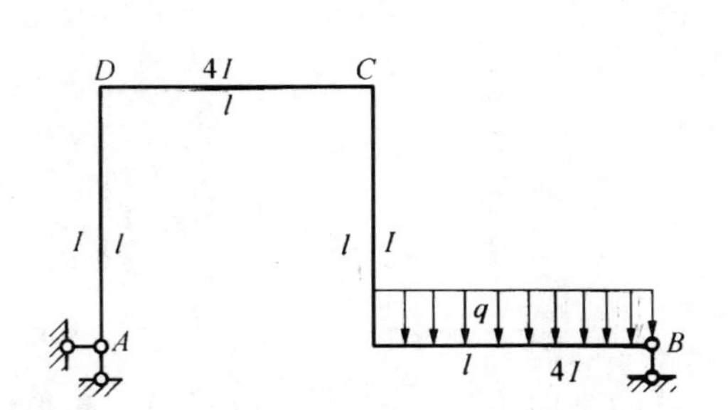


题 13－3 图

13－4. 求图示梁 A 截面的转角和 C 截面的挠度。

答：$\Delta_{CV}=\dfrac{F_pl^3}{24EI}$（↓）

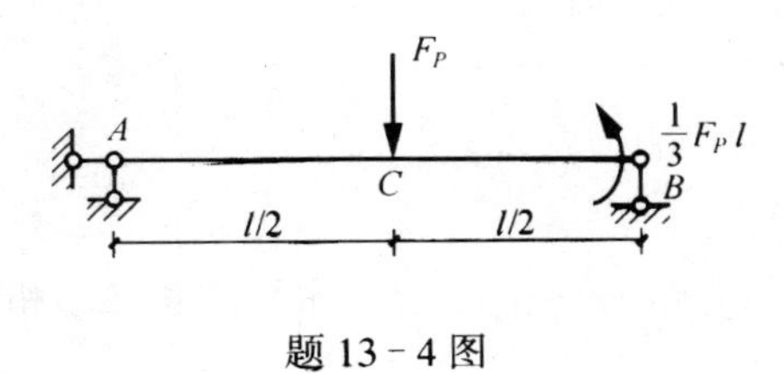


题 13－4 图

13－5. 求图示刚架 $D$ 点的竖向位移。

答：$\Delta_{DV}=\dfrac{161qa^4}{48EI}(\downarrow)$

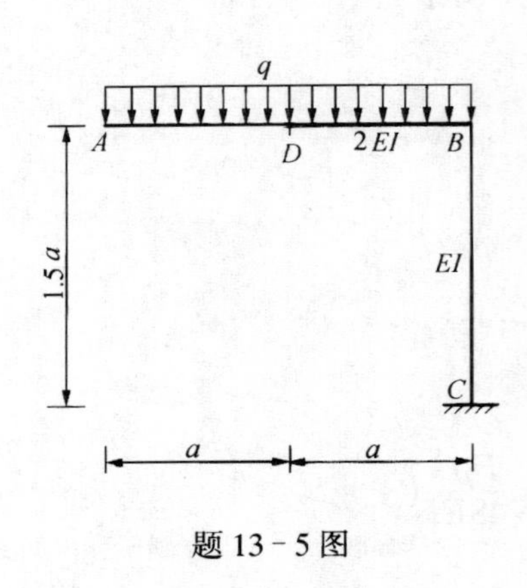


题 13－5 图

13－6. 求图示刚架 $C$ 点的水平位移。

答：$\Delta_{CH}=\dfrac{qa^4}{3EI_1}(\rightarrow)$

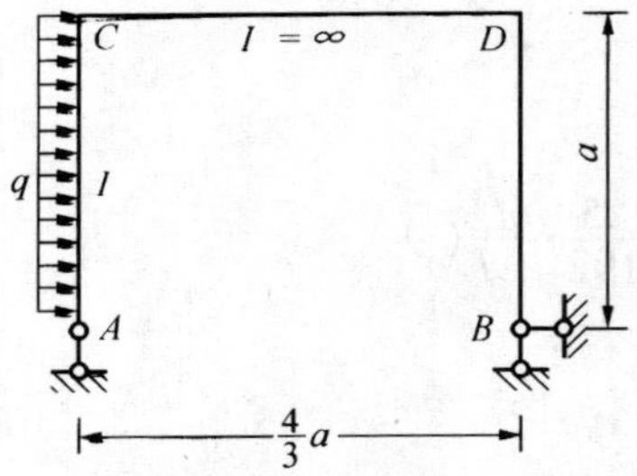

题 13－6 图

13－7. 静定多跨梁支座移动如图所示，求 $D$ 点的竖向位移 $\Delta_{DV}$，水平位移 $\Delta_{DH}$ 和角位移 $\Delta_D\theta$。

答：$\Delta_{DV}=0.33\ \text{cm}(\downarrow)$

$\Delta_{DH}=1\ \text{cm}(\leftarrow)$

$\Delta_{D\theta}=0.0033$ (↺)

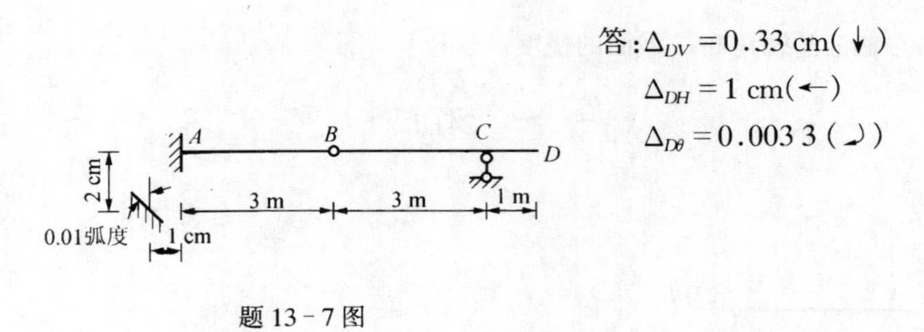


题 13－7 图

13－8. 图示刚架的 $B$ 支座向右移动 1 cm，求 $C$ 点的竖向位移 $\Delta_{CV}$，水平位移 $\Delta_{CH}$ 和铰 $C$ 左右两截面的相对转角 $\Delta_{C\theta}$。

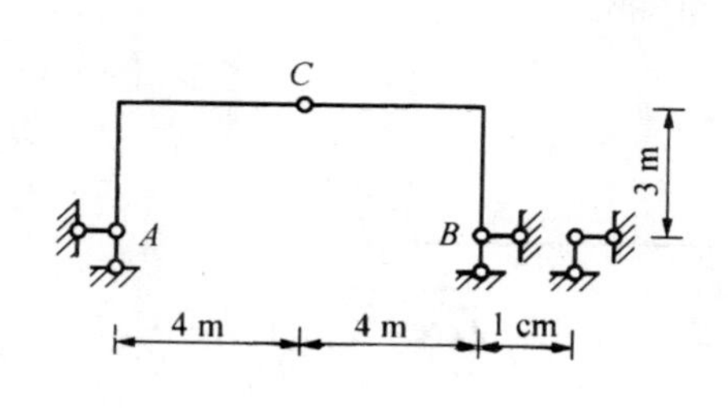


题 13－8 图

答：$\Delta_{CV}=0.67$ cm(↓)

$\Delta_{CH}=0.5$ cm(→)

$\Delta_{C\theta}=0.003\,3$ (↻)

13－9. 设三铰刚架温度变化如图，各杆截面为矩形，截面高度 $h=60$ cm，$\alpha=0.000\,01$，求 $C$ 点的竖向位移。

答：1.98 cm(↑)

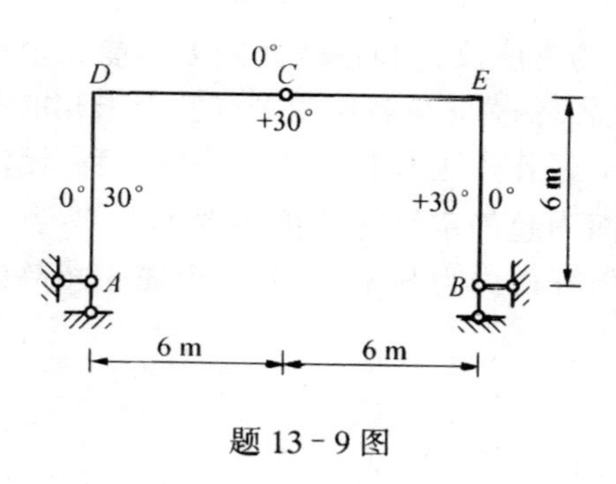


题 13－9 图

# 第十四章
# 力　法

## 第一节　超静定结构概述

超静定结构是工程实际中常用的一类结构，它的支座反力和各截面内力不能完全由静力平衡条件唯一地确定。如图 14－1a 所示的连续梁，在横向荷载作用下有三个未知的竖向支座反力 $F_{VA}$，$F_{VB}$ 和 $F_{VC}$，但杆 $ABC$ 在平面平行力系作用下却只有两个平衡方程，无法确定三个支座反力，从而亦无法求出杆件的内力，因而为超静定结构。再如图 14－1b 所示的加劲梁，虽然支座反力可以由静力平衡方程求出，但杆件内力却不能确定，也属于超静定结构。

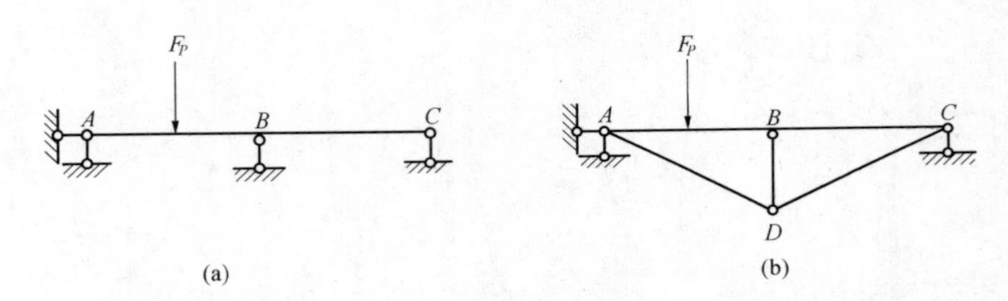


图 14－1

分析以上两个结构的几何组成，它们都具有多余联系，故超静定结构是具有多余约束的几何不变体系。多余联系的数目称之为超静定结构的超静定次数。如图 14－1a 中支座 $B$ 便可以看作是一个多余联系，若去掉该支座，代之以竖向的多余力 $F_{VB}$（多余联系上发生的力称之为多余力），原超静定结构成为静定结构（无多余联系的几何不变体系）。同样，图 14－1b中，可将连杆 $BD$ 视为多余联系，去除之，代之以连杆 $BD$ 的轴力 $F_N$（分别作用在连杆两截面上的一对作用力与反作用力），原结构成为静定结构。上述两结构均为 $n=1$ 的超静定结构。

图 14－2 所示各超静定结构，其超静定次数依次为 $n=1$，$n=2$ 和 $n=3$。

常见的超静定结构可以分为以下几种类型：超静定梁（图 14－2a、b），超静定的刚架（图 14－2c），超静定桁架（图 14－3a），超静定拱（图 14－3b），超静定组合结构（图 14－3c），铰接排架（图 14－3d）等。

总之，超静定结构与静定结构的最大区别在于结构的支座反力和内力不能完全由静力平衡条件确定，超静定结构具有多余约束，其内力是超静定的，必须考虑变形协调条件。

超静定结构的解法可依其基本未知量选择的不同分为两类：

力法——取某些力作为基本未知量。

位移法——取某些位移作为基本未知量。

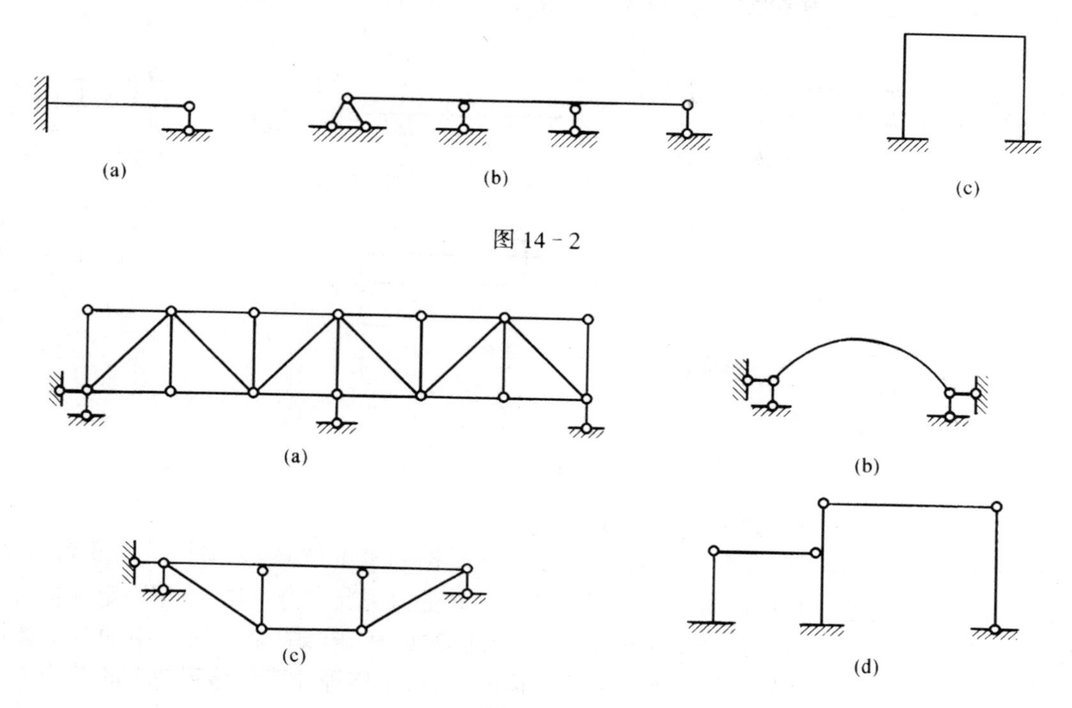


图 14－2

图 14－3

解算超静定结构时，首先将其它未知量都表示成基本未知量的函数，然后先求出基本未知量，再求其余未知量。力法和位移法是计算超静定结构的两个基本方法。此外还有由此派生出来的方法，如力矩分配法等。

## 第二节 力法基本概念

采用力法解超静定结构的基本思想，是在前述静定结构内力、位移计算的基础上，将超静定问题的计算与相应的静定问题联系起来，找出二者的联系与区别，通过静力平衡条件和变形协调条件的综合考虑，进而通过静定结构的计算方法求解基本未知量。具体计算过程可以分为以下 3 步：

1. 选取力法计算的基本体系和基本结构

超静定结构是具有多余约束的几何不变体系，若将多余约束去掉，原结构成为无多余约束的几何不变体系，即静定结构，该静定结构称为原超静定结构的基本结构。

在基本结构上加上原超静定结构所受的荷载，并在去掉的多余约束处加上相应的多余力，所得到的含有未知多余力的静定结构称为力法的基本体系。

图 14－4a 中的一次超静定结构，去掉荷载和多余约束——$B$ 处的可动铰支座后，剩下图 14－b 中的静定结构，称为原超静定结构的基本结构。在基本结构上加上多余力 $F_B$ 和原超静定结构所承受的荷载 $q$，即得到力法的基本体系(图 14－4c)。

对于超静定结构而言，其基本结构和基本体系可以不唯一，只要求是静定结构即可。如图 14-4d、e 即是图 14-4a 中超静定结构的另一种基本结构与基本体系的选择，以 $A$ 处限制截面转动的约束作为多余约束，相应的多余力为 $A$ 处的约束力矩 $M_A$。

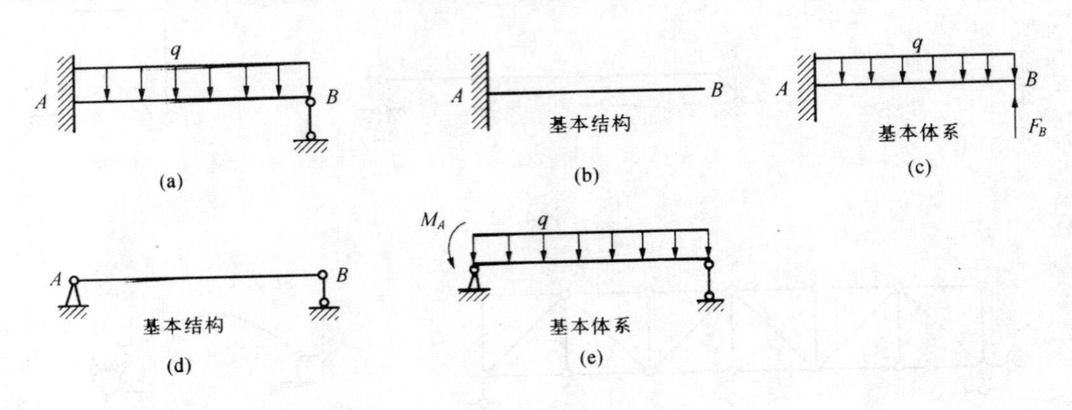


图 14-4

2. 列出力法基本方程并求出多余力

图 14-4a 中结构，选择图 14-4b、c 中的基本结构和基本体系，必须在求出多余力 $F_B$ 后，才能求出超静定结构的内力。分析图 a 与图 c，其受力情况完全一样，但超静定结构对 $B$ 处的位移有限制，因此也要同样限制图 $c$ 中 $B$ 处的位移，才能够完全用图 $c$ 中的基本体系来代替图 a 中的超静定结构，从而将超静定结构的内力、位移等计算转移到静定的结构中去解算。

在图 14-4c 的基本体系中：$\Delta_B=0$，设图 b 中基本结构受均布栽 $q$ 作用时 $B$ 点处的竖向位移为 $\Delta_{1p}$，基本结构受多余力 $F_B$ 作用时 $B$ 点处的竖向位移为 $\Delta_{11}$，则 $\Delta_B=\Delta_{11}+\Delta_{1p}$，即 $\Delta_{11}+\Delta_{1p}=0$。在线性变形体系下，$\Delta_{11}$ 与 $F_B$ 成正比；$\Delta_{11}=\delta_{11}F_B$，其中系数 $\delta_{11}$ 等于基本结构在 $F_B=1$ 单独作用时 $B$ 点处的竖向位移数值。由此可得图 14-4a 超静定结构力法的基本方程：

$$\delta_{11}F_B+\Delta_{1p}=0$$

为统一起见，多余力依次以 $X_1, X_2\cdots\cdots X_n$ 命名，上述的力法方程写成：

$$\delta_{11}X_1+\Delta_{1p}=0$$

由上式即可求出多余力 $X_1$。

对于 $n$ 次超静定结构，有 $n$ 个多余力 $X_1, X_2\cdots\cdots X_n$，由叠加原理，可以得到力法的基本方程：

$$\left\{\begin{array}{l}\delta_{11}X_1+\delta_{12}X_2+\cdots+\delta_{1n}X_n+\Delta_{1p}=0\\ \delta_{21}X_1+\delta_{22}X_2+\cdots+\delta_{2n}X_n+\Delta_{2p}=0\\ \vdots\\ \delta_{n1}X_1+\delta_{n2}X_2+\cdots+\delta_{nu}X_n+\Delta_{up}=0\end{array}\right. \tag{14-1}$$

其中系数 $\delta_{ij}$ 为 $X_j=1$ 作用时基本结构在 $i$ 处沿 $X_i$ 方向所产生的位移数值。

自由项 $\Delta_{ip}$ 为基本结构仅受荷载作用时与 $X_i$ 相应的位移。

式(14－1)为一组($n$ 个)含有 $n$ 个未知量的线性代数方程组,称为力法典型方法。其系数矩阵为:

$$\begin{bmatrix} \delta_{11} & \delta_{12} & \cdots & \delta_{1n} \\ \delta_{21} & \delta_{22} & \cdots & \delta_{2n} \\ \vdots & \vdots & & \vdots \\ \delta_{n1} & \delta_{n2} & \cdots & \delta_{nn} \end{bmatrix} \tag{14-2}$$

该矩阵称为柔度矩阵,其中各个元素 $\delta_{ij}$ 称为柔度系数。由位移互等定理,有

$$\delta_{ij} = \delta_{ji} \tag{14-3}$$

由 $\delta_{ij}$ 的定义可知,主系数 $\delta_{11}, \delta_{22}, \cdots, \delta_{nn}$ 恒为正值,其它系数——副系数 $\delta_{ij}\ (i \neq j)$ 则可能是正值、负值或零。柔度矩阵是对称矩阵,即 $\delta_{ij} = \delta_{ji}$。

求解力法典型方程组(14－1),即可求出全部多余力 $X_1, X_2, \cdots, X_n$。

3.超静定结构的内力计算

在 $X_1, X_2, \cdots, X_n$ 已经求出的基础上,超静定结构的内力可以通过基本体系的平衡条件求出,也可以根据叠加原理计算:

$$\begin{cases} M = \overline{M}_1 X_1 + \overline{M}_2 X_2 + \cdots + \overline{M}_n X_n + M_p \\ F_Q = \overline{F}_{Q1} X_1 + \overline{F}_{Q2} X_2 + \cdots + \overline{F}_{Qn} X_n + F_{Qp} \\ F_N = \overline{F}_{N1} X_1 + \overline{F}_{N2} X_2 + \cdots + \overline{F}_{Nn} X_n + F_{Np} \end{cases} \tag{14-4}$$

式中 $\overline{M}_i$,$\overline{F}_{Qi}$ 和 $\overline{F}_{Ni}$ 分别为基本结构由于 $X_i = 1$ 作用而产生的弯矩、剪力和轴力。

超静定结构在荷载外的其它原因(如支座移动,温度改变等)作用时也可能引起内力和位移,力法典型方程(14－1)可以推广至上述各种情形,但其中自由项应定义为基本结构在上述原因下的位移,具体计算将在后面介绍。

## 第三节　荷载作用时超静定结构的内力计算

无论何种类型的超静定结构,其力法计算基本方程均为式(14－1)。对于一个超静定结构,其基本结构可能有多种选择,基本方程也可以有不同的具体表达式,但不影响超静定结构支座反力和内力、位移计算的最后结果。因此在选取基本结构时,应尽可能使系数和自由项计算方便。

1.超静定梁

下面,通过具体算例说明超静定梁的计算过程。

例 14－1.作出图 14－5a 所示超静定梁的内力图。

解:该结构系一次超静定梁,按力法求解。

(1)选取悬臂梁 $AB$(图 14－5b)为基本结构,相应的基本体系如图 14－5c 所示,为基本方程书写的统一性,多余力 $F_B$ 写作 $X_1$。

(2)力法典型方程为:

$$\delta_{11} X_1 + \Delta_{1p} = 0 \tag{a}$$

分别作出基本结构受荷载 $q$ 和 $X_1 = 1$ 作用时的弯矩图 $M_p$ 和 $\overline{M}_1$(图 14－6a、b)

由图乘法计算系数与自由项:

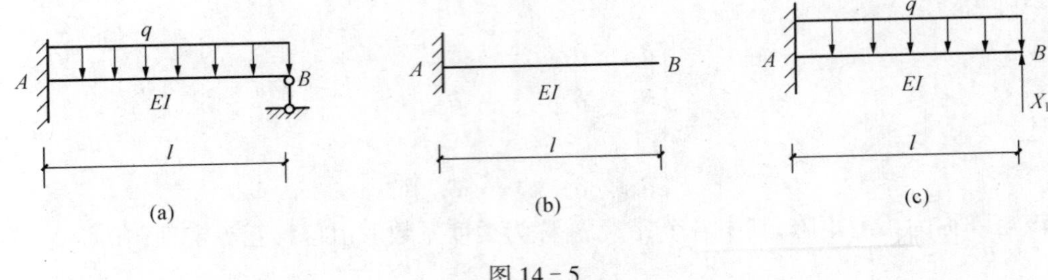


图 14-5

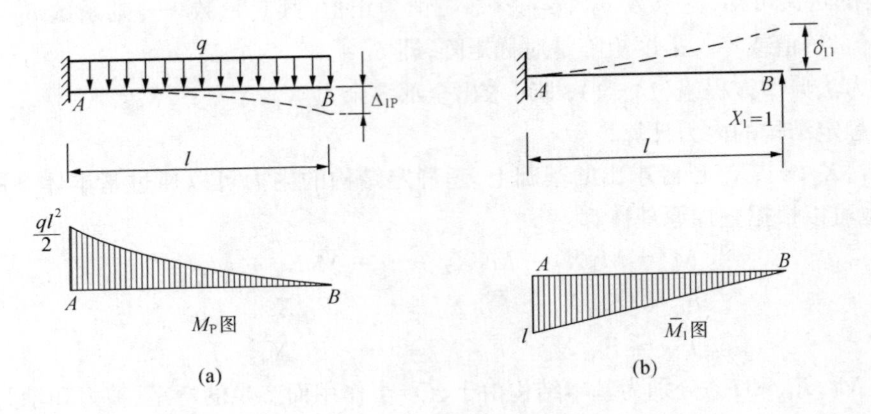


图 14-6

$$\delta_{11} = \int \frac{\overline{M}_1 \overline{M}_1}{EI} \mathrm{d}x = \frac{1}{EI}\left(\frac{l \cdot l}{2} \times \frac{2l}{3}\right) = \frac{l^3}{3EI}$$

$$\Delta_{1p} = \int \frac{\overline{M}_1 M_p}{EI} \mathrm{d}x = -\frac{1}{EI}\left(\frac{1}{3} \times \frac{ql^2}{2} \times l\right) \times \frac{3l}{4} = -\frac{ql^4}{8EI}$$

将上述结果代入式(a),得

$$\frac{l^3}{3EI}X_1 - \frac{ql^4}{8EI} = 0$$

$$X_1 = \frac{3}{8}ql \quad (\uparrow)$$

(3)由叠加原理作内力图,即结构任一截面的内力为:

$$\begin{cases} M = \overline{M}_1 X_1 + M_p \\ F_Q = F_{Q1} X_1 + F_{QP} \end{cases} \tag{b}$$

直接由图 14-6a 中的 $M_p$ 图与图 14-6b 中的 $\overline{M}_1$ 图扩大 $X_1 = \frac{3}{8}ql$ 倍后叠加,得到结构的 $M$ 图,$F_Q$ 图亦可采用同样方法叠加而成,也可以直接由基本体系(图 14-5c)中求出(此时 $X_1$ 为已知荷载)。内力结果见图 14-7b、c。

例 14-2. 试绘制图示单跨超静定梁(图 14-8a)的内力图。

解:(1)原结构为二次超静定梁,去除 $A$ 处和 $B$ 处限制截面转动的两个约束,选取图 14-8b所示简支梁为基本结构,基本体系如图 14-8c 所示,$X_1$,$X_2$ 为多余力。

(2)由力法典型方程求解多余力 $X_1$,$X_2$。力法方程为:

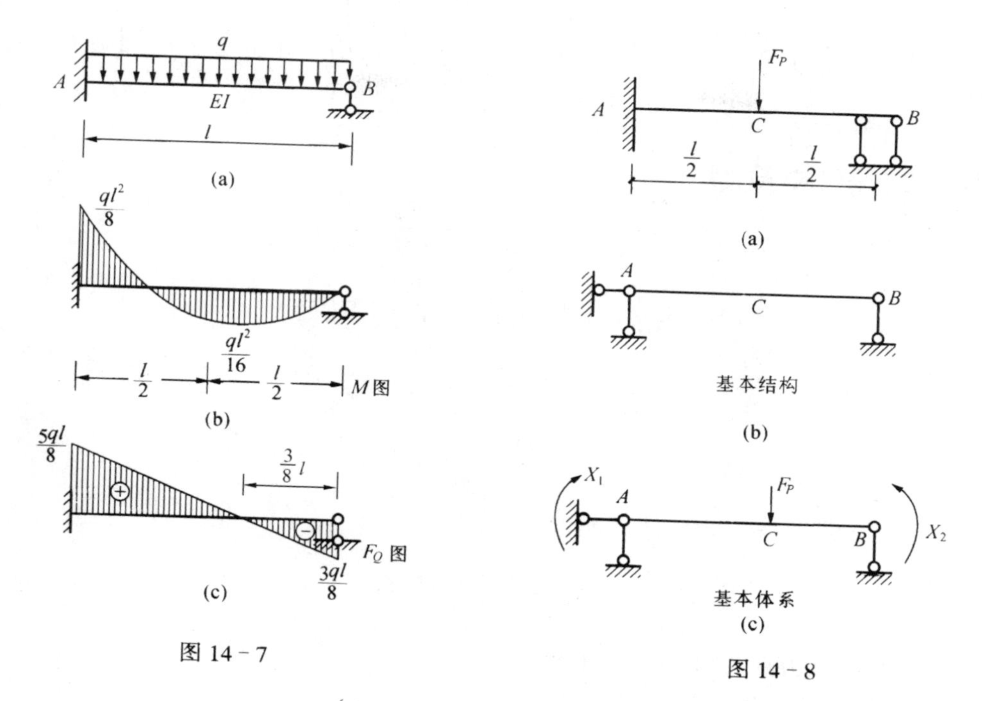


图 14 - 7

图 14 - 8

$$
\begin{cases}
\delta_{11} X_1 + \delta_{12} X_2 + \Delta_p = 0 \\
\delta_{21} X_1 + \delta_{22} X_2 + \Delta_{2p} = 0
\end{cases}
\tag{c}
$$

分别作出基本结构受 $F_p$ 作用，受 $X_1 = 1$ 作用和受 $X_2 = 1$ 作用的内力图（图 14 - 9a、b、c），计算式（c）中的系数和自由项。

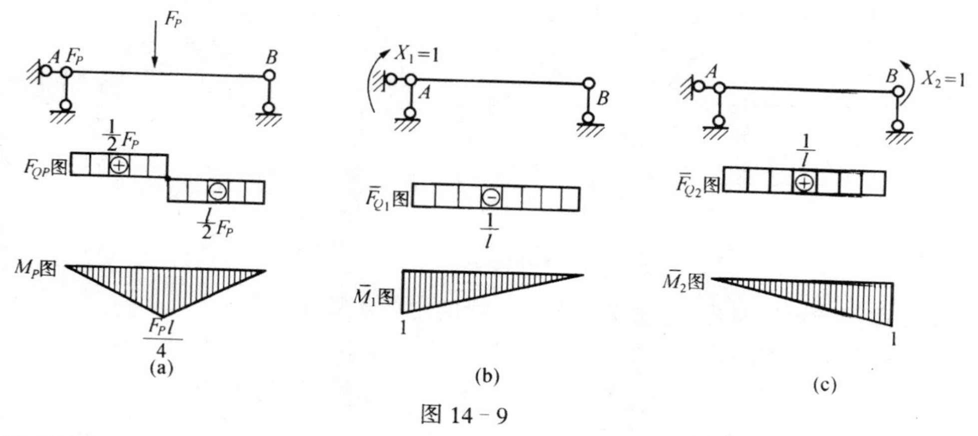


图 14 - 9

由图乘法得：

$$\delta_{11} = \frac{1 \times l}{2EI} \times \frac{2}{3} = \frac{l}{3EI}$$

$$\delta_{12} = \frac{1 \times l}{2EI} \times \frac{1}{3} = \frac{l}{6EI}$$

$$\delta_{22} = \frac{l}{3EI}$$

$$\Delta_{1p} = \left(\frac{1}{2EI} \times \frac{F_p l}{4} \times \frac{l}{2}\right) \times \left(\frac{1}{2} + \frac{1}{3} \times \frac{1}{2}\right) + \frac{F_p l^2}{16EI} \times \left(\frac{2}{3} \times \frac{1}{2}\right) = \frac{F_p l^2}{16EI}$$

$$\Delta_{2P} = \frac{F_p l^2}{16EI}$$

将上述结果代式($c$),得

$$\begin{cases} \frac{l}{3EI}X_1 + \frac{l}{6EI}X_2 + \frac{F_p l^2}{16EI} = 0 \\ \frac{l}{6EI}X_1 + \frac{l}{3EI}X_2 + \frac{F_p l^2}{16EI} = 0 \end{cases} \tag{d}$$

即

$$\begin{cases} 2X_1 + X_2 = -\frac{3}{8}F_p l \\ X_1 + 2X_2 = -\frac{3}{8}F_p l \end{cases}$$

解出

$$\begin{cases} X_1 = -\frac{1}{8}F_p l(\frown) \\ X_2 = -\frac{1}{8}F_p l(\frown) \end{cases} \tag{e}$$

$X_1, X_2$ 的真实方向与图 14-8c 中相反。

(3)作超静定梁的内力图

$$\begin{cases} M = \overline{M}X_1 + \overline{M}_2 X_2 + M_p \\ F_Q = \overline{F}_{Q1} X_1 + \overline{F}_{Q2} X_2 + F_{Qp} \end{cases} \tag{f}$$

直接由 $\overline{M}_1, \overline{M}_2, \overline{F}_{Q1}, \overline{F}_{Q2}$ 与 $M_p, F_{Qp}$ 图叠加出超静定梁的内力(图 14-10b、c)

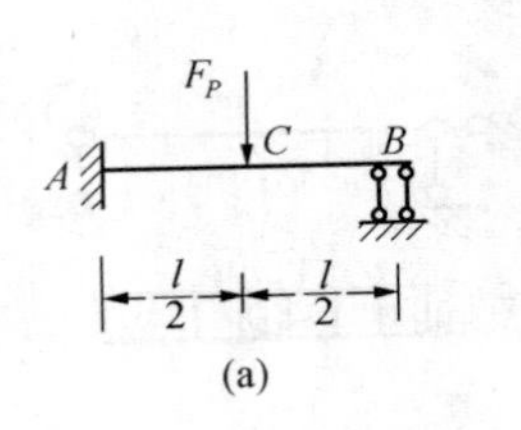

(a)

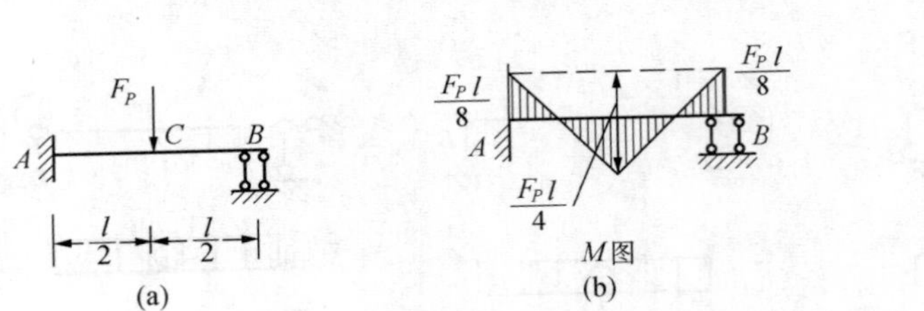

(b)

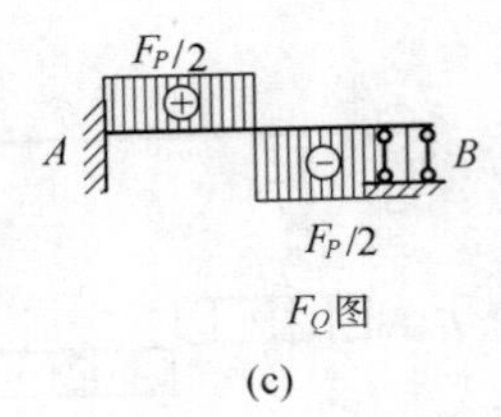

(c)

图 14-10

由上述例题可以看出,力法求解超静定梁的主要步骤是:

(1)确定结构的超静定次数 $n$,选取基本结构和基本体系;

(2)建立力法典型方法 $\begin{cases} \delta_{11}X_1 + \delta_{12}X_2 + \cdots + \delta_{in}X_n + \Delta_{1p} = 0 \\ \vdots \quad \vdots \quad \vdots \quad \vdots \quad \vdots \\ \delta_{n1}X_1 + \delta_{n2}X_2 + \cdots + \delta_{nn}X_n + \Delta_{up} = 0 \end{cases}$

(3)作出基本结构在荷载作用时的弯矩图 $M_p$ 及多余力 $X_i = 1$ 作用时的弯矩图 $\overline{M}_i$,并根据内力图求出力法方程的系数项 $\delta_{ij}$ 和自由项 $\Delta_{ip}$。

$$\begin{matrix} \delta_{ij} = \int \frac{\overline{M}_i \overline{M}_j}{EI} dx \\ \Delta_{ip} = \int \frac{M_p \overline{M}_i}{EI} dx \end{matrix} \quad \begin{pmatrix} i = 1,2,\cdots,n \\ j = 1,2,\cdots,n \end{pmatrix}$$

(4)将 $\delta_{ij}$ 和$\Delta_{ip}$代入力法典型方程,求出多余力 $X_1,X_2,\cdots,X_n$;

(5)超静定梁内力计算

利用叠加原理

$$M = \overline{M}_1X_1 + \overline{M}_2X_2 + \cdots + \overline{M}_nX_n + M_p$$

$$F_Q = \overline{F}_{Q1}X_1 + \overline{F}_{Q2}X_2 + \cdots + \overline{F}_{Qn}X_n + F_{Qp}$$

内力亦可在基本体系上循一般静定结构内力求法解出。

2.超静定刚架

图 14-11a 所示超静定刚架为二次超静定结构,可以在去掉二个多余约束后成为静定结构,相应的基本体系亦可以有多种形式(图 14-11b、c、d、e、f)。

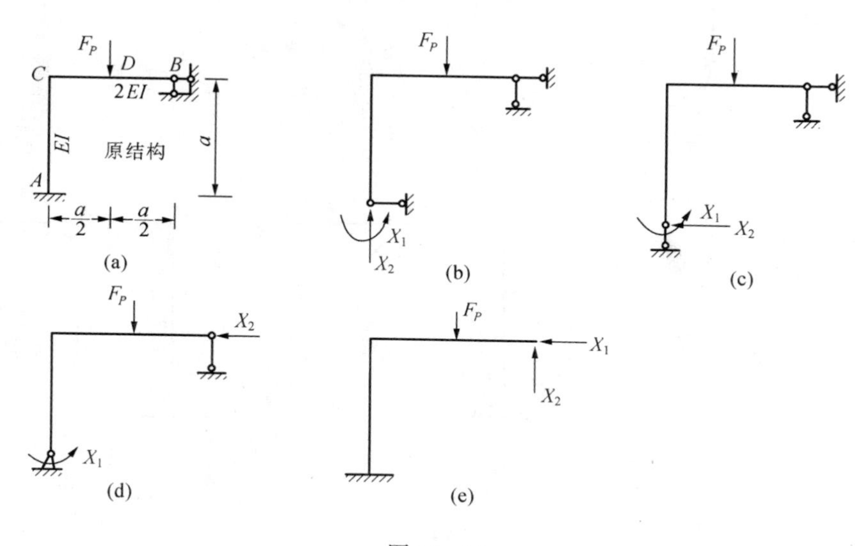


图 14-11

例 14-3.试作图 14-11a 中刚架的内力图。

解:(1)对于上述刚架,采用图 14-12a 的基本结构,基本体系如图 14-12b 所示,$X_1$、$X_2$ 为多余力。

(2)力法典型方程为:

$$\begin{cases}\delta_{11}X_1 + \delta_{12}X_2 + \Delta_{1p} = 0\\ \delta_{21}X_1 + \delta_{22}X_2 + \Delta_{2p} = 0\end{cases}$$

分别作基本结构的荷载弯矩图 $M_p$,单位弯矩图 $\overline{M}_1$ 和 $\overline{M}_2$(图 14-13a、b、c)

用图乘法计算系数和自由项:

$$\delta_{11} = \frac{1}{EI} \times \frac{a \times 1}{2} \times \frac{2}{3} = \frac{a}{3EI}$$

$$\delta_{22} = \frac{1}{EI} \times \frac{a \times a}{2} \times \frac{2a}{3} + \frac{1}{2EI} \times \frac{a \times a}{2} \times \frac{2a}{3} \times = \frac{a^3}{2EI}$$

$$\delta_{12} = \delta_{21} = -\frac{1}{EI} \times \frac{a}{2} \times \frac{a}{3} = -\frac{a^2}{6EI}$$

$$\Delta_{1p} = \frac{1}{EI} \times \left(\frac{1}{2} \times \frac{1}{2} F_p a \times a\right) \times \frac{1}{3} = \frac{F_p a^2}{12EI}$$

$$\Delta_{2p} = -\frac{1}{EI} \times \left(\frac{1}{2} \times \frac{1}{2} F_p a^2\right) \times \frac{2a}{3} - \frac{1}{2EI} \times \left(\frac{1}{2} \times \frac{1}{2} F_p a \times \frac{a}{2}\right) \times \left(\frac{a}{2} + \frac{2}{3} \times \frac{a}{2}\right)$$

$$= -\frac{F_p a^3}{6EI} - \frac{5F_p a^3}{96EI} = -\frac{7F_p a^3}{32EI}$$

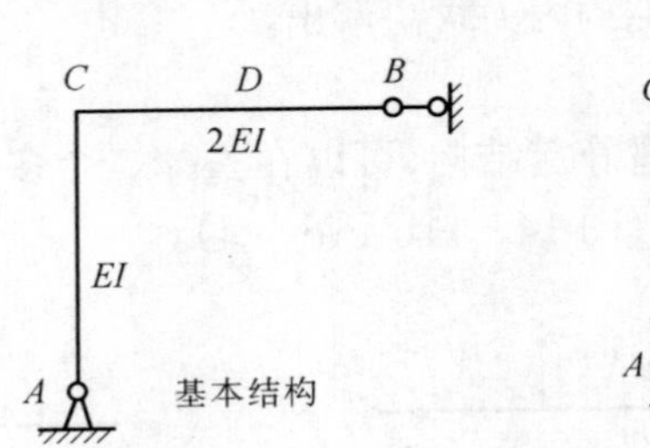


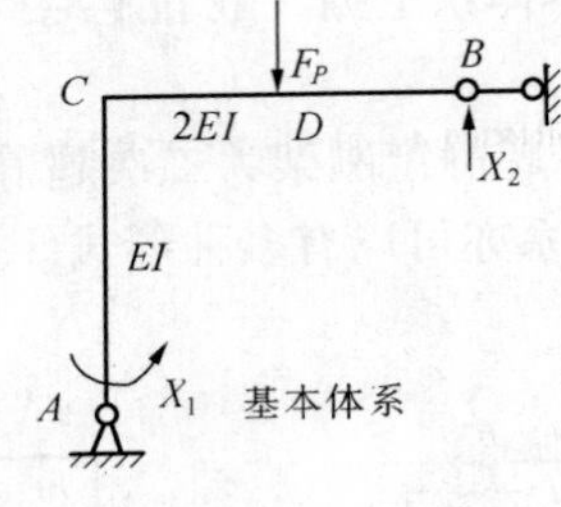


图 14 - 12

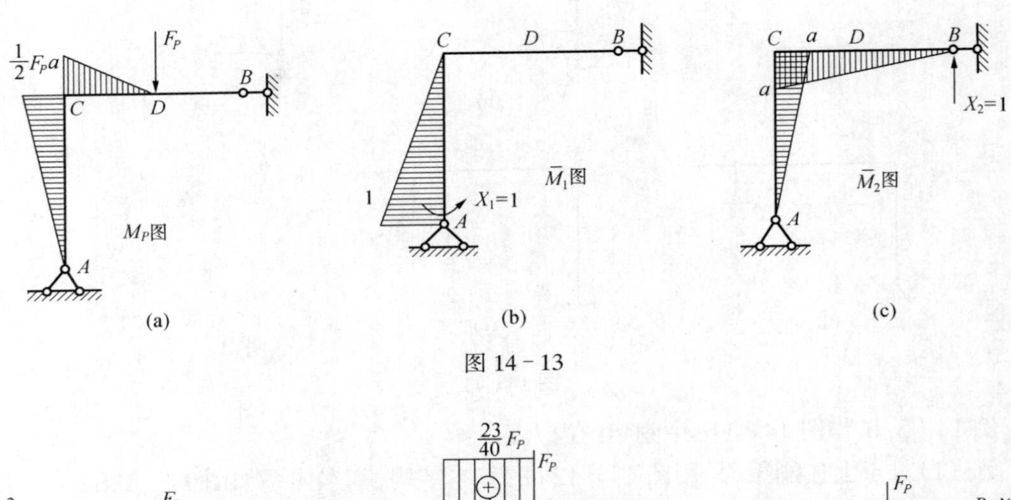


图 14 - 13

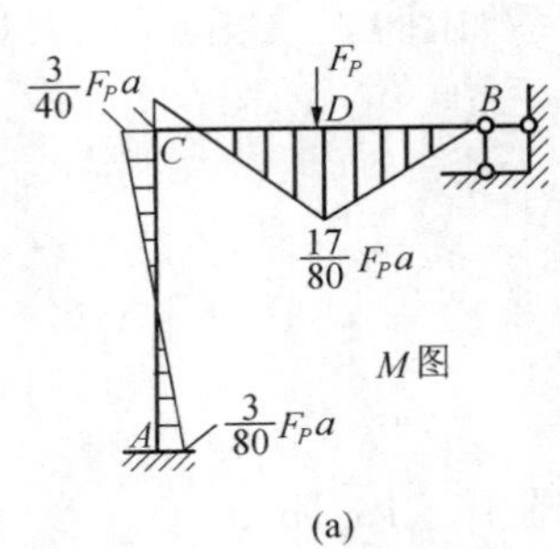


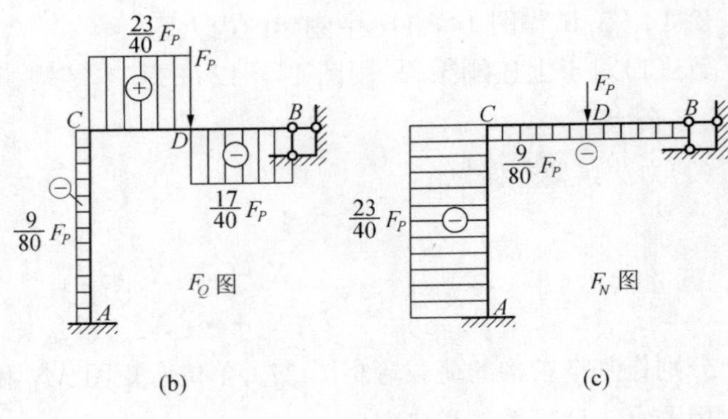


图 14 - 14

代入力法典型方程,整理后得到:

$$\begin{cases} 4X_1 - 2aX_2 + F_p a = 0 \\ -X_1 + 3aX_2 - \frac{21}{16}F_p a = 0 \end{cases}$$

解之，得：

$$X_1 = -\frac{3}{80}F_p a(\curvearrowleft) \quad X_2 = \frac{17}{40}F_p(\uparrow)$$

多余力 $X_1, X_2$ 真实方向如括号中所示。

(3)由叠加原理作出超静定刚架内力图(图 14-14a、b、c)。

例 14-4　试作图 14-15a 所示刚架的内力图。

解:(1)此刚架为三次超静定结构。假设在 $CD$ 杆的中点 $K$ 处切断，代之以相应的多余力 $X_1, X_2, X_3$，便得到图 14-15b 所示的基本体系；

(2)力法典型方程为

$$\begin{cases} \delta_{11}X_1 + \delta_{12}X_2 + \delta_{13}X_3 + \Delta_{1p} = 0 \\ \delta_{21}X_1 + \delta_{22}X_2 + \delta_{23}X_3 + \Delta_{2p} = 0 \\ \delta_{31}X_1 + \delta_{32}X_2 + \delta_{33}X_3 + \Delta_{3p} = 0 \end{cases}$$

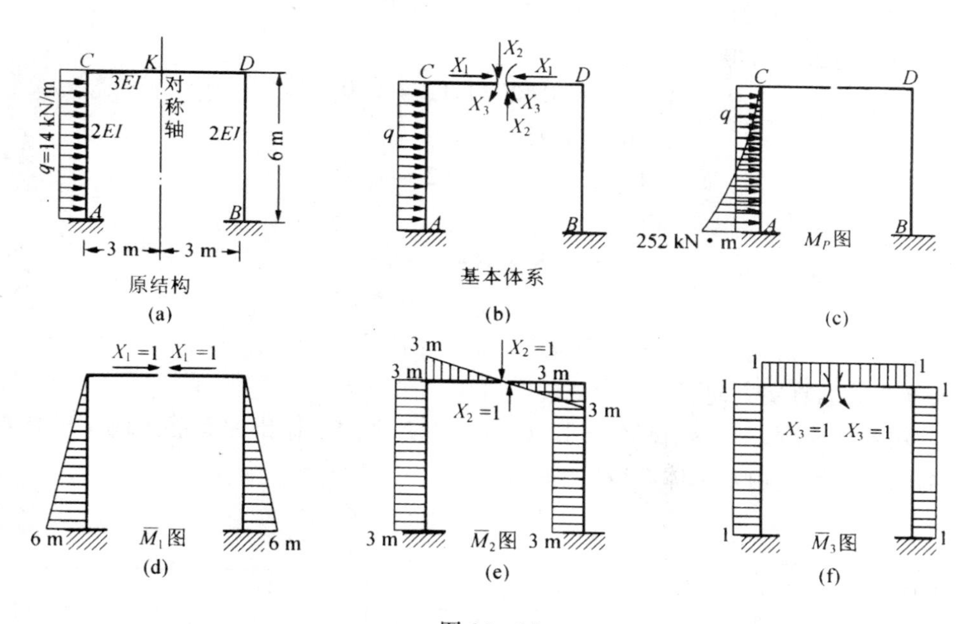


图 14-15

分别作出基本结构承受荷载时的弯矩图 $M_p$ 和各多余力 $X_1=1, X_2=1, X_3=1$ 时的单位弯矩图 $\overline{M}_1, \overline{M}_2, \overline{M}_3$(图 14-15c、d、e、f)。求各系数与自由项。

由于基本结构和多余力 $X_1, X_2, X_3$ 的对称、反对称性质，$\overline{M}_1$ 和 $\overline{M}_3$ 图为对称图形。$\overline{M}_2$ 图为反对称图形。可以看出，由图乘法计算系数项时，有

$$\delta_{12} = \delta_{21} = 0$$

$$\delta_{23} = \delta_{32} = 0$$

则典型方程简化为

$$\begin{cases} \delta_{11}X_1 + \delta_{13}X_3 + \Delta_{1p} = 0 \\ \delta_{22}X_2 + \Delta_{2p} = 0 \\ \delta_{31}X_1 + \delta_{33}X_3 + \Delta_{3p} = 0 \end{cases}$$

其中各系数与自由项为：

$$\delta_{11} = 2 \times \frac{1}{2EI} \times \frac{1}{2} \times 6 \times 6 \times 4 = \frac{72}{EI}$$

$$\delta_{13} = \delta_{31} = 2 \times \frac{1}{2EI} \times \frac{1}{2} \times 6 \times 6 \times 1 = \frac{18}{EI}$$

$$\delta_{22} = 2\left(\frac{1}{2EI} \times 3 \times 6 \times 3 + \frac{1}{3EI} \times \frac{1}{2} \times 3 \times 3 \times 2\right) = \frac{60}{EI}$$

$$\delta_{33} = 2\left(\frac{1}{2EI} \times 1 \times 6 \times 1 + \frac{1}{3EI} \times 1 \times 3 \times 1\right) = \frac{8}{EI}$$

$$\Delta_{1p} = \frac{1}{2EI} \times \frac{1}{3} \times 6 \times 252 \times \frac{3}{4} \times 6 = \frac{1134}{EI}$$

$$\Delta_{2p} = \frac{1}{2EI} \times \frac{1}{3} \times 6 \times 252 \times 3 = \frac{756}{EI}$$

$$\Delta_{3p} = \frac{1}{2EI} \times \frac{1}{3} \times 6 \times 252 \times 1 = \frac{252}{EI}$$

代入力法方程，消去 $EI$，得

$$\begin{cases} 72X_1 + 18X_3 + 1134 = 0 \\ 60X_2 + 756 = 0 \\ 18X_1 + 8X_3 + 252 = 0 \end{cases}$$

解之，得

$$\begin{cases} X_1 = -18\ \text{kN}(\leftarrow\ \rightarrow) \\ X_2 = -12.6\ \text{kN}\cdot\text{m}(\uparrow\downarrow) \\ X_3 = 9\text{kN}\cdot\text{m}(\swarrow\searrow) \end{cases}$$

括号中为多余力的真实方向。

(3)利用叠加原理($M = -18\overline{M}_1 - 12.6\overline{M}_2 + 9\overline{M}_3 + M_p$)作出原超静定刚架的弯矩图，轴力图、剪力图可直接由基本体系得出(图 14－16a、b、c)

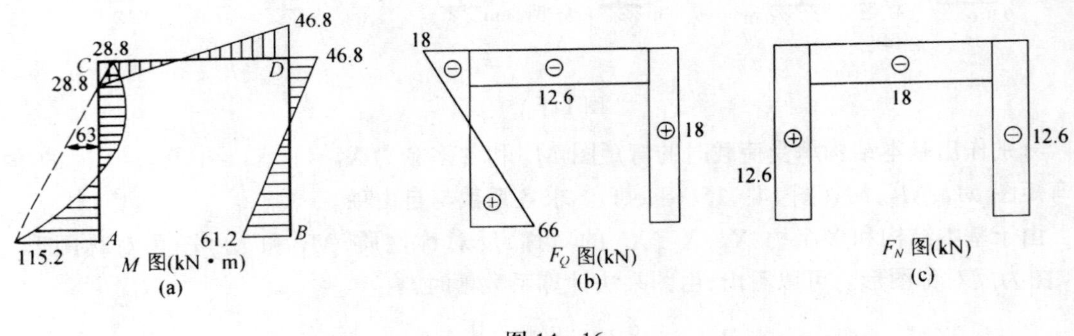


图 14－16

3. 超静定桁架

例 14－5. 试求图 14－17a 所示桁架的内力，各杆截面面积在表 14－1 中给出。

解：(1)该桁架为一次超静定桁架。将杆 10 截断，取其轴力 $X_1$ 为多余力，基本体系如图 14－17b 所示。

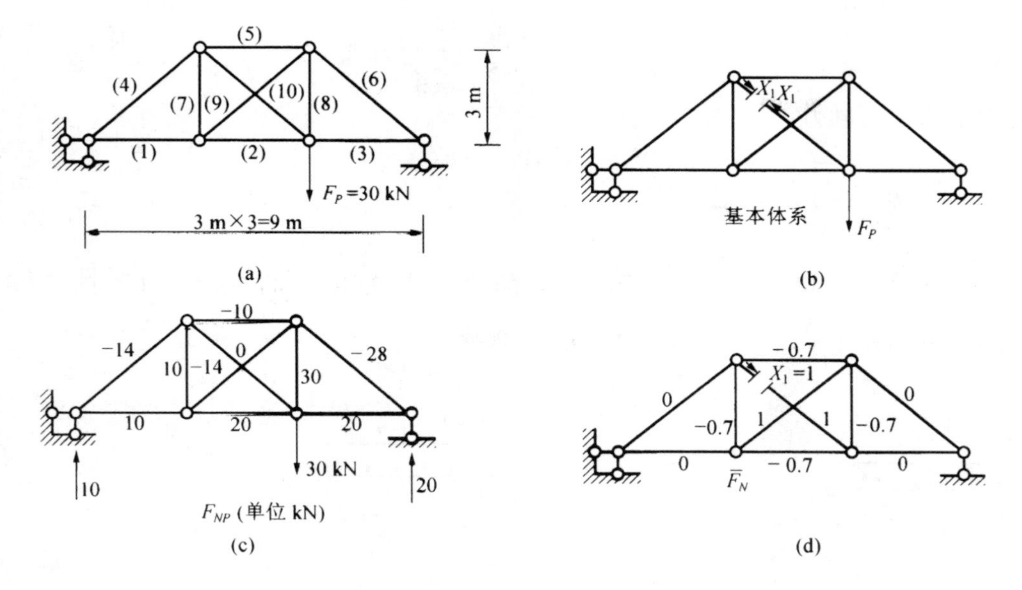


图 14－17

(2)力法典型方程为：

$$\delta_{11}X_1 + \Delta_{1p} = 0$$

对于桁架结构，系数与自由项为

$$\delta_{11} = \sum \frac{\overline{F}_{N1}^2 l}{EA}, \Delta_{1p} = \sum \frac{\overline{F}_{N1} F_{NP} l}{EA}$$

分别求出基本结构受荷载 $F_p = 30$ KN 作用和受单位多余力 $X_1 = 1$ 作用时各杆的轴力(图 14－17c、d)，$\delta_{11}$ 和 $\Delta_{1p}$ 的计算列于表 14－1 中。

表 14－1　$\boldsymbol{\delta_{11}}$、$\boldsymbol{\Delta_{1p}}$和轴力 $\mathbf{F_N}$ 的计算

| 杆件 | $l$/cm | $A$/cm$^2$ | $F_{NP}$/kN | $\overline{F}_{N1}$ | $\frac{\overline{F}_{N1}^2 l}{A}$ / kN·cm$^{-1}$ | $\frac{\overline{F}_{N1} F_{NP} l}{A}$ / kN·cm$^{-1}$ | $F_N = \overline{F}_{N1} X_1 + F_{NP}$kN |
|---|---|---|---|---|---|---|---|
| 1 | 300 | 15 | 10 | 0 | 0 | 0 | 10.0 |
| 2 | 300 | 20 | 20 | －0.7 | 7.5 | －210 | 11.5 |
| 3 | 300 | 15 | 20 | 0 | 0 | 0 | －20.0 |
| 4 | 424 | 20 | －14 | 0 | 0 | 0 | －14.0 |
| 5 | 300 | 25 | －10 | －0.7 | 6 | 84 | －18.5 |
| 6 | 424 | 20 | －28 | 0 | 0 | 0 | －28.0 |
| 7 | 300 | 15 | 10 | －0.7 | 10 | －140 | 1.5 |
| 8 | 300 | 15 | 30 | －0.7 | 10 | －420 | 21.5 |
| 9 | 424 | 15 | －14 | 1 | 28 | －396 | －1.9 |
| 10 | 424 | 15 | 0 | 1 | 28 | 0 | 12.1 |
| $\sum$ | | | | | 89.5 | －1 082 | |

代入力法方程,解出

$$X_1 = -\frac{\Delta_{1p}}{\delta_{11}} = -\frac{-1\,082}{89.5} = 12.1(\mathrm{kN})$$

用叠加法计算各杆轴力:

$$F_N = \bar{F}_{N1}X_1 + F_{NP}$$

计算结果列于表 14－1 中。

4.超静定拱

例 14－6.图 14－18a 所示为一抛物线两铰拱,承受半跨均布荷载,试求其水平推力 $F_H$。已知拱抽方程为 $y=\frac{45}{l^2}x(l-x)$,等截面,$EI$ 为常数。

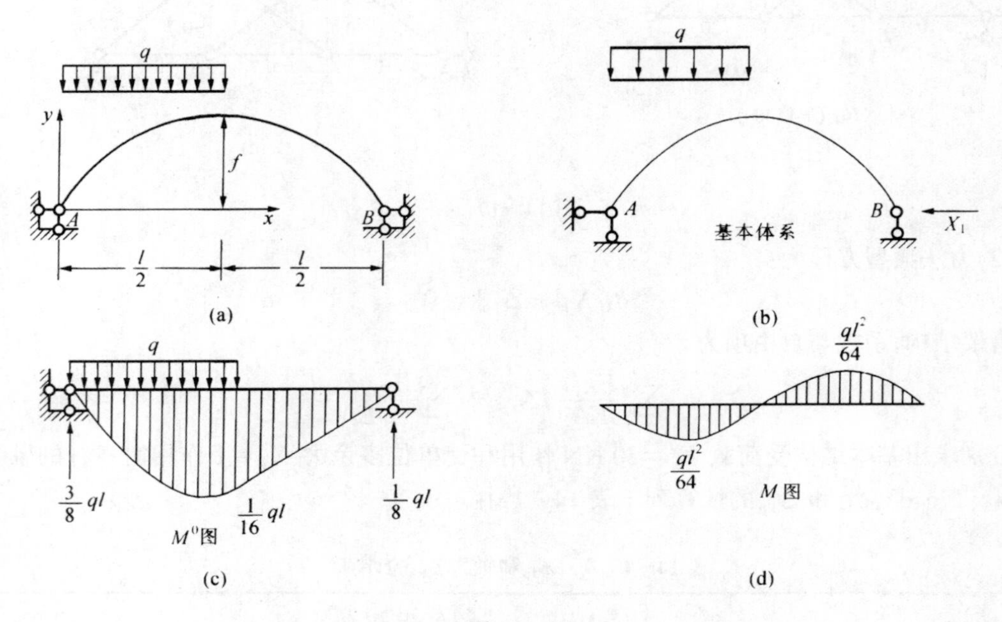


图 14－18

解:(1)该两铰拱为一次超静定结构,选用简支曲梁作为基本结构,基本体系如图 14－18b所示。

(2)由于采用简支曲梁为基本结构,计算中忽略轴向变形,只考虑弯曲变形,即

$$\delta_{11} = \int\frac{\overline{M}_1^2}{EI}\mathrm{d}s = \int\frac{(-y)^2}{EI}\mathrm{d}s$$

当拱较平时,$\mathrm{d}s\approx\mathrm{d}x$,则

$$\begin{aligned}\delta_{11} &= \frac{1}{EI}\int_0^l y^2\mathrm{d}x = \frac{1}{EI}\int_0^l\left[\frac{4f}{l^2}x(l-x)\right]^2\mathrm{d}x \\ &= \frac{16f^2}{EIl^4}\int_0^l(l^2x^2+x^4-2lx^3)\mathrm{d}x \\ &= \frac{16f^2}{EIl^4}\times\frac{l^5}{30} = \frac{8f^2l}{15EI}\end{aligned}$$

当拱轴力影响不可忽略时(如截面较厚),$\delta_{11}$项中须计入轴向力的影响$\int \frac{\overline{F}_{N1}^2}{EA}dx$项。

$$\Delta_{1p} = \int \frac{\overline{M}_1 M_p}{EI} ds = \int_0^l \frac{(-y)M_p}{EI} ds$$

由于只承受竖向荷载,简支曲梁任意截面的弯矩 $M_p$ 与同跨度同荷载简支水平梁相应截面的弯矩$M^0$ 相等,故

$$\Delta_{1p} = -\int_0^l \frac{yM^0}{EI} dx$$

简支水平梁 $M^0$ 图如图 14－18c 所示,即

$$M^0 = \begin{cases} \frac{3}{8}qlx - \frac{1}{2}qx^2 & (0 \leqslant x \leqslant \frac{l}{2}) \\ \frac{ql}{8}(l - x) & (\frac{l}{2} \leqslant x \leqslant l) \end{cases}$$

则

$$\Delta_{1p} = \frac{-1}{EI}\int_0^{\frac{l}{2}} y\left(\frac{3}{8}qlx - \frac{1}{2}qx^2\right)dx - \frac{1}{EI}\int_{\frac{l}{2}}^{l} y \cdot \frac{ql}{8}(l - x)dx$$

且

$$y = \frac{4f}{l^2}x(l - x)$$

$$\therefore \Delta_{1p} = -\frac{qfl^3}{30EI}$$

将 $\delta_{11}$,$\Delta_{1p}$代入力法方程$\delta_{11}X_1 + \Delta_{1p} = 0$,解出:

$$X_1 = -\frac{\Delta_{1p}}{\delta_{11}} = \frac{ql^2}{16f}(\leftarrow)$$

所求两铰拱的水平推力 $F_H = X_1 = \frac{ql^2}{16f}$。

图 14－18d 为两铰拱的弯矩图,可直接由计算拱弯矩的公式 $M = M^0 - F_H y$ 得出。

由该算例可以看出,力法计算时若忽略轴向变形的影响,两铰拱的推力与相应三铰拱的推力相等。在一般荷载作用下,既使考虑轴向变形影响,两铰拱与三铰拱的水平推力亦较为接近。

5.超静定组合结构

在有些由直杆组成的结构中,一部分杆件是链杆,只受轴力作用,另一部分杆件是梁式杆,除受轴力作用外,还受弯矩作用。这种由链杆和梁式杆组成的结构,称为组合结构。

在组合结构的杆件中,有些杆件只承受轴力,另一些杆件还同时承受弯矩和剪力,这种结构,常用于实际工程中,如屋架、吊车梁等。

例 14－7.图 14－19a 所示组合式吊车梁,横梁 $AB$ 和竖杆$CD$ 由钢筋混凝土做成,斜杆$AD$ 和$DB$ 材料为 16 锰钢。各杆刚度为:

梁式杆 $AB$:$EI = 1.989 \times 10^4$ kN/m²

$EA = 2.484 \times 10^6$ kN

二力杆 $AD$、$DB$:$EA = 2.464 \times 10^5$ kN

二力杆 $CD$:$EA = 4.95 \times 10^5$ kN

试求各杆的内力。

解:(1)该结构为一次超静定结构,切断 $CD$ 杆并代之以多余力 $X_1$,得到图 14-19b 所示的基本体系。

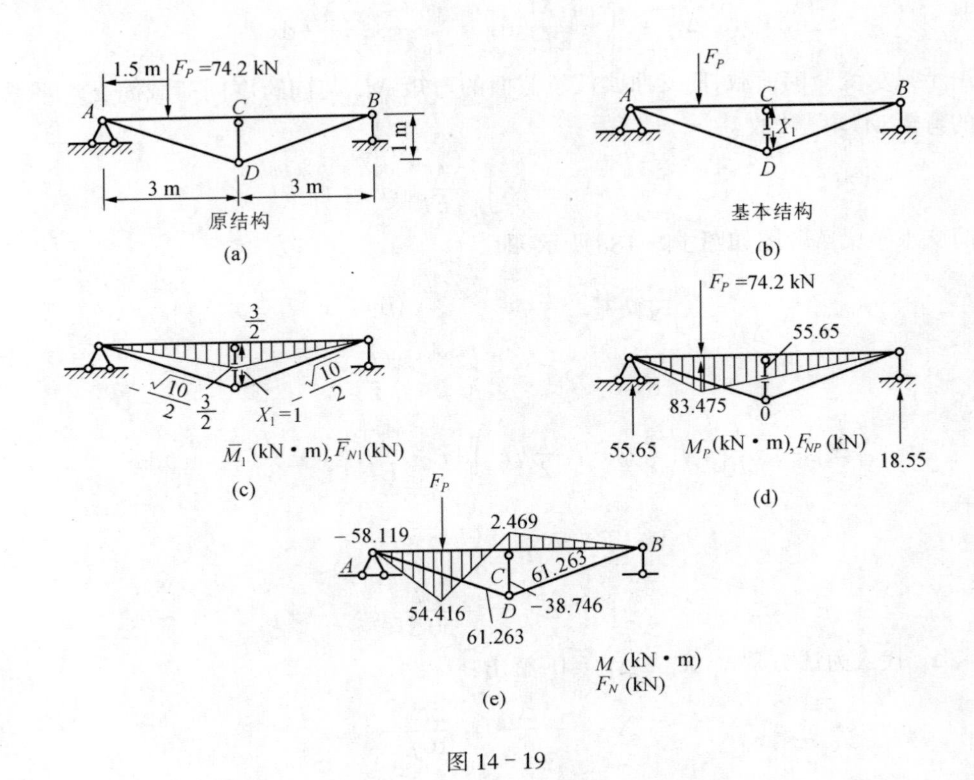


图 14-19

(2)力法基本方程为:

$$\delta_{11}X_1 + \Delta_{1p} = 0$$

分别绘制基本结构在 $X_1=1$ 作用下和已知荷载作用下的 $\overline{M}_1$ 图和 $M_p$ 图,并计算相应的轴力 $\overline{F}_{N1}$ 和 $F_{Np}$,结果见图 14-19c、d。

$$\delta_{11} = \sum \frac{\overline{F}_{N1}^2 l}{EA} + \sum\int \frac{\overline{M}_1^2}{EI}\mathrm{d}x$$

$$= \frac{2}{2.464\times10^5}\left(-\frac{\sqrt{10}}{2}\right)^2\times\sqrt{10} + \frac{1}{2.484\times10^6}\left(\frac{3}{2}\right)^2\times6 + \frac{1}{4.95\times10^5}\times1^2$$

$$\times1 + \frac{2}{1.989\times10^4}\left(\frac{1}{2}\times\frac{3}{2}\times3\right)\left(\frac{2}{3}\times\frac{3}{2}\right)$$

$$=29.787\times10^{-5}$$

$$\Delta_{1p} = \sum\frac{\overline{F}_{N1}F_{Np}l}{EA} + \sum\int\frac{\overline{M}_1 M_p}{EI}\mathrm{d}x$$

$$= 0 + \frac{1}{1.989\times10^4}\left[\left(\frac{1}{2}\times83.475\times1.5\right)\left(\frac{2}{3}\times\frac{1}{2}\times\frac{3}{2}\right)\right.$$

$$+\left(\frac{1}{2}\times83.475\times1.5\right)\left(\frac{2}{3}\times\frac{3}{4}+\frac{1}{3}\times\frac{2}{3}\right)$$

$$+\left(\frac{1}{2}\times55.65\times1.5\right)\left(\frac{1}{3}\times\frac{3}{4}+\frac{2}{3}\times\frac{3}{2}\right)$$

$$+\left(\frac{1}{2}\times 55.65\times 3\right)\left(\frac{2}{3}\times\frac{3}{2}\right)\Big]$$
$$=1\ 154.129\times 10^{-5}$$

代入力法方程，得

$$X_1=-\frac{\Delta_{1p}}{\delta_{11}}=-\frac{1\ 154.129\times 10^{-5}}{29.787\times 10^{-5}}=-38.746(\text{kN})$$

原超静定结构内力为：

$$M=-38.746\overline{M}_1+M_p$$
$$F_N=-38.746\overline{F}_{N1}+F_{Np}$$

计算结果见图 14－19e。

6. 铰接排架

装配式单层工业厂房的主要承重结构是由屋架（或屋面大梁），柱子和基础所组成的横向排架（图 14－20a）。在通常情况下，认为联系两个柱顶的屋架（或屋面大梁）两端之间的距离不变，即将其视为抗拉/压刚度 $EA\to\infty$ 的链杆，称为排架的横梁（图 14－20b）。

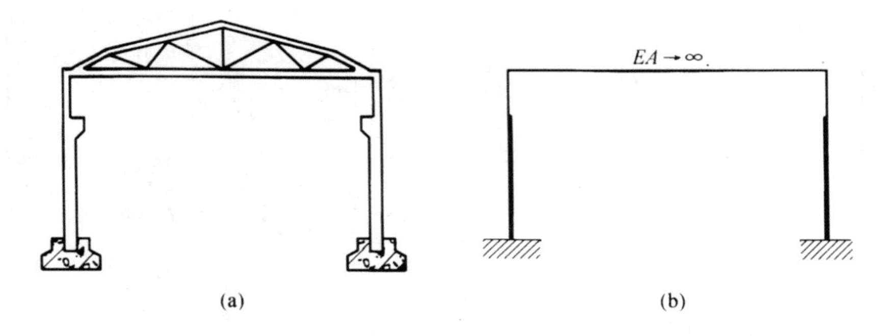


图 14－20

例 14－8. 试用力法计算图 14－21a 所示两跨不等高铰接排架。

解：(1)该排架为两次超静定结构，“切断”两根横梁，代之以多余力 $X_1$、$X_2$，基本体系见图 14－21b。

(2)力法典型方程为：

$$\delta_{11}X_1+\delta_{12}X_2+\Delta_{1p}=0$$
$$\delta_{21}X_1+\delta_{22}X_2+\Delta_{2p}=0$$

分别作基本结构的单位弯矩图 $\overline{M}_1$、$\overline{M}_2$ 及荷载弯矩图 $M_p$（图 14－21c、d、e）。求系数和自由项：

$$\delta_{11}=\frac{1}{EI}\left(\frac{1}{2}\times6\times6\times\frac{2}{3}\times6\right)+\frac{1}{4EI}\left(\frac{1}{2}\times6\times6\times\frac{2}{3}\times6\right)=\frac{90}{EI}$$

$$\delta_{12}=\delta_{21}=\frac{-1}{4EI}\left(\frac{1}{2}\times6\times6\right)\left(\frac{2}{3}\times9+\frac{1}{3}\times3\right)=-\frac{63}{2EI}$$

$$\delta_{22}=\frac{2}{EI}\left(\frac{1}{2}\times3\times3\right)\left(\frac{2}{3}\times3\right)+\frac{2}{4EI}\Big[(3\times6)\left(3+\frac{1}{2}\times6\right)$$
$$+\left(\frac{1}{2}\times6\times6\right)\left(3+\frac{2}{3}\times6\right)\Big]$$

$$=\frac{18}{EI}+\frac{1}{2EI}(18\times 6+18\times 7)$$

$$=\frac{135}{EI}$$

$$\Delta_{1p}=-\frac{1}{4EI}\times 40\times 6\times 3=-\frac{180}{EI}$$

$$\Delta_{2p}=\frac{1}{4EI}\left(40\times 6\times\frac{9+3}{2}+20\times 6\times\frac{9+3}{2}\right)=\frac{540}{EI}$$

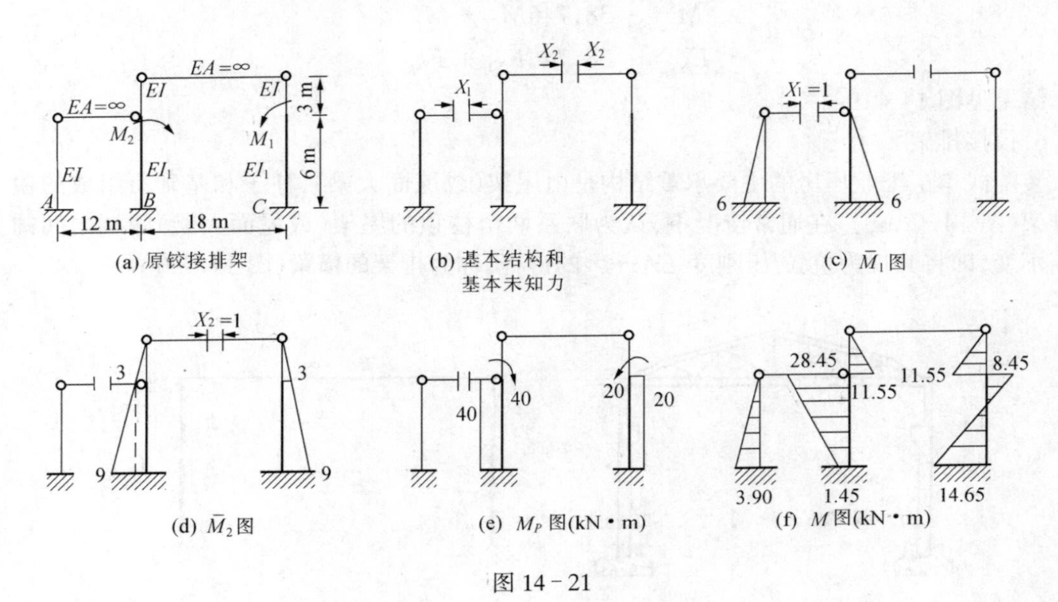


图 14－21

代入力法方程，消去 $EI$ 整理得

$$\begin{cases}20X_1-7X_2=40\\-7X_1+30X_2=-120\end{cases}$$

解之，得

$$X_1=0.65\ \text{kN}(拉)$$

$$X_2=-3.85\ \text{kN}(压)$$

(3)采用叠加法计算超静定铰接排架的内力，最后弯矩图见图 14－21f 所示。

## 第四节　对称结构的计算

在工程中常有对称结构出现，即杆件轴线所组成的几何图形是对称的，支承情况是对称的，截面尺寸及材料性质也关于同一轴对称。图 14－22 所示为一些对称结构的例子，其中 a、c 为单轴对称结构，b 为双轴对称结构，d 中任意一条直径都是对称轴。

下面仅讨论单轴对称结构。

作用在对称结构上的荷载有两种特殊情形：一种为对称荷载，另一种为反对称荷载。图 14－23 所示刚架为单轴对称结构，其中图 14－23a、b 中为对称荷载，对称荷载绕对称轴对折后，左右两部分荷载完全重合(大小、方向相同)；图 14－23c、d 中为反对称荷载，反对称荷载绕对称轴对折后,左右两部分荷载作用线重合,荷载大小相等,但方向相反。

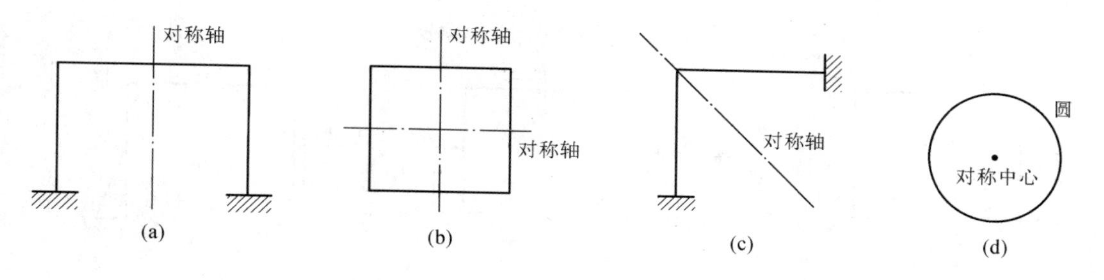


图 14-22

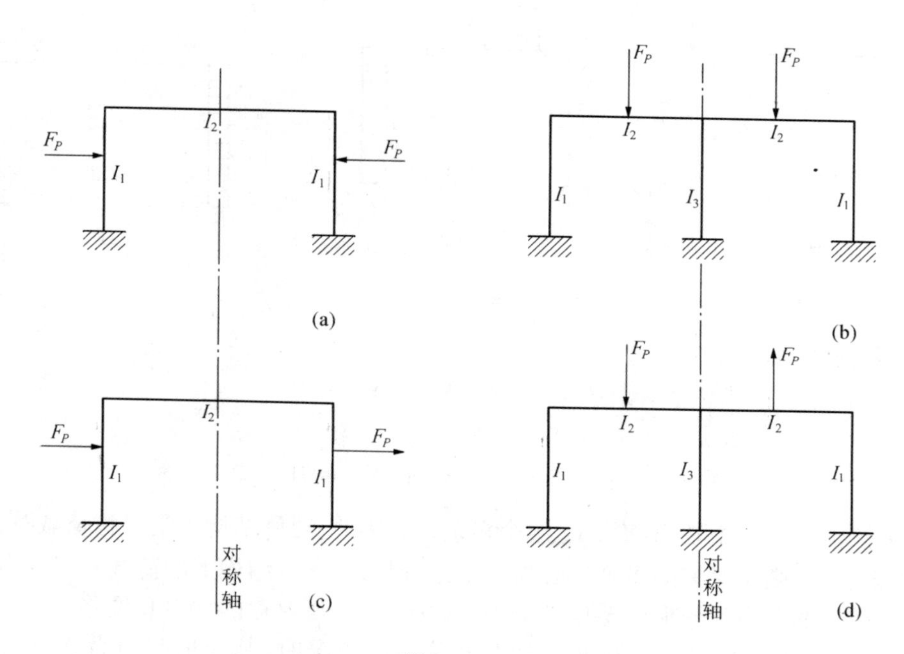


图 14-23

首先讨论对称结构承受对称荷载情形。

如图 14-24a 所示对称结构承受对称荷载情形,为简化系数与自由项的计算,选 用对称的基本结构,基本体系如图 14-24b,$X_1$、$X_2$ 和 $X_3$ 为多余力。

力法典型方程为:

$$\begin{cases} \delta_{11}X_1+\delta_{12}X_2+\delta_{13}X_3+\Delta_{1p}=0 \\ \delta_{21}X_1+\delta_{22}X_2+\delta_{23}X_3+\Delta_{2p}=0 \\ \delta_{31}X_1+\delta_{32}X_2+\delta_{33}X_3+\Delta_{3p}=0 \end{cases}$$

作出基本结构的荷载弯矩图 $M_p$ 和单位弯矩图 $\overline{M}_1$、$\overline{M}_2$、$\overline{M}_3$(图 14-24c、d、e、f)。可以看出,除 $\overline{M}_2$ 为反对称图形外,其它均为对称图形。因此,在由图乘法计算系数和自由项时,有

$$\delta_{12}=\delta_{21}=0$$

$$\delta_{23}=\delta_{32}=0$$

$$\Delta_{2p} = 0$$

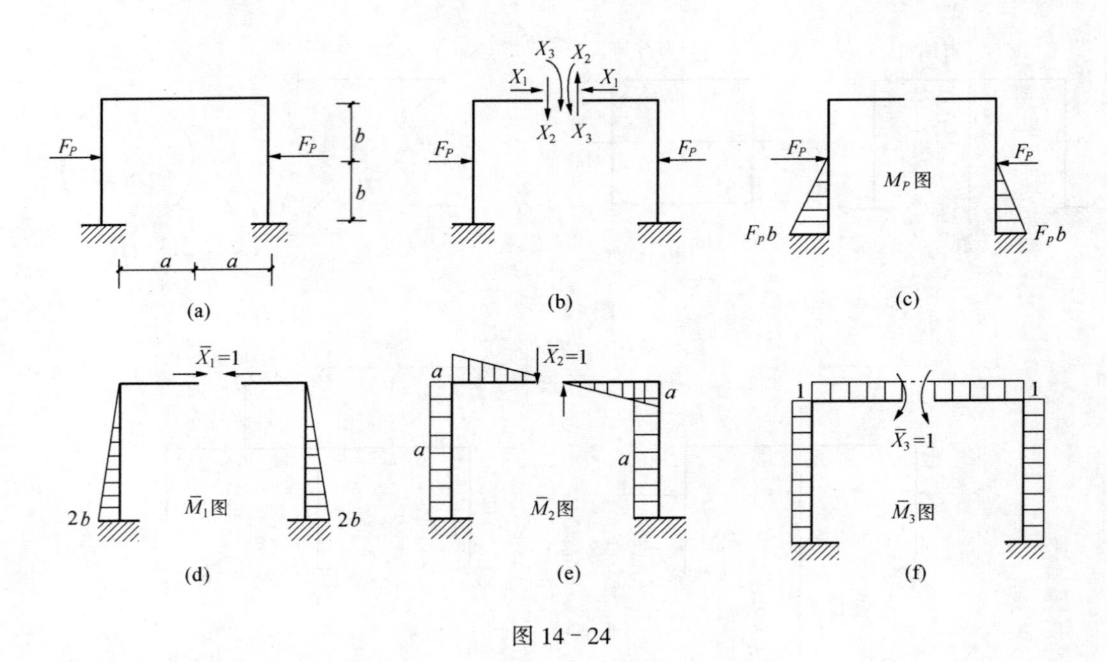


图 14－24

典型方程简化为：

$$\begin{cases}\delta_{11}X_1 + \delta_{13}X_3 + \Delta_{1p} = 0\\ \delta_{22}X_2 = 0\\ \delta_{31}X_1 + \delta_{33}X_3 + \Delta_{3p} = 0\end{cases}$$

即 $X_2=0$，只需由上式中解出 $X_1$、$X_3$ 两个多余力。因此，对称结构承受对称荷载时，若选取对称的基本结构，则反对称的多余力必为零。也就是说，基本结构上的荷载和多余力都是对称的，故原结构的受力和变形状态也必定是对称的，没有反对称的内力和位移。

所以，在分析图 14－25a 对称刚架承受对称荷载情况时，其变形和内力亦是对称分布的，跨中截面 $C$ 不能发生转动和水平移动，只允许发生竖向移动；该截面上只存在弯矩和轴力，剪力为零。因此，可以用一个定面支座表示这种约束，且仅研究半边刚架即可（图 14－25b）。图 14－25c 为偶数跨刚架情形，因为在对称荷载作用下，内力和变形也对称，所以柱 $CD$ 无弯曲变形和剪切变形，只可能产生轴面变形。又因为在刚架计算中，一般不考虑杆件轴向变形的影响，所以对称轴上的 $C$ 点亦无竖向位移。计算中可以将 $C$ 处改为固定支座，采用图 14－25d 的半刚架分析，柱 $CD$ 的轴力为支座 $C$ 竖向反力的两倍。

对称结构承受反对称荷载如图 14－23c 时，基本结构取为对称结构时，对称轴上截面的多余力为轴力 $X_1$，剪力 $X_2$ 和弯矩 $X_3$。此时，基本结构的 $M_p$ 图是反对称的，$\bar{M}_1$，$\bar{M}_3$ 图是对称的，$\bar{M}_2$ 图是反对称的。因此，在计算系数和自由项时，$\delta_{12}=\delta_{23}=0$，$\Delta_{1p}=\Delta_{3p}=0$，力法典型方程化为：

$$\begin{cases}\delta_{11}X_1 = 0\\ \delta_{22}X_2 + \Delta_{2p} = 0\\ \delta_{33}X_3 = 0\end{cases}$$

正对称多余力 $X_1=X_3=0$，只存在反对称的多余力 $X_2$，结构中的内力为反对称分布，变形状态也必然反对称。

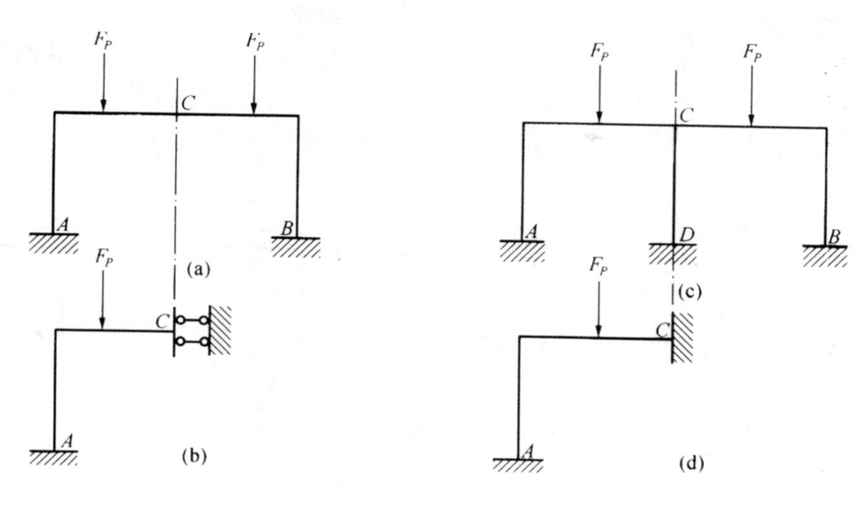


图 14-25

根据以上分析，可知：

对称结构在反对称荷载作用下，其内力和位移都是反对称的，没有对称的内力和位移。

因此，在分析图 14-26a 对称刚架承受反对称荷载情形时，跨中截面没有对称的内力（弯矩和轴力为零），只有剪力。该刚架的变形也是反对称的，C 截面不会产生竖向位移，故可以用 C 处的竖向链杆代替原有约束，如图 14-26b 所示。

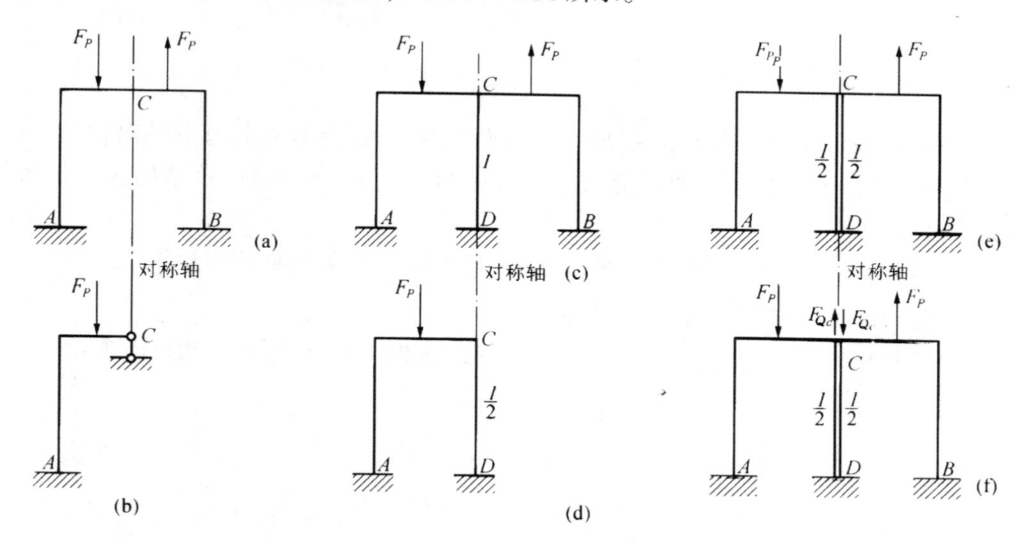


图 14-26

对于 14-26c 所示偶数跨对称刚架情形，在反对称荷载作用下，内力和变形都是反对称的。位于对称轴上截面 C 处可以发生水平位移和转角，但竖向位移为零，C 截面上仅存在反对称的内力 $F_{QC}$，其它内力为零。取半刚架计算时，CD 柱的刚度亦分为两半，中间柱 C 的内力等于左右两个半柱内力的代数和（图 14-26e、f）。在 $F_{QC}$ 作用下，左右半柱仅产生拉/压变形，原柱 $CD$ 内力为两柱 $F_{QC}$ 叠加(合力为零)，故该剪力对原结构内力和变形均无影响，可以略去不计。计算中可以采用图 14－25d 所示半刚架计算，另外半刚架内力可利用内力的反对称性质确定。

当对称结构承受任意荷载时，总可以将荷载分解为对称荷载与反对称荷载两组，然后分别按上述两种情形分别计算，结构内力等于两种情形下内力的叠加结果。

例 14－9. 试利用对称性计算图 14－27a 所示刚架的内力，并绘出内力图。

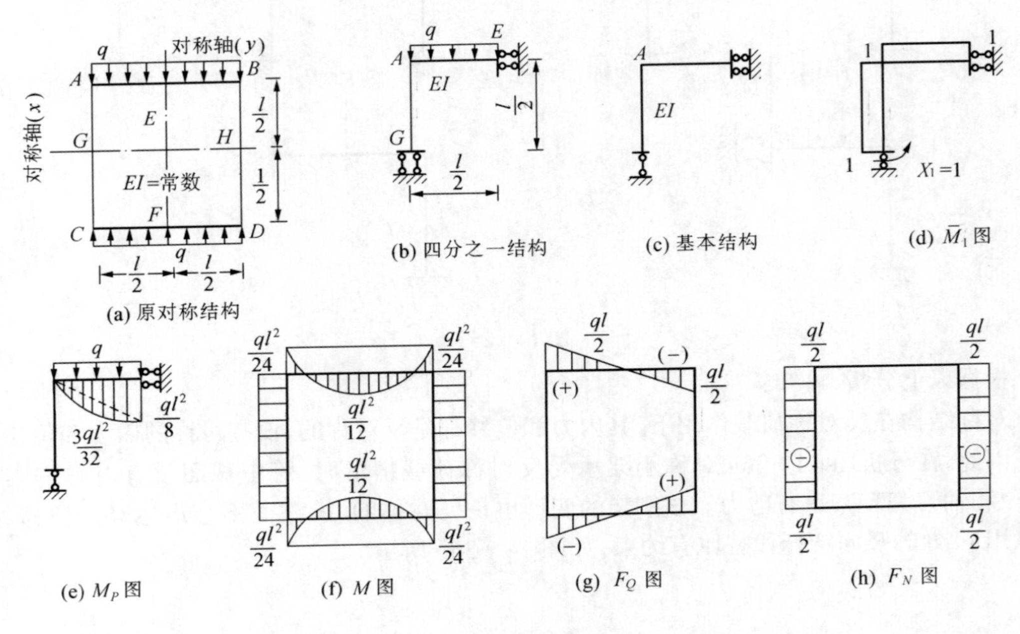


图 14－27

解：(1)该刚架为三次超静定结构，具有两个对称轴，荷载亦具有双轴对称性。因此，可以利用对称性来简化计算：取四分之一结构如图 14－27b 中所示，该结构为一次超静定结构。

(2)取基本结构如图 14－27c 所示，多余力为限制 $C$ 处转动的力矩 $X_1$。

(3)力法典型方程为：$\delta_{11}X_1+\Delta_{1p}=0$

分别作出基本结构的 $\overline{M}_1$ 图和 $M_p$ 图(图 14－27d、e)，计算系数和自由项：

$$\delta_{11}=2\times\frac{1\times\frac{l}{2}\times 1}{EI}=\frac{l}{EI}$$

$$\Delta_{1p}=-\frac{1}{EI}\left(\frac{1}{2}\times\frac{l}{2}\times\frac{ql^2}{8}\times 1+\frac{2}{3}\times\frac{l}{2}\times\frac{ql^2}{32}\times 1\right)=-\frac{ql^3}{24EI}$$

代入力法方程，解出

$$X_1=\frac{ql^2}{24}(\curvearrowright)$$

(4)叠加法作四分之一结构的弯矩图：$M=\overline{M}_1X_1+M_p$，按对称关系得到原结构 $M$ 图(图 14－27f)。原结构剪力图和轴力图可直接在基本体系中作出后，再按对称关系得出原结构之相应内力图(图 14－27g、h)。

## 第五节　支座移动和温度改变时超静定结构的内力计算

对于超静定结构,在无荷载作用的情形下也可能产生内力,如支座移动,温度改变,制造误差等都可以引起结构的内力。采用力法计算时,其基本思想和主要步骤与上节类似,但力法典型方程中自由项、右端项等与前有所不同。

1. 支座移动时超静定结构的内力

例 14－10. 图 14－28a 所示等截面梁 $AB$,已知 $A$ 端支座转动角度 $\theta$,$B$ 端支座下沉位移 $a$。试求该梁内力。

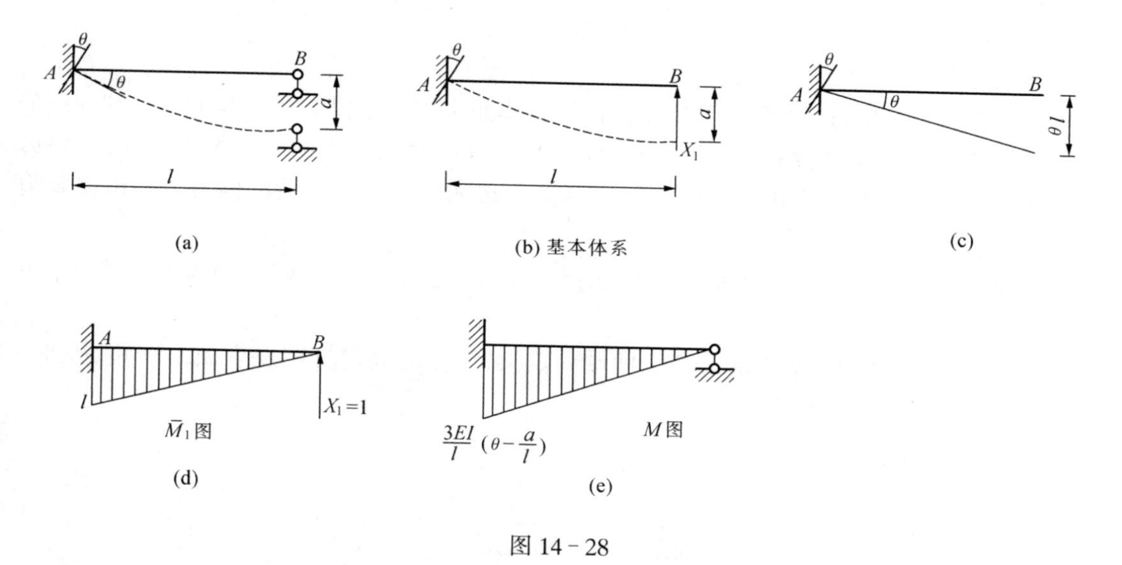


图 14－28

解:(1)该梁为一次超静定梁,取 $B$ 支座的竖向反力为多余力 $X_1$,基本体系如图14－28b 所示。

(2)在 $X_1$ 作用下,基本体系与原结构受力相同。为使两者变形也相同,必须令基本体系在多余约束处的位移与原结构相同,即

$$\Delta_1 = -a$$

式中右端负号是由于位移 $a$ 与 $X_1$ 反向所致。

针对基本体系讨论 $B$ 点的竖向位移:

$$\Delta_1 = \delta_{11} X_1 + \Delta_{1c}$$

其中 $\Delta_{1c}$ 是由于支座 $A$ 产生转角 $\theta$ 而引起基本结构中沿 $X_1$ 方向的位移。

故力法基本方程为:

$$\delta_{11} X_1 + \Delta_{1c} = -a$$

由图 14－28c 可知:

$$\Delta_{1c} = -\theta l$$

由基本结构 $\overline{M}_1$ 图(图 14－28d),得

$$\delta_{11} = \frac{1}{EI}\int \overline{M}_1^2 \mathrm{d}x = \frac{1}{EI} \times \frac{1}{2} \times l \times l \times \frac{2}{3} l = \frac{l^3}{3EI}$$

代入力法方程,得

$$\frac{l^3}{3EI}x_1 - \theta l = -a$$

解之,求出

$$X_1 = \frac{3EI}{l^2}\left(\theta - \frac{a}{l}\right)$$

(3)求内力

原超静定梁内力与基本体系内力相同,而支座移动在基本体系(静定结构)中不引起内力,所以弯矩为

$$M = \overline{M}_1 X_1$$

计算结果见图 14-28e。

由上例可以看出,计算超静定结构由于支座移动引起的内力时,其力法方程右端项应等于原结构相应处的位移,而自由项为基本结构由于支座移动产生的与多余力相应的位移。该两项可直接由基本结构中变形关系得出,与图乘法无关。结构最后的内力全部由多余力引起,叠加法中只有 $\sum_i \overline{M}_i X_i$ 项。

该题亦可选用不同的基本结构解算,如选简支梁 $AB$ 为基本结构,结构内力的最后结果不变。

例 14-11.图 14-29a 中的等截面两端固定梁,当左端固定支座发生微小转角 $\varphi_A$ 时,试用力法计算并作出该梁的 $M$ 图。

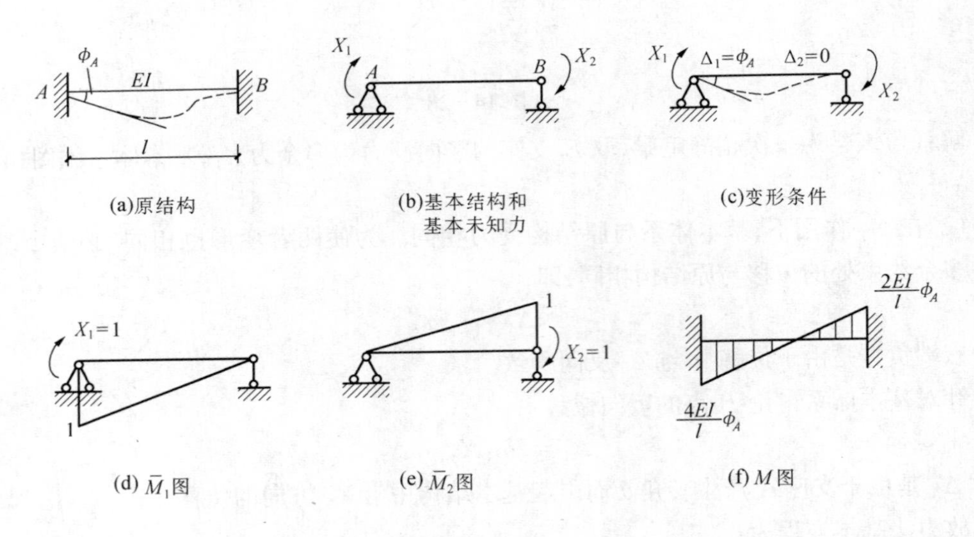


图 14-29

解:(1)该梁有三个多余约束,当 $\varphi_A$ 为小位移时,轴向变形可以忽略不计,两固定端处无水平反力,可以按二次超静定梁计算。取简支梁为基本结构,$X_1$,$X_2$ 为多余力(图 14-29b)。

(2)建立力法方程：

在简支梁基本结构中，梁变形条件如图 14－29c 中所示。

而原结构中与 $X_1$ 对应的截面有角位移 $\varphi_A$ 与 $X_2$ 对应的截面无角位移：

$$\Delta_1 = \varphi_A, \Delta_2 = 0$$

故力法方程为：

$$\begin{cases}\delta_{11}X_1 + \delta_{12}X_2 + \Delta_{1c} = \varphi_A \\ \delta_{21}X_1 + \delta_{22}X_2 + \Delta_{2c} = 0\end{cases}$$

其中自由项 $\Delta_{ic} = -\sum_{j=1}^{m}\overline{R}_j c_j$

本题中基本结构为简支梁，无与 $\Delta_1$ 相应的支座反力，故

$$\Delta_{1c} = \Delta_{2c} = 0$$

作 $\overline{M}_1$、$\overline{M}_2$ 图(图 14－29d、e)并求系数项：

$$\delta_{11} = \frac{1}{2EI} \times l \times 1 \times \frac{2}{3} = \frac{l}{3EI} = \delta_{22}$$

$$\delta_{12} = \delta_{21} = -\frac{1}{2EI} \times l \times 1 \times \frac{1}{3} = -\frac{l}{6EI}$$

力法方程成为

$$\begin{cases}\frac{l}{3}x_1 - \frac{l}{6}X_2 = \varphi_A EI \\ -\frac{l}{6}X_1 + \frac{l}{3}X_2 = 0\end{cases}$$

解之，得

$$X_1 = \frac{4EI}{l}\varphi_A \qquad X_2 = \frac{2EI}{l}\varphi_A$$

(3)$M_A = X_1 = \frac{4EI}{l}\varphi_A, M_B = X_2 = \frac{2EI}{l}\varphi_A$，作 $M$ 图如图 14－29f。

2. 温度改变时超静定结构的内力

例 14－12. 图 14－30a 所示超静定刚架，当温度变化如图中所示时，试作 $M$ 图。已知杆件材料的线膨胀系数 $\alpha = 10^{-5}/℃$，$EI = 2 \times 10^4$ kN·m，矩形截面高度 $h = 0.5$ m。

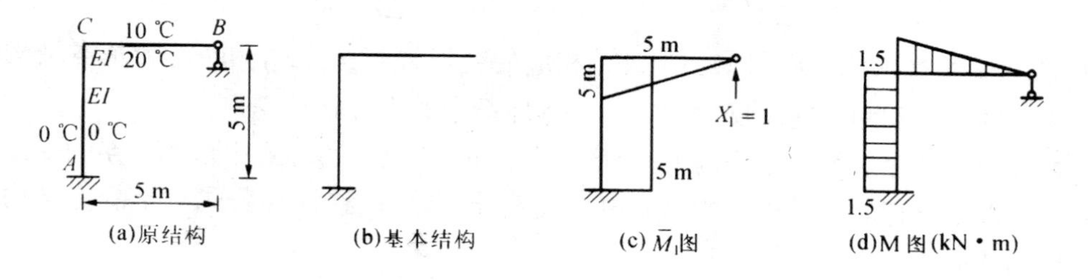


图 14－30

解：(1)该刚架为一次超静定结构，温度改变时，结构有变形和内力产生。选取图 14－30b的基本结构，$X_1$ 为多余力。

(2)建立力法典型方程：

设基本结构在多余力作用下 $B$ 点的竖向位移为 $\delta_{11}X_1$，基本结构在温度改度改变时 $B$ 点的竖向位移为 $\Delta_{1t}$，则基本结构 $B$ 点的竖向位移应等于原结构中的相应位移，即力法方程为

$$\delta_{11}X_1 + \Delta_{1t} = 0$$

作 $\overline{M}_1$ 图，得

$$\delta_{11} = \frac{1}{EI}\times\frac{1}{2}\times5\times5\times\frac{2}{3}\times5+\frac{1}{EI}\times5\times5\times5 = \frac{500}{3EI}$$

$$\begin{aligned}\Delta_{1t} &= \sum \alpha t_0\omega\overline{F}_{Ni} + \sum\alpha\frac{\Delta t}{h}\omega\overline{M}_i\\ &= \alpha\times\frac{10+20}{2}\times0+\alpha\times\frac{20-10}{0.5}\times\frac{5\times5}{2}\\ &\quad+\alpha\times0\times5\times1+\alpha\times\frac{0-0}{0.5}\times5\times5\\ &= 250\alpha\end{aligned}$$

代入力法方程，解出

$$X_1 = -0.3\ \text{kN}(\downarrow)$$

(3)原结构弯矩 $M=\overline{M}_1X_1$，见图 14－30d。

由上例可以看出，计算超静定结构由于温度变化引起的内力时，其力法方程中自由项为基本结构在温度变化时的相应位移，可按静定结构温度变化引起的位移求法解出。超静定结构只受温度变化影响时，力法方程中右端项恒为零。

## 第六节　超静定结构的位移计算

超静定结构力法计算的基本思想是利用静定的基本体系来计算多余力，基本体系的内力、变形与原结构完全相同。因此，在求解超静定结构位移时，仍可以借助于基本体系，但此时已求出的多余力是作为主动力作用的，采用前面静定结构求位移的方法即可求出基本体系中的位移，该位移也就是原超静定结构中的相应位移。

由前，静定平面结构位移计算的一般公式为：

$$\Delta = \sum\int(\overline{M}\kappa+\overline{F}_N\varepsilon+\overline{F}_Q\gamma)\mathrm{d}s - \sum\overline{F}_{RK}C_K$$

其中 $\kappa$、$\varepsilon$、$\gamma$ 为基本体系中与 $\overline{M}$，$\overline{F}_N$，$\overline{F}_Q$ 相应的变形，$\overline{M}$，$\overline{F}_N$，$\overline{F}_Q$ 和 $\overline{F}_{RK}$ 为基本结构在单位力作用下的内力和相应支座反力，$C_K$ 为基本体系中的支座移动。

因为基本体系与原超静定结构内力、变形完全相同，所以上述公式中基本体系的变形和支座移动也可以用原超静定结构中的相应项来代替，即上述位移计算公式对于静定结构和超静定结构同样适用。

1. 荷载作用下超静定结构的位移

设超静定结构在荷载作用下的内力为 $M$、$F_N$、$F_Q$，则相应的变形为

$$\kappa = \frac{M}{EI}$$

$$\varepsilon = \frac{F_N}{EA}$$

$$\gamma = \frac{kF_Q}{GA}$$

原结构无支座位移 $C_K$,则位移公式成为:

$$\Delta = \sum\int \frac{\overline{M}M}{EI}\mathrm{d}s + \sum\int \frac{\overline{F}_N F_N}{EA}\mathrm{d}s + \sum\int \frac{k\overline{F}_Q F_Q}{GA}\mathrm{d}s \tag{14-5}$$

式中 $k$ 为切应力分布不均匀系数。

例 14－13.试计算图 14－31a 中超静定梁跨中 $C$ 点挠度 $f$。

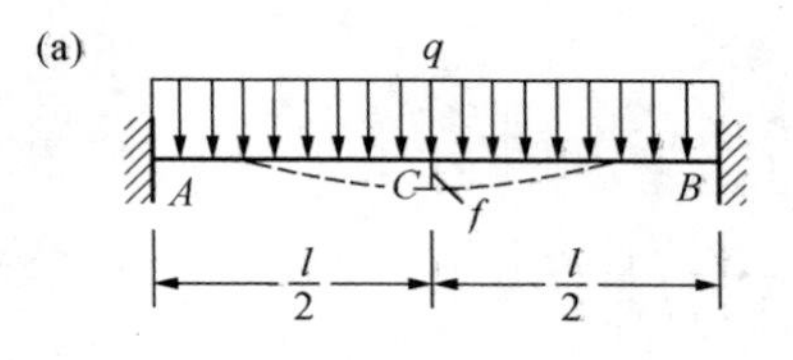


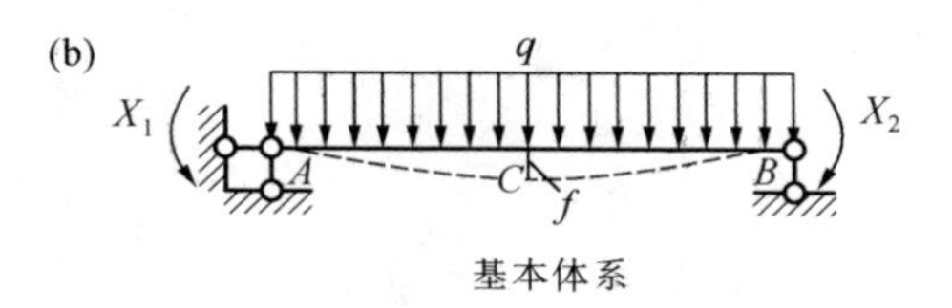


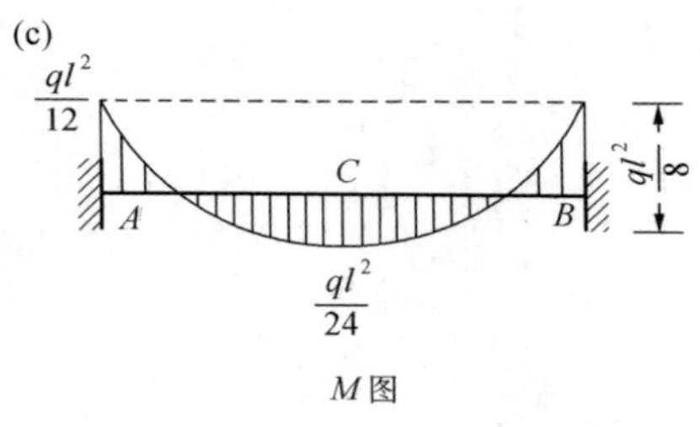


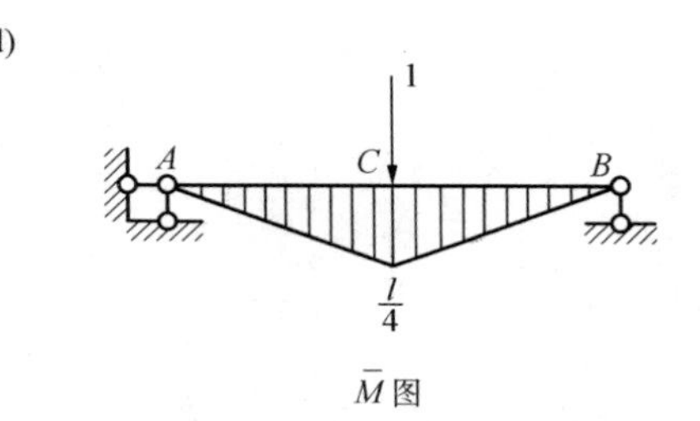


图 14－31

解:(1)在竖向荷载作用下,该梁为二次超静定结构。取简支梁为基本结构,基本体系如图 14－31b 所示,$X_1$、$X_2$ 为多余力。

(2)由力法求出

$$X_1 = X_2 = \frac{ql^2}{12}$$

作 $M$ 图如图 14－31c。

(3)在基本结构 $C$ 处加单位力,作 $\overline{M}$ 图(图 14－31d)。

(4)由图乘法计算位移:

$$\begin{aligned} f &= \int \frac{\overline{M}M}{EI}\mathrm{d}s \\ &= -\frac{2}{EI}\times\left(\frac{ql^2}{12}\times\frac{l}{2}\right)\times\left(\frac{1}{2}\times\frac{l}{4}\right)+\frac{2}{EI}\times\left(\frac{2}{3}\times\frac{ql^2}{8}\times\frac{l}{2}\right)\times\left(\frac{5}{8}\times\frac{l}{4}\right) \\ &= \frac{ql^4}{384EI}(\downarrow) \end{aligned}$$

2.支座移动引起的位移

设支座移动时超静定结构的内力为 $M$、$F_N$、$F_Q$,则微段杆的变形为

$$\kappa = \frac{M}{EI},\varepsilon = \frac{F_N}{EA},\gamma = \frac{kF_Q}{GA}$$

位移公式为

$$\Delta = \sum\int \frac{\overline{M}M}{EI}\mathrm{d}s + \sum\int \frac{\overline{F}_N F_N}{EA}\mathrm{d}s + \sum\int \frac{k\overline{F}_Q F_Q}{GA}\mathrm{d}s - \sum \overline{F}_{RK}C_K \tag{14-6}$$

其中 $C_K$ 为原超静定结构的支座移动，$\overline{F}_{RK}$ 为基本结构承受单位荷载时与 $C_K$ 相应的支座反力。

例 14-14. 试求例 14-10 中超静定梁由于支座移动引起的跨中挠度。

解：(1)该梁为一次超静定梁，在支座移动 $\theta$、$a$ 时结构内力见图 14-28e。

(2)为求跨中挠度 $\Delta$，选取简支梁作为基本结构，加单位力 $F_p=1$ 作出 $\overline{M}$ 图(图 14-32a)。

(3)计算跨中位移

$$\begin{aligned}\Delta &= \int \frac{\overline{M}M}{EI}\mathrm{d}s - \sum \overline{F}_{RK}C_K \\ &= \frac{1}{EI}\left[\left(\frac{1}{2}\times\frac{l}{2}\times\frac{l}{4}\right)\times\frac{2}{3}\times\frac{1}{2}\times\frac{3EI}{l}\left(\theta-\frac{a}{l}\right)\right] \\ &\quad + \frac{1}{EI}\left(\frac{1}{2}\times\frac{l}{2}\times\frac{l}{4}\right)\times\left[\frac{1}{2}\times\frac{3EI}{l}\left(\theta-\frac{a}{l}\right)+\frac{1}{3}\times\frac{1}{2}\times\frac{3EI}{l}\left(\theta-\frac{a}{l}\right)\right] \\ &\quad - \frac{1}{2}\times(-a) \\ &= \frac{3l}{16}\left(\theta-\frac{a}{l}\right)-\frac{a}{2} \\ &= \frac{3}{16}\theta l + \frac{5}{16}a(\downarrow)\end{aligned}$$

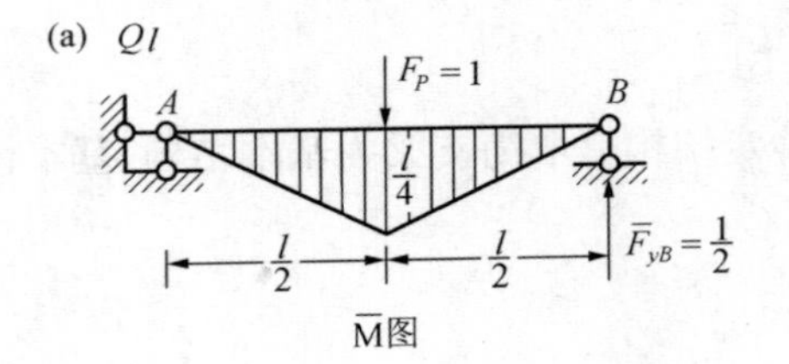


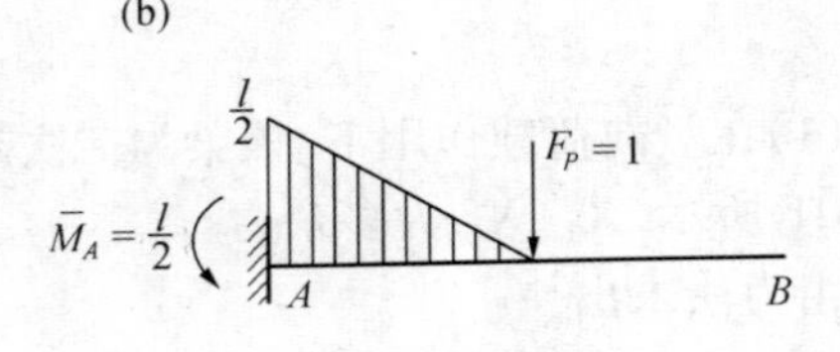


图 14-32

讨论：例 14-14 解算中基本结构可以任选，不一定与原超静定结构用力法求解时所采用的基本结构一致。因为在求超静定结构位移时，只需用到原结构的内力最后结果即可。上例中若采用图 14-32b 所示悬臂梁为基本结构，$\overline{M}$ 图如图 b 中所示，则

$$\begin{aligned}\Delta &= \int \frac{\overline{M}M}{EI}\mathrm{d}s - M_A(-\theta) \\ &= -\frac{1}{EI}\left(\frac{1}{2}\times\frac{l}{2}\times\frac{l}{2}\right)\times\frac{5}{6}\times\frac{3EI}{l}\left(\theta-\frac{a}{l}\right)-\frac{l}{2}\times(-\theta) \\ &= \frac{3\theta l}{16}+\frac{5}{16}a\end{aligned}$$

$\Delta$ 计算结果与前完全相同。

3. 温度改变引起的位移

计算超静定结构由于温度变化产生的位移，一方面要考虑温度变形引起的位移，另一方

面还要考虑温度使超静定结构产生内力而引起的位移，

即
$$\kappa = \frac{M}{EI} + \frac{\alpha\Delta t}{h}$$

$$\varepsilon = \frac{F_N}{EA} + \alpha t_0$$

$$\gamma = \frac{kF_Q}{GA}$$

故温度改变的位移公式为

$$\Delta = \sum\int\frac{\overline{M}M_t}{EI}\mathrm{d}s + \sum\int\frac{\overline{F}_N F_t}{EA}\mathrm{d}s + \sum\int\frac{k\overline{F}_Q F_t}{GA}\mathrm{d}s + \sum\alpha t_0\int\overline{F}_N\mathrm{d}s + \sum\frac{\alpha\Delta t}{h}\int\overline{M}\mathrm{d}s \quad (14-7)$$

例 14－15. 试求例 14－12 中刚架由于温度变化而引起 $C$ 截面的转角 $\varphi_c$。

解：(1)该刚架为一次超静定结构，例 14－12 中已求出由于温度变化引起内力图。对于刚架而言，通常只考虑其主要内力——$M_t$ 的影响，故上述位移计算公式可以简化为

$$\Delta = \sum\int\frac{\overline{M}M_t}{EI}\mathrm{d}s + \sum\alpha t_0\int\overline{F}_N\mathrm{d}s + \sum\frac{\alpha\Delta t}{h}\int\overline{M}\mathrm{d}s$$

其中 $M_t$ 为原超静定结构由于温度变化引起的内力(弯矩)；

$\overline{M}$，$\overline{F}_N$ 为单位力作用下静定基本结构的内力(弯矩和轴力)；

$\Delta$ 为与单位力相应的位移，亦即欲求的原超静定结构由于温度变化所引起的位移。

图 14－33a 为 $M_t$ 图，14－33b、c 为 $\overline{M}$ 图与 $\overline{F}_N$ 图。

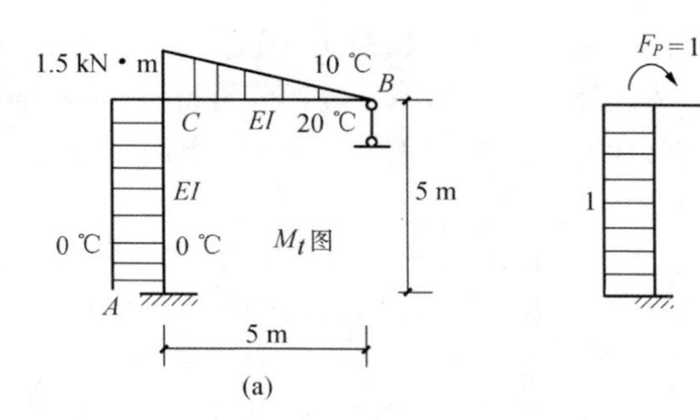

(a)

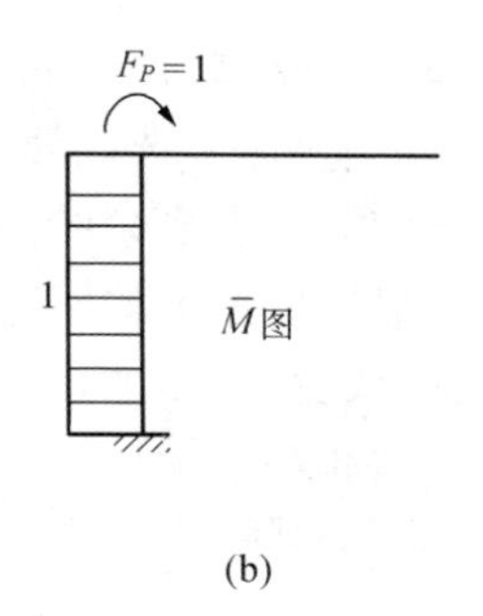

(b)

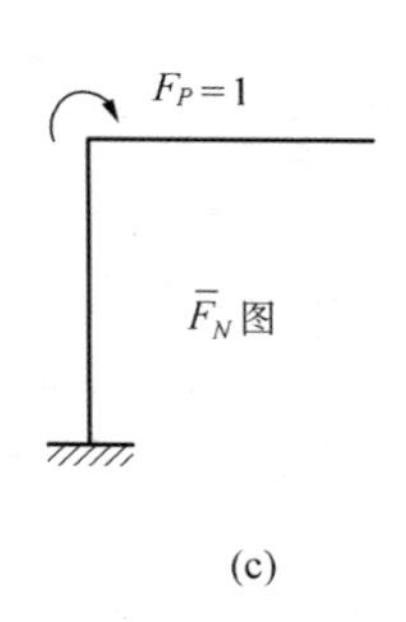

(c)

图 14－33

则由图乘法：

$$\varphi_c = \Delta = \frac{1.5\times5}{EI}\times1+0+0 = \frac{7.5}{EI}(\curvearrowright)$$

作为校核，今求 $B$ 截面的竖面位移 $f_B$，则 $\overline{M}$ 图与 $\overline{F}_N$ 图如图 14－34a、b 所示。

$$f_B = \frac{1}{EI}\times\left(\frac{1}{2}\times5\times1.5\right)\left(\frac{2}{3}\times5\right)+\frac{1}{EI}\times(1.5\times5)\times5 + 0 + \frac{\alpha\times(20-10)}{h}\times\frac{1}{2}\times5\times5$$

$$= \frac{12.5}{EI}+\frac{3\times12.5}{EI}-\frac{10^{-5}\times10}{0.5}\times\frac{5\times5}{2} = \frac{4\times12.5}{2\times10^4}-25\times10^{-4}$$

$=25\times^{-4}-25\times10^{-4}=0$

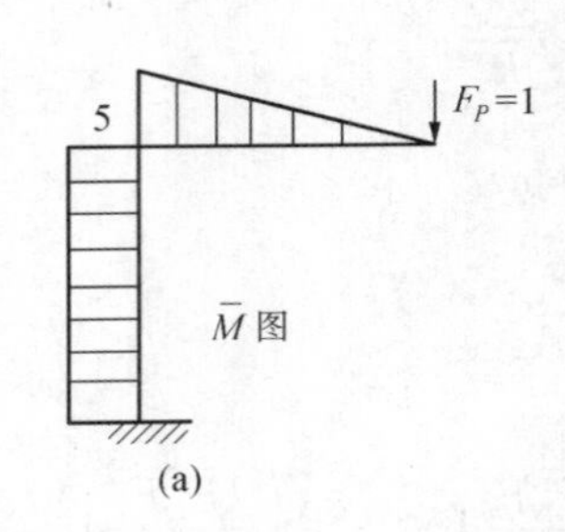


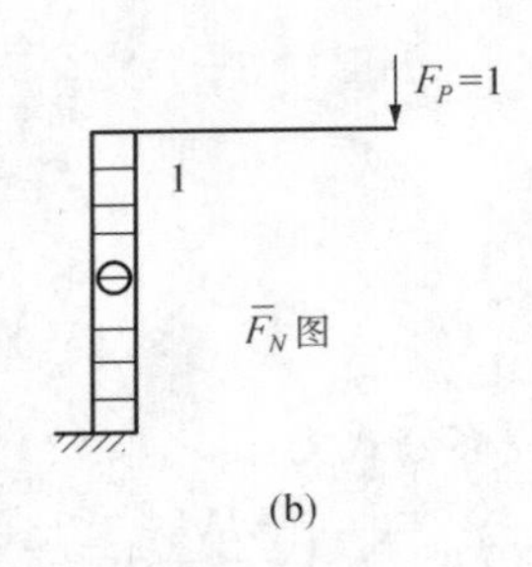


图 14 - 34

因原超静定结构支座 $B$ 处无竖向位移,计算结果正确。

综上可知,计算超静定结构位移时,可采用以下几个步骤进行:

(1)用力法求出该超静定结构的内力图;

(2)任意选取原超静定结构的基本结构,在基本结构上加上与所求位移相应的单位力,然后做出该静定结构的单位内力图;

(3)代入超静定结构位移公式计算。当原超静定结构只有荷载作用时,可利用原内力图与单位内力图图乘求解;当原结构还有支座移动、温度改变等其它因素影响时,必须同时计入基本结构由于上述因素所引起的位移。

## 第七节　超静定结构特性

超静定结构与静定结构不同,其内力和位移的计算可以通过力法进行。力法的基本原理是:去掉多余约束,代之以相应的多余力,选取静定的基本体系进行分析,条件是基本体系上与多余力相应的位移与原超静定结构上多余约束处的已知位移相等。求出多余力后,原超静定结构的问题就可以转化成静定体系上的问题求解了。

静定结构除承受荷载外,温度改变、支座位移等因素都不能产生反力和内力,故静定结构只有荷载作用下才会有内力。而超静定结构由于有多余约束存在,当其受到温度变化、支座移动等因素作用时,既使没有荷载作用,也会产生内力。

静定结构的内力仅用静力平衡条件就可以得出确定的解答,且内力值与结构的 $EA$、$EI$、$GA$ 等无关;超静定结构的内力需综合考虑静力平衡和变形协调条件才能得到,在荷载作用下,其内力值与各杆件的 $EI$、$GA$、$EA$ 等的相对值有关,当超静定结构受到温度变化、支座移动等因素作用时,其内力值与结构的 $EI$、$EA$、$GA$ 等的绝对值成正比。

静定结构没有多余约束,当某个约束破坏时,该静定结构即不能使用;超静定结构由于具有多余约束,当多余约束破坏时,仍可保持为几何不变体系继续使用,因而超静定结构具有较大的安全性。

与静定结构相比,超静定结构内力峰值通常较小,刚度较大,因而超静定结构与相应的静定结构(荷载、跨度、杆件 $EI$、$EA$、$GA$ 等相同)相比,其变形通常较小。

一般地,计算超静定结构在荷载、温度变化、支座移动等多种因素作用下的内力和位移时,首先应选取静定的基本结构,通过力法求解,得出原超静定结构在上述因素作用下的内力图。超静定结构的位移可以通过单位荷载法求解，单位荷载可以加在原超静定结构上，也可以加在相应的静定基本结构(不一定与前一步计算超静定结构内力时所选的基本结构相同)上，位移计算的综合公式为：

$$\Delta = \sum\int \frac{\overline{M}M}{EI}\mathrm{d}s + \sum\int \frac{\overline{F}_N F_N}{EA}\mathrm{d}s + \sum\int \frac{k\overline{F}_Q F_Q}{GA}\mathrm{d}s + \sum\int \overline{M}\,\frac{\alpha\Delta t}{h}\mathrm{d}s + \sum\int \overline{F}_N \alpha t_0 \mathrm{d}s - \sum \overline{F}_{RK} C_K \tag{14-8}$$

式中 $M$、$F_N$、$F_Q$ 是超静定结构在全部因素影响下的内力，$\overline{M}$，$\overline{F}_N$，$\overline{F}_Q$，和 $\overline{F}_{Rk}$ 则是基本结构在单位力作用下的内力和支座反力。

## 习　题

14-1. 试确定图示结构的超静定次数。

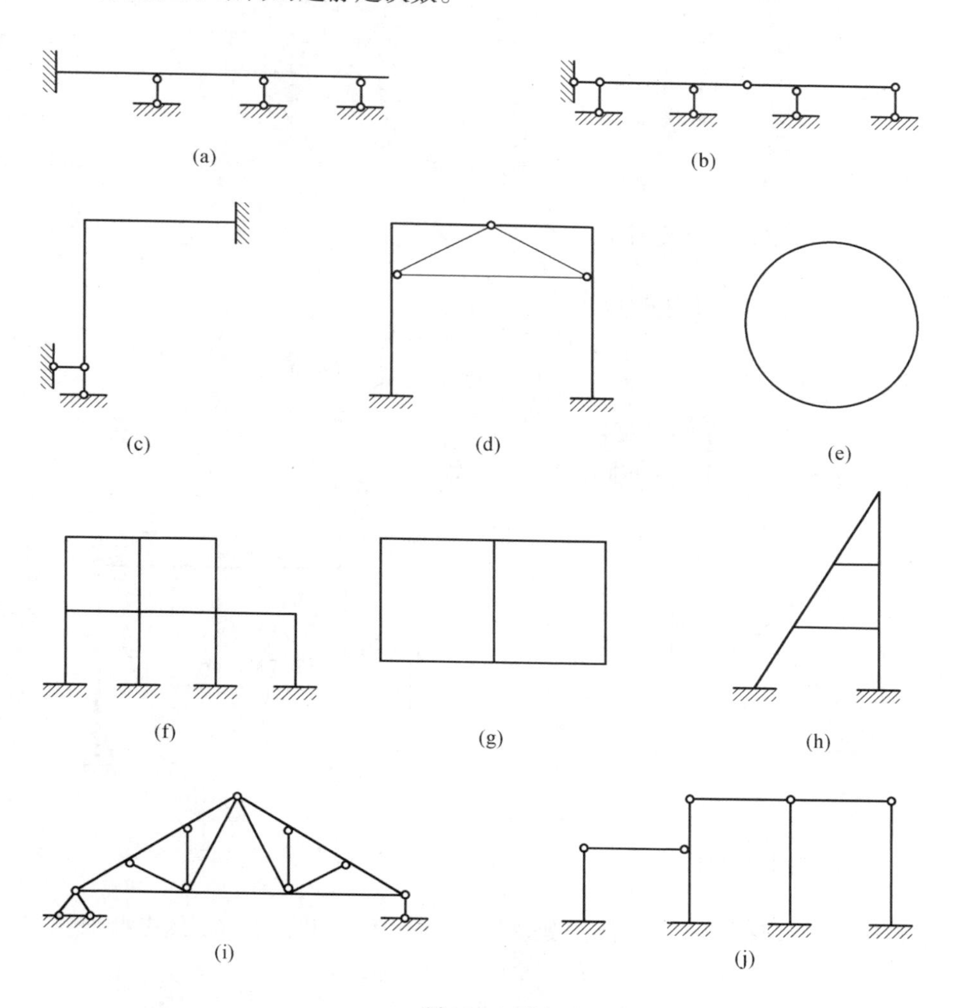


题 14-1 图

14-2. 用力法计算下列结构并绘出弯矩图。

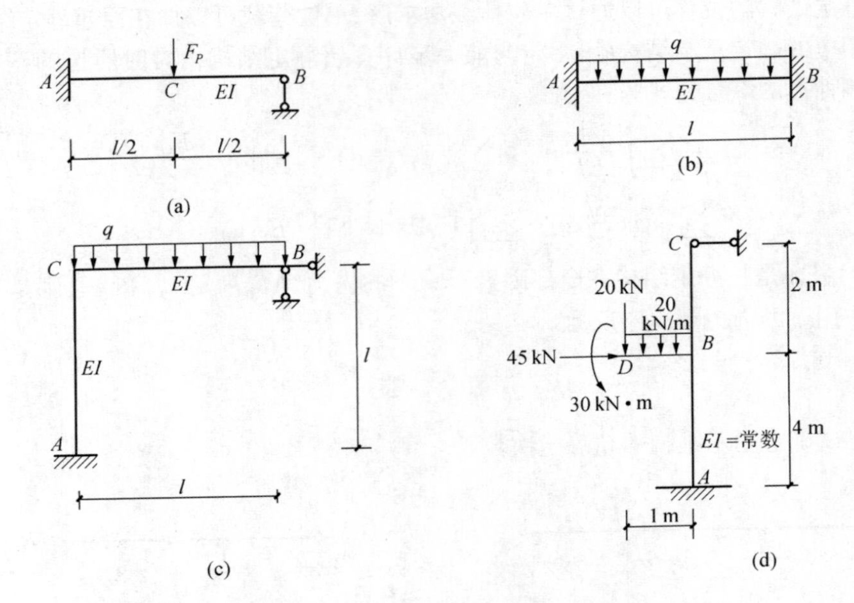


题 14-2 图

答：(a) $M_{AB}=\dfrac{3}{16}Pl$（上边受拉）

(b) $M_{AB}=\dfrac{ql^2}{12}=M_{BA}$（上边受拉）

(c) $M_{AC}=\dfrac{ql^2}{28}$（右侧受拉），$F_{BV}\dfrac{3}{7}ql^2(\uparrow)$，$F_{BH}=\dfrac{3}{28}ql(\leftarrow)$

(d) $M_{AB}=60\ \text{kN·m}$（左侧受拉）

14-3. 计算图示桁架各杆的轴力，$EA=$常数。

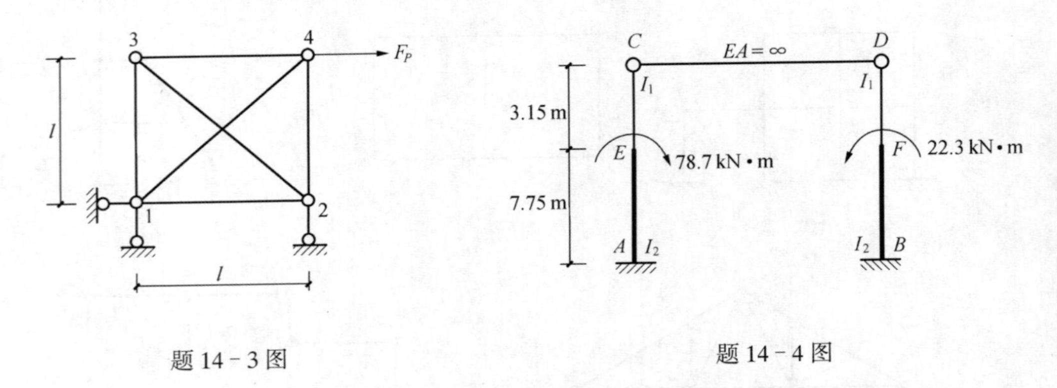


题 14-3 图　　　　题 14-4 图

14-4. 试用力法计算图示铰接排架，绘出其弯矩图，并计算 $C$ 点的水平位移。已知 $I_2/I_1=5.77$，$I_2=12.3\times10^5\ \text{cm}^4$，$E=2.55\times10^4\ \text{MPa}$。

答案：$M_{BA}=60.7\ \text{kN·m}$（左侧受拉）

$\Delta_{CH}=0.49\ \text{cm}(\rightarrow)$

14-5. 试用力法计算图示各刚架并绘出弯矩图。

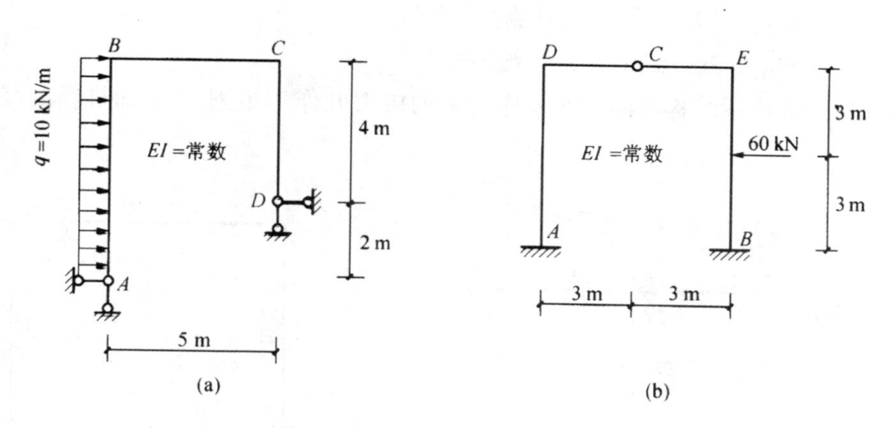


题 14－5 图

答案：(a) $M_{CD}=92.8$ kN·m(右侧受拉)

(b) $M_{AD}=37.0$ kN·m(右侧受拉)

$M_{BE}=104$ kN·m(右侧受拉)

14－6. 试计算图示结构的内力并绘出弯矩图，注意利用对称性简化计算。

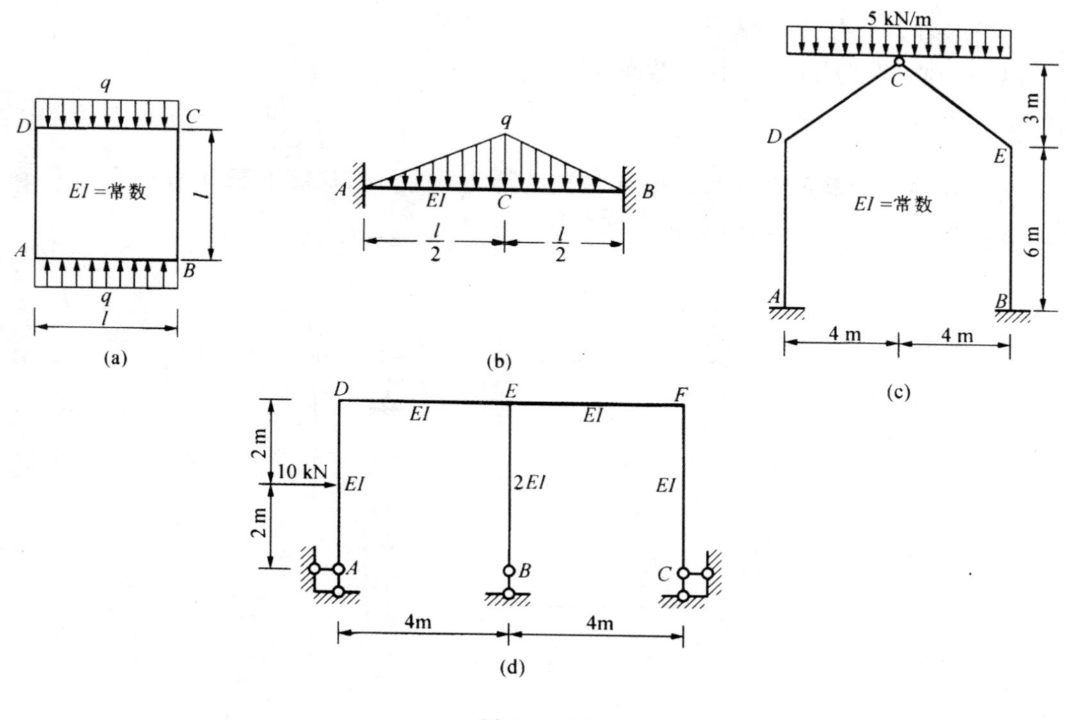


题 14－6 图

答案：(a) $M_{AB}=\dfrac{ql^2}{24}$(下边受拉)

(b) $M_{BA}=\dfrac{5}{96}ql^2$

(c) $M_{AD}=17.51\ \text{kN}\cdot\text{m}$(右侧受拉)

$M_{DA}=20.83\ \text{kN}\cdot\text{m}$(左侧受拉)

14－7. 计算图示结构在温度改变作用下的内力并作弯矩图（已知材料的线膨胀系数为 $\alpha$）。

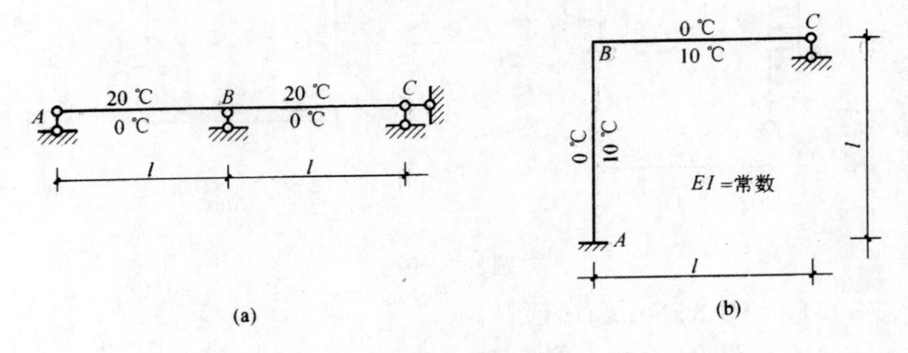


题 14－7 图

答：(a) $M_{BA}=300\alpha EI/l$(下边受拉)

14－8. 试计算题 14－2c 中杆 $CB$ 中点的竖向位移。

答：$\dfrac{23ql^4}{2688EI}$(↓)

14－9. 试计算题 14－2c 中 $C$ 截面的转角 $\varphi_c$。

答：$\dfrac{ql^3}{56EI}$(↻)

14－10. 图示超静定梁 $AB$，已知 $A$ 端支座转动角度为 $\theta$，$B$ 端支座下沉位移 $a$，试求由于上述支座移动引起跨中截面 $C$ 的竖向位移。

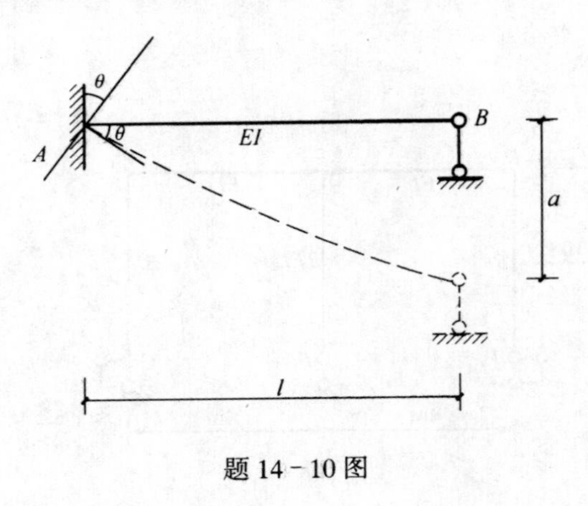


题 14－10 图

答：$\Delta=\dfrac{\theta l}{16}+\dfrac{5}{16}a$(↓)

# 第十五章

# 位　移　法

## 第一节　位移法基本概念

位移法是计算超静定结构的第二种基本方法。其主要思路是先将超静定结构分成若干根杆件，分析各杆件的内力与位移关系；然后再利用各杆件在结点处的力平衡条件和变形协调条件将各杆件组装成结构，求出未知的位移，从而求解结构内力。简单地说，位移法是选定某些结点位移为待定参数，将结构先拆后合，从而求出位移和内力的一种计算超静定结构的方法。

下面通过图 15－1a 所示刚架进一步说明位移法的基本思路。

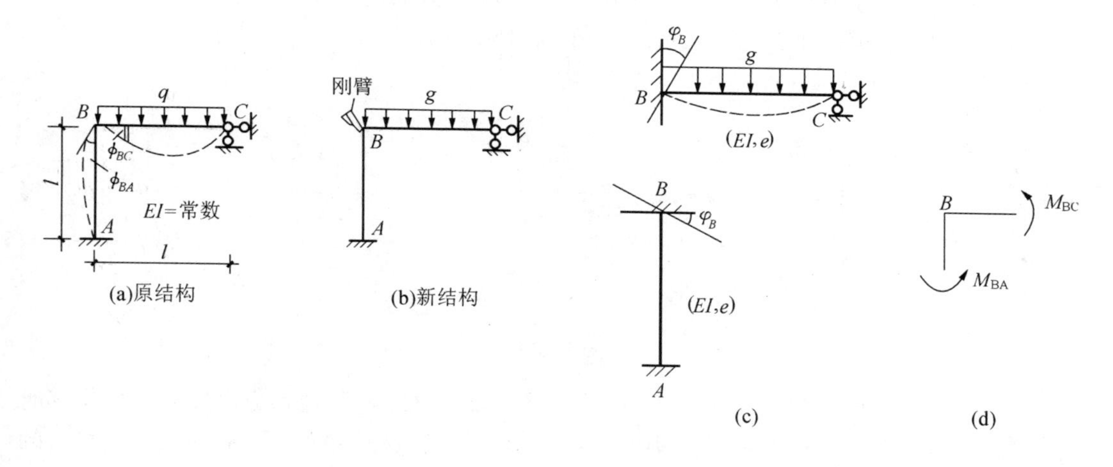


图 15－1

图 15－1a 刚架在荷载 $q$ 作用下发生的变形如图中虚线所示，不计轴向变形与剪切变形对位移的影响(刚架以弯曲变形为主)，则结点 $B$ 发生角位移 $\varphi_B=\varphi_{BA}=\varphi_{BC}$，$\varphi_{BA}$ 和 $\varphi_{BC}$ 分别为杆 $BA$ 和杆 $BC$ 的 $B$ 端角位移，支座 $C$ 处亦发生角位移 $\varphi_C$。位移法计算时，支座处的位移不作为基本未知量，该刚架仅以 $\varphi_B$ 作为基本未知量。

位移法计算时，通过增加约束的方法限制结构的位移。首先在原结构 $B$ 处增加刚臂，使原刚架变成新结构如图 15－1b 所示。再将图中结构拆成两根杆件考虑：$B$ 端固定，$C$ 端铰支的 $BC$ 杆和 $B$ 端固定，$A$ 端也固定的 $BA$ 杆(图 15－1c)。

对于图 15－1c 中的单跨杆件，可以通过力法分别求出在 $\varphi_B$ 和已知荷载 $q$ 作用下的杆端弯矩 $M_{BC}$ 和 $M_{BA}$，最后通过结点 $B$ 处的弯矩平衡方程求出未知的结点位移 $\varphi_B$(图 15－1d)。

以上便是刚架 $ABC$ 位移法求解的基本过程，若需要计算杆端内力时，可依图 15－1c，将已求出的 $\varphi_B$ 作为已知量代入即可。

## 第二节　等截面直杆的形常数和载常数

由上节简例可知，位移法是通过增加约束的方法，将原结构拆成若干个单跨超静定梁来逐一分析，最后再组合成整体，利用力或力矩的平衡方程求解未知量的。因此，必须了解单跨超静定梁的受力性能，这是位移法分析的基础。因此，本节着重讨论不同类型单跨超静定梁在荷载和杆端位移作用下所产生的杆端力。

位移法中对杆端位移和杆端内力规定如下：

(1)杆端角位移(即结点角位移)$\varphi$ 以顺时针方向转动为正，反之为负(图 15－2a)。

(2)杆端线位移(即结点线位移)$\Delta$ 仅指杆件两端垂直于杆件轴线方向的相对线位移，$\Delta$ 以使杆件发生顺时针旋转为正(即弦转角 $\beta=\Delta/l$，顺时针旋转为正)(图 15－2b)。

(3)杆端弯矩 $M$ 正负号规定为：

考虑杆件为脱离体时，杆端弯矩绕杆件顺时针旋转为正，反之为负；

考虑结点为脱离体时，杆端弯矩绕结点逆时针方向旋转为正，反之为负(图 15－2c)。

(4)杆端剪力 $F_Q$ 的正负号规定与材料力学中规定相同，即对于所考虑脱离体的任意一点产生顺时针旋转力矩的 $F_Q$ 为正，反之为负(图 15－2c)。

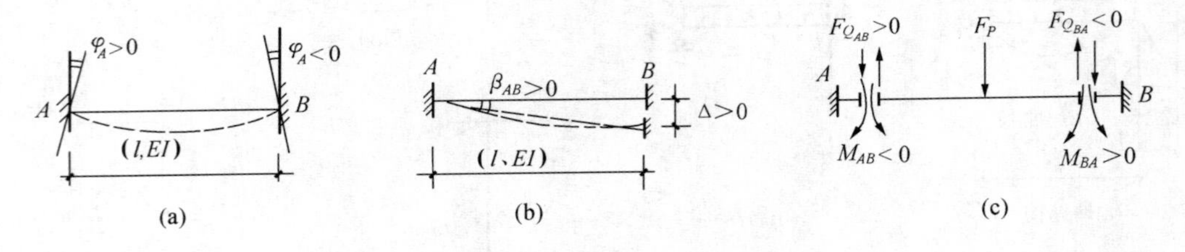


图 15－2

对于等截面直轩，其形常数定义为：单跨超静定梁在杆端沿某位移方向发生单位位移时所需要施加的杆端力，又称为杆件的刚度系数。形常数只与杆件的长度、截面尺寸及材料的弹性常数有关。

例 15－1. 试确定图 15－3a 所示杆件当 $A$ 端发生转角 $\varphi_A=1$ 时的杆端内力(形常数)。

解：该梁为一次超静定梁，选图 15－3b 所示悬臂梁基本体系，则力法方程为：

$$\delta_{11}X_1+\Delta_{1C}=0$$

作基本结构 $\overline{M}$ 图(图 15－3c)，则 $\delta_{11}=\dfrac{l\times l}{2EI}\times\dfrac{2l}{3}=\dfrac{l^3}{3EI}$

由图 15－3d 可知，基本结构在 $\varphi_A=1$ 作用下，与 $X_1$ 相应的位移

$$\Delta_{1C}=-l\times\varphi_A=-l$$

将 $\delta_{11}$，$\Delta_{1C}$ 代回力法方程，得

$$X_1=\frac{3EI}{l^2}(\uparrow)$$

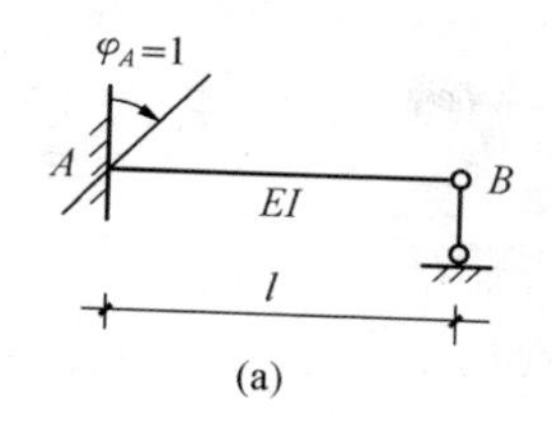

(a)

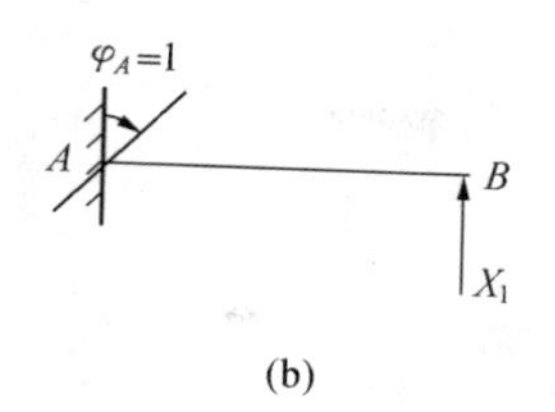

(b)

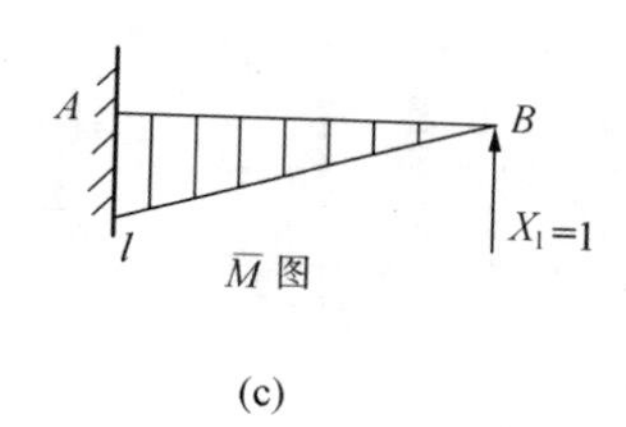

(c)

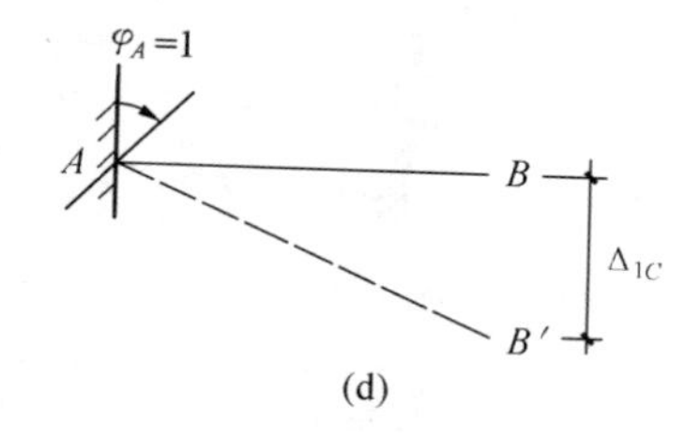

(d)

图 15-3

再由基本体系(图 15-3b)求出杆端内力：

$$F_{Q_{AB}} = -\frac{3EI}{l^2} = -\frac{3i}{l} = F_{Q_{BA}}$$

$$M_{AB} = \frac{3EI}{l} = 3i, M_{BA} = 0$$

单跨超静定梁在荷载作用下所引起的杆端内力,称为固端内力(固端弯矩和固端剪力),又称为载常数。在杆件类型确定后,载常数的数值只与荷载有关。

例 15-2. 试确定图 15-4a 中单跨超静定梁承受图示载荷时的固端内力(载常数)。

解:(1)仍选与例 15-1 相同的悬臂梁为基本结构,分别作 $M_P$ 图和 $\overline{M}$ 图,如图 15-4b、c 所示;

(2)力法方程为

$$\delta_{11}X_1 + \Delta_{1P} = 0$$

其中 $$\delta_{11} = \frac{l^2}{2EI} \times \frac{2l}{3} = \frac{l^3}{3EI}$$

$$\Delta_{1P} = \frac{-2}{3EI} \times \frac{1}{2}ql^2 \times l \times \frac{3}{8}l = -\frac{ql^4}{8EI}$$

$$\therefore X_1 = \frac{3}{8}ql(\uparrow)$$

(3)由基本体系求出固端内力：

$$M_{AB} = -\frac{1}{8}ql^2$$

$$F_{Q_{AB}} = \frac{5}{8}ql \qquad F_{Q_{BA}} = -\frac{3}{8}ql$$

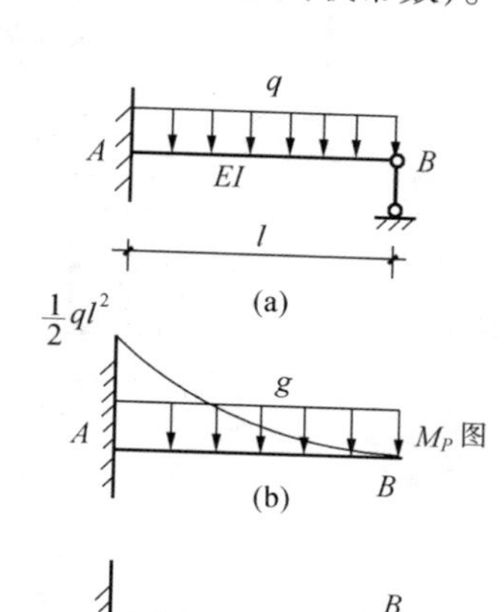

图 15-4

仿上,将常用的几种单跨超静定梁的形常数和载常数计算列表(见表 15-1),表中 $i=\frac{EI}{l}$ 称为杆件的线刚度。

表 15-1　等截面单跨超静定梁的杆端弯矩和剪力

| 编号 | 梁的简图 | 弯矩 | | 剪力 | |
|---|---|---|---|---|---|
| | | $M_{AB}$ | $M_{BA}$ | $F_{QAB}$ | $F_{QBA}$ |
| 1 | $\varphi=1$ A B $l$ | $\frac{4EI}{l}=4i$ | $\frac{2EI}{l}=2i$ | $-\frac{6EI}{l^2}=-6\frac{i}{l}$ | $-\frac{6EI}{l^2}=-6\frac{i}{l}$ |
| 2 | A B 1 $l$ | $-\frac{6EI}{l^2}=-6\frac{i}{l}$ | $-\frac{6EI}{l^2}=-6\frac{i}{l}$ | $12\frac{EI}{l^3}=12\frac{i}{l^2}$ | $12\frac{EI}{l^3}=12\frac{i}{l^2}$ |
| 3 | $F_P$ A B $a$ $b$ $l$ | $-\frac{F_Pab^2}{l^2}$ | $\frac{F_Pa^2b}{l^2}$ | $\frac{F_Pb^2(l+2a)}{l^3}$ | $-\frac{F_Pa^2(l+2b)}{l^3}$ |
| 4 | $q$ A B $l$ | $-\frac{1}{12}ql^2$ | $\frac{1}{12}ql^2$ | $\frac{1}{2}ql$ | $-\frac{1}{2}ql$ |
| 5 | $g$ A B $l$ | $-\frac{1}{20}ql^2$ | $\frac{1}{30}ql^2$ | $\frac{7}{20}ql$ | $-\frac{3}{20}ql$ |
| 6 | $M$ A B $a$ $b$ $l$ | $\frac{b(3a-l)}{l^2}M$ | $\frac{a(3b-l)}{l^2}M$ | $-\frac{6ab}{l^3}M$ | $-\frac{6ab}{l^3}M$ |
| 7 | $\varphi=1$ A B $l$ | $\frac{3EI}{l}=3i$ | | $-\frac{3EI}{l^2}=-3\frac{i}{l}$ | $-\frac{3EI}{l^2}=-3\frac{i}{l}$ |
| 8 | A B 1 $l$ | $-\frac{3EI}{l^2}=-3\frac{i}{l}$ | | $\frac{3EI}{l^3}=3\frac{i}{l^2}$ | $\frac{3EI}{l^3}=3\frac{i}{l^2}$ |

**续表 15-1**

| 编号 | 梁的简图 | 弯矩 | | 剪力 | |
|---|---|---|---|---|---|
| | | $M_{AB}$ | $M_{BA}$ | $F_{QAB}$ | $F_{QBA}$ |
| 9 | 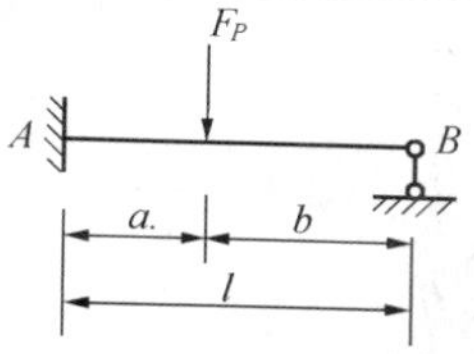 $F_P$ A B a b l | $-\frac{F_P ab(l+b)}{2l^2}$ | | $\frac{F_P b(3l^2-b^2)}{2l^3}$ | $-\frac{F_P a^2(2l+b)}{2l^3}$ |
| 10 | 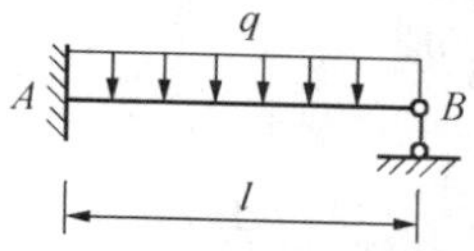 q A B l | $-\frac{1}{8}ql^2$ | | $\frac{5}{8}ql$ | $-\frac{3}{8}ql$ |
| 11 | 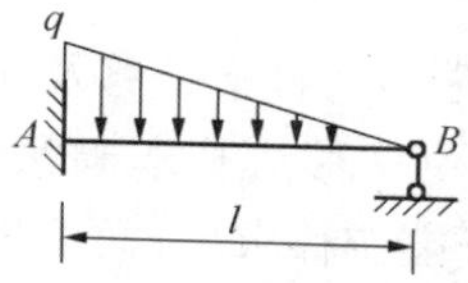 q A B l | $-\frac{1}{15}ql^2$ | | $\frac{4}{10}ql$ | $-\frac{1}{10}ql$ |
| 12 | 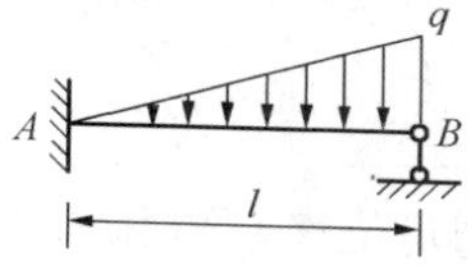 q A B l | $-\frac{7}{120}ql^2$ | | $\frac{9}{40}ql$ | $-\frac{11}{40}ql$ |
| 13 | 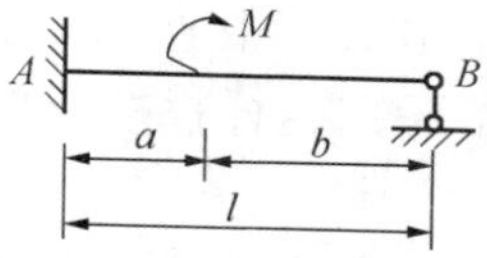 M A B a b l | $\frac{l^2-3b^2}{2l^2}M$ | | $-\frac{3(l^2-b^2)}{2l^3}M$ | $-\frac{3(l^2-b^2)}{2l^3}M$ |
| 14 | 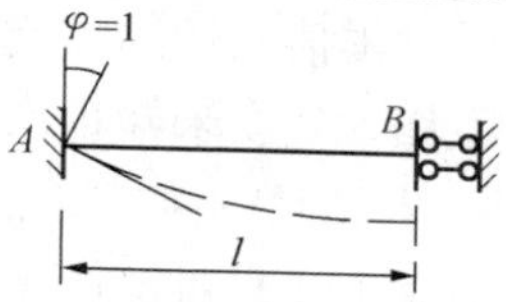 $\varphi=1$ A B l | $\frac{EI}{l}=i$ | $-\frac{EI}{l}=-i$ | | |
| 15 | 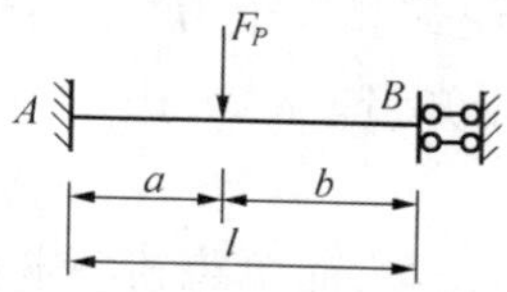 $F_P$ A B a b l | $-\frac{F_P a(l+b)}{2l}$ | $-\frac{F_P a^2}{2l}$ | $F_P$ | |
| 16 | 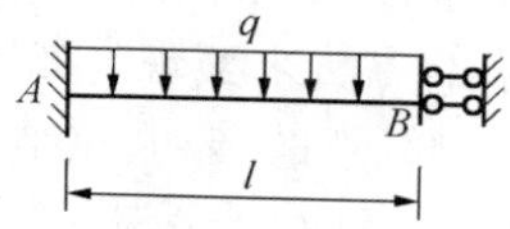 q A B l | $-\frac{1}{3}ql^2$ | $-\frac{1}{6}ql^2$ | $ql$ | |

表中 $EI$ 为等截面梁的抗弯刚度，$i=\frac{EI}{l}$为线抗弯刚度

当单跨超静定梁受到各种荷载以及支座移动和转动的共同作用时,可依表15－1中结果,叠加各对应项杆端内力即可(代数和)。

例如,例 15－1 和例 15－2 中的单跨超静定梁同时承受满跨向下的均布载 $q$ 作用以及支座 $A$ 的顺时针转动 $\varphi_A=1$,其杆端内力为:

$$M_{AB}=-\frac{1}{8}ql^2+\frac{3EI}{l}$$

$$F_{Q_{AB}}=-\frac{3EI}{l^2}+\frac{5}{8}ql=-\frac{3i}{l}+\frac{5}{8}ql$$

$$F_{Q_{BA}}=-\frac{3EI}{l^2}-\frac{3}{8}ql=-\frac{3i}{l}-\frac{3}{8}ql$$

## 第三节　位移法基本未知量和基本结构

表 15－1 中单跨超静定梁中的形常数和载常数反映出杆端力与杆端位移及荷载之间的关系。这一关系也适用于刚架中任何一根受弯等截面直杆。由位移法基本概念可知,位移法将结构独立结点处的位移作为基本未知量,杆端内力可由杆端位移求出;而汇集于同一刚结点处的各杆端位移都等于结点位移,故位移法的基本未知量为结点位移(结点角位移和结点线位移)。

1. 基本未知量

根据刚结点的约束条件,结构中一个刚结点有一个独立的角位移未知量,即结构中独立角位移的数目等于结构中刚结点的数目。

对于结构中的一个结点,有水平、竖直方向的两个线位移。在计算中通常略去受弯直杆的轴向变形,并认为受弯直杆两端之间的距离在变形前后保持不变,这样每根受弯直杆两端的轴向线位移相同,从而减少了独立线位移的数目。

对于整个结构而言,各结点通过杆件相联系,基本未知量即为独立结点的线位移和角位移数目的总和。注意到结构的固定支座处转角、线位移均为已知(零值),铰结点或铰支座处的杆端转角可利用单跨超静定梁的形常数、载常数表得出,均不作为独立未知量出现。

如图 15－5a 中结构,结点 3、4 为固定支座,结点 2 为铰支,仅结点 1 为刚结点,其角位移 $\varphi_1$ 为位移法基本未知量;又因结点 3、4 固结,线位移为零,结点 1、2 只可能产生水平方向的线位移 $\Delta$,且 $\Delta_1=\Delta_2=\Delta$,故线位移 $\Delta$ 为该结构的独立线位移。综上,该结构的基本未知量为结点 1 的转角 $\varphi_1$ 和结点 2 的水平位移 4,共两个基本未知量。

2. 基本结构

位移法计算超静定结构时,将每一根杆件都看成单跨超静定梁,而单跨超静定梁的形常数和载常数已列入表 15－1 中。因此,位移法的基本结构就是将原结构中的每一根杆件都变成单跨超静定梁。这一目的,可以通过在原结构上增加约束的方法来实现。如图 15－5a 的结构有两个独立的结点位移,在结点 1 处增加刚臂以限制该刚结点的转动,在结点 2 处增加水平链杆以约束该点的水平线位移,相应的结点位移用 $\Delta_1=\varphi_1$ 和 $\Delta_2=\Delta$ 表示,这样就将原结构改造成图 15－5b 所示的基本结构。对于基本结构而言,杆 13 为两端固定超静定梁,该梁在结点 1 处有未知的角位移 $\Delta_1$ 和线位移 $\Delta_2$;杆 12 为一端固定一端铰支梁,结点 1 处

有转角 $\Delta_1$；杆 24 亦为一端固定一端铰支梁，结点 2 处有线位移 $\Delta_2$。

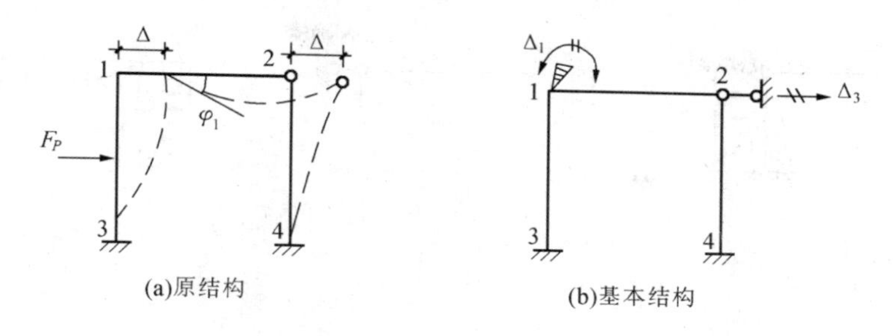


图 15－5

对于图 15－6a 所示刚架，其基本未知量共有三个，即结点 1 的转角 $\Delta_1$，结点 2 的转角 $\Delta_2$，结点 3 处的竖向线位移 $\Delta_3$；基本结构如图 15－6b 所示：在结点 1、2 处各附加刚臂，在结点 3 处增加竖向链杆后，各杆均可视为单跨超静定梁。

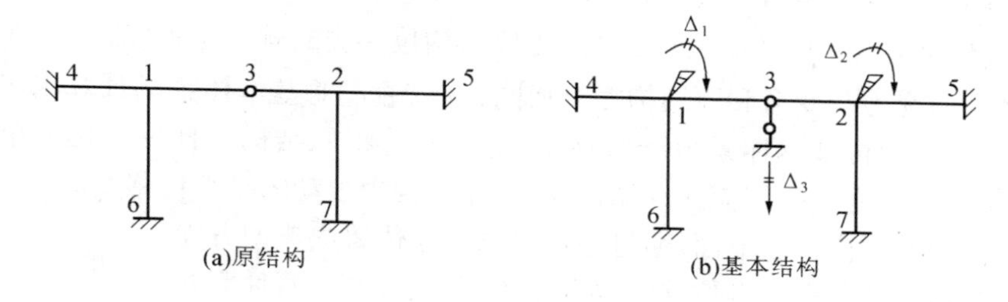


图 15－6

对于图 15－7a 所示铰结排架，通常假设横梁拉压刚度无限大，即横梁无拉压变形，故横梁两端柱顶水平位移相等。基本未知量有三个：结点 1 或结点 2 的水平线位移 $\Delta_2$，结点 3 或结点 4 的水平线位移 $\Delta_3$，还有杆 36 在结点 2 处的转角 $\Delta_1$，基本结构如图 15－7b 所示。

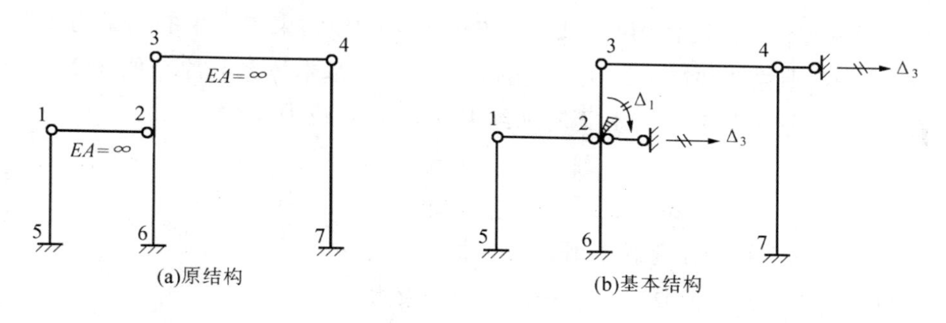


图 15－7

## 第四节　位移法典型方程及计算步骤

由前知，位移法的基本未知量是独立的结点位移，其求解基本未知量的基本方程则是由杆件或结点的平衡条件建立的。下面，通过图 15－8a 所示刚架说明位移法典型方程的建立。

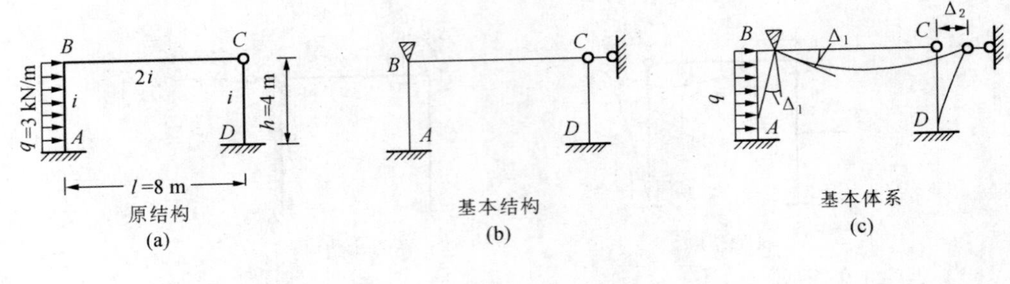


图 15-8

该刚架有两个基本未知量：结点 $B$ 的转角 $\Delta_1$ 和结点 $C$ 的水平线位移 $\Delta_2$。

在原结构 $B$ 结点处加一刚臂控制结点 $B$ 的转动，在结点 $C$ 加一水平链杆控制结点 $C$ 的水平位移，得到图 15-8b 所示的基本结构。

在基本结构上施加原结构所受的荷载，并使结点 $B$ 处发生与原结构相应的转角 $\Delta_1$，结点 $C$ 处发生与原结构相应的线位移 $\Delta_2$，成为原结构位移法的基本体系(图 15-8C)。

基本体系的受力与变形和原结构完全相同，可以通过对基本体系的计算求出原结构中的基本未知量。同时，基本体系由于增加了人为约束，将原结构各杆件变化成单跨超静定梁，独立的结点位移变化成相应的杆端位移，使原结构中被动的结点位移变成了基本体系中可以受人主动控制的位移。下面，通过基本体系建立位移法典型方程。

基本结构承受荷载和结点位移的双重作用，分别考虑这两种因素的影响。

首先，在基本体系中令 $\Delta_1 = \Delta_2 = 0$，即基本结构只承受荷载作用，则附加约束中产生约束力矩 $F_{1P}$ 和约束水平力 $F_{2P}$；

然后，考虑基本结构仅有 $\Delta_1$、$\Delta_2$ 作用，附加约束中产生约束力矩 $F_{1\Delta}$ 和约束水平力 $F_{2\Delta}$；

最后考虑两种因素同时作用的效果：基本体系中附加约束中产生的约束力矩 $F_1$ 和约束水平力 $F_2$ 应为上述两种情况约束反力的叠加。由于基本体系与原结构在受力、变形上保持一致，而原结构中结点 $B$、$C$ 处无附加约束，亦无约束反力，故有

$$\begin{aligned} F_1 &= F_{1P} + F_{1\Delta} = 0 \\ F_2 &= F_{2P} + F_{2\Delta} = 0 \end{aligned} \tag{15-1}$$

其中 $F_{1P}$ 和 $F_{2P}$ 为基本结构在荷载作用下的约束力。

$F_{1\Delta}$ 和 $F_{2\Delta}$ 为基本结构在结点位移作用下的约束力。

计算 $F_{1\Delta}$ 和 $F_{2\Delta}$ 时，可利用叠加原理，即

单位位移 $\Delta_1 = 1$ 单独作用时：相应的约束力为 $K_{11}$ 和 $K_{21}$；

单位位移 $\Delta_2 = 1$ 单独作用时：相应的约束力为 $K_{12}$ 和 $K_{22}$。

则

$$\begin{aligned} F_{1\Delta} &= K_{11}\Delta_1 + K_{12}\Delta_2 \\ F_{2\Delta} &= K_{21}\Delta_1 + K_{22}\Delta_2 \end{aligned} \tag{15-2}$$

将式(15-2)代入式(15-1)，即得到位移法典型方程

$$\left.\begin{aligned}K_{11}\Delta_1 + K_{12}\Delta_2 + F_{1P} = 0\\K_{21}\Delta_1 + K_{22}\Delta_2 + F_{2P} = 0\end{aligned}\right\} \tag{15-3}$$

由式(15－3)即可求出基本未知量 $\Delta_1$、$\Delta_2$。

下面具体计算图 15－8a 刚架。

(1)基本结构在荷载作用下的计算

基本结构在荷载 $q = 3$ kN/m 作用下各杆弯矩 $M_P$ 图如 15－9a 所示，其中 $AB$ 为两端固定梁，$BC$、$CD$ 分别为一端固定一端铰支梁，其杆端弯矩可由表15－1中分别查出，各杆弯矩图可按叠加法画出。

取结点 $B$ 为隔离体(图 15－9b)，在杆端弯矩和约束力矩共同作用下结点 $B$ 平衡，即

$$F_{1P} + 0 - 4 = 0 \quad 得 \quad F_{1P} = 4\ \text{kN}\cdot\text{m}$$

为求约束力 $F_{2P}$，取横梁 $BC$ 为隔离体(图 15－9c)，立柱 $BA$、$CD$ 的固端剪力亦由表 15－1中查出，由水平方向合力为零的平衡条件：

$$F_{2P} + \frac{qh}{2} - 0 = 0 \quad 得 \quad F_{2P} = -6\ \text{kN}$$

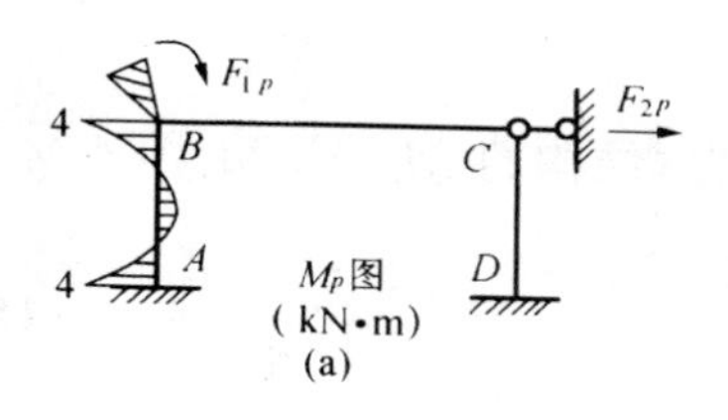


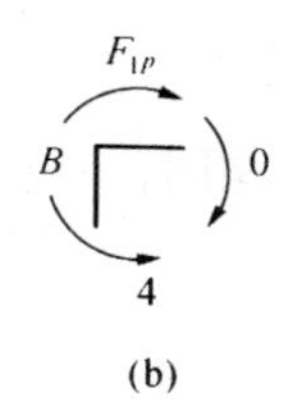


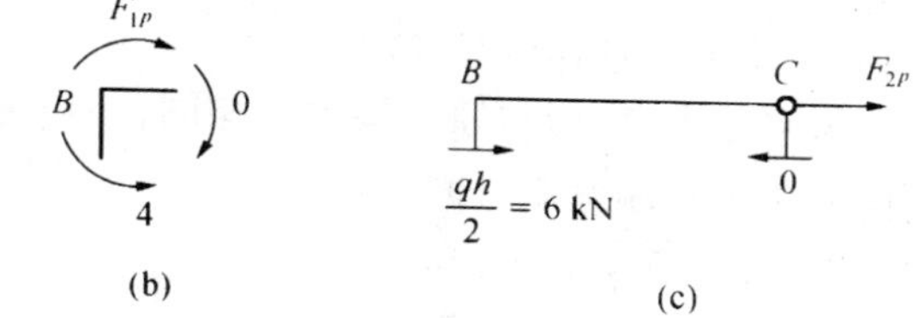


图 15－9

(2)基本结构在单位转角 $\Delta_1 = 1$ 作用下的计算

当结点 $B$ 转角 $\Delta_1 =$ 时，求出基本结构各杆的杆端弯矩并作出基本结构的弯矩$\overline{M_1}$图(图 15－10a)。

分别由结点 $B$ 力矩平衡及横梁$BC$ 水平力平衡条件(图 15－10b、c)，求出

$$K_{11} = 10i, K_{21} = -1.5i$$

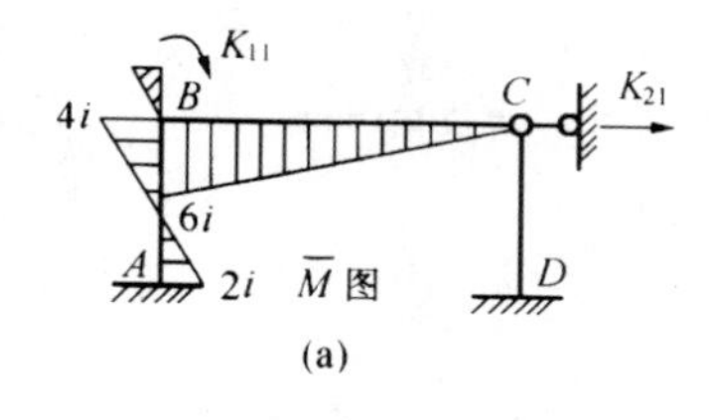


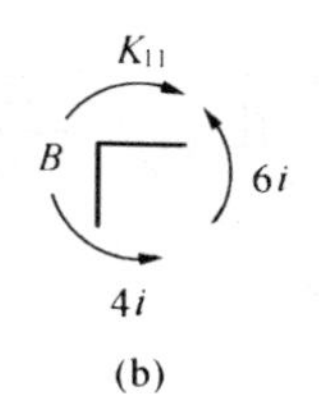


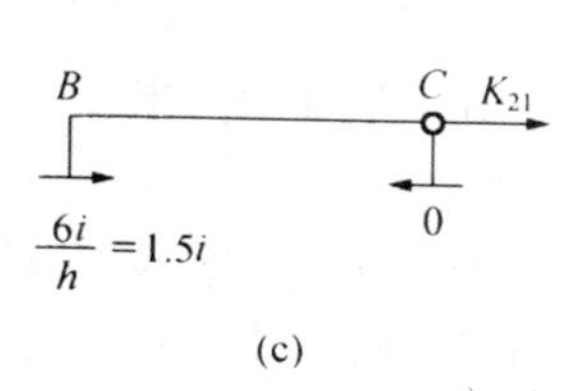


图 15－10

(3)基本结构在单位水平位移 $\Delta_2 = 1$ 作用下的计算

当结点 $B$、$C$ 的水平位移$\Delta_2 = 1$ 时，求出基本结构各杆端弯矩并作出基本结构的弯矩$\overline{M_2}$图(图 15－11a)，再由结点 $B$ 及横梁$BC$ 的平衡条件(图 15－11b、c)，求出

$$K_{12} = -1.5i \qquad K_{22} = \frac{15}{16}i$$

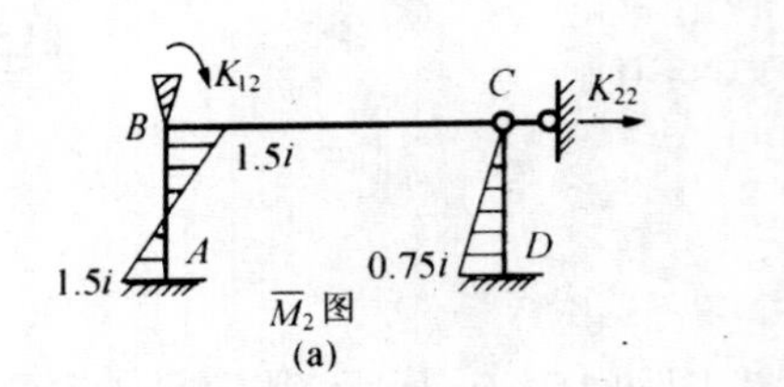

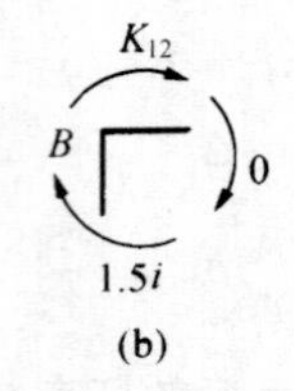

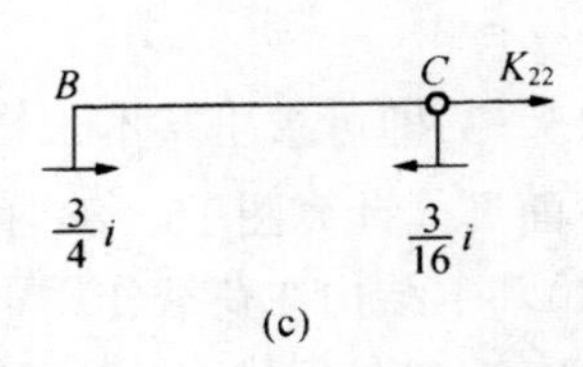


图 15-11

(4)位移法基本方程

将上述各系数和自由项代入典型方程(15-3),得

$$\begin{cases} 10i\Delta_1 - 1.5i\Delta_2 + 4 = 0 \\ -1.5i\Delta_1 + \dfrac{15}{16}i\Delta_2 - 6 = 0 \end{cases}$$

解之,得

$$\Delta_1 = 0.737\frac{1}{i} \quad \Delta_2 = 7.58\frac{1}{i}$$

(5)利用叠加原理作刚架 $M$ 图

基本体系受力、变形与原结构完全相同,可以通过基本结构的 $M_P$ 图、$\overline{M_1}$图和$\overline{M_2}$图求出原结构相应的杆端弯矩,即

$$M = \overline{M_1}\Delta_1 + \overline{M_2}\Delta_2 + M_P \tag{15-4}$$

$$M_{AB} = 2i(0.737\frac{1}{i}) - 1.5i(7.58\frac{1}{i}) - 4 = -13.62\ (\text{kN·m})$$

$$M_{BA} = 4i(0.737\frac{1}{i}) - 1.5i(7.58\frac{1}{i}) + 4 = -4.42\ (\text{kN·m})$$

$$M_{BC} = 6i(0.737\frac{1}{i})$$

$$= 4.42\ (\text{kN·m})$$

$$M_{DC} = -0.75i(7.58\frac{1}{i})$$

$$= -5.69\ (\text{kN·m})$$

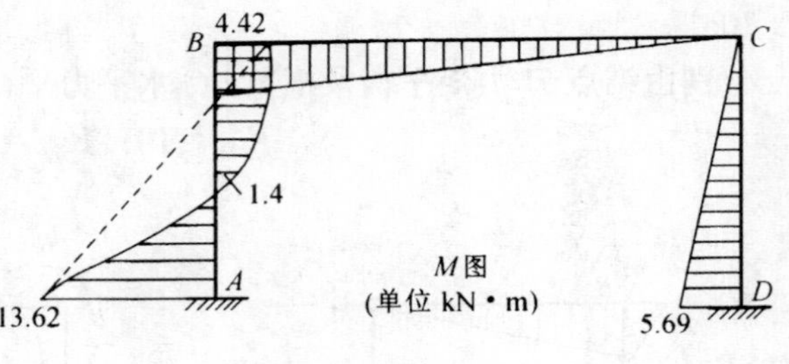


图 15-12

再由杆端弯矩作出刚架 $M$ 图(图 15-12)。

由上例可以看出,当位移法具有 $n$ 个基本未知量时,其基本方程为:

$$\begin{cases} K_{11}\Delta_1 + K_{12}\Delta_2 + \cdots + K_{1n}\Delta_n + F_{1P} = 0 \\ K_{21}\Delta_1 + K_{22}\Delta_2 + \cdots + K_{2n}\Delta_n + F_{2P} = 0 \\ \cdots\cdots\cdots\cdots\cdots\cdots\cdots\cdots\cdots\cdots \\ K_{n1}\Delta_1 + K_{n2}\Delta_2 + \cdots + K_{nn}\Delta_n + F_{nP} = 0 \end{cases} \tag{15-5}$$

其中系数矩阵$\begin{bmatrix} K_{11} & K_{12} & \cdots & K_{1n} \\ K_{21} & K_{22} & \cdots & K_{2n} \\ \vdots & \vdots & & \vdots \\ K_{n1} & K_{n2} & & K_{nn} \end{bmatrix}$称为结构的刚度矩阵，其中各系数称为结构的刚度系数。主系数 $K_{ii}$ 恒大于零，副系数可正，可负，可为零，且有 $K_{ij}=K_{ji}$。

位移法计算的主要步骤为：

(1)确定位移法的基本未知量数目，在原结构上添加附加约束(刚臂或链杆)得到基本结构；

(2)列出位移法典型方程；

(3)分别绘出基本结构在荷载作用下的 $M_P$ 图及各单位弯矩图($\Delta_i=1$ 时引起的$\overline{M_i}=1$图)，由隔离体平衡条件求出各系数 $K_{ij}$ 和自由项 $F_{ip}$($i=1,2,\cdots,n \quad j=1,2,\cdots,n$)；

(4)将所求出的系数和自由项代入典型方程，解线性代数方程组，求出各基本未知量 $\Delta_1,\Delta_2,\cdots\Delta_n$。

若需计算原结构弯矩，可按叠加法求出：

$$M=\overline{M_1}\Delta_1+\overline{M_2}\Delta_2+\cdots+\overline{M_n}\Delta_n+M_P \tag{15-6}$$

## 第五节　对称性的利用

对称结构在对称荷载和反对称荷载作用下，其变形具有对称分布和反对称分布的特点，可以选用半结构进行分析，然后再根据对称或反对称特点得出另半个结构的结果。下面主要讨论刚架的对称性利用。

1.对称刚架承受对称荷载

情形一：奇数跨对称结构

图 15-13a 所示对称刚架承受对称荷载，其变形为对称分布，即 $\varphi_E=-\varphi_D$，而 $D$、$E$ 点的水平线位移等于零，则跨中截面 $C$ 的变形特点为：$\varphi_C=0$，水平线位移为零，而竖直线位移不受限制。故在 $C$ 处截开选取半结构时，$C$ 处应加定向支座如图 15-13b 所示。

情形二：偶数跨对称结构

图 15-14a 所示偶数跨对称刚架承受对称荷载作用，其变形对称分布，则对称轴上 $C$ 处的位移为：水平线位移为零，转角 $\varphi_C=0$；又因为刚架杆件的轴向变形通常忽略，且在对称荷载作用下柱 $CD$ 中没有弯矩和剪力，故 $C$ 点的竖向线位移亦为零。所以从 $C$ 处截开选取半结构时，应在 $C$ 点加固定支座如图 15-14b 所示。

2.对称刚架承受反对称荷载

情形一：奇数跨对称结构

图 15-15a 所示奇数跨刚架承受反对称荷载作用，其变形反对称分布，对称轴上 $C$ 处的位移特点为：竖向线位移为零，水平线位移和转角不受限制。选取半结构分析时，应在 $C$ 处加竖向链杆如图 15-15b 所示。

情形二：偶数跨对称结构

图 15-16a 所示偶数跨刚架承受反对称荷载作用，在反对称荷载作用下，柱 $CD$ 无轴向

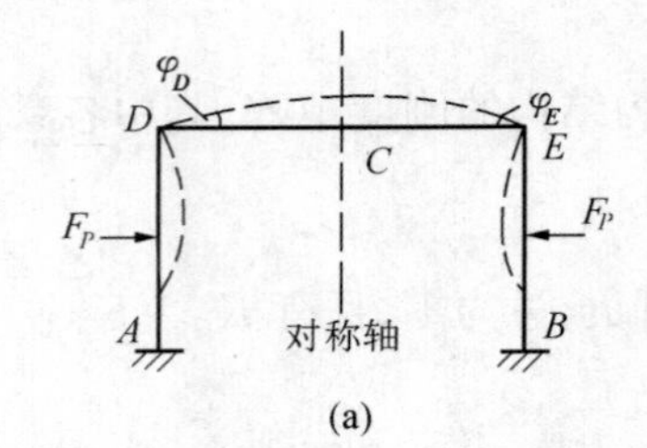

(a)

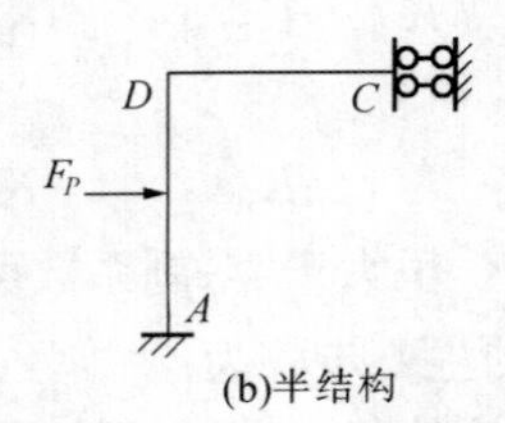

(b)半结构

图 15－13

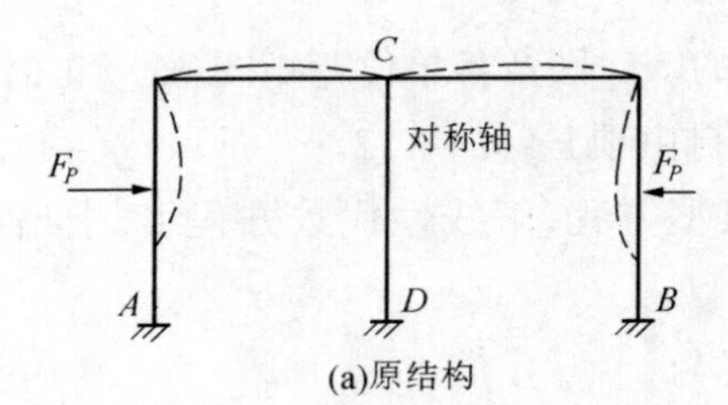

(a)原结构

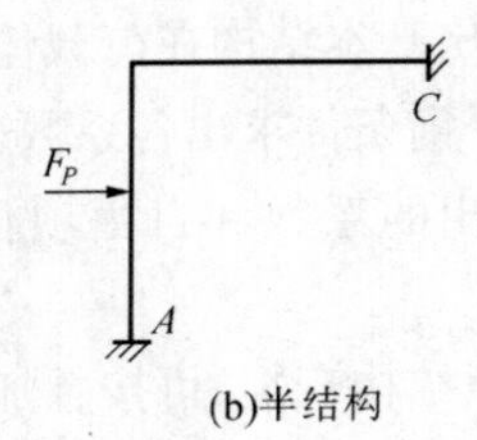

(b)半结构

图 15－14

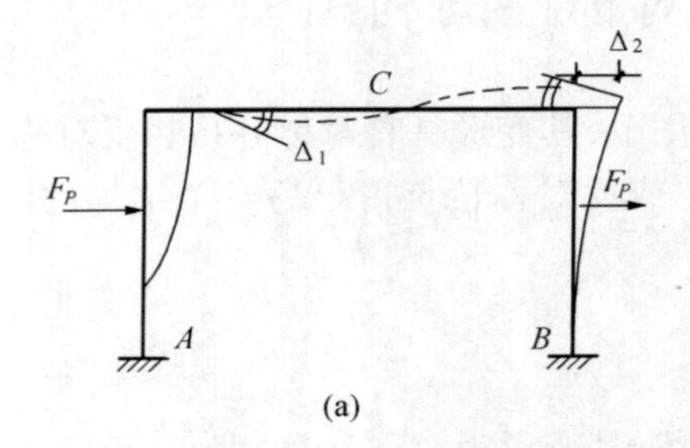

(a)

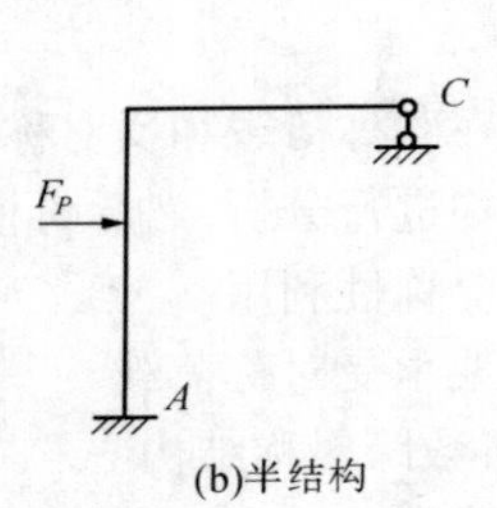

(b)半结构

图 15－15

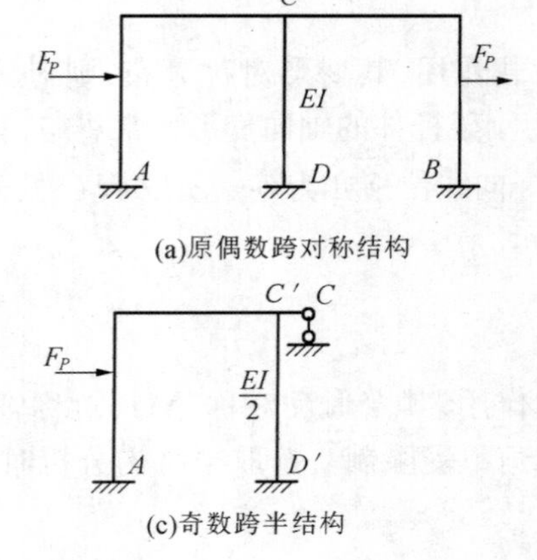

(a)原偶数跨对称结构

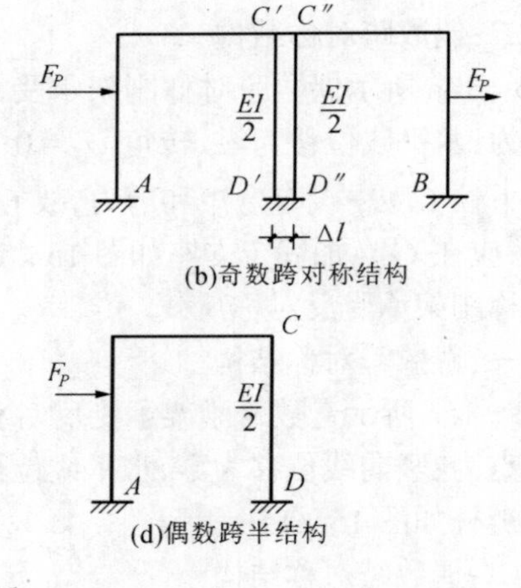

(b)奇数跨对称结构

(c)奇数跨半结构

(d)偶数跨半结构

图 15－16

变形，可以有弯曲变形。将柱 $CD$ 分成 $C'D'$ 与 $C''D''$ 两个相等的小柱，各小柱抗弯刚度为原柱的一半（$\frac{EI}{2}$），则偶数跨对称结构成为奇数跨对称结构如图 15－16b 所示。按奇数跨刚架承受反对称荷载取半结构，即在跨中 $C$ 处加竖向链杆如图 15－16c 所示。考虑到两小柱间跨度极小，$C$ 处竖向反力影响不计，轴向变形影响不计，则偶数跨半结构如图 15－16d，中柱 $CD$ 内力为两小柱内力之和。

以上分析了对称结构承受对称与反对称荷载时半结构的选取，当对称结构承受非对称荷载作用时，总可以将荷载分作对称与反对称两组，分别作用在对称结构上，利用对称性简化计算，最后将两种结果叠加即可。

例 15－3. 利用对称性计算图 15－17a 所示刚架。

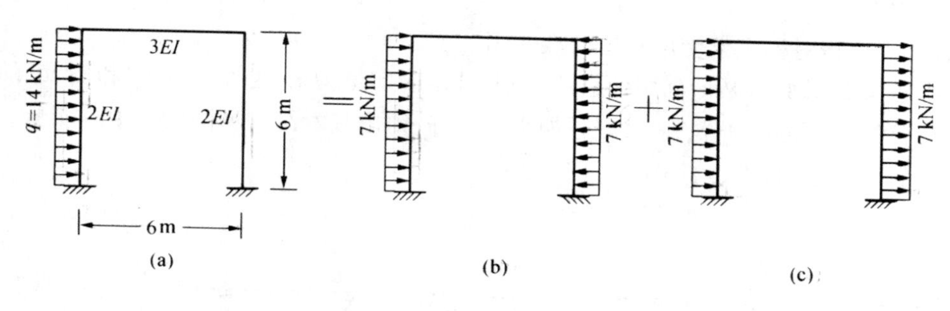


图 15－17

解：结构为单跨对称刚架，将荷载分成对称与反对称两组，分别作用在刚架上如图 15－17b、c所示。

情形一：单跨对称刚架受对称荷载作用

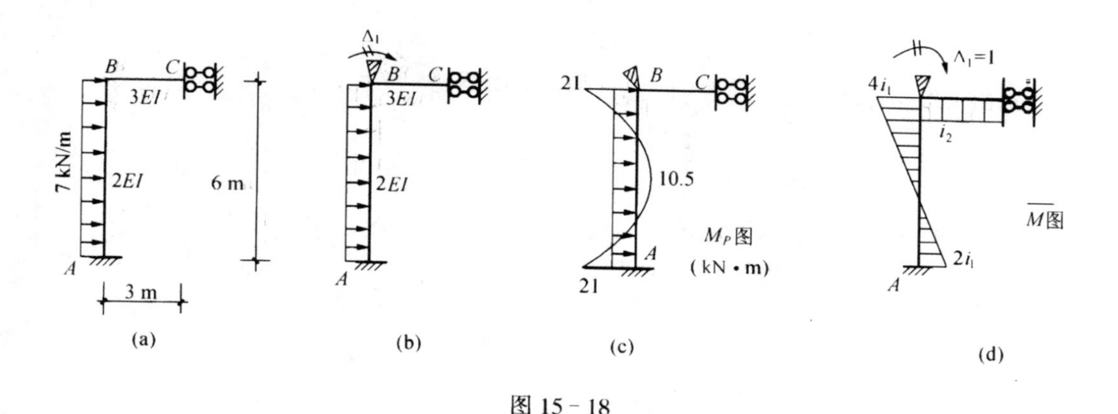


图 15－18

取半刚架如图 15－18a，采用位移法求解，基本未知量为 $B$ 处的转角 $\Delta_1$。在 $B$ 处添加刚臂，得出基本结构如图 15－18b 所示。作出基本结构的 $M_P$ 图和$\overline{M_1}$图（图 15－18c、d）；

分别由 $M_P$ 及$\overline{M_1}$图中结点 $B$ 的平衡条件，得

$$F_{1P} = 21\ (\text{kN·m}),\ K_{11} = \frac{7}{3}EI$$

由位移法典型方程

$$K_{11}\Delta_1 + F_{1P} = 0$$

得
$$\Delta_1 = -\frac{9}{EI}$$

再由叠加原理 $M = \overline{M_1}\Delta_1 + M_P$ 及对称性，作出原结构在对称荷载作用下的 $M'$ 图（图 15－20a）。其中

$$M_{BA} = 4i_1\Delta_1 + 21 = 4\times\frac{EI}{3}\times(-\frac{9}{EI}) + 21 = 9\ (\text{kN}\cdot\text{m})$$

$$M_{AB} = 2i_1\Delta_1 - 21 = -27\ (\text{kN}\cdot\text{m})$$

$$M_{BC} = i_2\Delta_1 = EI\times(-\frac{9}{EI}) = -9\ (\text{kN}\cdot\text{m})$$

情形二：单跨对称刚架受反对称荷载作用

取半刚架如图 15－19a，采用位移法求解，基本未知量为 $B$ 处的转角 $\Delta_1$ 和 $B$、$C$ 的水平位移 $\Delta_2$。在 $B$ 处添加刚臂，在 $C$ 处添加水平链杆，得出基本结构如图 15－19b 所示。作出基本结构的 $M_P$ 图和 $\overline{M}_1$、$\overline{M}_2$ 图（图 15－19c、d、e）。

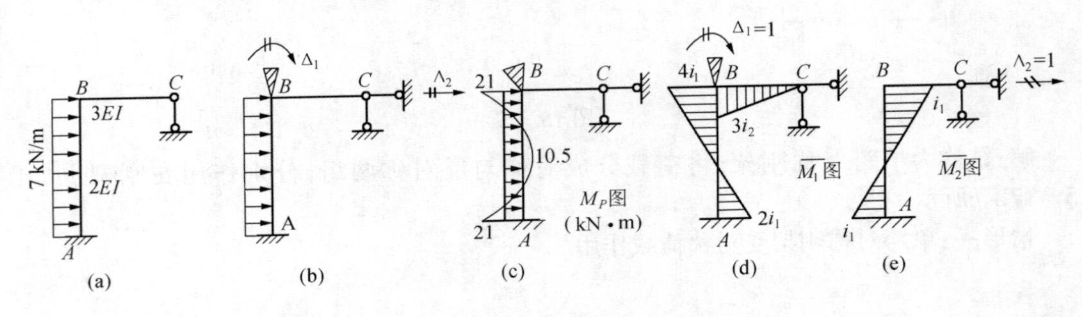


图 15－19

分别由 $M_P$，$\overline{M_1}$，$\overline{M_2}$图中结点 $B$ 及横梁$BC$ 的平衡条件，得

$$F_{1P} = 21\ \text{kN}\cdot\text{m},\ F_{2P} = -\frac{1}{2}ql = -21\ \text{kN}$$

$$K_{11} = 4i_1 + 3i_2 = \frac{4EI}{3} + 3EI = \frac{13}{3}EI$$

$$K_{21} = -i_1 = -\frac{EI}{3} = K_{12}$$

$$K_{22} = \frac{12i_1}{l^2} = \frac{EI}{9}$$

代入位移法典型方程：

$$\begin{cases} K_{11}\Delta_1 + K_{12}\Delta_2 + F_{1P} = 0 \\ K_{21}\Delta_1 + K_{22}\Delta_2 + F_{2P} = 0 \end{cases}$$

即
$$\begin{cases} \frac{13}{3}\Delta_1 - \frac{1}{3}\Delta_2 + \frac{21}{EI} = 0 \\ -\frac{1}{3}\Delta_1 + \frac{1}{9}\Delta_2 - \frac{21}{EI} = 0 \end{cases}$$

解之，得

$$\Delta_1 = \frac{12.6}{EI} \quad \Delta_2 = \frac{226.8}{EI}$$

再由叠加原理及弯矩图反对称性做出原结构在反对称荷载作用下的 $M''$ 图（图 15－20b）。其中

$$M_{AB} = -21 + 2i_1\Delta_1 - i_1\Delta_2 = -88.2\ (\text{kN·m})$$
$$M_{BA} = 21 + 4i_1\Delta_1 - i_1\Delta_2 = -37.8\ (\text{kN·m})$$
$$M_{BC} = 3i_2\Delta_1 = 37.8\ (\text{kN·m})$$

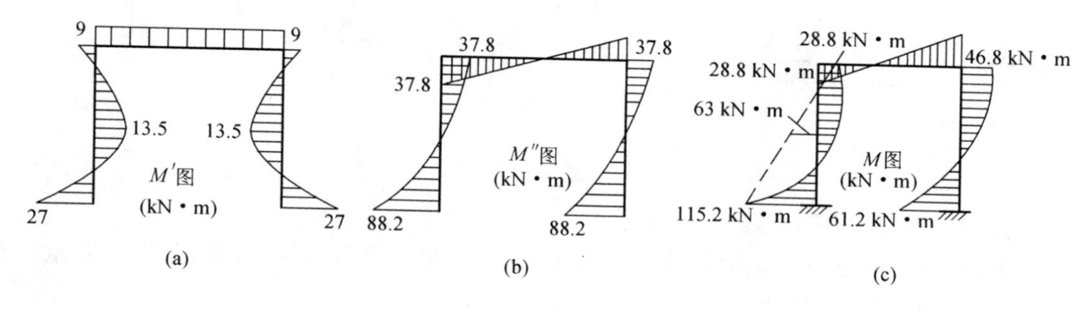


图 15－20

最后，叠加 $M'$ 与 $M''$ 图，得出图 15－17a 中原结构的弯矩图（图 15－20c）。

## 第六节　算　　例

刚架可以分为有侧移刚架和无侧移刚架两种，如果刚架的各结点（不含支座）只有角位移而没有线位移，则称之为无侧移刚架，否则为有侧移刚架。

下面通过算例说明刚架的位移法计算。

例 15－4. 试用位移法计算图 15－21a 所示无侧移刚架并作出 $M$ 图。

解：(1)采用位移法的基本未知量为结点 1 的转角 $\Delta_1$，在 1 处附加刚臂，基本结构如图 15－21b 所示；

(2)位移法基本方程为：

$$K_{11}\Delta_1 + F_{1P} = 0$$

分别作出基本结构的 $M_P$ 图和 $\overline{M_1}$ 图（图 15－21c、d），求出系数和自由项：

$$F_{1P} = -\frac{1}{8}ql^2, K_{11} = 4i_1 + 3i_2 = 10i_1 \quad \left(\begin{array}{l} i_1 = \dfrac{EI}{l} \\ i_2 = \dfrac{2EI}{2} = 2i_1 \end{array}\right)$$

由基本方程解出：

$$\Delta_1 = \frac{ql^3}{80EI} = \frac{ql^2}{80i_1}$$

(3)作 $M$ 图

$$M_{31} = 2i_1\Delta_1 = \frac{ql^2}{40}$$

$$M_{13} = 4i_1\Delta_1 = \frac{ql^2}{20}$$

$$M_{12} = 3i_2\Delta_1 - \frac{1}{8}ql^2 = -\frac{ql^2}{20}$$

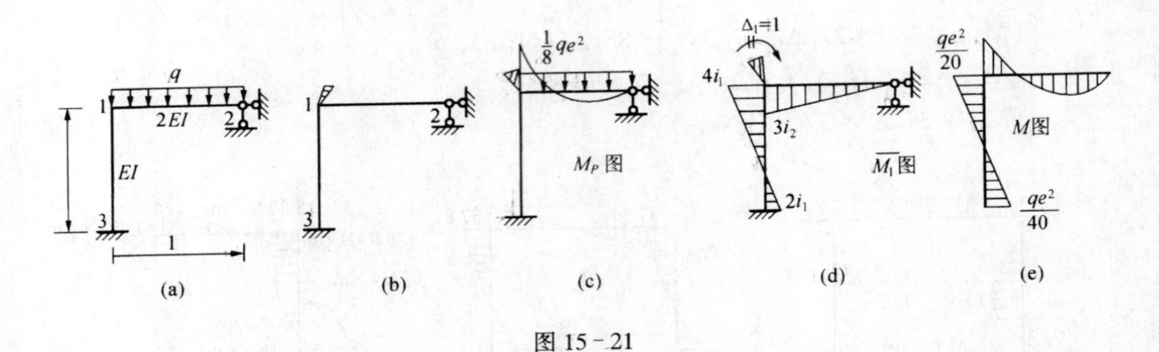


图 15－21

原结构 $M$ 图如图 15－21e 所示。

用位移法计算连续梁，各结点（不含支座）亦只有角位移，没有线位移，基本未知量只有角位移，计算过程与上例相同。

例 15－5. 用位移法计算图 15－22a 有侧移刚架并作 $M$ 图。

解：(1)基本未知量为结点 1 处的转角 $\Delta_1$ 和结点 1、2 的水平线位移 $\Delta_2$。在结点 1 处附加刚臂，结点 2 处附加水平链杆，得到位移法基本结构如图 15－22b 所示。

(2)位移法基本方程为：

$$\begin{cases} K_{11}\Delta_1 + K_{12}\Delta_2 + F_{1P} = 0 \\ K_{21}\Delta_1 + K_{22}\Delta_2 + F_{2P} = 0 \end{cases}$$

分别作出基本结构的 $\overline{M}_1$ 图、$\overline{M}_2$ 图和 $M_P$ 图（图 15－22c、d、e），求出系数和自由项。

先由 $\overline{M}_1$、$\overline{M}_2$ 和 $M_P$ 图中结点 1 的弯矩平衡条件，得出：

$$K_{11} = 4i + 3i = 7i, K_{12} = -\frac{6i}{l}, F_{1P} = -\frac{3}{16}pl$$

为求其它系数，分别在 $\overline{M_1}$、$\overline{M_2}$ 和 $M_P$ 图中截取横梁为脱离体（图 15－23a、b、c），再由脱离体水平方向的力平衡条件求出附加链杆的水平反力：

$$K_{21} = -\frac{6i}{l}, K_{22} = \frac{12i}{l^2} + \frac{3i}{l^2} = \frac{15i}{l^2}, F_{2P} = -P$$

因为刚度矩阵具有对称性质，$K_{21} = K_{12}$，只须计算其中一个即可。

代入基本方程，得

$$\begin{cases} 7i\Delta_1 - \frac{6i}{l}\Delta_2 - \frac{3F_Pl}{16} = 0 \\ -\frac{6i}{l}\Delta_1 + \frac{15i}{l^2}\Delta_2 - F_P = 0 \end{cases}$$

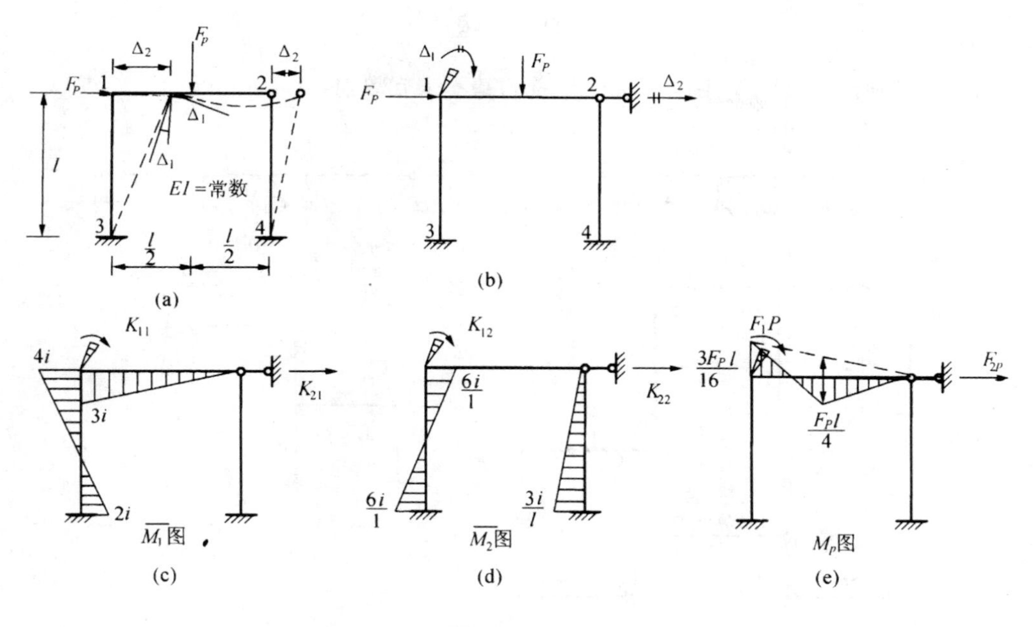


图 15-22

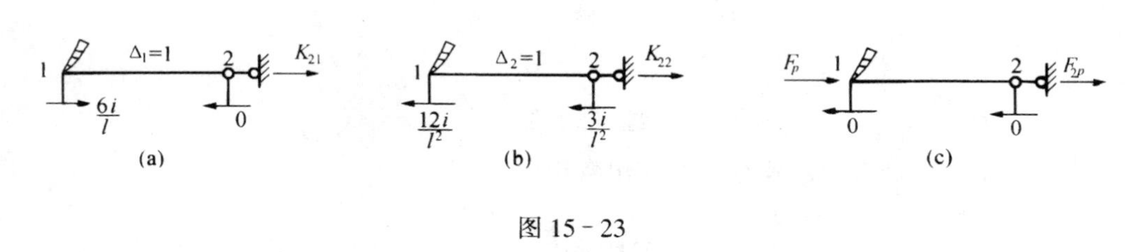


图 15-23

解之，得

$$\Delta_1 = \frac{47}{368i}F_Pl\,,\Delta_2 = \frac{65}{552i}F_Pl^2$$

(3)由叠加原理计算杆端弯矩并作 $M$ 图(图 15-24)。

$$M_{31} = 2i\Delta_1 - \frac{6i}{l}\Delta_2$$

$$M_{13} = 4i\Delta_1 - \frac{6i}{l}\Delta_2$$

$$M_{12} = 3i\Delta_1 - \frac{3}{16}F_Pl$$

$$M_{42} = -\frac{3i}{l}\Delta_2$$

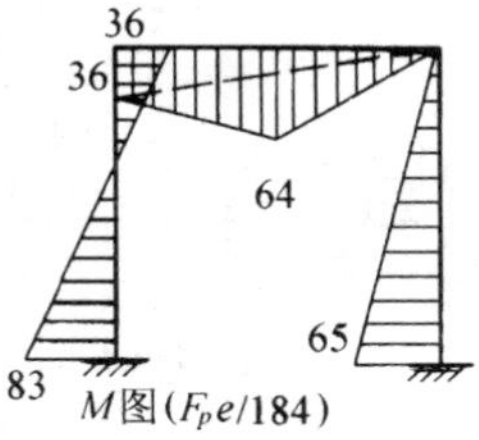

36
36
64
65
83
$M$图($F_Pe/184$)

图 15-24

由上例可以看出，位移法计算有侧移刚架的基本过程与无侧移刚架相同，只是基本未知量中含有结点线位移，计算相应系数和自由项时，要选取含有相应约束反力的平衡方程，通常采用由柱顶水平截面截取的横梁脱离体讨论。

## 习　题

15－1. 试确定下列结构用位移法计算时的基本未知量。

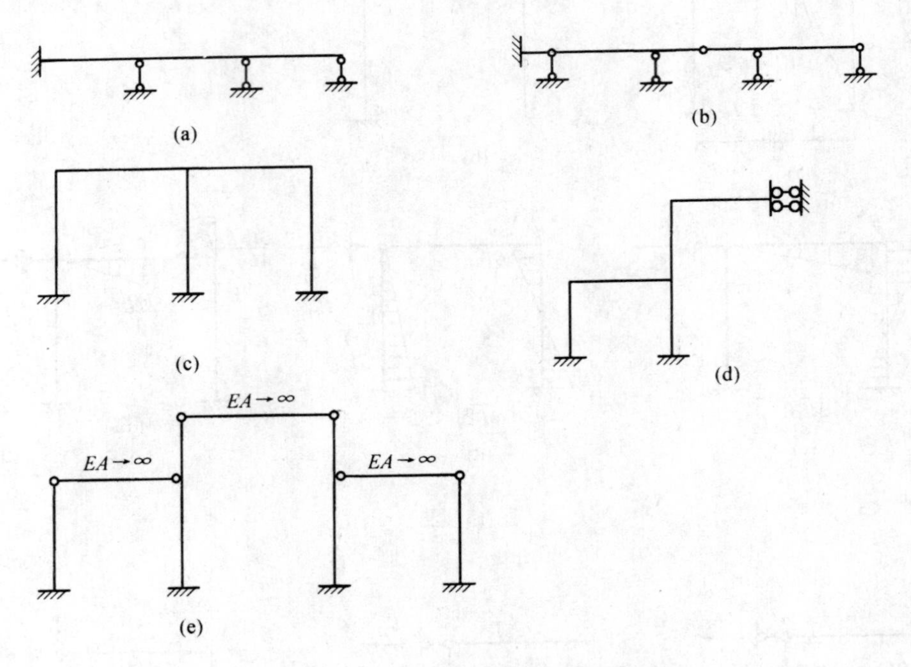


题 15－1 图

15－2. 试用位移计算图示连续梁并绘出弯矩图。

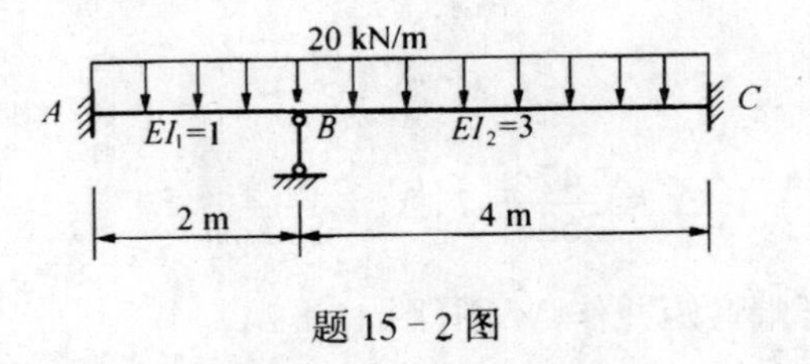


题 15－2 图

15－3. 用位移法计算图示刚架并绘出 $M$ 图。

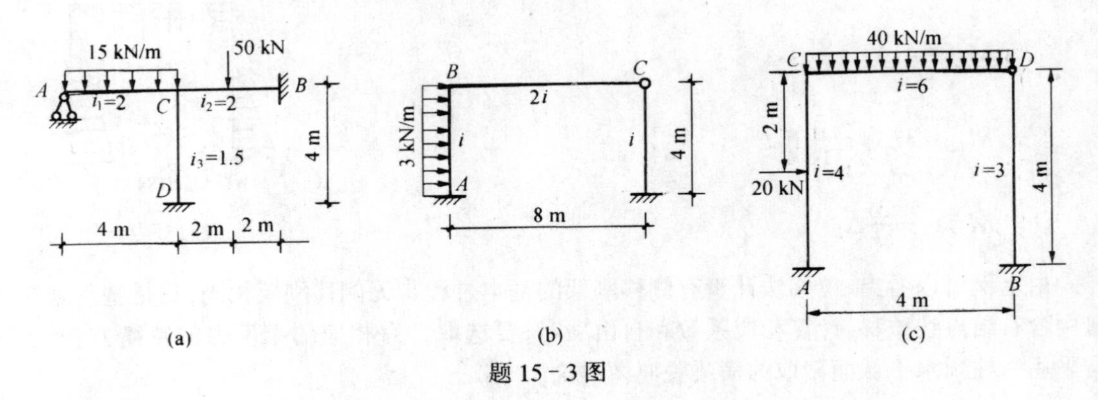


题 15－3 图

答：(b) $M_{AB} = -13.62\ \text{kN·m}$

$M_{BA} = -4.42\ \text{kN·m}$

$M_{DC} = -5.69\ \text{kN·m}$

(c) $M_{AC} = -34.4\ \text{kN·m}$

$M_{CA} = 14.7\ \text{kN·m}$

$M_{BD} = -20.1\ \text{kN·m}$

15－4. 用位移法计算图示结构并绘出 $M$ 图。

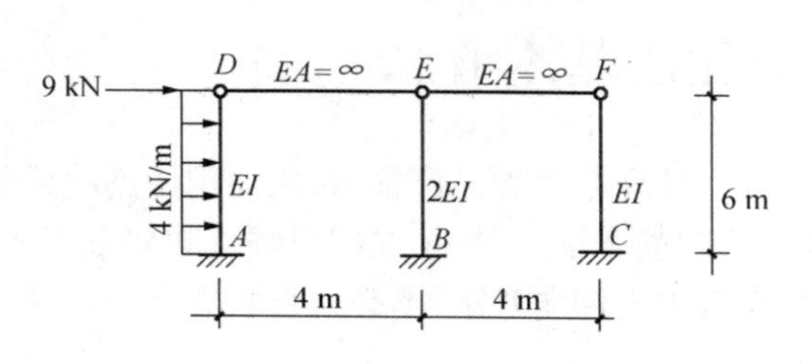


题 15－4 图

答：$M_{AD} = -45\ \text{kN·m}$

$M_{BE} = -54\ \text{kN·m}$

$M_{CF} = -27\ \text{kN·m}$

15－5　用位移法计算图示结构并绘 $M$ 图（注意对称性的利用）。

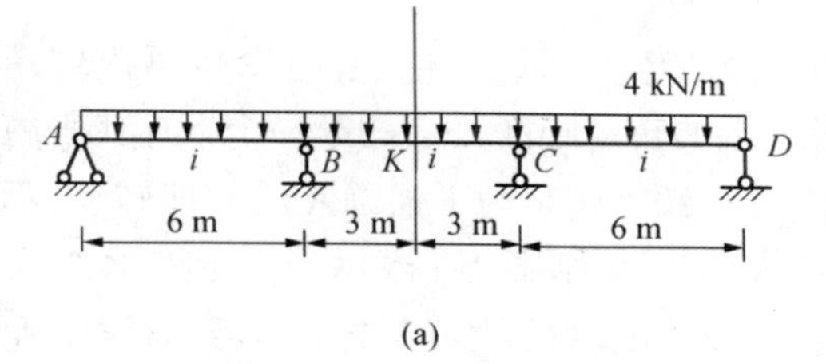


(a)

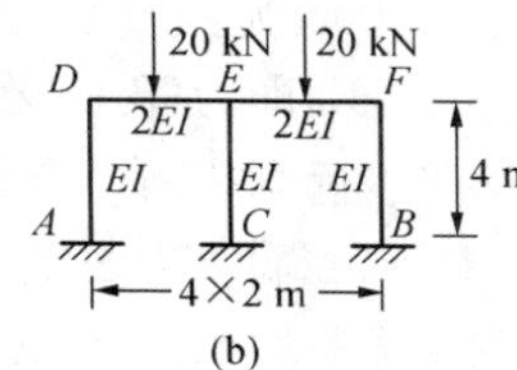


(b)

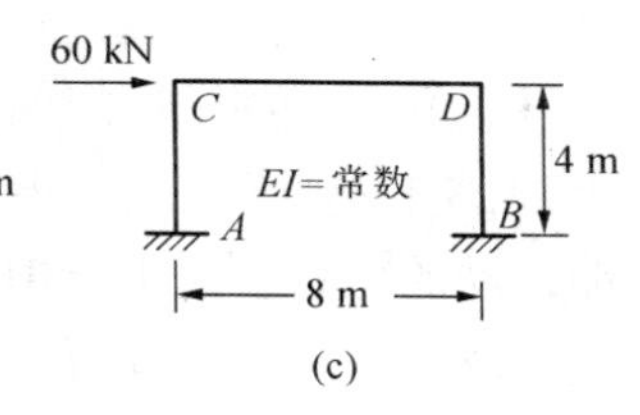


(c)

题 15－5 图

答：(a) $M_{BA} = 14.4\ \text{kN·m}$

$M_{KB} = -3.6\ \text{kN·m}$

(b) $M_{AD} = 1.67\ \text{kN·m}$

$M_{DA} = 3.33\ \text{kN·m}$

(c) $M_{AC} = -75\ \text{kN·m}$

$M_{CD} = 45\ \text{kN·m}$

# 第十六章

# 力矩分配法

## 第一节　力矩分配法基本概念

力矩分配法属于超静定结构的一种渐近解法，其理论基础是位移法，较适用于连续梁的计算和无侧移的刚架计算。用位移法或力法计算超静定结构时，往往需要解算联立方程，而采用力矩分配法则可以采用逐次渐近的算法，直接求出杆端弯矩，不必解算联立方程。

下面介绍力矩分配法中使用的几个名词。

1. 转动刚度

转动刚度表示杆端对转动的抵抗能力。杆端的转动刚度以 $S$ 表示，$S$ 在数值上等于使杆端产生单位转角时需要施加的力矩。

图 16-1a 所示杆件 $AB$，$A$ 端为铰支承，$B$ 端为固定支承，今使 $A$ 端发生单位转角 $\varphi_A=1$，在 $A$ 端需施加力矩 $S_{AB}$，$S_{AB}$ 即为杆 $AB$ 在 $A$ 端的转动刚度，$S_{AB}$ 的第一个下标代表施力端，又称近端，第二个下标代表远端。图中 $A$ 端画成铰支座是为了强调 $A$ 端只能转动，不能移动的特点。图 16-1b 中将 $A$ 端改为固定支承，其转动刚度 $S_{AB}$ 表示当固定支承 $A$ 发生单位转角 $\varphi_A=1$ 时需在 $A$ 端施加的力矩 $M_{AB}$。转动刚度的数值与杆件本身的线刚度 $i=\dfrac{EI}{l}$ 有关，还与杆件远端的支承情况有关，图 16-1a 和图 16-1b 中远端 $B$ 均为固定支承，故两种情形下的转动刚度 $S_{AB}$ 相同，均为 $4i$。

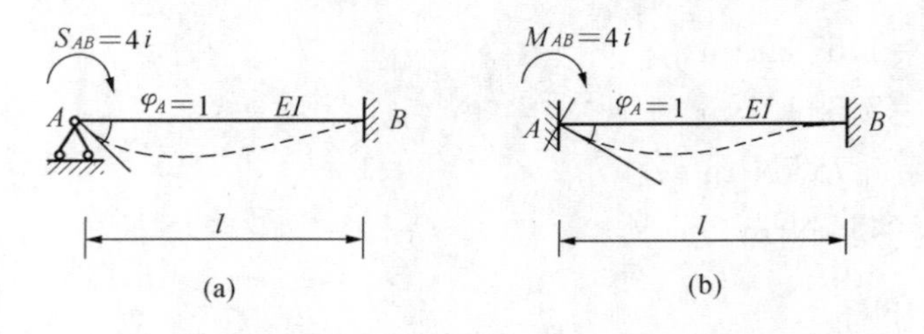


图 16-1

对于远端不同支承情形，转动刚度可由位移法中杆端弯矩公式导出如图 16-2 所示。

2. 分配系数 $\mu$

图 16-3a 所示刚架由杆 $BA$，$AD$ 与 $AC$ 在 $A$ 点刚结而成，外力偶 $M$ 作用于结点 $A$，使结点 $A$ 发生转角 $\varphi_A$，各杆发生图中虚线所示的变形。由刚结点的特点，各杆 $A$ 端均发生转角 $\varphi_A$。现将结点 $A$ 取作隔离体，由平衡条件，有

$$M = M_{AB} + M_{AC} + M_{AD}$$

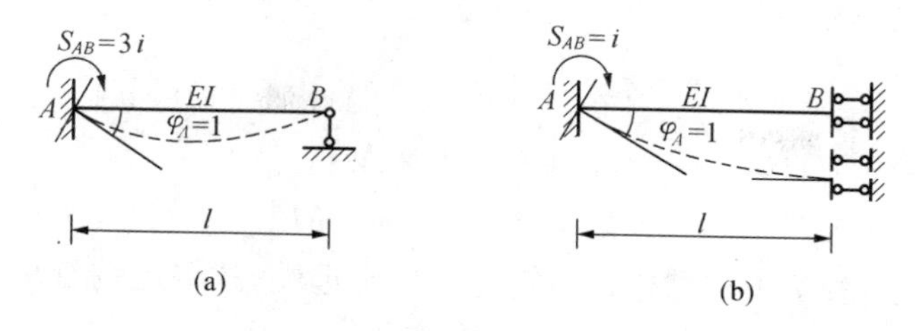


图 16-2

又由各杆转动刚度定义，当 $\varphi_A=1$ 时，近端弯矩分别为 $4i_{AB}$，$3i_{AC}$ 和 $i_{AD}$，则

$$\begin{cases} M_{AB} = 4i_{AB}\varphi_A \\ M_{AC} = 3i_{AC}\varphi_A \\ M_{AD} = i_{AD}\varphi_A \end{cases}$$

$$M = \varphi_A(4i_{AB} + 3i_{AC} + i_{AD}) = (S_{AB} + S_{AC} + S_{AD})\varphi_A$$

$$\varphi_A = \frac{M}{\sum S_{Ai}} \qquad (i = B, C, D)$$

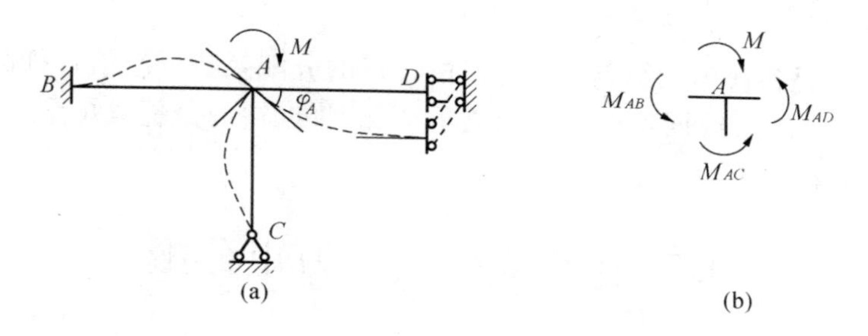


图 16-3

式中 $\sum S_{Ai}$ 表示交于结点 $A$ 的各杆 $A$ 端转动刚度之和。则各杆端弯矩

$$\begin{cases} M_{AB} = S_{AB}\varphi_A = \dfrac{S_{AB}}{\sum S_{Ai}}M = \mu_{AB}M \\ M_{AC} = S_{AC}\varphi_A = \dfrac{S_{AC}}{\sum S_{Ai}}M = \mu_{AC}M \\ M_{AD} = S_{AD}\varphi_A = \dfrac{S_{AD}}{\sum S_{Ai}}M = \mu_{AD}M \end{cases}$$

其中 $\mu_{AB}$，$\mu_{AC}$，$\mu_{AD}$ 即为 $A$ 点处各杆近端弯矩的分配系数，且同一结点各杆分配系数之和为 1，即 $\mu_{AB}+\mu_{AC}+\mu_{AD}=1$

注意到 $M$ 为作用于结点 $A$ 的外力矩，该力矩 $M$ 按各杆 $A$ 端转动刚度的比例分配给各杆的 $A$ 端（近端），故称各杆的 $A$ 端弯矩为分配弯矩，$\mu$ 为力矩分配系数，上述计算近端弯矩的过程称为力矩分配。

3. 传递弯矩和传递系数

前面讨论了在外力矩 $M$ 作用下，杆 $AB$、$AC$、$AD$ 的近端弯矩和力矩分配系数。同时，

杆 $AB$、$AC$ 和 $AD$ 的远端也产生弯矩，其数值为：

$$\begin{cases} M_{BA} = 2i_{AB}\varphi_A = \dfrac{1}{2}M_{AB} \\ M_{CA} = 0 = 0 \times M_{AC} \\ M_{DA} = -i_{AD}\varphi_A = -M_{AD} \end{cases}$$

上述远端弯矩，可视为近端弯矩按一定比例传至远端，故将远端弯矩称为传递弯矩，并将远端的传递弯矩与近端分配弯矩之比称为传递系数 $C$，即

$$\begin{cases} C_{AB} = \dfrac{M_{BA}}{M_{AB}} = \dfrac{1}{2} \\ C_{AC} = \dfrac{M_{CA}}{M_{AC}} = 0 \\ C_{AD} = \dfrac{M_{DA}}{M_{AD}} = -1 \end{cases}$$

则传递弯矩

$$M_{jA} = C_{Aj}M_{Aj} \qquad (j = B, C, D)$$

对于等截面直杆，传递系数随远端支承情况而定，当远端分别为固定支座、铰支座和定向支座时，其传递系数 $C$ 分别为$\dfrac{1}{2}$、0 和 −1。

力矩分配法即是将作用于结点的外力矩按各杆的分配系数分配给各杆的近端，得到各杆近端的分配弯矩；然后根据各杆远端的支承情况，将近端的分配弯矩乘以相应的传递系数，得到远端的传递弯矩。

## 第二节　单结点的力矩分配

1. 单结点力矩分配步骤

对于只具有一个刚结点的连续梁或无侧移刚架，当杆件上承受荷载时，可以用力矩分配法直接计算杆端弯矩。对于图 16－4a 所示的两跨连续梁，$B$ 为刚结点，计算步骤如下：

(1)先在结点 $B$ 加一个阻止转动的约束，然后再加荷载 $F_P$，此时梁只有 $AB$ 跨产生变形如图 16－4b 所示，$BC$ 跨无变形，其杆端力矩为零。考虑结点 $B$ 的平衡：结点 $B$ 的约束力矩 $M_B = M_{BA}^F + M_{BC}^F = M_{BA}^F$，即约束力矩等于固端弯矩之和，约束力矩以绕结点顺时针转向为正。

(2)连续梁本来在结点 $B$ 处并没有约束，亦无约束力矩 $M_B$。因此，放松结点 $B$ 处的约束，使梁恢复到图 16－4a 的原来状态，此时约束力矩 $M_B$ 回复到零，这相当于在图 16－4b 的基础上新加一个反向的约束力矩（$-M_B$），该力偶荷载使梁产生新的变形如图 16－4c 中所示。此时，由于 $-M_B$ 的作用使 $B$ 点处各杆近端产生新的分配力矩 $M'_{BA}$ 和 $M'_{BC}$，远端产生传递力矩 $M'_{AB}$（$M'_{CB}=0$）。

(3)将图 16－4b、c 两种情况叠加，就得到结构原来的情形（图 16－4a），则图 16－4a 中杆端弯矩亦可由图 16－4b、c 中相应的杆端弯矩叠加而成，如 $M_{BA} = M_{BA}^F + M'_{BA}$ 等。

2. 算　例

下面通过例题说明力矩分配法的具体应用。

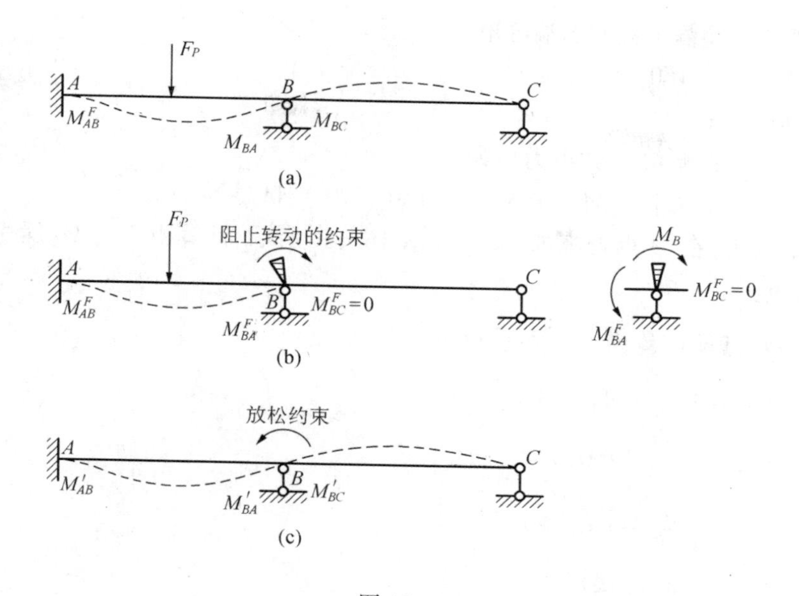


图 16-4

例 16-1.试用力矩分配法作图 16-5a 所示连续梁的弯矩图。

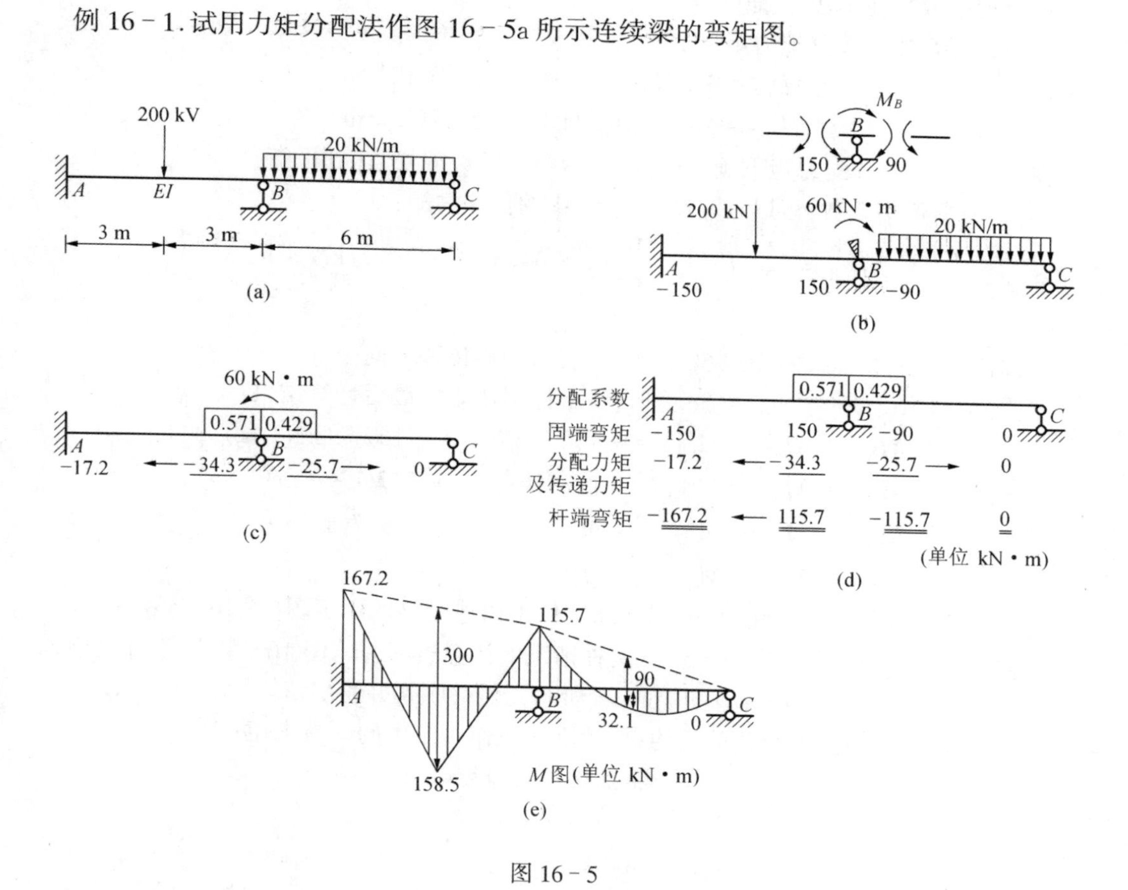


图 16-5

解:(1)在 $B$ 点加上限制转动的约束,得到图 16-5b 所示的梁,计算荷载作用产生的固

端弯矩(可参考单跨超静定梁的固端弯矩):

$M_{AB}^F = -M_{BA}^F = -150\ \text{kN}\cdot\text{m}$

$M_{BC}^F = -90\ \text{kN}\cdot\text{m}$

考虑结点 $B$ 的平衡条件,约束力矩为

$$M_B = M_{BA}^F + M_{BC}^F = 150 - 90 = 60(\text{kN}\cdot\text{m})$$

(2)放松结点 $B$,在 $B$ 点处施加 $-M_B$ 如图 16-5c 所示,计算由于 $-M_B$ 所引起的分配力矩和传递力矩:

杆 $AB$ 与 $BC$ 线刚度均为 $i=\dfrac{EI}{l}, l=6\ \text{m}$

转动刚度:$S_{BA}=4i \qquad S_{BC}=3i$

分配系数:$\mu_{BA}=\dfrac{4i}{4i+3i}=0.571$

$$\mu_{BC}=\frac{3i}{4i+3i}=0.429$$

(校核:$\mu_{BA}+\mu_{BC}=1$,无误)

将分配系数写在 $B$ 点上面的方框内。

按照分配系数计算分配力矩:

$$M'_{BA}=0.571\times(-60)=-34.3(\text{kN}\cdot\text{m})$$

$$M'_{BC}=0.429\times(-60)=-25.7(\text{kN}\cdot\text{m})$$

在图 16-5c 中分配力矩下画一横线,表示结点已经放松,达到平衡。

同样,依据传递系数,可以求出图 16-5c 中的传递力矩:

$$M'_{AB} = \frac{1}{2}M'_{BA} = \frac{1}{2}\times(-34.3) = -17.2(\text{kN}\cdot\text{m})$$

$$M'_{CB} = 0$$

上述传递力矩亦标入图 16-5c 中,箭头表示力矩传递方向。

(3)叠加图 16-5b 与图 16-5c 情形,得出杆端弯矩的最后计算结果:

$$M_{AB} = M_{AB}^F + M'_{AB} = -150 - 17.2 = -167.2(\text{kN}\cdot\text{m})$$

$$M_{BA} = M_{BA}^F + M'_{BA} = 150 - 34.3 = 115.7(\text{kN}\cdot\text{m})$$

$$M_{BC} = M_{BC}^F + M'_{BC} = -90 - 25.7 = -115.7(\text{kN}\cdot\text{m})$$

$$M_{CB} = M_{CB}^F + M'_{CB} = 0$$

由上述杆端弯矩的最后结果,采用叠加法作出该连续梁的弯矩图(图 16-5e)。

实际计算中,亦可以将图 16-5b、c 两种情况的计算过程并入图 16-5d 所示计算格式。

例 16-2.用力矩分配法计算图 16-6a 所示无侧移刚架并绘出弯矩图。

解:(1)在 $D$ 点加上限制转动的约束,计算荷载作用产生的固端力矩:

$$M_{DA}^F = -M_{AD}^F = 40\ \text{kN}\cdot\text{m}$$

$$M_{DC}^F = -90\ \text{kN}\cdot\text{m}$$

$$M_{CD}^F = -30\ \text{kN}\cdot\text{m}$$

$$M_{DB}^F = M_{BD}^F = 0$$

再由结点 $D$ 的平衡条件,得出约束力矩

$$M_D = 40 - 90 = -50(\text{kN} \cdot \text{m})$$

(2)放松结点 $D$,在 $D$ 处施加外力矩 $-M_D$,计算由于 $-M_D$ 所引起的分配力矩和传递力矩:

杆 $DA$、$DB$、$DC$ 的线刚度分别为$\frac{EI}{4}$,$\frac{EI}{4}$和$\frac{2EI}{4}$令 $i=\frac{EI}{l}$,$l=4$ m,则三杆线刚度分别为 $i$,$i$ 和 $2i$。

转动刚度:$S_{DA}=4i$,$S_{DB}=4i$,$S_{DC}=2i$

分配系数:$\mu_{DA}=\frac{4i}{4i+4i+2i}=0.40=\mu_{DB}$

$$\mu_{DC}=\frac{2i}{4i+4i+2i}=0.20$$

(校核:$\mu_{DA}+\mu_{DB}+\mu_{DC}=1$,无误)

将分配系数写在 $D$ 点上面的方框内。

按照分配系数计算分配力矩:

$$M'_{DA} = M'_{DB} = 0.40 \times 50 = 20(\text{kN} \cdot \text{m})$$

$$M'_{DC} = 0.20 \times 50 = 10(\text{kN} \cdot \text{m})$$

同样,依据传递系数,可以求出各杆远端的传递力矩:

注意到结点 $A$、$B$ 为固定支承,$C$ 点为定向支承,传递系数为

$$C_{DA}=C_{DB}=\frac{1}{2} \qquad C_{DC}=-1$$

$$M'_{AD}=\frac{1}{2}M'_{DA}=10\ \text{kN}\cdot\text{m}$$

$$M'_{BD}=\frac{1}{2}M'_{DB}=10\ \text{kN}\cdot\text{m}$$

$$M'_{CD}=-M'_{DC}=-10\ \text{kN}\cdot\text{m}$$

(3)由叠加法作出弯矩图

$$\left.\begin{array}{ll}\text{杆近端弯矩} & M_{Di} = M_{Di}^F + M'_{Di} \\ \text{远端弯矩} & M_{iD} = M_{iD}^F + M'_{iD}\end{array}\right. \quad (i = A,B,C)$$

即

$$M_{DA}=40+20=60(\text{kN}\cdot\text{m})$$

$$M_{AD}=-40+10=-30(\text{kN}\cdot\text{m})$$

$$M_{DB}=0+20=20(\text{kN}\cdot\text{m})$$

$$M_{BD}=0+10=10(\text{kN}\cdot\text{m})$$

$$M_{DC}=-90+10=-80(\text{kN}\cdot\text{m})$$

$$M_{CD}=-30-10=-40(\text{kN}\cdot\text{m})$$

根据上述杆端弯矩值,绘出弯矩图(图 16-6b)。图 16-6c 为计算过程草图。

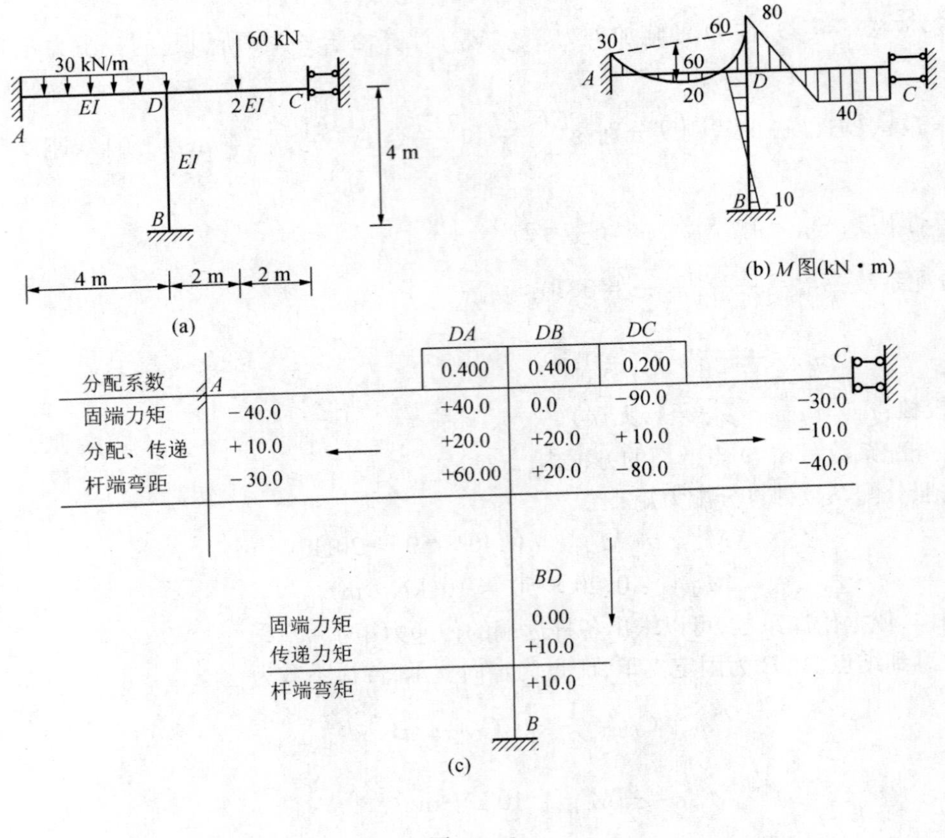


图 16-6

## 第三节　多结点的力矩分配

对于具有多个结点的连续梁和无侧移刚架，只要逐次对每一结点应用上节的基本运算，即可求出杆端弯矩。

1.多结点力矩分配过程

图 16-7a 所示三跨连续梁 $ABCD$ 在 $BC$ 跨中承受荷载，其变形曲线如图中虚线所示。

(1)先在结点 $B$ 和 $C$ 加约束阻止结点转动，然后再加荷载。此时，约束将梁分成三个单跨梁，仅 $BC$ 跨有变形，如图 16-7b 所示。

(2)放松 $B$ 点($C$ 点约束不动)，结点 $B$ 发生转动，累加的总变形如图 16-7c 所示。

(3)重新将 $B$ 点夹紧，使其不可转动，然后放松 $C$ 点，结点 $C$ 发生转动，累加的总变形如图 16-7d 所示。可以看出，此时的变形曲线已较为接近实际变形。

依次重复(2)、(3)运算，即轮流放松结点 $B$ 和结点 $C$ 的约束，使连续梁的变形和内力逐步趋向于真实解。由于每次只放松一个结点，故每一步骤的计算均为单结点的力矩分配和传递运算，将上述过程进行 2～3 个循环，通常即可得到具有满意精度的解答。

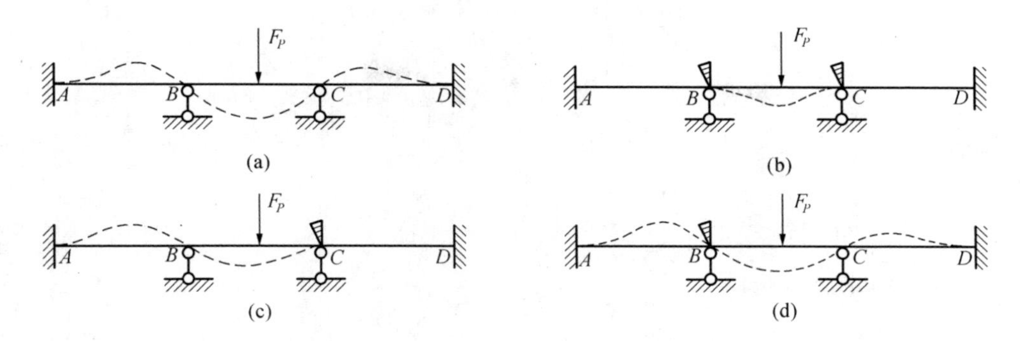


图 16－7

2.算　例

例 16－3.试作图 16－8a 中连续梁的弯矩图。

解:该连续梁有两个结点 $B$ 和 $C$,运算中需对该两结点施加约束并轮流放松,计算出相应的分配力矩,最后达到使结点约束力矩趋向于零,从而求出原结构的实际内力。具体计算可分为以下几步:

(1)求结点 $B$ 和结点 $C$ 的分配系数:

结点 $B$ 转动刚度

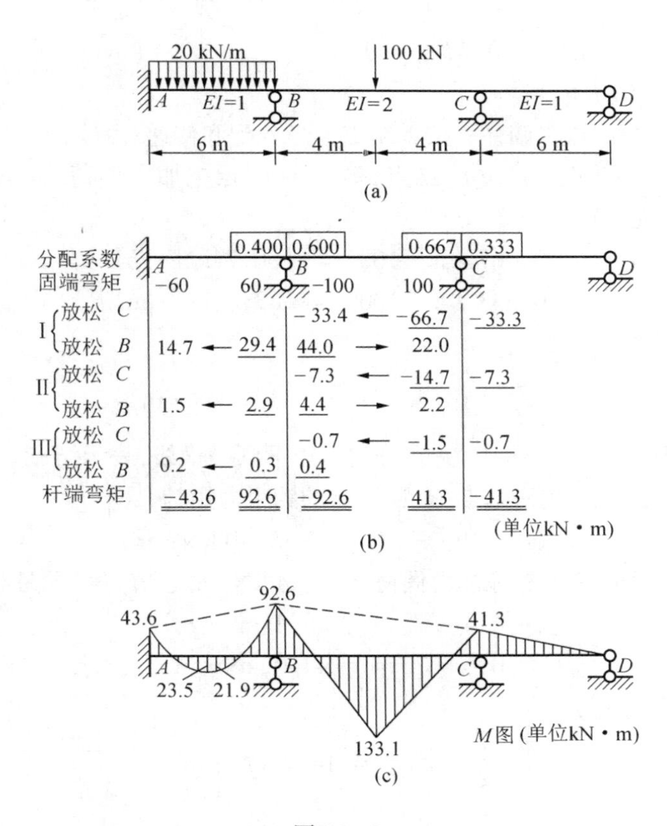


图 16－8

$$S_{BA}=4i_{BA}=4\times\frac{1}{6}=0.667$$

$$S_{BC}=4i_{BC}=4\times\frac{2}{8}=1$$

分配系数 $\mu_{BA}=\frac{0.667}{0.667+1}=0.4$

$$\mu_{BC}=\frac{1}{0.667+1}=0.6$$

结点 $C$ 转动刚度

$$S_{CB}=4i_{BC}=4\times\frac{2}{8}=1 \qquad S_{CD}=3i_{CD}=3\times\frac{1}{6}=0.5$$

分配系数 $\mu_{CB}=\frac{1}{1+0.5}=0.667 \qquad \mu_{CD}=\frac{0.5}{1+0.5}=0.333$

分配系数写入图 16－8b 中结点上端方框内。

(2)锁住结点 $B$ 和结点 $C$,则 $AB$ 和 $BC$ 为两端固支梁,$CD$ 为一端固支一端铰支梁。计算各杆固端弯矩:

$$M_{AB}^{F}=-\frac{ql^2}{12}=-60.0(\text{kN}\cdot\text{m})=-M_{BA}^{F}$$

$$M_{BC}^{F}=-\frac{F_{P}l}{8}=-100.0(\text{kN}\cdot\text{m})=-M_{CB}^{F}$$

$$M_{CD}^{F}=0, M_{DC}^{F}=0$$

固端弯矩记入图 16－8b 中。

(3)放松结点 $C$($B$ 点仍锁住),按单结点力矩分配和传递:由(2)中 $C$ 结点平衡知,$C$ 结点的约束力矩为 100 kN·m,放松 $C$ 结点,等于在 $C$ 点施加力偶荷载(－100 kN·m),$CB$、$CD$ 两杆相应的分配力矩为

$$0.667\times(-100)=-66.7(\text{kN}\cdot\text{m})$$
$$0.333\times(-100)=-33.3(\text{kN}\cdot\text{m})$$

杆 $BC$ 的传递力矩为

$$\frac{1}{2}\times(-66.7)=-33.4(\text{kN}\cdot\text{m})$$

将上述结果记入图 16－8b 中,并在分配力矩下画一横线,表示结点 $C$ 已经平衡。

(4)重新锁住结点 $C$,放松结点 $B$,$B$ 结点的约束力矩为:

$$60-100-33.4=-73.4(\text{kN}\cdot\text{m})$$

放松 $B$ 结点,等于在 $B$ 点施加力偶荷载(73.4 kN·m),$BA$、$BC$ 两杆相应的分配力矩为

$$0.4\times73.4=29.4(\text{kN}\cdot\text{m})$$
$$0.6\times73.4=44.0(\text{kN}\cdot\text{m})$$

杆 $BA$、$BC$ 的传递力矩为

$$\frac{1}{2}\times29.4=14.7(\text{kN}\cdot\text{m})$$

$$\frac{1}{2}\times44.0=22.0(\text{kN}\cdot\text{m})$$

将上述结果记入图 16－8b 中，此时结点 $B$ 已经平衡，但结点 $C$ 又不平衡了。以上为力矩分配的第一个循环。

(5)进行第二个循环：

放松结点 $C$，等于在 $C$ 点施加新的力偶荷载(－22 kN·m)，依分配系数和传递系数计算分配力矩和传递力矩，记入图 16－8b 中；

锁住 $C$ 点，放松结点 $B$，等于在 $B$ 点施加新的力偶荷载(7.3 kN·m)，分配力矩与传递力矩记入图 16－8b 中。

此时结点 $B$ 已获力矩平衡，但结点 $C$ 又不平衡了。

(6)进行第三个循环：

依次放松结点 $C$ 与结点 $B$，重复上述计算过程，相应结点 $C$ 与结点 $B$ 的约束力矩分别为 2.2 kN·m 和－0.7 kN·m。

第三次循环完成后，结点 $B$ 获得平衡，约束力矩为零，而结点 $C$ 的约束力矩也趋向于零，结构恢复到实际状态。

(7)计算实际结构的杆端弯矩：

杆端弯矩等于固端弯矩、历次分配力矩和传递力矩的代数和(图 16－8b 中末行)。

(8)根据杆端弯矩的计算结果，作出结构的弯矩图(图 16－8c)。

由上例可以看出，力矩分配法计算多结点连续梁或无侧移刚架时，采用的是先锁住再分别放松的方法，即将原结构先“锁定”为若干个单跨梁，再依次放松其中某个结点(即在该结点施加反向的约束力矩)，按单结点力矩分配与传递。由于分配系数和传递系数均小于 1，所以结点约束力矩的衰减很快，通常 2～3 次循环后即可基本达到各结点的平衡(约束力矩近似于零)。

例 16－4. 试用力矩分配法计算图 16－9a 无侧移刚架并作内力图，各杆线刚度 $i=\dfrac{EI}{l}$ 等于常数。

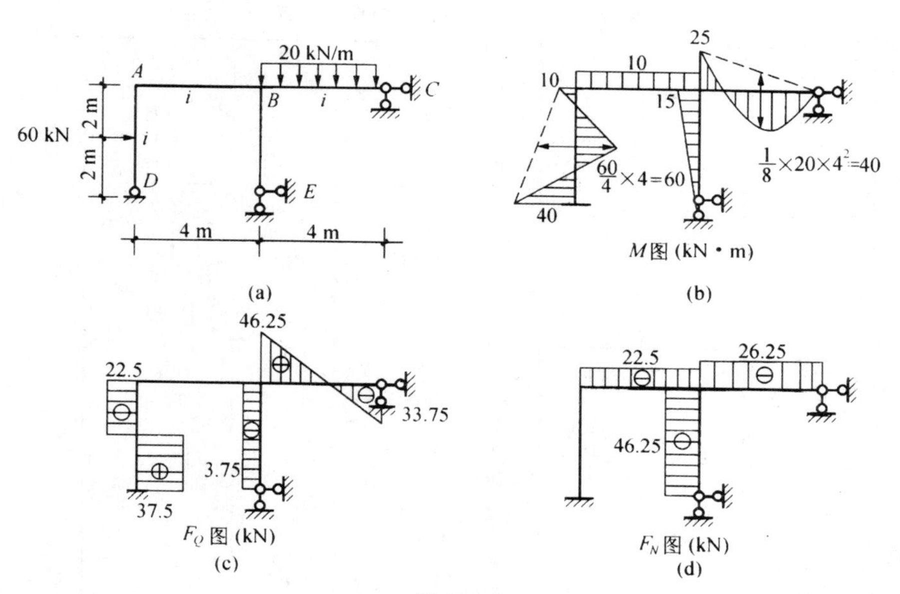


图 16－9

解：该刚架有 $A$、$B$ 两个结点。

(1)分配系数

结点 $A$ 转动刚度

$$S_{AD} = S_{AB} = 4i$$

分配系数

$$\mu_{AD} = \frac{4i}{4i + 4i} = \frac{1}{2}$$

$$\mu_{AB} = \frac{4i}{4i + 4i} = \frac{1}{2}$$

结点 $B$ 转动刚度

$$S_{BA} = 4i \qquad S_{BE} = S_{BC} = 3i$$

分配系数

$$\mu_{BA} = \frac{4i}{4i + 3i + 3i} = 0.4$$

$$\mu_{BE} = \mu_{BC} = \frac{3i}{4i + 3i + 3i} = 0.3$$

(3)锁住结点 $A$ 和结点 $B$，计算固端弯矩

$$M_{AD}^{F} = -M_{DA}^{F} = \frac{1}{8} \times 60 \times 4 = 30(\text{kN} \cdot \text{m})$$

$$M_{BC}^{F} = -\frac{1}{8} \times 20 \times 4^{2} = -40(\text{kN} \cdot \text{m})$$

$$M_{BE}^{F} = 0$$

(3)按照先放松 $B$ 点(锁住 $A$ 点)，再放松 $A$ 点(锁住 $B$ 点)的次序分别计算分配力矩和传递力矩，循环三次后，$B$、$A$ 点达到平衡(表 16－1)。

**表 16－1　例 16－4 杆端弯矩的计算**

| 结点 | $D$ | $A$ | | $B$ | | | $C$ | $E$ |
|---|---|---|---|---|---|---|---|---|
| 杆端 | $DA$ | $AD$ | $AB$ | $BA$ | $BE$ | $BC$ | $CB$ | $EB$ |
| $\mu$ | | 0.5 | 0.5 | 0.4 | 0.3 | 0.3 | | |
| $M^F$ | −30 | +30 | 0 | 0 | 0 | −40 | 0 | 0 |
| $B$ 分、传 | | | +8 | +16.0 | +12.0 | +12.0 | | |
| $A$ 分、传 | −9.5 | −19.0 | −19.0 | −9.5 | | | | |
| $B$ 分、传 | | | +1.9 | +3.8 | +2.9 | +2.8 | | |
| $A$ 分、传 | −0.5 | −1.0 | −0.9 | −.5 | | | | |
| $B$ 分、传 | | | +0.1 | +0.2 | +0.1 | +.2 | | |
| $A$ 分、传 | | −0.0 | −0.1 | | | | | |
| $M$ | −40.0 | +10.0 | −10.0 | +10.0 | +15.0 | −25.0 | 0 | 0 |

(4)叠加法计算杆端弯矩,列入表 16-1 中末行。

(5)作内力图。

$M$ 图可依已求出的杆端弯矩作出(图 16-9b);

杆端剪力可由杆端弯矩通过各杆平衡方程求出,从而作出 $F_Q$ 图(图 16-9c);

杆端轴力可由杆端剪力通过各结点平衡方程求出,从而作出 $F_N$ 图(图 16-9d)。

当结构为对称结构时,作用于结构上的任意荷载总可以分解为对称荷载和反对称荷载两种情形的叠加,因而在内力计算时可以取相应的半结构进行计算,最后内力图由两种情形的内力结果叠加。

力矩分配法适宜于直接计算多跨连续梁和无侧移刚架。有侧移刚架的杆端弯矩可以通过另一种全量渐近的力矩迭代法计算(可参考有关《结构力学》教材)。

## 习　　题

16-1. 试用力矩分配法计算图示两跨连续梁并绘出弯矩图。

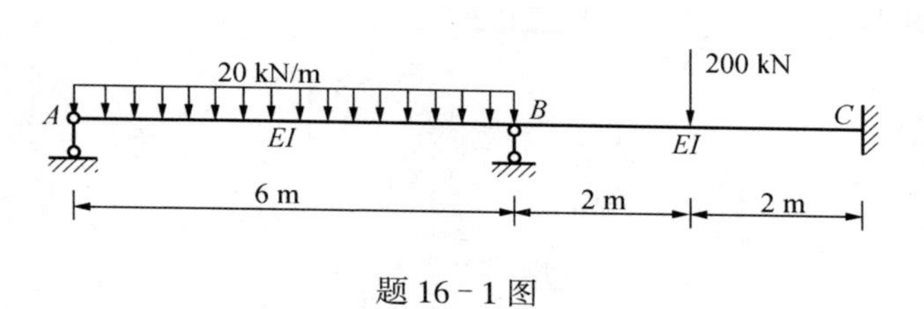


答: $M_{BA}=93.33\ \text{kN}\cdot\text{m}=-M_{BC}$

$M_{CB}=103.33\ \text{kN}\cdot\text{m}$

题 16-1 图

16-2. 试用力矩分配法计算图示连续梁,作出弯矩图和剪力图,并求出支座 $B$ 的反力。

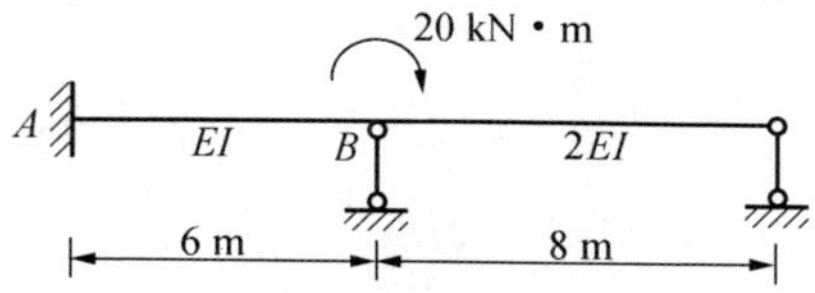

答: $M_{AB}=4.71\ \text{kN}\cdot\text{m}$　$M_{BC}=10.59\ \text{kN}\cdot\text{m}$

$F_{QAB}=-2.35\ \text{kN}$　$F_{QBC}=-1.32\text{kN}$

$R_B=1.03\ \text{kN}(\uparrow)$

题 16-2 图

16-3. 带悬臂等截面连续梁 $ABCD$ 如图示,试用力矩分配法计算并作弯矩图。

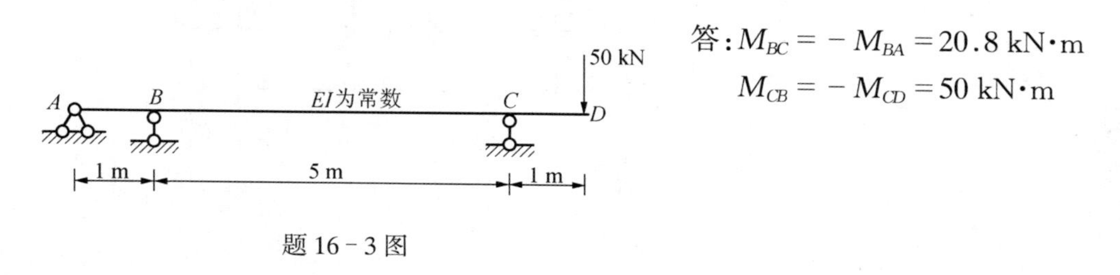


答: $M_{BC}=-M_{BA}=20.8\ \text{kN}\cdot\text{m}$

$M_{CB}=-M_{CD}=50\ \text{kN}\cdot\text{m}$

题 16-3 图

16-4. 用弯矩分配法计算图示刚架并作弯矩图。

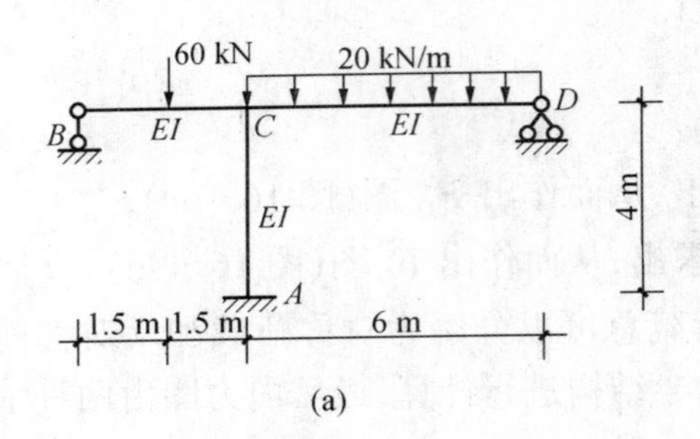


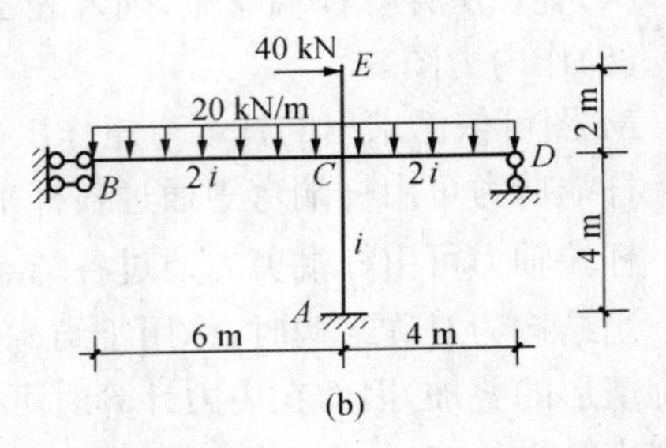


题 16-4 图

答：(a) $M_{CB}=56.25\ \text{kN·m}$　$M_{CD}=-78.75\ \text{kN·m}$　$M_{AC}=11.25\ \text{kN·m}$

(b) $M_{BC}=140\ \text{kN·m}$　$M_{CB}=220\ \text{kN·m}$　$M_{CD}=-100\ \text{kN·m}$

16-5. 作图示结构的弯矩图(注意对称性的利用)。

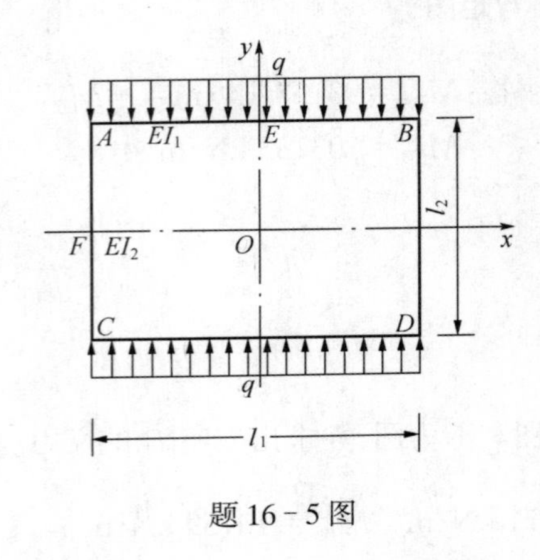


题 16-5 图

答：

$$M_{AF}=-M_{AE}=\frac{ql_1^2}{12}\cdot\frac{i_2}{i_1+i_2},\text{其中 } i_1=\frac{EI_1}{l_1},\quad i_2=\frac{EI_2}{l_2}$$

16-6. 试作图示刚架的 $M$ 图。

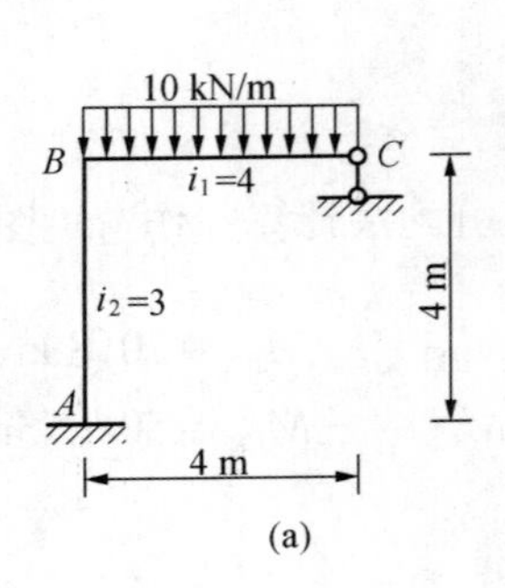


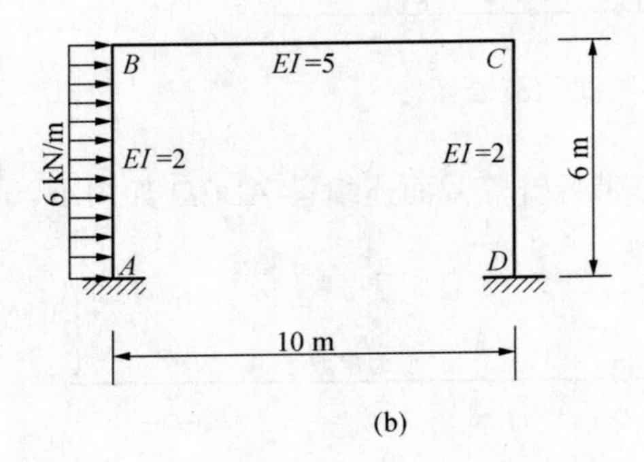


题 16-6 图

答：(a) $M_{BA}=-25.7\ \text{kN·m}$

(b) $M_{BA}=-12.34\ \text{kN·m}, M_{CB}=20.06\ \text{kN·m}$

16－7. 试作图示刚架的弯矩图、剪力图和轴力图。

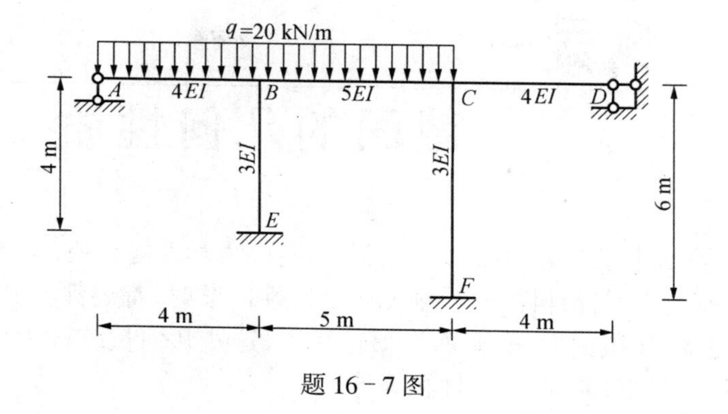


题 16－7 图

答：

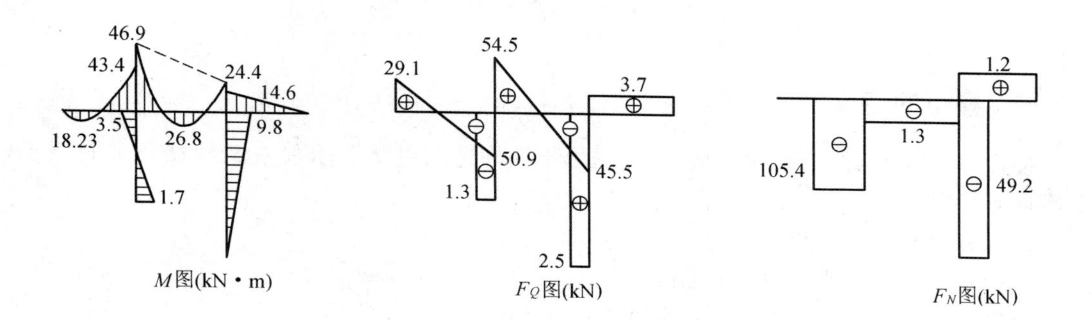

# 附录一 截面的几何性质

各种不同变形形式杆件的承载能力,不仅与材料的力学性能有关,而且与杆件横截面的几何状况有关。因此,在研究杆件强度、刚度和稳定性问题时,都要涉及到一些与截面形状和尺寸有关的几何量,如截面面积、截面极惯性矩等,这些几何量统称为截面的几何性质。几何性质包括:形心、静矩、惯性矩、惯性积等等。

## 第一节 静矩和形心

### 一、静矩的定义

图附 1-1 所示任意形状的截面,在图形平面内选取正交坐标系 $yoz$,取任意微面积 $\mathrm{d}A$ 如图所示,则定义:

微面积 $\mathrm{d}A$ 对 $z$ 轴的静矩为 $y\mathrm{d}A$

微面积 $\mathrm{d}A$ 对 $y$ 轴的静矩为 $z\mathrm{d}A$

对于整个截面而言,截面对 $z$ 轴和 $y$ 轴的静矩可以分别由微面积的静矩积分求出,即同

截面对 $z$ 轴的静矩 $\qquad S_z = \int_A y\mathrm{d}A$

(附 1-1)

截面对 $y$ 轴的静矩 $\qquad S_y = \int_A z\mathrm{d}A$

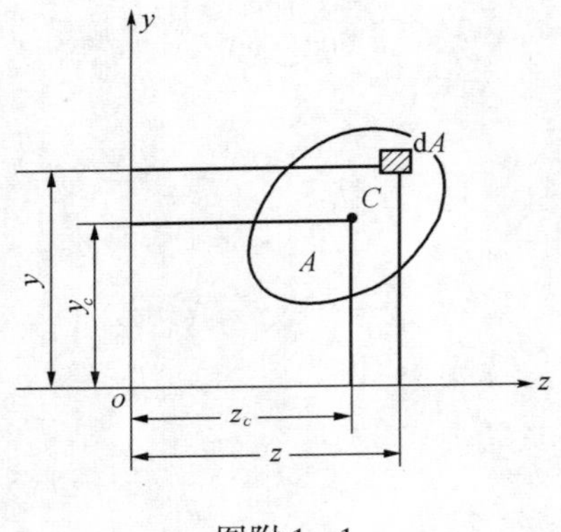

图附 1-1

静矩为一次矩,量纲为[长]$^3$,单位常取为 m$^3$ 或 cm$^3$。由式(附 1-1)可以看出,静矩可能为正,可能为负,也可能为零。

### 二、形心与静矩的关系

根据静力学结论,均质等厚薄板的重心在板平面 $yoz$ 中的坐标为

$$y_c = \frac{\int_A y\mathrm{d}A}{A} \qquad z_c = \frac{\int_A z\mathrm{d}A}{A}$$

对于均质等厚薄板,其形心与重心重合,故上式亦可用来计算平面图形的形心坐标。由静矩定义(附 1-1),得到形心与静矩的关系式

$$y_c = \frac{S_z}{A} \qquad z_c = \frac{S_y}{A} \qquad \text{(附 1-2)}$$

式(附 1－2)可以由静矩确定形心位置,也可由已知的形心位置计算静矩。即

$$S_z = Ay_c \qquad S_y = Az_c \tag{附 1－3}$$

当截面是由几个简单图形(矩形、圆形等)组成时,称为组合截面。组合截面对某轴的静矩等于各简单图形对该轴静矩的代数和。

即
$$S_y = \sum_{i=1}^{n} A_i z_{ci} \qquad S_z = \sum_{i=1}^{n} A_i y_{ci} \tag{附 1－4}$$

组合截面的形心位置也可以由静矩计算,将(附 1－4)代入(附 1－2),得

$$y_c = \frac{\sum_{i=1}^{n} A_i y_{ci}}{A} \qquad z_c = \frac{\sum_{i=1}^{n} A_i z_{ci}}{A} \tag{附 1－5}$$

其中 $A$ 为整个截面的面积。

例附 1－1. 试确定图附 1－2 截面的形心位置。

解:取坐标 $yoz$ 如图中所示,因为 $y$ 为对称轴,所以形心在 $y$ 轴上,即 $z_c = 0$,故只需确定 $y_c$。

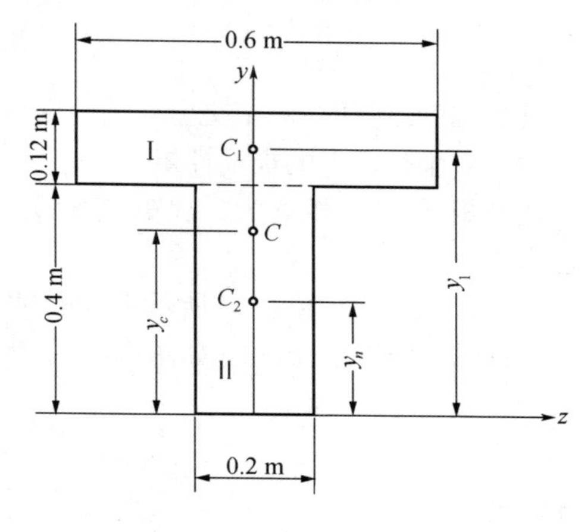


图附 1－2

该截面可视为矩形Ⅰ和矩形Ⅱ组合而成,则可由式(附 1－5)计算 $y_c$,即

$$y_c = \frac{\sum_{i=1}^{2} A_i y_{ci}}{A} = \frac{A_{\text{Ⅰ}} y_{c\text{Ⅰ}} + A_{\text{Ⅱ}} y_{c\text{Ⅱ}}}{A_{\text{Ⅰ}} + A_{\text{Ⅱ}}}$$

$$= \frac{(0.6 \times 0.12) \times (0.4 + \frac{0.12}{2}) + (0.2 \times 0.4) \times (\frac{1}{2} \times 0.4)}{0.6 \times 0.12 + 0.2 \times 0.4}$$

$$= \frac{0.072 \times 0.46 + 0.08 \times 0.2}{0.072 + 0.08} = 0.323(\text{m})$$

## 第二节 惯性矩、极惯性矩、惯性积和惯性半径

### 一、惯性矩和极惯性矩

图附 1－3 所示任意截面,$yoz$ 为图形平面内的正交坐标系,定义:
微面积 $\mathrm{d}A$ 对 $z$ 轴的惯性矩为 $y^2\mathrm{d}A$
微面积 $\mathrm{d}A$ 对 $y$ 轴的惯性矩为 $z^2\mathrm{d}A$
整个截面对 $z$ 轴和 $y$ 轴的惯性矩则分别由微面积的惯性矩积分求出,即

截面对 $z$ 轴的惯性矩 $\quad I_z = \int_A y^2 \mathrm{d}A$

截面对 $y$ 轴的惯性矩 $\quad I_y = \int_A z^2 \mathrm{d}A$ (附 1－6)

同样，定义整个截面对坐标原点的极惯性矩为

$$I_\rho = \int_A \rho^2 \mathrm{d}A \qquad (附1-7)$$

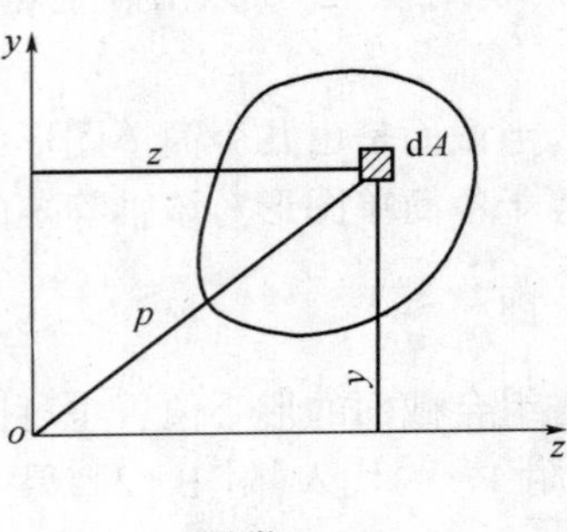

图附1-3

式中 $\rho$ 为微面积 $\mathrm{d}A$ 到坐标原点的距离。

又因为 $\rho^2 = y^2 + z^2$，则 $I_\rho = \int_A \rho^2 \mathrm{d}A$

$$= \int_A (y^2 + z^2)\mathrm{d}A = \int_A y^2 \mathrm{d}A + \int_A z^2 \mathrm{d}A$$

即

$$I_\rho = I_z + I_y$$

可以看出，截面对任一对正交坐标轴的惯性积之和，恒等于该截面对坐标原点的极惯性矩。

惯性矩、极惯性矩均为二次矩，量纲为[长]$^4$，单位常取为 $m^4$ 或 $cm^4$，惯性矩和极惯性矩永远为正。

例附1-2. 求图附1-4所示矩截面对于 $y$、$z$ 的惯性矩。

解：取微面积 $\mathrm{d}A = b\mathrm{d}y$ 如图中所示，由式(附1-6)，得

$$I_z = \int_A y^2 \mathrm{d}A = \int_{-\frac{h}{2}}^{\frac{h}{2}} y^2 b \mathrm{d}y = \frac{bh^3}{12}$$

同理可得

$$I_y = \frac{hb^3}{12}$$

## 二、惯性积

对于图附1-3所示的任意截面，定义 $yz\mathrm{d}A$ 为微面积 $\mathrm{d}A$ 对于坐标轴 $y$、$z$ 的惯性积，则整个截面对 $y$、$z$ 轴的惯性积

$$I_{yz} = \int_A yz \mathrm{d}A \qquad (附1-8)$$

惯性积的量纲为[长]$^4$，单位常取为 $m^4$ 或 $cm^4$，惯性积可正，可负，可为零。

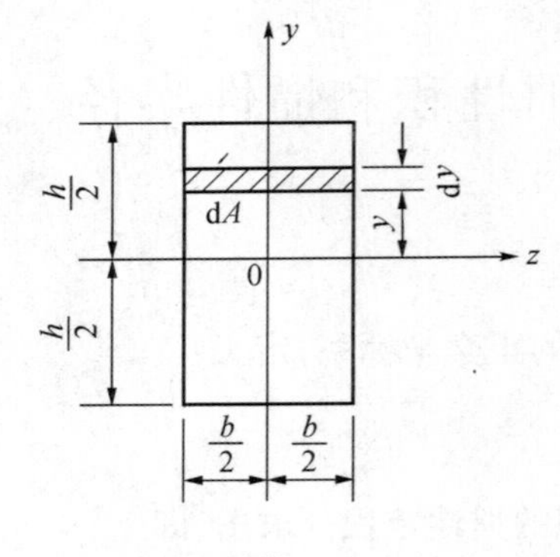

图附1-4

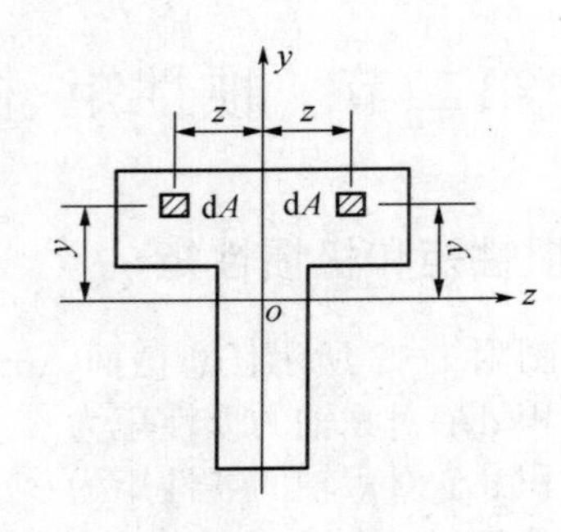

图附1-5

特殊地，当 $y$、$z$ 两轴中有一轴为截面对称轴时，该截面对 $y$、$z$ 轴的惯性积为零。如图附1-5所示截面，$y$ 为对称轴。在 $y$ 轴左右两侧总可以找到位置对称的微面积 $\mathrm{d}A$，它们对

于 $y$、$z$ 轴的惯性积大小相等,符号相反,其和为零。整个截面可以看作全部微面积的总和,故截面对于对称轴的惯性积为零。

## 三、惯性半径

为使用方便,定义:

截面对 $y$ 轴的惯性半径　　$i_y=\sqrt{\dfrac{I_y}{A}}$

截面对 $z$ 轴的惯性半径　　$i_z=\sqrt{\dfrac{I_z}{A}}$　　　　（附 1－9）

其中 $A$ 为截面面积。

惯性半径的量纲为[长],单位为 m,cm 或 mm,其值恒为正。

对于图附 1－4 所示矩形截面,惯性半径为

$$i_y=\sqrt{\frac{I_y}{A}}=\sqrt{\frac{hb^3}{12}\times\frac{1}{bh}}=\frac{b}{2\sqrt{3}}$$

$$i_z=\sqrt{\frac{I_z}{A}}=\sqrt{\frac{bh^3}{12}\times\frac{1}{bh}}=\frac{h}{2\sqrt{3}}$$

表附 1－1 列出了常用简单截面的几何性质。

**表附 1－1　简单截面的几何性质**

| 编号 | 截面形状和形心轴位置 | 面积 $A$ | 惯性矩 | | 惯性半径 | |
|---|---|---|---|---|---|---|
| | | | $I_y$ | $I_z$ | $i_y$ | $i_z$ |
| (1) | 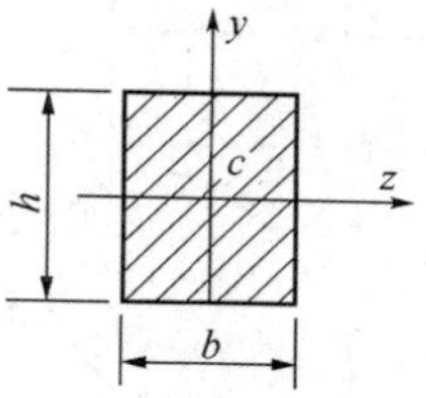 | $bh$ | $\frac{hb^3}{12}$ | $\frac{bh^3}{12}$ | $\frac{b}{2\sqrt{3}}$ | $\frac{h}{2\sqrt{3}}$ |
| (2) | 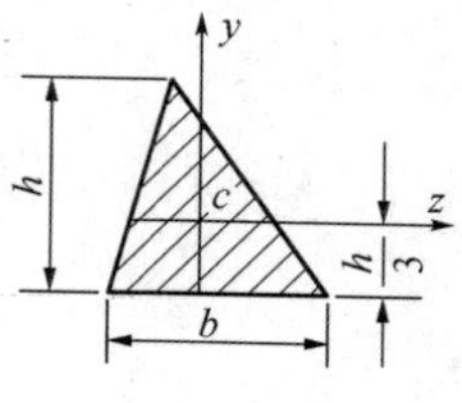 | $\frac{bh}{2}$ | | $\frac{bh^3}{36}$ | | $\frac{h}{3\sqrt{2}}$ |
| (3) | 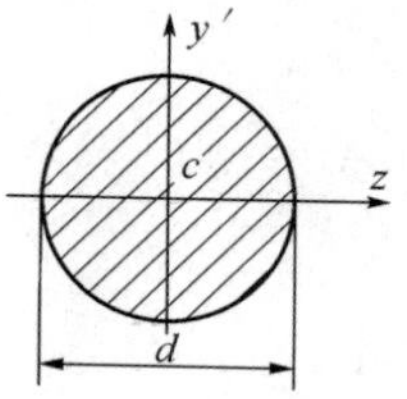 | $\frac{\pi d^2}{4}$ | $\frac{\pi d^4}{64}$ | $\frac{\pi d^4}{64}$ | $\frac{d}{4}$ | $\frac{d}{4}$ |

续表附 1-1

| 编号 | 截面形状和形心轴位置 | 面积 $A$ | 惯性矩 $I_y$ | 惯性矩 $I_z$ | 惯性半径 $i_y$ | 惯性半径 $i_z$ |
|---|---|---|---|---|---|---|
| (4) | $\alpha=\frac{d}{D}$ | $\frac{\pi D^2}{4}(1-\alpha^2)$ | $\frac{\pi D^4}{64}(1-\alpha^4)$ | $\frac{\pi D^4}{64}(1-\alpha^4)$ | $\frac{D}{4}\sqrt{1+\alpha^2}$ | $\frac{D}{4}\sqrt{1+\alpha^2}$ |
| (5) | $\frac{4r}{3\pi}$ | $\frac{\pi r^2}{2}$ | | $\left(\frac{1}{8}-\frac{8}{9\pi^2}\right)\times \pi r^4\approx 0.11r^4$ | | $0.264r$ |

# 第三节　惯性矩和惯性积的平行移轴公式

由前述惯性矩和惯性积的定义可知，同一截面对于不同坐标轴的惯性矩和惯性积是不同的。本节讨论当坐标轴平移时，截面对不同坐标轴惯性矩、惯性积之间的关系。

图附 1-6 所示任意截面，$z$、$y$ 为形心轴，$z_1$、$y_1$ 与 $z$、$y$ 平行。其间距 $a$、$b$ 如图中所示。已知截面对于 $z$、$y$ 轴的惯性矩和惯性积为 $I_z$、$I_y$ 和 $I_{yz}$，则由上述已知条件推出截面对于 $z_1$、$y_1$ 轴的惯性矩和惯性积如下：

图附 1-6

由定义

$$I_{z_1}=\int_A y_1^2\mathrm{d}A$$

$$I_{y_1}=\int_A z_1^2\mathrm{d}A$$

$$I_{y_1z_1}=\int_A y_1z_1\mathrm{d}A$$

将 $y_1=y+a$，$z_1=z+b$ 代入上述表达式，得

$$\begin{aligned}I_{z_1}&=\int_A(y+a)^2\mathrm{d}A\\&=\int_A y^2\mathrm{d}A+2a\int_A y\mathrm{d}A+a^2\int_A\mathrm{d}A\\&=I_z+2aS_z+a^2A\end{aligned}$$

因为 $z$ 为形心轴，故 $S_z=0$，则

$$I_{z_1}=I_z+a^2A$$

同理

$$I_{y_1} = I_y + b^2 A$$

$$\begin{aligned} I_{y_1 z_1} &= \int_A (y + a)(z + b)\mathrm{d}A \\ &= \int_A yz\mathrm{d}A + b\int_A y\mathrm{d}A + a\int_A z\mathrm{d}A + ab\int_A \mathrm{d}A \\ &= I_{yz} + bS_z + aS_y + abA \end{aligned}$$

因为 $y$、$z$ 均为形心轴,故 $S_z = S_y = 0$,得

$$I_{y_1 z_1} = I_{yz} + abA$$

故惯性矩和惯性积的平行移轴公式为

$$\begin{cases} I_{z_1} = I_z + a^2 A \\ I_{y_1} = I_y + b^2 A \\ I_{y_1 z_1} = I_{yz} + abA \end{cases} \quad (附 1-10)$$

由上述平行移轴公式可知,$I_{z_1} > I_z$,$I_{y_1} > I_y$,即截面对于其形心轴的惯性矩 $I_y$、$I_z$ 是截面对于所有平行轴惯性矩中最小者。

式(附 1-10)中,$y$、$z$ 为形心轴,$y_1$、$z_1$ 与 $y$、$z$ 平行,$a$、$b$ 为截面形心在 $y_1$、$z_1$ 坐标系中的坐标,其数值可正、可负。

例附 1-3. 求图附 1-7 中 $T$ 形截面对于形心轴 $y_c$、$z_c$ 的惯性矩。

解:由例附 1-1 中,已经确定了形心 $C$ 的位置,即在图附 1-2 坐标系 $y-z$ 中,$y_c = 0.323\ \mathrm{m}$,$z_c = 0$。形心轴 $y_c$、$z_c$ 如图附 1-7中所示。

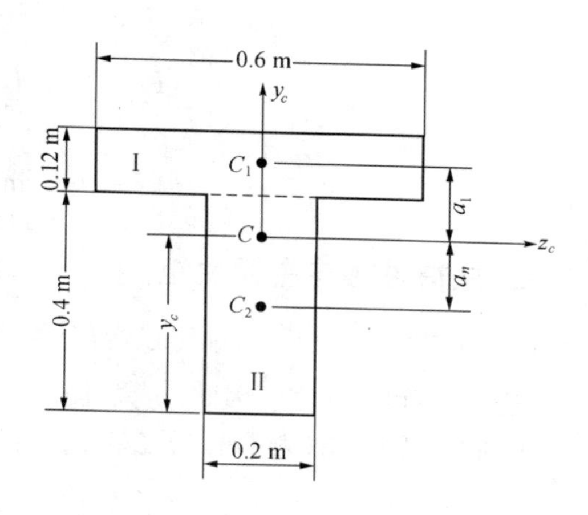


图附 1-7

将该截面视为矩形Ⅰ和矩形Ⅱ的组合截面,则惯性矩由两部分截面惯性矩叠加而成,即

$$I_{zc} = I_{zc}^{\mathrm{I}} + I_{zc}^{\mathrm{II}}$$

其中

$$\begin{aligned} I_{zc}^{\mathrm{I}} &= \frac{0.6 \times 0.12^3}{12} + (0.6 \times 0.12) \times (0.4 - 0.323 + \frac{1}{2} \times 0.12)^2 \\ &= 8.64 \times 10^{-5} + 1.351 \times 10^{-3} \\ &= 1.44 \times 10^{-3} (\mathrm{m}^4) \end{aligned}$$

$$\begin{aligned} I_{zc}^{\mathrm{II}} &= \frac{0.2 \times 0.4^3}{12} + (0.2 \times 0.4) \times (0.323 - 0.2)^2 \\ &= 1.067 \times 10^{-3} + 1.210 \times 10^{-3} \\ &= 2.28 \times 10^{-3} (\mathrm{m}^4) \end{aligned}$$

故

$$I_{zc} = 1.44 \times 10^{-3} + 2.28 \times 10^{-3} = 3.72 \times 10^{-3}(\mathrm{m}^4)$$

$$\begin{aligned} I_{yc} &= I_{yc}^{\mathrm{I}} + I_{yc}^{\mathrm{II}} \\ &= \frac{0.12 \times 0.6^3}{12} + \frac{0.4 \times 0.2^3}{12} \\ &= 2.16 \times 10^{-3} + 0.267 \times 10^{-3} \\ &= 2.43 \times 10^{-3}(\mathrm{m}^4) \end{aligned}$$

## 第四节　主轴、主惯性矩、形心主轴和形心主惯性矩

### 一、转轴公式

若截面对 $yoz$ 坐标系的几何性质 $I_y$、$I_z$ 与 $I_{yz}$ 已知，现将坐标系 $yoz$ 绕 $o$ 点逆时针旋转 $\alpha$ 角，得到新坐标 $y_1oz_1$，则截面对于新坐标系的惯性矩 $I_{y_1}$、$I_{z_1}$ 和惯性积 $I_{y_1z_1}$ 为(推导略)

$$\begin{cases} I_{z_1} = \dfrac{I_z + I_y}{2} + \dfrac{I_z - I_y}{2}\cos2\alpha - I_{yz}\sin2\alpha \\ I_{y_1} = \dfrac{I_z + I_y}{2} - \dfrac{I_z - I_y}{2}\cos2\alpha + I_{yz}\sin2\alpha \\ I_{y_1z_1} = \dfrac{I_z - I_y}{2}\sin2\alpha + I_{yz}\cos2\alpha \end{cases} \qquad (附1-11)$$

### 二、主惯性轴与主惯性矩

由转轴公式(附1-11)中可以看出，当坐标轴旋转时，$I_{y_1z_1}$ 随 $\alpha$ 变化而变化，其值可为正，可为负，也可能为零。因此，定义：使截面惯性积为零的一对坐标轴为主惯性轴，简称主轴。主轴的位置可由(附1-11)之第三式确定，即令

$$I_{y_1z_1} = \frac{I_z - I_y}{2}\sin2\alpha + I_{yz}\cos2\alpha = 0$$

得出

$$\mathrm{tg}2\alpha_0 = -\frac{2I_{yz}}{I_z - I_y} \qquad (附1-12)$$

主轴 $y_0$、$z_0$ 的位置即可由 $\alpha_0$ 确定。截面对于主轴的惯性矩 $I_{y_0}$、$I_{z_0}$ 称为主惯性矩，它们是截面对于过 $o$ 点所有坐标轴惯性矩中的最大值和最小值。将 $\alpha_0$ 代入(附1-11)之前两式，得

$$I_{\substack{\max\\\min}} = \frac{I_z + I_y}{2} \pm \sqrt{\left(\frac{I_z - I_y}{2}\right)^2 + I_{yz}^2} \qquad (附1-13)$$

### 三、形心主轴和形心主惯性矩

由上述讨论可知，过截面上任意一点均可以找到一对主轴，截面对主轴的惯性矩称为主惯性矩。

特殊地，过截面形心也可以找到一对主轴，称为形心主轴，截面对形心主轴的惯性矩称

为形心主惯性矩。

具有对称轴的截面，如圆形、矩形、I 字形等，因为其对称轴既是主轴（截面对于对称轴的惯性积为零）又过形心（形心在对称轴上），所以其对称轴就是形心主轴。

当截面具有两条对称轴时，该两条对称轴都是形心主轴。

形心主轴确定后，形心主惯性矩即可求出。

对于组合截面，须先确定形心位置，再由（附 1-12）式确定形心主轴位置，最后计算截面对于形心主轴的形心主惯性矩。

# 附录二

## 型 钢 表

**表附 2-1 热轧等边角钢(GB 9787—1988)**

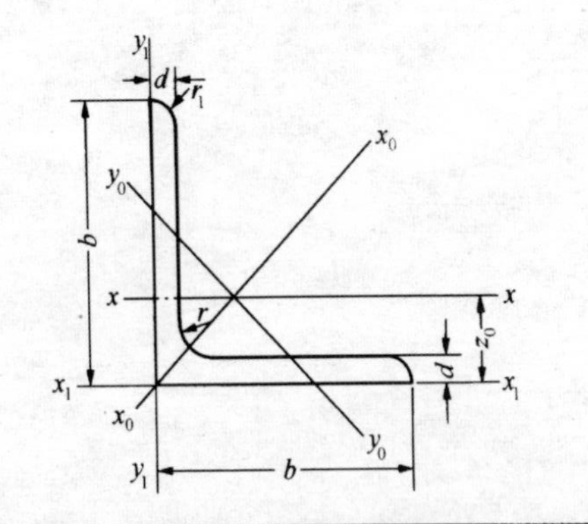


符号意义：$b$—边宽度；
$d$—边厚度；
$r$—内圆弧半径；
$r_1$—边端内圆弧半径；
$I$—惯性矩；
$i$—惯性半径；
$W$—弯曲截面系数；
$z_0$—形心距离

| 角钢号数 | 尺寸(mm) | | | 截面面积 | 理论重量 | 外表面积 | 参考数值 | | | | | | | | | | $z_0$ |
|---|---|---|---|---|---|---|---|---|---|---|---|---|---|---|---|---|---|
| | | | | | | | $x-x$ | | | $x_0-x_0$ | | | $y_0-y_0$ | | | $x_1-x_1$ | |
| | $b$ | $d$ | $r$ | | | | $I_x$ | $i_x$ | $W_x$ | $I_{x_0}$ | $i_{x_0}$ | $W_{x_0}$ | $I_{y_0}$ | $i_{y_0}$ | $W_{y_0}$ | $I_{x_1}$ | |
| | | | | $(cm^2)$ | (kg/m) | $(m^2/m)$ | $(cm^4)$ | (cm) | $(cm^3)$ | $(cm^4)$ | (cm) | $(cm^3)$ | $(cm^4)$ | (cm) | $(cm^3)$ | $(cm^4)$ | (cm) |
| 2 | 20 | 3 | 3.5 | 1.132 | 0.889 | 0.078 | 0.40 | 0.59 | 0.29 | 0.63 | 0.75 | 0.45 | 0.17 | 0.39 | 0.20 | 0.81 | 0.60 |
| | | 4 | | 1.459 | 1.145 | 0.077 | 0.50 | 0.58 | 0.36 | 0.78 | 0.73 | 0.55 | 0.22 | 0.28 | 0.24 | 1.09 | 0.64 |
| 2.5 | 25 | 3 | | 1.432 | 1.124 | 0.098 | 0.82 | 0.76 | 0.46 | 1.29 | 0.95 | 0.73 | 0.34 | 0.49 | 0.33 | 1.57 | 0.73 |
| | | 4 | | 1.859 | 1.459 | 0.097 | 1.03 | 0.74 | 0.59 | 1.62 | 0.93 | 0.92 | 0.43 | 0.48 | 0.40 | 2.11 | 0.76 |

续表附2-1

| 角钢号数 | 尺寸 (mm) | | | 截面面积 ($cm^2$) | 理论重量 (kg/m) | 外表面积 ($m^2/m$) | 参考数值 | | | | | | | | | | $z_0$ (cm) |
|---|---|---|---|---|---|---|---|---|---|---|---|---|---|---|---|---|---|
| | | | | | | | $x-x$ | | | $x_0-x_0$ | | | $y_0-y_0$ | | | $x_1-x_1$ | |
| | $b$ | $d$ | $r$ | | | | $I_x$ ($cm^4$) | $i_x$ (cm) | $W_x$ ($cm^3$) | $I_{x_0}$ ($cm^4$) | $i_{x_0}$ (cm) | $W_{x_0}$ ($cm^3$) | $I_{y_0}$ ($cm^4$) | $i_{y_0}$ (cm) | $W_{y_0}$ ($cm^3$) | $I_{x_1}$ ($cm^4$) | |
| 3.0 | 30 | 3 | 4.5 | 1.749 | 1.373 | 0.117 | 1.46 | 0.91 | 0.68 | 2.31 | 1.15 | 1.09 | 0.61 | 0.59 | 0.51 | 2.71 | 0.85 |
| | | 4 | | 2.276 | 1.786 | 0.117 | 1.84 | 0.90 | 0.87 | 2.92 | 1.13 | 1.37 | 0.77 | 0.58 | 0.62 | 3.63 | 0.89 |
| 3.6 | 36 | 3 | | 2.109 | 1.656 | 0.141 | 2.58 | 1.11 | 0.99 | 4.09 | 1.39 | 1.61 | 1.07 | 0.71 | 0.76 | 4.68 | 1.00 |
| | | 4 | | 2.756 | 2.163 | 0.141 | 3.29 | 1.09 | 1.28 | 5.22 | 1.38 | 2.05 | 1.37 | 0.70 | 0.93 | 6.25 | 1.04 |
| | | 5 | | 3.382 | 2.654 | 0.141 | 3.95 | 1.08 | 1.56 | 6.24 | 1.36 | 2.45 | 1.65 | 0.70 | 1.09 | 7.84 | 1.07 |
| 4.0 | 40 | 3 | 5 | 2.359 | 1.852 | 0.157 | 3.59 | 1.23 | 1.23 | 5.69 | 1.55 | 2.01 | 1.49 | 0.79 | 0.96 | 6.41 | 1.09 |
| | | 4 | | 3.086 | 2.422 | 0.157 | 4.60 | 1.22 | 1.60 | 7.29 | 1.54 | 2.58 | 1.91 | 0.79 | 1.19 | 8.56 | 1.13 |
| | | 5 | | 3.791 | 2.976 | 0.156 | 5.53 | 1.21 | 1.96 | 8.76 | 1.52 | 3.01 | 2.30 | 0.78 | 1.39 | 10.74 | 1.17 |
| 4.5 | 45 | 3 | | 2.659 | 2.088 | 0.177 | 5.17 | 1.40 | 1.58 | 8.20 | 1.76 | 2.58 | 2.14 | 0.90 | 1.24 | 9.12 | 1.22 |
| | | 4 | | 3.486 | 2.736 | 0.177 | 6.65 | 1.38 | 2.05 | 10.56 | 1.74 | 3.32 | 2.75 | 0.89 | 1.54 | 12.18 | 1.26 |
| | | 5 | | 4.292 | 3.369 | 0.176 | 8.04 | 1.37 | 2.51 | 12.74 | 1.72 | 4.00 | 3.33 | 0.88 | 1.81 | 15.25 | 1.30 |
| | | 6 | | 5.076 | 3.985 | 0.176 | 9.33 | 1.36 | 2.95 | 14.76 | 1.70 | 4.64 | 3.89 | 0.88 | 2.06 | 18.36 | 1.33 |
| 5 | 50 | 3 | 5.5 | 2.971 | 2.332 | 0.197 | 7.18 | 1.55 | 1.96 | 11.37 | 1.96 | 3.22 | 2.98 | 1.00 | 1.57 | 12.50 | 1.34 |
| | | 4 | | 3.897 | 3.059 | 0.197 | 9.26 | 1.54 | 2.56 | 14.70 | 1.94 | 4.16 | 3.82 | 0.99 | 1.96 | 16.69 | 1.38 |
| | | 5 | | 4.803 | 3.770 | 0.196 | 11.21 | 1.53 | 3.13 | 17.79 | 1.92 | 5.03 | 4.64 | 0.98 | 2.31 | 20.90 | 1.42 |
| | | 6 | | 5.688 | 4.465 | 0.196 | 13.05 | 1.52 | 3.68 | 20.68 | 1.91 | 5.85 | 5.42 | 0.98 | 2.63 | 25.14 | 1.46 |
| 5.6 | 56 | 3 | 6 | 3.343 | 2.624 | 0.221 | 10.19 | 1.75 | 2.48 | 16.14 | 2.02 | 4.08 | 4.24 | 1.13 | 2.02 | 17.56 | 1.48 |
| | | 4 | | 4.390 | 3.446 | 0.220 | 13.18 | 1.73 | 3.24 | 20.92 | 2.18 | 5.28 | 5.46 | 1.11 | 2.52 | 23.43 | 1.53 |
| | | 5 | | 5.415 | 4.251 | 0.220 | 16.02 | 1.72 | 3.97 | 25.42 | 2.17 | 6.42 | 6.61 | 1.10 | 2.98 | 29.33 | 1.57 |
| | | 6 | | 8.367 | 6.568 | 0.219 | 23.63 | 1.68 | 6.03 | 37.37 | 2.11 | 9.44 | 9.89 | 1.09 | 4.16 | 47.24 | 1.68 |

续表附 2-1

| 角钢号数 | 尺寸 (mm) | | | 截面面积 ($cm^2$) | 理论重量 (kg/m) | 外表面积 ($m^2/m$) | 参考数值 | | | | | | | | | | |
|---|---|---|---|---|---|---|---|---|---|---|---|---|---|---|---|---|---|
| | | | | | | | $x-x$ | | | $x_0-x_0$ | | | $y_0-y_0$ | | | $x_1-x_1$ | $z_0$ (cm) |
| | $b$ | $d$ | $r$ | | | | $I_x$ ($cm^4$) | $i_x$ (cm) | $W_x$ ($cm^3$) | $I_{x_0}$ ($cm^4$) | $i_{x_0}$ (cm) | $W_{x_0}$ ($cm^3$) | $I_{y_0}$ ($cm^4$) | $i_{y_0}$ (cm) | $W_{y_0}$ ($cm^3$) | $I_{x_1}$ ($cm^4$) | |
| 6.3 | 63 | 4 | 7 | 4.987 | 3.907 | 0.248 | 19.03 | 1.96 | 4.13 | 30.17 | 2.46 | 6.78 | 7.89 | 1.26 | 3.29 | 33.35 | 1.70 |
| | | 5 | | 6.143 | 4.822 | 0.248 | 23.17 | 1.94 | 5.08 | 36.77 | 2.45 | 8.25 | 9.57 | 1.25 | 3.90 | 41.73 | 1.74 |
| | | 6 | | 7.288 | 5.721 | 0.247 | 27.12 | 1.93 | 6.00 | 43.03 | 2.43 | 9.66 | 11.20 | 1.24 | 4.46 | 50.14 | 1.78 |
| | | 8 | | 9.515 | 7.469 | 0.247 | 34.46 | 1.90 | 7.75 | 54.56 | 2.40 | 12.25 | 14.33 | 1.23 | 5.47 | 67.11 | 1.85 |
| | | 10 | | 11.657 | 9.151 | 0.246 | 41.09 | 1.88 | 9.39 | 64.85 | 2.36 | 14.56 | 17.33 | 1.22 | 6.36 | 84.31 | 1.93 |
| 7 | 70 | 4 | 8 | 5.570 | 4.372 | 0.275 | 26.39 | 2.18 | 5.14 | 41.80 | 2.74 | 8.44 | 10.99 | 1.40 | 4.17 | 45.74 | 1.86 |
| | | 5 | | 6.875 | 5.397 | 0.275 | 32.21 | 2.16 | 6.32 | 51.08 | 2.73 | 10.32 | 13.34 | 1.39 | 4.95 | 57.21 | 1.91 |
| | | 6 | | 8.160 | 6.406 | 0.275 | 37.77 | 2.15 | 7.48 | 59.93 | 2.71 | 12.11 | 15.61 | 1.38 | 5.67 | 68.73 | 1.95 |
| | | 7 | | 9.424 | 7.398 | 0.275 | 43.09 | 2.14 | 8.50 | 68.35 | 2.69 | 13.81 | 17.82 | 1.38 | 6.34 | 80.29 | 1.99 |
| | | 8 | | 10.667 | 8.373 | 0.274 | 48.17 | 2.12 | 9.68 | 76.37 | 2.68 | 15.43 | 19.98 | 1.37 | 6.98 | 91.92 | 2.03 |
| (7.5) | 75 | 5 | 9 | 7.367 | 5.818 | 0.295 | 39.97 | 2.33 | 7.32 | 63.30 | 2.92 | 11.94 | 16.63 | 1.50 | 5.77 | 70.56 | 2.01 |
| | | 6 | | 8.797 | 6.905 | 0.294 | 46.95 | 2.31 | 8.64 | 74.38 | 2.90 | 14.02 | 19.51 | 1.49 | 6.67 | 84.55 | 2.07 |
| | | 7 | | 10.160 | 7.976 | 0.294 | 53.57 | 2.30 | 9.93 | 84.96 | 2.89 | 16.02 | 22.18 | 1.48 | 7.44 | 98.71 | 2.11 |
| | | 8 | | 11.503 | 9.030 | 0.294 | 59.96 | 2.28 | 11.20 | 95.07 | 2.88 | 17.98 | 24.86 | 1.47 | 8.19 | 112.97 | 2.15 |
| | | 10 | | 14.126 | 11.089 | 0.293 | 71.98 | 2.26 | 13.64 | 113.92 | 2.84 | 21.48 | 30.05 | 1.46 | 9.56 | 141.71 | 2.22 |
| 8 | 80 | 5 | 9 | 7.912 | 6.211 | 0.315 | 48.79 | 2.48 | 8.34 | 77.33 | 3.13 | 13.67 | 20.25 | 1.60 | 6.66 | 85.36 | 2.15 |
| | | 6 | | 9.397 | 7.376 | 0.314 | 57.35 | 2.47 | 9.87 | 90.98 | 3.11 | 16.08 | 23.72 | 1.59 | 7.65 | 102.50 | 2.19 |
| | | 7 | | 10.860 | 8.525 | 0.314 | 65.58 | 2.46 | 11.37 | 104.07 | 3.10 | 18.40 | 27.09 | 1.58 | 8.58 | 119.70 | 2.23 |
| | | 8 | | 12.303 | 9.658 | 0.314 | 73.49 | 2.44 | 12.83 | 116.60 | 3.08 | 20.61 | 30.39 | 1.57 | 9.46 | 136.97 | 2.27 |
| | | 10 | | 15.126 | 11.874 | 0.313 | 88.43 | 2.42 | 15.64 | 140.09 | 3.04 | 24.76 | 36.77 | 1.56 | 11.08 | 171.74 | 2.35 |

续表附 2-1

| 角钢号数 | 尺寸 (mm) | | | 截面面积 ($cm^2$) | 理论重量 (kg/m) | 外表面积 ($m^2/m$) | 参考数值 | | | | | | | | | | z₀ |
|---|---|---|---|---|---|---|---|---|---|---|---|---|---|---|---|---|---|
| | | | | | | | $x-x$ | | | $x_0-x_0$ | | | $y_0-y_0$ | | | $x_1-x_1$ | |
| | b | d | r | | | | $I_x$ ($cm^4$) | $i_x$ (cm) | $W_x$ ($cm^3$) | $I_{x_0}$ ($cm^4$) | $i_{x_0}$ (cm) | $W_{x_0}$ ($cm^3$) | $I_{y_0}$ ($cm^4$) | $i_{y_0}$ (cm) | $W_{y_0}$ ($cm^3$) | $I_{x_1}$ ($cm^4$) | $z_0$ (cm) |
| 9 | 90 | 6 | 10 | 10.637 | 8.350 | 0.354 | 82.77 | 2.79 | 12.61 | 131.26 | 3.51 | 20.63 | 34.28 | 1.80 | 9.95 | 145.87 | 2.44 |
| | | 7 | | 12.301 | 9.656 | 0.354 | 94.83 | 2.79 | 14.54 | 150.47 | 3.50 | 23.64 | 39.18 | 1.78 | 11.19 | 170.30 | 2.48 |
| | | 8 | | 13.944 | 10.946 | 0.353 | 106.47 | 2.76 | 16.42 | 168.97 | 3.48 | 26.55 | 43.97 | 1.78 | 12.35 | 194.80 | 2.52 |
| | | 10 | | 17.167 | 13.476 | 0.353 | 128.58 | 2.74 | 20.07 | 203.90 | 3.45 | 32.04 | 53.26 | 1.76 | 14.52 | 244.07 | 2.59 |
| | | 12 | | 20.306 | 15.940 | 0.352 | 149.22 | 2.71 | 23.57 | 236.21 | 3.41 | 37.12 | 62.22 | 1.75 | 16.49 | 293.76 | 2.67 |
| 10 | 100 | 6 | 12 | 11.932 | 9.366 | 0.393 | 114.95 | 3.01 | 15.68 | 181.98 | 3.90 | 25.74 | 47.92 | 2.00 | 12.69 | 200.07 | 2.67 |
| | | 7 | | 13.796 | 10.830 | 0.393 | 131.86 | 3.09 | 18.10 | 208.97 | 3.89 | 29.55 | 54.74 | 1.99 | 14.26 | 233.54 | 2.71 |
| | | 8 | | 15.638 | 12.276 | 0.393 | 148.24 | 3.08 | 20.47 | 235.07 | 3.88 | 33.24 | 61.41 | 1.98 | 15.75 | 267.09 | 2.76 |
| | | 10 | | 19.261 | 15.120 | 0.392 | 179.51 | 3.05 | 24.06 | 284.68 | 3.84 | 40.26 | 74.35 | 1.96 | 18.54 | 334.48 | 2.84 |
| | | 12 | | 22.800 | 17.898 | 0.391 | 208.90 | 3.03 | 29.48 | 330.95 | 3.81 | 46.80 | 86.84 | 1.95 | 21.08 | 402.34 | 2.91 |
| | | 14 | | 26.256 | 20.611 | 0.391 | 236.53 | 3.00 | 33.73 | 374.06 | 3.77 | 52.90 | 99.00 | 1.94 | 23.44 | 470.75 | 2.99 |
| | | 16 | | 29.627 | 23.257 | 0.390 | 262.53 | 2.98 | 37.82 | 414.16 | 3.74 | 58.57 | 110.89 | 1.94 | 25.63 | 539.8 | 3.06 |
| 11 | 110 | 7 | | 15.196 | 11.928 | 0.433 | 177.16 | 3.41 | 22.05 | 280.94 | 4.30 | 36.12 | 73.38 | 2.20 | 17.51 | 310.64 | 2.96 |
| | | 8 | | 17.238 | 13.532 | 0.433 | 199.46 | 3.40 | 24.95 | 316.49 | 4.28 | 40.69 | 82.42 | 2.19 | 19.39 | 355.20 | 3.01 |
| | | 10 | | 21.261 | 16.690 | 0.432 | 242.19 | 3.38 | 30.60 | 384.39 | 4.25 | 49.42 | 99.98 | 2.17 | 22.91 | 444.65 | 3.09 |
| | | 12 | | 25.200 | 19.782 | 0.431 | 282.55 | 3.35 | 36.05 | 448.17 | 4.22 | 57.62 | 116.93 | 2.15 | 26.15 | 534.60 | 3.16 |
| | | 14 | | 29.056 | 22.809 | 0.431 | 320.71 | 3.32 | 41.31 | 508.01 | 4.18 | 65.31 | 133.40 | 2.14 | 29.14 | 625.16 | 3.24 |
| 12.5 | 125 | 8 | 14 | 19.750 | 15.504 | 0.492 | 297.03 | 3.88 | 32.52 | 470.89 | 4.88 | 53.28 | 123.16 | 2.50 | 25.86 | 521.01 | 3.37 |
| | | 10 | | 24.373 | 19.133 | 0.491 | 361.67 | 3.85 | 39.97 | 573.89 | 4.85 | 64.93 | 149.46 | 2.48 | 30.62 | 651.93 | 3.45 |
| | | 12 | | 28.912 | 22.696 | 0.491 | 423.16 | 3.83 | 41.17 | 671.44 | 4.82 | 75.96 | 174.88 | 2.46 | 35.03 | 783.42 | 3.53 |
| | | 14 | | 33.367 | 26.193 | 0.490 | 481.65 | 3.80 | 54.16 | 763.73 | 4.78 | 86.41 | 199.57 | 2.45 | 39.13 | 915.61 | 3.61 |

续表附 2-1

| 角钢号数 | 尺寸 (mm) | | | 截面面积 ($cm^2$) | 理论重量 (kg/m) | 外表面积 ($m^2/m$) | 参考数值 | | | | | | | | | | |
|---|---|---|---|---|---|---|---|---|---|---|---|---|---|---|---|---|---|
| | | | | | | | $x-x$ | | | $x_0-x_0$ | | | $y_0-y_0$ | | | $x_1-x_1$ | $z_0$ (cm) |
| | $b$ | $d$ | $r$ | | | | $I_x$ ($cm^4$) | $i_x$ (cm) | $W_x$ ($cm^3$) | $I_{x_0}$ ($cm^4$) | $i_{x_0}$ (cm) | $W_{x_0}$ ($cm^3$) | $I_{y_0}$ ($cm^4$) | $i_{y_0}$ (cm) | $W_{y_0}$ ($cm^3$) | $I_{x_1}$ ($cm^4$) | |
| 14 | 140 | 10 | 14 | 27.373 | 21.488 | 0.551 | 514.65 | 4.34 | 50.58 | 817.27 | 5.46 | 82.56 | 212.04 | 2.78 | 39.20 | 915.11 | 3.82 |
| | | 12 | | 32.512 | 25.522 | 0.551 | 603.68 | 4.31 | 59.80 | 958.79 | 5.43 | 96.85 | 248.57 | 2.76 | 45.02 | 1 099.28 | 3.90 |
| | | 14 | | 37.567 | 29.490 | 0.550 | 688.81 | 4.28 | 68.75 | 1 093.56 | 5.40 | 110.47 | 284.06 | 2.75 | 50.45 | 1 284.22 | 3.98 |
| | | 16 | | 42.539 | 33.393 | 0.549 | 770.24 | 4.26 | 77.46 | 1 221.81 | 5.36 | 123.42 | 318.68 | 2.74 | 55.55 | 1 470.07 | 4.06 |
| 16 | 160 | 10 | 16 | 31.502 | 24.729 | 0.630 | 779.53 | 4.98 | 66.70 | 1 237.30 | 6.27 | 109.36 | 321.76 | 3.20 | 52.76 | 1 365.33 | 4.31 |
| | | 12 | | 37.441 | 29.391 | 0.630 | 916.58 | 4.95 | 78.98 | 1 455.68 | 6.24 | 148.67 | 377.49 | 3.18 | 60.74 | 1 639.57 | 4.39 |
| | | 14 | | 43.296 | 33.987 | 0.629 | 1 048.36 | 4.92 | 90.95 | 1 665.02 | 6.20 | 147.17 | 431.70 | 3.16 | 68.244 | 1 914.68 | 4.47 |
| | | 16 | | 49.067 | 38.518 | 0.629 | 1 175.08 | 4.89 | 102.63 | 1 865.57 | 6.17 | 164.89 | 484.59 | 3.14 | 75.31 | 2 190.82 | 4.55 |
| 18 | 180 | 12 | | 42.241 | 33.159 | 0.710 | 1 321.35 | 5.59 | 100.82 | 2 100.10 | 7.05 | 165.00 | 542.61 | 3.58 | 78.41 | 2 332.80 | 4.89 |
| | | 14 | | 48.896 | 38.388 | 0.709 | 1 514.48 | 5.56 | 116.25 | 2 407.42 | 7.02 | 189.14 | 625.53 | 3.56 | 88.38 | 2 723.48 | 4.97 |
| | | 16 | | 55.467 | 43.542 | 0.709 | 1 700.99 | 5.54 | 131.13 | 2 703.37 | 6.98 | 212.40 | 698.60 | 3.55 | 97.83 | 3 115.29 | 5.05 |
| | | 18 | | 61.955 | 48.634 | 0.708 | 1 875.12 | 5.50 | 145.64 | 2 988.24 | 6.94 | 234.78 | 762.01 | 3.51 | 105.14 | 3 502.43 | 5.13 |
| 20 | 200 | 14 | 18 | 54.642 | 42.894 | 0.788 | 2 103.55 | 6.20 | 144.70 | 3 343.26 | 7.82 | 236.40 | 863.83 | 3.98 | 111.82 | 3 734.10 | 5.46 |
| | | 16 | | 62.013 | 48.680 | 0.788 | 2 366.15 | 6.18 | 163.65 | 3 760.89 | 7.79 | 265.93 | 971.41 | 3.96 | 123.96 | 4 270.39 | 5.54 |
| | | 18 | | 69.301 | 54.401 | 0.787 | 2 620.64 | 6.15 | 182.22 | 4 164.54 | 7.75 | 294.48 | 1 076.74 | 3.94 | 135.52 | 4 808.13 | 5.62 |
| | | 20 | | 76.505 | 60.056 | 0.787 | 2 867.30 | 6.12 | 200.42 | 4 554.55 | 7.72 | 322.06 | 1 180.04 | 3.98 | 146.55 | 5 347.51 | 5.69 |
| | | 24 | | 90.661 | 71.168 | 0.785 | 2 338.25 | 6.07 | 236.17 | 5 294.97 | 7.64 | 374.41 | 1 381.53 | 3.90 | 166.55 | 6 457.16 | 5.87 |

## 表附 2-2 热轧不等边角钢(GB 9788—1988)

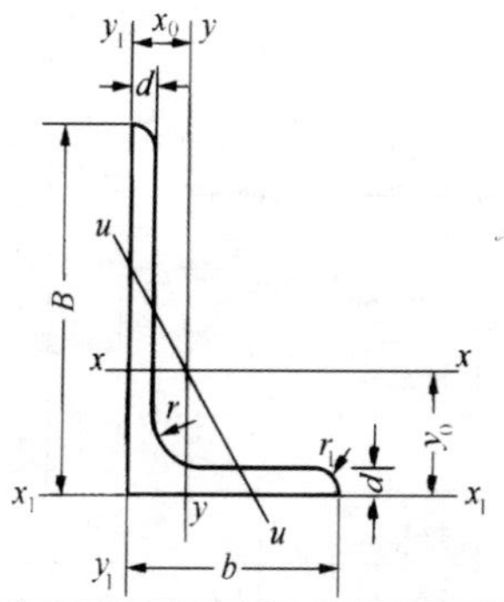

符号意义：$B$—长边宽度；
$b$—短边宽度；
$d$—边厚度；
$r$—内圆弧半径；
$r_1$—边端内圆弧半径；
$I$—惯性矩；
$i$—惯性半径；
$W$—弯曲截面系数；
$x_0$—形心坐标；
$y_0$—形心坐标

| 角钢号数 | 尺寸 (mm) | | | | 截面面积 (cm²) | 理论重量 (kg/m) | 外表面积 (m²/m) | 参考数值 | | | | | | | | | | | | | |
|---|---|---|---|---|---|---|---|---|---|---|---|---|---|---|---|---|---|---|---|---|---|
| | | | | | | | | x - x | | | y - y | | | $x_1 - x_1$ | | $y_1 - y_1$ | | u - u | | | |
| | B | b | d | r | | | | $I_x$ (cm⁴) | $i_x$ (cm) | $W_x$ (cm³) | $I_y$ (cm⁴) | $i_y$ (cm) | $W_y$ (cm³) | $I_{x_1}$ (cm⁴) | $y_0$ (cm) | $I_{y1}$ (cm⁴) | $x_0$ (cm) | $I_u$ (cm⁴) | $i_u$ (cm) | $W_u$ (cm³) | tg α |
| 2.5/1.6 | 25 | 16 | 3 | 3.5 | 1.162 | 0.912 | 0.080 | 0.70 | 0.78 | 0.43 | 0.22 | 0.44 | 0.19 | 1.56 | 0.86 | 0.43 | 0.42 | 0.14 | 0.34 | 0.16 | 0.392 |
| | | | 4 | | 1.499 | 1.176 | 0.079 | 0.88 | 0.77 | 0.55 | 0.27 | 0.43 | 0.24 | 2.09 | 0.90 | 0.59 | 0.46 | 0.17 | 0.34 | 0.20 | 0.381 |
| 3.2/2 | 32 | 20 | 3 | | 1.492 | 1.171 | 0.102 | 1.53 | 1.01 | 0.72 | 0.46 | 0.55 | 0.30 | 3.27 | 1.08 | 0.82 | 0.49 | 0.28 | 0.43 | 0.25 | 0.382 |
| | | | 4 | | 1.939 | 1.522 | 0.101 | 1.93 | 1.00 | 0.93 | 0.57 | 0.54 | 0.39 | 4.37 | 1.12 | 1.12 | 0.53 | 0.35 | 0.42 | 0.32 | 0.374 |
| 4/2.5 | 40 | 25 | 3 | 4 | 1.890 | 1.484 | 0.127 | 3.08 | 1.28 | 1.15 | 0.93 | 0.70 | 0.49 | 6.39 | 1.32 | 1.59 | 0.59 | 0.56 | 0.54 | 0.40 | 0.386 |
| | | | 4 | | 2.467 | 1.936 | 0.127 | 3.93 | 1.26 | 1.49 | 1.18 | 0.69 | 0.63 | 8.53 | 1.37 | 2.14 | 0.63 | 0.71 | 0.54 | 0.52 | 0.381 |
| 4.5/2.8 | 45 | 28 | 3 | 5 | 2.149 | 1.687 | 0.143 | 4.45 | 1.44 | 1.47 | 1.34 | 0.79 | 0.62 | 9.10 | 1.47 | 2.23 | 0.64 | 0.80 | 0.61 | 0.51 | 0.383 |
| | | | 4 | | 2.806 | 2.203 | 0.143 | 5.69 | 1.42 | 1.91 | 1.70 | 0.78 | 0.80 | 12.13 | 1.51 | 3.00 | 0.68 | 1.02 | 0.60 | 0.66 | 0.380 |
| 5/3.2 | 50 | 32 | 3 | 5.5 | 2.431 | 1.908 | 0.161 | 6.24 | 1.60 | 1.84 | 2.02 | 0.91 | 0.82 | 12.49 | 1.60 | 3.31 | 0.73 | 1.20 | 0.70 | 0.68 | 0.404 |
| | | | 4 | | 3.177 | 2.494 | 0.160 | 8.02 | 1.59 | 2.39 | 2.58 | 0.90 | 1.06 | 16.65 | 1.65 | 4.45 | 0.77 | 1.53 | 0.69 | 0.87 | 0.402 |
| 5.6/3.6 | 56 | 36 | 3 | 6 | 2.743 | 2.153 | 0.181 | 8.88 | 1.80 | 2.32 | 2.92 | 1.03 | 1.05 | 17.54 | 1.78 | 4.70 | 0.80 | 1.73 | 0.79 | 0.87 | 0.408 |
| | | | 4 | | 3.590 | 2.818 | 0.180 | 11.45 | 1.79 | 3.03 | 3.76 | 1.02 | 1.37 | 23.39 | 1.82 | 6.33 | 0.85 | 2.23 | 0.79 | 1.13 | 0.408 |
| | | | 5 | | 4.415 | 3.466 | 0.180 | 13.86 | 1.77 | 3.71 | 4.49 | 1.01 | 1.65 | 29.25 | 1.87 | 7.94 | 0.88 | 2.67 | 0.78 | 1.36 | 0.404 |

续表附 2-2

| 角钢号数 | 尺寸 (mm) | | | | 截面面积 ($cm^2$) | 理论重量 (kg/m) | 外表面积 ($m^2$/m) | 参考数值 | | | | | | | | | | | | | |
|---|---|---|---|---|---|---|---|---|---|---|---|---|---|---|---|---|---|---|---|---|---|
| | | | | | | | | $x-x$ | | | $y-y$ | | | $x_1-x_1$ | | $y_1-y_1$ | | $u-u$ | | | |
| | $B$ | $b$ | $d$ | $r$ | | | | $I_x$ ($cm^4$) | $i_x$ (cm) | $W_x$ ($cm^3$) | $I_y$ ($cm^4$) | $i_y$ (cm) | $W_y$ ($cm^3$) | $I_{x_1}$ ($cm^4$) | $y_0$ (cm) | $I_{y1}$ ($cm^4$) | $x_0$ (cm) | $I_u$ ($cm^4$) | $i_u$ (cm) | $W_u$ ($cm^3$) | tg $\alpha$ |
| 6.3/4 | 63 | 40 | 4 | 7 | 4.058 | 3.185 | 0.202 | 16.49 | 2.02 | 3.87 | 5.23 | 1.14 | 1.70 | 33.30 | 2.04 | 8.63 | 0.92 | 3.12 | 0.88 | 1.40 | 0.398 |
| | | | 5 | | 4.993 | 3.920 | 0.202 | 20.02 | 2.00 | 4.74 | 6.31 | 1.12 | 2.71 | 41.63 | 2.08 | 10.86 | 0.95 | 3.76 | 0.87 | 1.71 | 0.396 |
| | | | 6 | | 5.908 | 4.638 | 0.201 | 23.36 | 1.96 | 5.59 | 7.29 | 1.11 | 2.43 | 49.98 | 2.12 | 13.12 | 0.99 | 4.34 | 0.86 | 1.99 | 0.393 |
| | | | 7 | | 6.802 | 5.339 | 0.201 | 26.53 | 1.98 | 6.40 | 8.24 | 1.10 | 2.78 | 58.07 | 2.15 | 15.47 | 1.03 | 4.97 | 0.86 | 2.29 | 0.389 |
| 7/4.5 | 70 | 45 | 4 | 7.5 | 4.547 | 3.570 | 0.226 | 23.17 | 2.26 | 4.86 | 7.55 | 1.29 | 2.17 | 45.92 | 2.24 | 12.26 | 1.02 | 4.40 | 0.98 | 1.77 | 0.410 |
| | | | 5 | | 5.609 | 4.403 | 0.225 | 27.95 | 2.23 | 5.92 | 9.13 | 1.28 | 2.65 | 57.10 | 2.28 | 15.39 | 1.06 | 5.40 | 0.98 | 2.19 | 0.407 |
| | | | 6 | | 6.647 | 5.218 | 0.225 | 32.54 | 2.21 | 6.95 | 10.62 | 1.26 | 3.12 | 68.35 | 2.32 | 18.58 | 1.09 | 6.35 | 0.98 | 2.59 | 0.404 |
| | | | 7 | | 7.657 | 6.011 | 0.225 | 37.22 | 2.20 | 8.03 | 12.01 | 1.25 | 3.57 | 79.99 | 2.36 | 21.84 | 1.13 | 7.16 | 0.97 | 2.94 | 0.402 |
| (7.5/5) | 75 | 50 | 5 | 8 | 6.125 | 4.808 | 0.245 | 34.86 | 2.39 | 6.83 | 12.61 | 1.44 | 3.30 | 70.00 | 2.40 | 21.04 | 1.17 | 7.41 | 1.10 | 2.74 | 0.435 |
| | | | 6 | | 7.260 | 5.699 | 0.245 | 41.12 | 2.38 | 8.12 | 14.70 | 1.42 | 3.88 | 84.30 | 2.44 | 25.37 | 1.21 | 8.54 | 1.08 | 3.19 | 0.435 |
| | | | 8 | | 9.467 | 7.431 | 0.244 | 52.39 | 2.35 | 10.52 | 18.53 | 1.40 | 4.99 | 112.50 | 2.52 | 34.23 | 1.29 | 10.87 | 1.07 | 4.10 | 0.429 |
| | | | 10 | | 11.590 | 9.098 | 0.244 | 62.71 | 2.33 | 12.79 | 21.96 | 1.38 | 6.04 | 140.80 | 2.60 | 43.43 | 1.36 | 13.10 | 1.06 | 4.99 | 0.423 |
| 8/5 | 80 | 50 | 5 | 8 | 6.375 | 5.005 | 0.255 | 41.96 | 2.56 | 7.78 | 12.82 | 1.42 | 3.32 | 85.21 | 2.60 | 21.06 | 1.14 | 7.66 | 1.10 | 2.74 | 0.388 |
| | | | 6 | | 7.560 | 5.935 | 0.255 | 49.49 | 2.56 | 9.25 | 14.95 | 1.41 | 3.91 | 102.53 | 2.65 | 25.41 | 1.18 | 8.85 | 1.08 | 3.20 | 0.387 |
| | | | 7 | | 8.724 | 6.848 | 0.255 | 56.16 | 2.54 | 10.58 | 16.96 | 1.39 | 4.48 | 119.33 | 2.69 | 29.82 | 1.21 | 10.18 | 1.08 | 3.70 | 0.384 |
| | | | 8 | | 9.867 | 7.745 | 0.254 | 62.83 | 2.52 | 11.92 | 18.85 | 1.38 | 5.03 | 136.41 | 2.73 | 34.32 | 1.25 | 11.38 | 1.07 | 4.16 | 0.381 |
| 9/5.6 | 90 | 56 | 5 | 9 | 7.212 | 5.661 | 0.287 | 60.45 | 2.90 | 9.92 | 18.32 | 1.59 | 4.21 | 121.32 | 2.91 | 29.53 | 1.25 | 10.98 | 1.23 | 3.49 | 0.385 |
| | | | 6 | | 8.557 | 6.717 | 0.286 | 71.03 | 2.88 | 11.74 | 21.42 | 1.58 | 4.96 | 145.59 | 2.95 | 35.53 | 1.29 | 12.90 | 1.23 | 4.18 | 0.384 |
| | | | 7 | | 9.880 | 7.756 | 0.286 | 81.01 | 2.86 | 13.49 | 24.36 | 1.57 | 5.70 | 169.66 | 3.00 | 41.71 | 1.33 | 14.67 | 1.22 | 4.72 | 0.382 |
| | | | 8 | | 11.183 | 8.779 | 0.286 | 91.03 | 2.85 | 15.27 | 27.15 | 1.56 | 6.41 | 194.17 | 3.04 | 47.93 | 1.36 | 16.34 | 1.21 | 5.29 | 0.380 |

续表附 2-2

| 角钢号数 | 尺寸 (mm) | | | | 截面面积 ($cm^2$) | 理论重量 (kg/m) | 外表面积 ($m^2$/m) | 参考数值 | | | | | | | | | | | | | |
|---|---|---|---|---|---|---|---|---|---|---|---|---|---|---|---|---|---|---|---|---|---|
| | | | | | | | | $x-x$ | | | $y-y$ | | | $x_1-x_1$ | | $y_1-y_1$ | | $u-u$ | | | |
| | $B$ | $b$ | $d$ | $r$ | | | | $I_x$ ($cm^4$) | $i_x$ (cm) | $W_x$ ($cm^3$) | $I_y$ ($cm^4$) | $i_y$ (cm) | $W_y$ ($cm^3$) | $I_{x_1}$ ($cm^4$) | $y_0$ (cm) | $I_{y1}$ ($cm^4$) | $x_0$ (cm) | $I_u$ ($cm^4$) | $i_u$ (cm) | $W_u$ ($cm^3$) | tg $\alpha$ |
| 10/6.3 | 100 | 63 | 6 | 10 | 9.617 | 7.550 | 0.320 | 99.06 | 3.21 | 14.64 | 30.94 | 1.79 | 6.35 | 199.71 | 3.24 | 50.50 | 1.43 | 18.42 | 1.38 | 5.25 | 0.394 |
| | | | 7 | | 11.111 | 8.722 | 0.320 | 113.45 | 3.29 | 16.88 | 35.26 | 1.78 | 7.29 | 233.00 | 3.28 | 59.14 | 1.47 | 21.00 | 1.38 | 6.02 | 0.393 |
| | | | 8 | | 12.584 | 9.878 | 0.319 | 127.37 | 3.18 | 19.08 | 39.39 | 1.77 | 8.21 | 266.32 | 3.32 | 67.88 | 1.50 | 23.50 | 1.37 | 6.78 | 0.391 |
| | | | 10 | | 15.467 | 12.142 | 0.319 | 153.81 | 3.15 | 23.32 | 47.12 | 1.74 | 9.98 | 333.06 | 3.40 | 85.73 | 1.58 | 28.33 | 1.35 | 8.24 | 0.387 |
| 10/8 | 100 | 80 | 6 | | 10.637 | 8.350 | 0.354 | 107.04 | 3.17 | 15.19 | 61.24 | 2.40 | 10.16 | 199.83 | 2.95 | 102.68 | 1.97 | 31.65 | 1.72 | 8.37 | 0.627 |
| | | | 7 | | 12.301 | 9.656 | 0.354 | 122.73 | 3.16 | 17.52 | 70.08 | 2.39 | 11.71 | 233.20 | 3.00 | 119.93 | 2.01 | 36.17 | 1.72 | 9.60 | 0.626 |
| | | | 8 | | 13.944 | 10.946 | 0.353 | 137.92 | 3.14 | 19.81 | 78.58 | 2.37 | 13.21 | 266.61 | 3.04 | 137.37 | 2.05 | 40.58 | 1.71 | 10.80 | 0.625 |
| | | | 10 | | 17.167 | 13.476 | 0.353 | 166.87 | 3.12 | 24.24 | 94.65 | 2.35 | 16.12 | 333.63 | 3.12 | 172.42 | 2.13 | 49.10 | 1.60 | 13.12 | 0.622 |
| 11/7 | 110 | 70 | 6 | | 10.637 | 8.350 | 0.354 | 133.37 | 3.54 | 17.85 | 42.92 | 2.01 | 7.90 | 265.78 | 3.53 | 69.08 | 1.57 | 25.36 | 1.54 | 6.53 | 0.403 |
| | | | 7 | | 12.301 | 9.656 | 0.354 | 153.00 | 3.53 | 20.60 | 49.01 | 2.00 | 9.09 | 310.07 | 3.57 | 80.82 | 1.61 | 28.95 | 1.53 | 7.50 | 0.402 |
| | | | 8 | | 13.944 | 10.946 | 0.353 | 172.04 | 3.51 | 23.30 | 54.87 | 1.98 | 10.25 | 354.39 | 3.62 | 92.70 | 1.65 | 32.45 | 1.53 | 8.45 | 0.401 |
| | | | 10 | | 17.167 | 13.476 | 0.353 | 208.39 | 3.48 | 28.54 | 65.88 | 1.96 | 12.48 | 443.13 | 3.70 | 116.83 | 1.72 | 39.20 | 1.51 | 10.29 | 0.397 |
| 12.5/8 | 125 | 80 | 7 | 11 | 14.096 | 11.066 | 0.403 | 227.98 | 4.02 | 26.86 | 74.42 | 2.30 | 12.01 | 454.99 | 4.01 | 120.32 | 1.80 | 43.81 | 1.76 | 9.92 | 0.408 |
| | | | 8 | | 15.989 | 12.551 | 0.403 | 256.77 | 4.01 | 30.41 | 83.49 | 2.28 | 13.56 | 519.99 | 4.06 | 137.85 | 1.84 | 49.15 | 1.75 | 11.18 | 0.407 |
| | | | 10 | | 19.712 | 15.474 | 0.402 | 312.04 | 3.98 | 37.33 | 100.67 | 2.26 | 16.56 | 650.09 | 4.14 | 173.40 | 1.92 | 59.45 | 1.74 | 13.64 | 0.404 |
| | | | 12 | | 23.351 | 18.330 | 0.402 | 364.41 | 3.95 | 44.01 | 116.67 | 2.24 | 19.43 | 780.39 | 4.22 | 209.67 | 2.00 | 69.35 | 1.72 | 16.01 | 0.400 |
| 14/9 | 140 | 90 | 8 | 12 | 18.038 | 14.160 | 0.453 | 365.64 | 4.50 | 38.48 | 120.69 | 2.59 | 17.34 | 730.53 | 4.50 | 195.79 | 2.04 | 70.83 | 1.98 | 14.31 | 0.411 |
| | | | 10 | | 22.261 | 17.475 | 0.452 | 445.50 | 4.47 | 47.31 | 146.03 | 2.56 | 21.22 | 913.20 | 4.58 | 245.92 | 2.12 | 85.82 | 1.96 | 17.48 | 0.409 |
| | | | 12 | | 26.400 | 20.724 | 0.451 | 521.59 | 4.44 | 55.87 | 169.79 | 2.54 | 24.95 | 1 096.09 | 4.66 | 296.89 | 2.19 | 100.21 | 1.95 | 20.54 | 0.406 |
| | | | 14 | | 30.456 | 23.908 | 0.451 | 594.10 | 4.42 | 64.18 | 192.10 | 2.51 | 28.54 | 1 279.26 | 4.74 | 348.82 | 2.27 | 114.13 | 1.94 | 23.52 | 0.403 |

续表附 2 - 2

| 角钢号数 | 尺寸 (mm) | | | | 截面面积 | 理论重量 | 外表面积 | 参考数值 | | | | | | | | | | | | | |
|---|---|---|---|---|---|---|---|---|---|---|---|---|---|---|---|---|---|---|---|---|---|
| | | | | | | | | $x-x$ | | | $y-y$ | | | $x_1-x_1$ | | $y_1-y_1$ | | $u-u$ | | | |
| | $B$ | $b$ | $d$ | $r$ | ($cm^2$) | (kg/m) | ($m^2$/m) | $I_x$ ($cm^4$) | $i_x$ (cm) | $W_x$ ($cm^3$) | $I_y$ ($cm^4$) | $i_y$ (cm) | $W_y$ ($cm^3$) | $I_{x_1}$ ($cm^4$) | $y_0$ (cm) | $I_{y1}$ ($cm^4$) | $x_0$ (cm) | $I_u$ ($cm^4$) | $i_u$ (cm) | $W_u$ ($cm^3$) | tg $\alpha$ |
| 16/10 | 160 | 100 | 10 | 13 | 25.315 | 19.872 | 0.512 | 668.69 | 5.14 | 62.13 | 205.03 | 2.85 | 26.56 | 1 362.89 | 5.24 | 336.59 | 2.28 | 121.74 | 2.19 | 21.92 | 0.390 |
| | | | 12 | | 30.054 | 23.592 | 0.511 | 784.91 | 5.11 | 73.49 | 239.06 | 2.82 | 31.28 | 1 635.56 | 5.32 | 405.94 | 2.36 | 142.38 | 2.17 | 25.79 | 0.388 |
| | | | 14 | | 34.709 | 27.247 | 0.510 | 896.30 | 5.08 | 84.56 | 271.20 | 2.80 | 35.83 | 1 908.50 | 5.40 | 476.42 | 2.43 | 162.23 | 2.16 | 29.56 | 0.385 |
| | | | 16 | | 39.281 | 30.835 | 0.510 | 1 003.04 | 5.05 | 95.33 | 301.60 | 2.77 | 40.24 | 2 181.79 | 5.48 | 548.22 | 2.51 | 182.57 | 2.16 | 33.44 | 0.382 |
| 18/11 | 180 | 110 | 10 | 14 | 28.373 | 22.273 | 0.571 | 956.25 | 5.80 | 78.96 | 278.11 | 3.13 | 32.49 | 1 940.40 | 5.89 | 447.22 | 2.44 | 166.50 | 2.42 | 26.88 | 0.376 |
| | | | 12 | | 33.712 | 26.464 | 0.571 | 1 124.72 | 5.78 | 93.53 | 325.03 | 3.10 | 38.32 | 2 328.38 | 5.98 | 538.94 | 2.52 | 194.87 | 2.40 | 31.66 | 0.374 |
| | | | 14 | | 38.967 | 30.589 | 0.570 | 1 286.91 | 5.75 | 107.76 | 369.55 | 3.08 | 43.97 | 2 716.60 | 6.06 | 631.95 | 2.59 | 222.30 | 2.39 | 36.32 | 0.372 |
| | | | 16 | | 44.139 | 34.649 | 0.569 | 1 443.06 | 5.72 | 121.64 | 411.85 | 3.06 | 49.44 | 3 105.15 | 6.14 | 726.46 | 2.67 | 248.94 | 2.38 | 40.87 | 0.369 |
| 20/12.5 | 200 | 125 | 12 | | 37.912 | 29.761 | 0.641 | 1 570.90 | 6.44 | 116.73 | 483.16 | 3.57 | 49.99 | 3 193.85 | 6.54 | 787.74 | 2.83 | 285.79 | 2.74 | 41.23 | 0.392 |
| | | | 14 | | 43.867 | 34.436 | 0.640 | 1 800.97 | 6.41 | 134.65 | 550.83 | 3.54 | 57.44 | 3 726.17 | 6.62 | 922.47 | 2.91 | 326.58 | 2.73 | 47.34 | 0.390 |
| | | | 16 | | 49.739 | 39.045 | 0.639 | 2 023.35 | 6.38 | 152.18 | 615.44 | 3.52 | 64.69 | 4 258.86 | 6.70 | 1 058.86 | 2.99 | 366.21 | 2.71 | 53.32 | 0.388 |
| | | | 18 | | 55.526 | 43.588 | 0.639 | 2 238.30 | 6.35 | 169.33 | 677.19 | 3.49 | 71.74 | 4 792.00 | 6.78 | 1 197.13 | 3.06 | 404.83 | 2.70 | 59.18 | 0.385 |

## 表附 2-3　热轧槽钢(GB 707—1988)

符号意义：$h$—高度；
$b$—腿宽度；
$d$—腰厚度；
$t$—平均腿厚度；
$r$—内圆弧半径；
$r_1$—腿端圆弧半径；
$l$—惯性矩；
$W$—截面模量；
$i$—惯性半径；
$z_0$—$y-y$ 与 $y_0-y_0$ 轴间距

| 型号 | 尺寸 (mm) | | | | | | 截面面积 ($cm^2$) | 理论重量 (kg/m) | 参考数值 | | | | | | | |
|---|---|---|---|---|---|---|---|---|---|---|---|---|---|---|---|---|
| | | | | | | | | | $x-x$ | | | $y-y$ | | | $y_0-y_0$ | |
| | $h$ | $b$ | $d$ | $t$ | $r$ | $r_1$ | | | $W_x$ ($cm^3$) | $I_x$ ($cm^4$) | $i_x$ (cm) | $W_y$ ($cm^3$) | $I_y$ ($cm^4$) | $i_y$ (cm) | $I_{y_0}$ ($cm^4$) | $z_0$ (cm) |
| 5 | 50 | 37 | 4.5 | 7 | 7 | 3.5 | 6.93 | 5.44 | 10.4 | 26 | 1.94 | 3.55 | 8.3 | 1.1 | 20.9 | 1.35 |
| 6.3 | 63 | 40 | 4.8 | 7.5 | 7.5 | 3.75 | 8.444 | 6.63 | 16.123 | 50.786 | 2.453 | | 11.872 | 1.185 | 28.38 | 1.36 |
| 8 | 80 | 43 | 5 | 8 | 8 | 4 | 10.24 | 8.04 | 25.3 | 101.3 | 3.15 | 5.79 | 16.6 | 1.27 | 37.4 | 1.43 |
| 10 | 100 | 48 | 5.3 | 8.5 | 8.5 | 4.25 | 12.74 | 10 | 39.7 | 198.3 | 3.95 | 7.8 | 25.6 | 1.41 | 54.9 | 1.52 |
| 12.6 | 126 | 53 | 5.5 | 9 | 9 | 4.5 | 15.69 | 12.37 | 62.137 | 391.466 | 4.953 | 10.242 | 37.99 | 1.567 | 77.09 | 1.59 |
| $14^{\#}_{b}$ | 140 | 58 | 6 | 9.5 | 9.5 | 4.75 | 18.51 | 14.53 | 80.5 | 563.7 | 5.52 | 13.01 | 53.2 | 1.7 | 107.1 | 1.71 |
| | 140 | 60 | 8 | 9.5 | 9.5 | 4.75 | 21.31 | 16.73 | 87.1 | 609.4 | 5.35 | 14.12 | 61.1 | 1.69 | 120.6 | 1.67 |
| 16a | 160 | 63 | 6.5 | 10 | 10 | 5 | 21.95 | 17.23 | 108.3 | 866.2 | 6.28 | 16.3 | 73.3 | 1.83 | 144.1 | 1.8 |
| 16 | 160 | 65 | 8.5 | 10 | 10 | 5 | 25.15 | 19.74 | 116.8 | 934.5 | 6.1 | 17.55 | 83.4 | 1.82 | 160.8 | 1.75 |
| 18a | 180 | 68 | 7 | 10.5 | 10.5 | 5.25 | 25.69 | 20.17 | 141.4 | 1 272.7 | 7.04 | 20.03 | 98.6 | 1.96 | 189.7 | 1.88 |
| 18 | 180 | 70 | 9 | 10.5 | 10.5 | 5.25 | 29.29 | 22.99 | 152.2 | 1 369.9 | 6.84 | 21.52 | 111 | 1.95 | 210.1 | 1.84 |
| 20a | 200 | 73 | 7 | 11 | 11 | 5.5 | 28.83 | 22.63 | 178 | 1 780.4 | 7.86 | 24.2 | 128 | 2.11 | 244 | 2.01 |

续表附 2-3

| 型号 | 尺寸 (mm) | | | | | | 截面面积 ($cm^2$) | 理论重量 (kg/m) | 参考数值 | | | | | | | |
|---|---|---|---|---|---|---|---|---|---|---|---|---|---|---|---|---|
| | | | | | | | | | $x-x$ | | | $y-y$ | | | $y_0-y_0$ | |
| | $h$ | $b$ | $d$ | $t$ | $r$ | $r_1$ | | | $W_x$ ($cm^3$) | $I_x$ ($cm^4$) | $i_x$ (cm) | $W_y$ ($cm^3$) | $I_y$ ($cm^4$) | $i_y$ (cm) | $I_{y_0}$ ($cm^4$) | $z_0$ (cm) |
| 20 | 200 | 75 | 9 | 11 | 11 | 5.5 | 32.83 | 25.77 | 191.4 | 1 913.7 | 7.64 | 25.88 | 143.6 | 2.09 | 268.4 | 1.95 |
| 22a | 220 | 77 | 7 | 11.5 | 11.5 | 5.75 | 31.84 | 24.99 | 217.6 | 2 393.9 | 8.67 | 28.17 | 157.8 | 2.23 | 298.2 | 2.1 |
| 22 | 220 | 79 | 9 | 11.5 | 11.5 | 5.75 | 36.24 | 28.45 | 233.8 | 2 571.4 | 8.42 | 30.05 | 176.4 | 2.21 | 326.3 | 2.03 |
| 25a | 250 | 78 | 7 | 12 | 12 | 6 | 34.1 | 27.47 | 269.597 | 3 369.62 | 9.823 | 30.607 | 175.529 | 2.243 | 322.256 | 2.065 |
| 25b | 250 | 80 | 9 | 12 | 12 | 6 | 39.91 | 31.30 | 282.402 | 3 530.04 | 9.405 | 32.657 | 196.421 | 2.218 | 353.187 | 1.982 |
| 25c | 250 | 82 | 11 | 12 | 12 | 6 | 44.91 | 35.32 | 295.236 | 3 690.45 | 9.065 | 35.926 | 218.415 | 2.206 | 384.133 | 1.921 |
| 28a | 280 | 82 | 7.5 | 12.5 | 12.5 | 6.25 | 40.02 | 31.42 | 340.328 | 4 764.59 | 10.91 | 35.718 | 217.989 | 2.333 | 387.566 | 2.097 |
| 28b | 280 | 84 | 9.5 | 12.5 | 12.5 | 6.25 | 45.62 | 35.81 | 366.46 | 5 130.45 | 10.6 | 37.929 | 242.144 | 2.304 | 427.589 | 2.016 |
| 28c | 280 | 86 | 11.5 | 12.5 | 12.5 | 6.25 | 51.22 | 40.21 | 392.594 | 5 496.32 | 10.35 | 40.301 | 267.602 | 2.286 | 426.597 | 1.951 |
| 32a | 320 | 88 | 8 | 14 | 14 | 7 | 48.7 | 38.22 | 474.879 | 7 598.06 | 12.49 | 46.473 | 304.787 | 2.502 | 552.31 | 2.242 |
| 62b | 320 | 90 | 10 | 14 | 14 | 7 | 55.1 | 43.25 | 509.012 | 8 144.2 | 12.15 | 49.157 | 336.332 | 2.471 | 592.933 | 2.158 |
| 32c | 320 | 92 | 12 | 14 | 14 | 7 | 61.5 | 48.28 | 543.145 | 8 690.33 | 11.88 | 52.642 | 374.175 | 2.467 | 643.299 | 2.092 |
| 36a | 360 | 96 | 9 | 16 | 16 | 8 | 60.89 | 47.8 | 659.7 | 11 874.2 | 13.97 | 63.64 | 455 | 2.73 | 818.4 | 2.44 |
| 36b | 360 | 98 | 11 | 16 | 16 | 8 | 68.09 | 53.45 | 702.9 | 12 651.8 | 13.63 | 66.85 | 496.7 | 2.7 | 880.4 | 2.37 |
| 36c | 360 | 100 | 13 | 16 | 16 | 8 | 75.29 | 50.1 | 746.1 | 13 429.4 | 13.36 | 70.02 | 536.4 | 2.67 | 947.9 | 2.34 |
| 40a | 400 | 100 | 10.5 | 18 | 18 | 9 | 75.05 | 58.91 | 878.9 | 17 577.9 | 15.30 | 78.83 | 592 | 2.81 | 1 067.7 | 2.49 |
| 40b | 400 | 102 | 12.5 | 18 | 18 | 9 | 83.05 | 65.19 | 932.2 | 18 644.5 | 14.98 | 82.52 | 640 | 2.78 | 1 135.6 | 2.44 |
| 40c | 400 | 104 | 14.5 | 18 | 18 | 9 | 91.05 | 71.47 | 985.6 | 19 711.2 | 14.71 | 86.19 | 687.8 | 2.75 | 1 220.7 | 2.42 |

注:1.槽钢长度:5~8 号,长 5~12 m;10~18 号,长 5~19 m;20~40 号,长 6~19 m

2.一般采用材料:A2、A3、A5、A3F。

## 表附 2－4 热轧工字钢(GB706—1988)

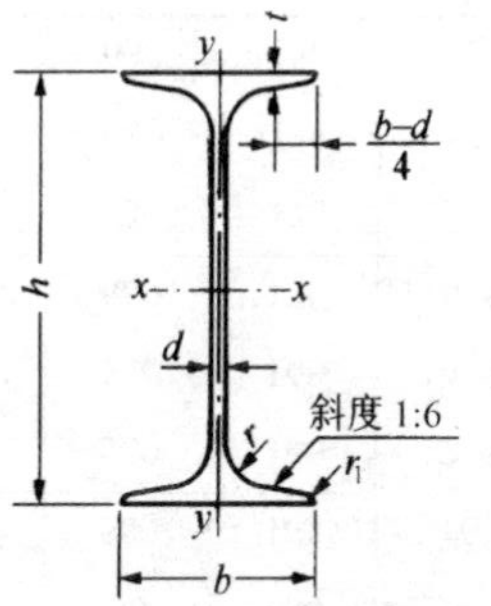

符号意义：$h$—高度；
$b$—腿宽度；
$d$—腰厚度；
$t$—平均腿厚；
$r$—内圆弧半径；
$r_1$—腿端圆弧半径；
$l$—惯性矩；
$W$—弯曲截面系数；
$i$—惯性半径；
$S$—半截面的静矩

| 型号 | 尺寸 (mm) | | | | | | 截面面积 ($cm^2$) | 理论重量 (kg/m) | 参考数值 | | | | | | |
|---|---|---|---|---|---|---|---|---|---|---|---|---|---|---|---|
| | | | | | | | | | x－x | | | | y－y | | |
| | $h$ | $b$ | $d$ | $t$ | $r$ | $r_1$ | | | $I_x$ ($cm^4$) | $W_x$ ($cm^3$) | $i_x$ (cm) | $I_x:S_x$ | $I_y$ ($cm^4$) | $W_y$ ($cm^3$) | $i_y$ (cm) |
| 10 | 100 | 68 | 4.5 | 7.6 | 6.5 | 3.3 | 14.3 | 11.2 | 245 | 49 | 4.14 | 8.59 | 33 | 9.72 | 1.52 |
| 12.6 | 126 | 71 | 5 | 8.4 | 7 | 3.5 | 18.1 | 14.2 | 488.43 | 77.529 | 5.195 | 10.85 | 46.906 | 12.677 | 1.609 |
| 14 | 140 | 80 | 5.5 | 9.1 | 7.5 | 3.8 | 21.5 | 16.9 | 712 | 102 | 5.76 | 12 | 64.4 | 16.1 | 1.73 |
| 16 | 160 | 88 | 6 | 9.9 | 8 | 4 | 26.1 | 20.5 | 1 130 | 141 | 6.58 | 13.8 | 93.1 | 21.2 | 1.89 |
| 18 | 180 | 94 | 6.5 | 10.7 | 8.5 | 4.3 | 30.6 | 24.1 | 1 660 | 185 | 7.36 | 15.4 | 122 | 26 | 2 |
| 20a | 200 | 100 | 7 | 11.4 | 9 | 4.5 | 35.5 | 27.9 | 2 370 | 237 | 8.15 | 17.2 | 158 | 31.5 | 2.12 |
| 20b | 200 | 102 | 9 | 11.4 | 9 | 4.5 | 39.5 | 31.1 | 2 500 | 250 | 7.96 | 16.9 | 169 | 33.1 | 2.06 |
| 22a | 220 | 110 | 7.5 | 12.3 | 9.5 | 4.8 | 42 | 33 | 3 400 | 309 | 5.99 | 18.9 | 225 | 40.9 | 2.31 |
| 22b | 220 | 112 | 9.5 | 12.3 | 9.5 | 4.8 | 46.4 | 36.4 | 3 570 | 325 | 8.78 | 18.7 | 239 | 42.7 | 2.27 |
| 25a | 250 | 116 | 8 | 13 | 10 | 5 | 48.5 | 38.1 | 5 023.54 | 401.88 | 10.18 | 21.58 | 280.046 | 48.283 | 2.403 |
| 25b | 250 | 118 | 10 | 13 | 10 | 5 | 53.5 | 42 | 5 283.96 | 422.72 | 9.938 | 21.27 | 309.297 | 52.423 | 2.404 |
| 28a | 280 | 122 | 8.5 | 13.7 | 10.5 | 5.3 | 55.45 | 43.4 | 7 114.14 | 508.15 | 11.32 | 24.62 | 345.051 | 56.565 | 2.495 |
| 28b | 280 | 124 | 10.5 | 13.7 | 10.5 | 5.3 | 61.05 | 47.9 | 7 480 | 534.29 | 11.08 | 24.24 | 379.496 | 61.209 | 2.493 |
| 32a | 320 | 130 | 9.5 | 15 | 11.5 | 5.8 | 67.05 | 52.7 | 11 075.5 | 692.2 | 12.84 | 27.46 | 459.93 | 70.758 | 2.619 |

续表附 2－4

| 型号 | 尺寸 (mm) | | | | | | 截面面积 ($cm^2$) | 理论重量 (kg/m) | 参考数值 | | | | | | |
|---|---|---|---|---|---|---|---|---|---|---|---|---|---|---|---|
| | | | | | | | | | $x-x$ | | | | $y-y$ | | |
| | $h$ | $b$ | $d$ | $t$ | $r$ | $r_1$ | | | $I_x$ ($cm^4$) | $W_x$ ($cm^3$) | $i_x$ (cm) | $I_x:S_x$ | $I_y$ ($cm^4$) | $W_y$ ($cm^3$) | $i_y$ (cm) |
| 32b | 320 | 132 | 11.5 | 15 | 11.5 | 5.8 | 73.45 | 57.7 | 11 621.4 | 726.33 | 12.58 | 27.09 | 50.153 | 75.989 | 2.614 |
| 32c | 320 | 134 | 13.5 | 15 | 11.5 | 5.8 | 79.95 | 62.8 | 12 167.5 | 760.47 | 12.34 | 26.77 | 543.81 | 81.166 | 2.608 |
| 36a | 360 | 136 | 10 | 15.8 | 12 | 6 | 76.3 | 59.9 | 15 760 | 875 | 14.4 | 30.7 | 552 | 81.2 | 2.69 |
| 36b | 360 | 138 | 12 | 15.8 | 12 | 6 | 83.5 | 65.6 | 16 530 | 919 | 14.1 | 30.3 | 582 | 84.3 | 2.64 |
| 36c | 360 | 140 | 14 | 15.8 | 12 | 6 | 90.7 | 71.2 | 17 310 | 962 | 13.8 | 29.9 | 612 | 87.4 | 2.6 |
| 40a | 400 | 142 | 10.5 | 16.5 | 12.5 | 6.6 | 86.1 | 67.6 | 21 720 | 1 090 | 15.9 | 34.1 | 660 | 93.2 | 2.77 |
| 40b | 400 | 144 | 12.5 | 16.5 | 12.5 | 6.3 | 94.1 | 73.8 | 22 780 | 1 140 | 15.6 | 33.6 | 692 | 96.2 | 2.71 |
| 40c | 400 | 146 | 14.5 | 16.5 | 12.5 | 6.3 | 102 | 8.01 | 23 850 | 1 190 | 15.2 | 33.2 | 727 | 99.6 | 2.65 |
| 45a | 450 | 150 | 11.5 | 18 | 13.5 | 6.8 | 102 | 80.4 | 32 240 | 1 430 | 17.7 | 38.6 | 855 | 114 | 2.89 |
| 45b | 450 | 152 | 13.5 | 18 | 13.5 | 6.8 | 111 | 87.4 | 33 760 | 1 500 | 17.4 | 38 | 894 | 118 | 2.84 |
| 45c | 450 | 154 | 15.5 | 18 | 13.5 | 6.8 | 120 | 94.8 | 35 280 | 1 570 | 17.1 | 37.6 | 938 | 122 | 2.79 |
| 50a | 500 | 158 | 12 | 20 | 14 | 7 | 119 | 93.6 | 46 470 | 1 860 | 19.7 | 42.8 | 1 120 | 142 | 3.07 |
| 50b | 00 | 160 | 14 | 20 | 14 | 7 | 129 | 101 | 48 560 | 1 940 | 19.4 | 42.4 | 1 170 | 146 | 3.01 |
| 50c | 500 | 162 | 16 | 20 | 14 | 7 | 139 | 109 | 50 640 | 2 080 | 19 | 41.8 | 1 220 | 151 | 2.96 |
| 56a | 560 | 166 | 12.5 | 21 | 14.5 | 7.3 | 135.25 | 106.2 | 65 585.6 | 2 342.31 | 22.02 | 47.73 | 1 370.16 | 165.08 | 3.182 |
| 56b | 560 | 168 | 14.5 | 21 | 14.5 | 7.3 | 146.45 | 115 | 685 125 | 2 446.69 | 21.63 | 47.17 | 1 486.75 | 174.25 | 3.162 |
| 56c | 560 | 170 | 16.5 | 21 | 14.5 | 7.3 | 157.85 | 123.9 | 71 439.4 | 2 551.41 | 21.27 | 46.66 | 1 558.39 | 183.34 | 3.158 |
| 63a | 630 | 176 | 13 | 22 | 15 | 7.5 | 154.9 | 121.6 | 93 916.2 | 2 981.47 | 24 62 | 54.17 | 1 700.55 | 193.24 | 3.314 |
| 63b | 630 | 178 | 15 | 22 | 15 | 7.5 | 167.5 | 131.5 | 98 083.6 | 3 163.98 | 24.2 | 53.51 | 1 812.07 | 203.6 | 3.289 |
| 63c | 630 | 180 | 17 | 22 | 15 | 7.5 | 180.1 | 141 | 102 251.1 | 3 298.42 | 23.82 | 52.92 | 1 924.91 | 213.88 | 3.268 |

# 主要参考书目


1 重庆建筑工程学院编.理论力学(建筑力学第一分册).第2版.北京:高等教育出版社,1984

2 干光瑜,秦惠民编.材料力学(建筑力学第二分册).第2版.北京:高等教育出版社,1989

3 李家宝主编.结构力学(建筑力学第三分册).第2版.北京:高等教育出版社,1999

4 孙训方,方孝淑,关来泰编.材料力学(上、下册).第2版.北京:高等教育出版社,1987

5 陈君驹,李建都,李昭魁编.材料力学.西安:陕西科学技术出版社,1993

6 刘鸿文主编.简明材料力学.北京:高等教育出版社,1997

7 王荫长,刘铮,周文群,李青宁编.结构力学.北京:冶金工业出版社,1998

8 龙驭球,包世华主编.结构力学教程(Ⅰ).北京:高等教育出版社,2000